生物质资源化利用国家地方联合工程研究中心项目
南开大学–中科环境环境修复联合工程研究中心项目

土壤污染防治
技术手册

金　擘　王雁南　主编

刘泽珺　汤　瑶　李　君　副主编

鞠美庭　顾问

U0201744

化学工业出版社

·北京·

内容简介

《土壤污染防治技术手册》全面介绍了土壤以及土壤污染的基础知识，梳理了国内外土壤污染防治相关的法律制度和标准；介绍了土壤样品的采集、制备、预处理、测定等土壤环境监测内容；总结了建设用地和农用地的土壤污染风险管控流程；结合案例，讨论了工业、水利、矿业、农业和交通工程土壤环境影响评价的工作内容；对土壤修复中常用的物理修复技术、化学修复技术、生物修复技术及联合修复技术的原理、工艺及优劣势进行了详细介绍。

本书可作为土壤修复工程相关领域科研人员、工程技术人员和管理人员的参考书，还可供高等院校土壤污染治理各相关专业本科生、研究生参考阅读。

图书在版编目（CIP）数据

土壤污染防治技术手册/金擘，王雁南主编． —北京：化学工业出版社，2023.5
ISBN 978-7-122-42768-7

Ⅰ.①土… Ⅱ.①金… ②王… Ⅲ.①土壤污染-污染防治-手册 Ⅳ.①X53-62

中国国家版本馆 CIP 数据核字（2023）第 041737 号

责任编辑：满悦芝　　　　　　　　　　　　文字编辑：杨振美
责任校对：宋　玮　　　　　　　　　　　　装帧设计：张　辉

出版发行：化学工业出版社（北京市东城区青年湖南街 13 号　邮政编码 100011）
印　　装：大厂聚鑫印刷有限责任公司
787mm×1092mm　1/16　印张 22½　字数 558 千字　2023 年 9 月北京第 1 版第 1 次印刷

购书咨询：010-64518888　　　　　　　　　售后服务：010-64518899
网　　　址：http://www.cip.com.cn
凡购买本书，如有缺损质量问题，本社销售中心负责调换。

定　　价：98.00 元

前 言

《中华人民共和国土壤污染防治法》自 2019 年 1 月 1 日起施行，是我国首次制定的专门防治土壤污染的法律，弥补了我国土壤污染防治专项法律的空白。该法律对预防土壤污染、整治土壤环境、修复污染土壤、促进土壤可持续利用具有重要意义，为土壤污染监管和执法、扎实推进"净土保卫战"提供了法治保障。目前，国内外关于土壤污染修复技术的研究主要集中在不同类型土壤（如农田、建设用地、工业用地、矿区等）和不同污染类型（如重金属污染、多环芳烃类污染、石油烃类污染、农药类污染等）土壤的修复技术，包括物理修复技术、化学修复技术、生物修复技术等。评价土壤修复技术，要综合考虑修复效果、技术成本以及环境影响等因素，现有的不同修复技术各有优势和不足，未来土壤修复技术趋向于通过多种修复技术的联合应用实现对污染土壤的可持续性修复。

本书全面介绍了土壤以及土壤污染的基础知识，梳理了国内外与土壤污染防治相关的法律制度和标准；介绍了土壤样品的采集、制备、预处理、测定等土壤环境监测内容；总结了建设用地和农用地的土壤污染风险管控流程；结合案例，讨论了工业、水利、矿业、农业和交通工程土壤环境影响评价的工作内容；对土壤修复中常用的物理修复技术、化学修复技术、生物修复技术及联合修复技术的原理、工艺及优劣势进行了详细介绍。

本书各章编写分工分别为：第一章由李奇伦、任惠如、王雁南、金擘［中科环境修复（天津）股份有限公司］编写；第二章由郭逸豪、金擘、王雁南、李君（中国电建集团北方投资有限公司）编写；第三章由吕帅、李君、金擘、王雁南编写；第四章由李程、王雁南、金擘编写；第五章由刘泽珺、王雁南、金擘、李君编写；第六章由汤瑶［奥为（天津）环保科技有限公司］、李君、王雁南、金擘编写；第七章由孙竹民、张伟杰、王雁南、金擘、李君编写；第八章由夏天亮、王雁南、金擘、李君编写；第九章由郭凤娟、赵莹［中科环境修复（天津）股份有限公司］、金擘编写；第十章由陈玉龙、金擘、李君编写；第十一章由赵莹、王硕［中科环境修复（天津）股份有限公司］、金擘编写。金擘和王雁南对全书进行了统稿；刘泽珺、汤瑶和李君参加了书稿的审订工作。（未注明单位者的单位均为南开大学）

本书在编写过程中参考了不少相关领域的著作、文献和标准文件，引用了国内外许多专家学者和机构发表的研究成果资料，在此向有关作者致以谢忱。

由于编者水平所限，本书中还存在不足和疏漏之处，希望得到专家、学者及广大读者的批评指教。

编　者
2023 年 4 月于天津

目录

第一章　土壤及土壤污染 ·· 1

　第一节　土壤组成、剖面、性质与功能 ·· 1
　　一、土壤物质组成 ··· 1
　　二、土壤剖面层次 ··· 6
　　三、土壤理化性质 ··· 7
　　四、土壤主要功能 ·· 11
　第二节　土壤污染及污染源 ··· 12
　　一、化学污染与污染源 ··· 13
　　二、物理污染与污染源 ··· 15
　　三、生物污染与污染源 ··· 15
　　四、放射性污染与污染源 ·· 16
　第三节　我国土壤污染防治现状 ·· 16
　　一、我国土壤污染总体状况 ·· 16
　　二、我国土壤污染修复现状 ·· 18
　　三、我国土壤污染修复行业驱动力 ·· 19
　第四节　土壤污染的危害 ··· 21
　　一、影响农作物产量和品质 ·· 21
　　二、引发次生环境问题 ··· 21
　　三、危害人体健康 ·· 22

第二章　国内外土壤污染防治法律制度 ·· 23

　第一节　我国土壤污染防治法律制度 ·· 23
　　一、我国土壤污染防治法律体系简介 ·· 23
　　二、《中华人民共和国环境保护法》 ·· 25
　　三、《土壤污染防治行动计划》 ·· 26

四、《污染地块土壤环境管理办法》 ·· 28

五、《中华人民共和国土壤污染防治法》 ·· 29

第二节　美国土壤污染防治法律制度 ·· 40

一、美国土壤污染防治法律制度简介 ·· 40

二、美国《资源保护和回收法》 ·· 44

三、美国《超级基金法》 ·· 46

四、美国《棕色地块法》 ·· 49

第三节　欧盟土壤污染防治法律制度 ·· 52

一、欧盟土壤污染防治法律体系介绍 ·· 52

二、德国土壤污染防治法律体系介绍 ·· 55

三、法国土壤污染防治法律体系介绍 ·· 56

四、意大利土壤污染防治法律体系介绍 ··· 59

五、荷兰土壤污染防治法律体系介绍 ·· 60

第四节　日本土壤污染防治法律制度 ·· 65

一、日本土壤污染防治法律体系简介 ·· 65

二、日本《环境基本法》 ·· 70

三、日本《环境影响评价法》 ··· 72

四、日本《土壤污染对策法》 ··· 74

第三章　国内外土壤污染防治标准介绍 ····························· 79

第一节　中国土壤污染防治标准介绍 ·· 80

一、《土壤环境质量　农用地土壤污染风险管控标准（试行）》 ··············· 80

二、《土壤环境质量　建设用地土壤污染风险管控标准（试行）》 ············· 81

三、《建设用地土壤污染状况调查　技术导则》 ··································· 82

四、《建设用地土壤污染风险管控和修复监测技术导则》 ······················ 86

五、《建设用地土壤污染风险评估技术导则》 ····································· 91

六、《建设用地土壤修复技术导则》 ·· 93

七、《污染地块风险管控与土壤修复效果评估技术导则（试行）》 ············· 96

第二节　国外土壤污染防治标准介绍 ··· 100

一、美国土壤污染防治标准 ··· 100

二、日本土壤污染防治标准 ··· 101

三、欧盟土壤污染防治标准 ··· 102

第四章　土壤环境监测 ·· 105

第一节　土壤样品采集与制备 ··· 105

　　一、土壤样品采集···105

　　二、土壤样品制备···108

　　三、土壤样品保存···108

第二节　土壤样品预处理方法···110

　　一、土壤样品的分解方法···110

　　二、土壤样品的提取方法···112

　　三、净化和浓缩预处理方法··114

第三节　土壤中无机污染物测定分析方法···116

　　一、酸碱类污染物测定分析方法··116

　　二、重金属污染物测定分析方法··117

　　三、盐类污染物测定分析方法···123

　　四、放射性污染物测定分析方法··125

　　五、其他无机污染物测定分析方法···127

第四节　土壤中有机污染物测定分析方法···128

　　一、农药类污染物测定分析方法··128

　　二、多环芳烃类污染物测定分析方法···130

　　三、石油烃类污染物测定分析方法···131

　　四、卤代烃类污染物测定分析方法···132

　　五、其他有机污染物测定分析方法···134

第五节　土壤环境监测的质量控制··135

　　一、质量保证和质量控制的目的··135

　　二、采样和制样质量控制···136

　　三、样品测定的精密度控制··136

　　四、样品测定的准确度控制··136

第五章　土壤污染风险管控···139

第一节　土壤污染风险管控现状调查···139

　　一、农用地土壤污染风险管控现状调查··139

　　二、建设用地土壤污染风险管控现状调查···145

第二节　土壤污染风险评估···153

　　一、农用地土壤污染风险评估···153

　　二、建设用地土壤污染风险评估··155

第三节　土壤污染风险管控措施···168

　　一、农用地土壤污染风险管控措施···168

　　二、建设用地土壤污染风险管控措施···170

第四节　土壤污染风险管控效果评估···171

一、农用地土壤污染风险管控效果评估 171

二、建设用地土壤污染风险管控效果评估 177

第六章 土壤环境影响评价 185

第一节 土壤环境影响识别 185

一、工程分析 185

二、土壤环境影响识别分类 188

三、调查范围与评价工作等级的划分 194

第二节 土壤环境现状调查与评价 196

一、土壤环境现状调查 196

二、土壤环境污染监测 201

三、土壤现状评价标准与模式 202

第三节 土壤环境影响预测与评价 206

一、污染物在土壤中迁移转化机理 206

二、土壤退化趋势预测 208

三、土壤环境容量分析 210

四、土壤环境影响评价 212

第四节 土壤环境影响评价案例 216

一、工业工程建设项目的土壤环评案例 216

二、水利工程建设项目的土壤环评案例 220

三、矿业工程建设项目的土壤环评案例 222

四、农业工程建设项目的土壤环评案例 225

五、交通工程建设项目的土壤环评案例 227

第七章 土壤污染的物理和物理化学修复技术 229

第一节 土壤污染的热脱附技术 229

一、技术原理 229

二、适用对象及工艺流程 233

三、设备及日常运行维修 236

四、技术前景分析 238

第二节 土壤污染的阻隔填埋技术 238

一、技术原理 238

二、适用对象及工艺流程 240

三、设备及日常运行维护

　　四、技术前景分析……………………………………………………………………… 241

第三节　土壤污染的气相抽提技术……………………………………………… 242

　　一、气相抽提技术………………………………………………………………………… 242

　　二、气相抽提技术的工艺流程…………………………………………………………… 243

　　三、气相抽提技术工程应用设备………………………………………………………… 245

　　四、气相抽提技术的运行与维护………………………………………………………… 245

　　五、气相抽提技术的发展前景…………………………………………………………… 247

第四节　土壤污染的电动修复技术……………………………………………… 247

　　一、电动修复技术………………………………………………………………………… 247

　　二、电动强化修复技术的选择…………………………………………………………… 249

　　三、电动修复技术的工程应用…………………………………………………………… 251

　　四、电动修复技术的运行和监测数据…………………………………………………… 252

　　五、电动修复技术的发展前景…………………………………………………………… 253

第五节　土壤污染的固化稳定化技术…………………………………………… 253

　　一、固化稳定化技术原理………………………………………………………………… 253

　　二、固化稳定化修复材料选择…………………………………………………………… 254

　　三、固化稳定化修复方式………………………………………………………………… 255

　　四、固化稳定化效果评估………………………………………………………………… 257

第八章　土壤污染的化学修复技术…………………………………………… 259

第一节　土壤污染物的化学淋洗技术…………………………………………… 259

　　一、土壤化学淋洗技术的原理…………………………………………………………… 259

　　二、土壤化学淋洗技术的工艺流程……………………………………………………… 260

　　三、土壤化学淋洗技术的主要设备……………………………………………………… 261

　　四、化学淋洗剂的选择…………………………………………………………………… 262

　　五、土壤化学淋洗技术的发展前景……………………………………………………… 265

第二节　土壤污染物的溶剂浸提技术…………………………………………… 266

　　一、土壤溶剂浸提技术的原理…………………………………………………………… 266

　　二、土壤溶剂浸提技术的工艺流程……………………………………………………… 267

　　三、土壤溶剂浸提技术的主要设备……………………………………………………… 267

　　四、浸提剂的选择………………………………………………………………………… 267

　　五、土壤溶剂浸提技术的发展前景……………………………………………………… 268

第三节　土壤污染物的化学氧化技术…………………………………………… 269

　　一、土壤化学氧化技术的原理…………………………………………………………… 269

　　二、土壤化学氧化技术的工艺流程……………………………………………………… 270

三、土壤化学氧化技术的主要设备 …………………………………………… 270

四、化学氧化剂的选择 ………………………………………………………… 271

五、土壤化学氧化技术的发展前景 …………………………………………… 273

第四节　土壤污染物的化学还原技术 ………………………………………… 273

一、土壤化学还原技术的原理 ………………………………………………… 273

二、土壤化学还原技术的工艺流程 …………………………………………… 274

三、土壤化学还原技术的主要设备 …………………………………………… 274

四、化学还原剂的选择 ………………………………………………………… 275

五、土壤化学还原技术的发展前景 …………………………………………… 276

第五节　土壤污染物的化学钝化技术 ………………………………………… 276

一、土壤化学钝化技术的原理 ………………………………………………… 276

二、土壤化学钝化技术的工艺流程 …………………………………………… 277

三、化学钝化剂的选择 ………………………………………………………… 277

四、土壤化学钝化技术的发展前景 …………………………………………… 279

第六节　土壤污染物的光催化降解技术 ……………………………………… 279

一、土壤光催化降解技术的原理 ……………………………………………… 279

二、土壤光催化降解技术的工艺流程 ………………………………………… 280

三、土壤光催化降解技术的主要设备 ………………………………………… 281

四、光催化剂的选择 …………………………………………………………… 281

五、土壤光催化降解技术的发展前景 ………………………………………… 282

第九章　污染土壤的生物修复技术 ………………………………………… 283

第一节　污染土壤的植物修复技术 …………………………………………… 283

一、植物提取修复技术 ………………………………………………………… 283

二、植物挥发修复技术 ………………………………………………………… 287

三、植物稳定修复技术 ………………………………………………………… 287

四、根际圈生物降解修复 ……………………………………………………… 288

第二节　污染土壤的微生物和动物修复技术 ………………………………… 289

一、无机污染土壤的微生物修复技术 ………………………………………… 289

二、有机污染土壤的微生物修复技术 ………………………………………… 291

三、污染土壤的动物修复技术 ………………………………………………… 295

第三节　污染土壤的联合生物修复技术 ……………………………………… 296

一、重金属污染土壤的联合修复 ……………………………………………… 296

二、有机物污染土壤的联合修复 ……………………………………………… 298

三、土壤污染的联合生物修复案例 …………………………………………… 299

第十章　土壤污染的联合修复技术 ···················· 305

第一节　"淋洗＋"联合修复技术 ···················· 305
一、淋洗＋物理筛分联合修复技术 ···················· 305
二、淋洗＋化学氧化联合修复技术 ···················· 307
三、淋洗＋热脱附联合修复技术 ···················· 310
四、淋洗＋生物联合修复技术 ···················· 312

第二节　"电动力学＋"联合修复技术 ···················· 318
一、电动力学＋植物联合修复技术 ···················· 318
二、电动力学＋微生物联合修复技术 ···················· 320
三、电动力学＋可渗透反应墙联合修复技术 ···················· 322
四、电动力学＋螯合剂联合修复技术 ···················· 324

第三节　其他联合修复技术 ···················· 326
一、超声波强化联合修复技术 ···················· 326
二、钝化剂＋生物联合修复技术 ···················· 327
三、联合三种修复技术的实验及应用 ···················· 330

第十一章　中科环境修复案例 ···················· 333

第一节　某造纸厂土壤环境调查案例 ···················· 333
第二节　某公司非法转移污染土壤环境调查案例 ···················· 336

附　录　××场地土壤污染风险管控公众意识调查问卷 ···················· 340

参考文献 ···················· 341

第一章

土壤及土壤污染

第一节 土壤组成、剖面、性质与功能

一、土壤物质组成

土壤主要包括固相、液相、气相三类物质，组成如图 1-1 所示。固相物质可以分为土壤无机物和土壤有机质，土壤无机物主要指土壤矿物质，土壤有机质主要包

【土壤】
土壤是指陆地表面具有肥力、能够生长植物的疏松多孔的多相体系。

括腐殖质、土壤中生活着的土壤生物体以及动植物和微生物残体。固相物质之间是形状、大小不同的孔隙，在孔隙中存在着液相物质水和气相物质土壤空气。总的来说，土壤是由无机物、有机质、水、空气等四种不同性质的物质组成的彼此联系、相互制约的一个有机整体。

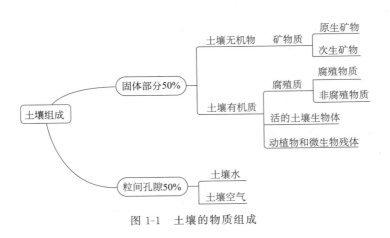

图 1-1 土壤的物质组成

(一) 土壤无机物

土壤无机物主要指的是土壤矿物质，按其来源可进一步分为原生矿物和次生矿物。土壤矿物质主要来源于成土母质，其质量占固体物质总质量的 95% 以上，被称为土壤的"骨骼"。矿物质是土壤的物质基础，矿物质风化分解后能释放出植物生长所需要的营养元素，如 Ca、Mg、K、P 等，进而直接影响土壤肥力。此外，矿物质还直接影响着土壤的一些重要的物理、化学性质，如吸附性、黏着性、膨胀收缩性、土壤结构及机械组成等。

1. 原生矿物

原生矿物的数量和类型主要取决于母岩类型、风化强度、成土过程和发育程度等因素。原生矿物由于较少受到蚀变作用影响，因此仍具有结晶度高、颗粒粗和性质迟钝的特性。原生矿物的种类主要包括硅酸盐类矿物、铝硅酸盐类矿物、氧化物类矿物、硫化物和磷酸盐类矿物，其中硅酸盐类矿物和铝硅酸盐类矿物占绝对优势，如石英、长石、云母、辉石、角闪石等。石英的物理和化学性质最为稳定，是地球表面分布最广的矿物之一；白云母和长石较稳定，与石英一起构成粗粒土的主要成分；黑云母、角闪石、辉石等暗色矿物易风化，含量相对较少。

> **【原生矿物】**
> 指直接来源于母岩且在土壤形成过程中只受到不同程度的物理风化，未改变化学组成和结晶构造的原始成岩矿物，是土壤中各种化学元素的最初来源。

2. 次生矿物

由于在形成过程中受到地表环境频繁变动的影响，次生矿物的化学成分复杂多变，同时结晶度低，颗粒纤薄，具有表面发达、带电荷、可吸附离子等胶体活性。次生矿物颗粒较细小，对于土壤离子交换、酸碱反应、保水保肥能力以及膨胀收缩特性都具有很大影响。可以根据组成、构造和性质将次生矿物分为简单盐类、次生氧化物类和次生铝硅酸盐类三类，其中后两者是土壤矿物质最细小的部分，一般称为次生黏土矿物，是土壤矿物中最活跃的部分，影响土壤的物理化学性质和土壤肥力等。简单盐类包括各种碳酸盐、重碳酸盐、氯化物、硫酸盐等，其结晶构造较简单，属水溶性盐，易淋失，因而多存在于干旱和半干旱地区土壤中。常见的次生氧化物类矿物有氧化铁、氧化铝、氧化锰等。伊利石类、蒙脱石类、高岭石类矿物等是常见的次生铝硅酸盐类矿物，其化学组成和结晶构造极其复杂。

> **【次生矿物】**
> 是指原生矿物在成土过程中经风化后形成的新矿物，其化学组成和构造都发生改变，因而不同于原生矿物。

(二) 土壤有机质

土壤有机质含量不高，仅占土壤体积的 12% 或质量的 5% 左右，但却与土壤的物理化

> **【土壤有机质】**
> 是指土壤中所有来源于生物的各种有机化合物，包括活的土壤生物、动植物和微生物残体以及生物代谢过程中产生的有机物。

学性质、养分供给能力等密切相关，是评价土壤肥力高低的一个重要标志，同时很大程度上决定了土壤环境容量。农作物吸收的氮、磷、硫、钾等营养元素和一些微量元素大部分都来源于土壤有机质的矿化。土壤有机质可以吸持自身质量几十倍的水分，因此对保持土壤水分、提高土壤有效持水量具有积极作用。土壤有机质影响着土壤的适耕性、透气性、透水性及抗风蚀和水蚀能力。除此之外，一部分水溶性有机质对施入土壤中农药的效果和存留时间也有一定影响。

不同地区的土壤表层有机质含量差异很大，第二次土壤普查得到的数据显示：我国西南地区土壤有机质含量最高，其后依次是东北土壤、华南土壤、华东土壤和西北土壤，华北地区土壤有机质含量最低。在省级尺度下，黑龙江、贵州、云南有机质含量全国领先，山东、山西、陕西土壤表层有机质含量较低。不同类型土壤中的有机质含量也存在差异，大体的变化规律是：水成土＞淋溶土＞高山土＞铁铝土＞钙层土＞半淋溶土＞半水成土＞人为土＞初育土＞干旱土＞盐碱土＞漠土。这些差异与地区气候环境、海拔高度、土壤湿度、土壤酸碱度、植被类型、耕作强度、自然灾害发生频度等条件密切相关。

土壤有机质形成腐殖质的过程基本上分为两个阶段：第一阶段各种形态和状态的有机物组成的混合物在微生物作用下分解为各种简单的化合物，它们是进一步合成腐殖质的主要原料；第二阶段为合成阶段，由微生物将前一阶段产生的简单化合物合成腐殖质的单体分子，再通过聚合作用进一步合成分子量不同的复杂环状化合物。土壤含水率和通气状况、温度、pH、土壤反应及土壤有机质碳氮比值均会影响土壤腐殖质的形成。

> **【土壤腐殖质】**
> 是指土壤中除活的土壤生物、未分解和半分解生物残体以外的其他有机化合物，常以胶体形式存在。

腐殖质主要由 C、H、O、N、S、P 等元素组成，一般占土壤有机质总量的 50%～65% 以上，性质较稳定，较难被微生物分解。腐殖质络合能力较强，与铁、铝、铜、锌等的高价离子结合成络合物后稳定性显著提高，抵抗微生物分解的能力随之增强，进而其分解周转时间有所延长。土壤的形成与有机质腐殖化过程密切相关，岩石经过物理化学风化后，风化残积物中的铁、铝元素的溶解迁移与沉淀固定受腐殖质的控制。土壤中一部分腐殖质的存在状态为游离的腐殖酸和腐殖酸盐类物质，但大部分腐殖质是以凝胶态与矿质黏粒紧密结合形成具有胶体性质的腐殖质——矿物质复合物，只有在各种有机或无机提取剂（如稀碱液）的作用下，矿物质复合物才能从土壤中被萃取、分离出来，从而增强了土壤团粒的水稳性和持水性。腐殖质还可通过增强植物根部细胞膜的渗透性、激活土壤呼吸、促进 ATP（腺苷三磷酸）的合成与三羧酸循环以及光合作用等途径来提高作物的生产能力。腐殖质可根据化学结构的复杂程度进一步划分为腐殖物质和非腐殖物质两类。

1. 腐殖物质

如图 1-2 所示，依据腐殖物质在不同溶剂中的溶解性能，可分为富里酸、胡敏酸和胡敏素等。其中，胡敏酸和富里酸是主要的腐殖物质，二者占腐殖物质总量的 60% 左右。

> **【腐殖物质】**
> 是指由土壤中生物残体的分解产物经微生物再合成而形成的，呈黄色、棕色或黑色的，具有酸性的高分子化合物。

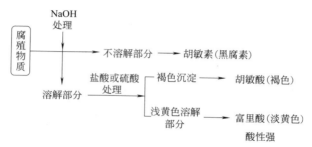

图 1-2　腐殖物质分类

2. 非腐殖物质

土壤非腐殖物质包括糖类、有机酸、木质素、含氮磷硫的有机化合物以及其他有机物。其中，糖类物质极易被微生物分解，是土壤微生物活动的主要能源物质。木质素是一类带有苯环结构的极为复杂的高分子化合物，难分解，多存在于较老的植物组织中。

> 【非腐殖物质】
> 是指土壤中生物残体以及腐殖物质在微生物作用下分解而形成的生物化学上已知的各类简单有机化合物。

蛋白质是植物组织中结构复杂的化合物，容易被微生物分解。非腐殖物质的分解产物是腐殖质形成的重要原材料或组成物质，是高等植物营养物质和微生物营养物质及能量的重要来源，在土壤中起着积极而重要的作用。

（三）土壤水

土壤水主要来自大气降水、灌溉水、地下水、地表径流等。一般情况下，大气降水是土壤水最原始而主要的补给源。在有人工灌溉水补给的地方，灌溉水是重要补给源。在地下水水位高的地方，尤其在有河床高于地面的地区，地下水是土壤水的重要补给源。

> 【土壤水】
> 土壤水并非纯水，而是稀薄的溶液，是指在 105℃ 温度下从土壤中驱逐出来的水。

土壤水主要的消耗方式有地表蒸发、植物吸收、蒸腾、水分渗漏和径流损失等，其中地表蒸发和水分渗漏最为重要。如图 1-3 所示，土壤水按照存在相态划分为液态、固态和气态三种，其中液态和气态的土壤水存在最为普遍。液态水按其存在形态又可分为吸湿水、膜状水、毛管水、重力水等几种类型。

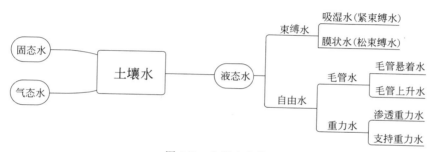

图 1-3　土壤水分类

1. 吸湿水

吸湿水与固态水性质接近，特点是吸引力极大，无溶解能力，不能以液态水状态自由移动，也不能被植物有效吸收和利用。土壤吸湿水的多少与土壤质地和空气湿度关系极大。土壤质地越细，土粒的表面积就越大，土壤吸湿水越多。

【吸湿水】
在吸附力作用下，干燥土粒吸附空气中的气态水并保持在其表面，称为吸湿水，又称吸着水。

2. 膜状水

吸湿水和膜状水的关系如图 1-4 所示。仅部分膜状水能被植物有效吸收利用。一般土壤膜状水会随可溶性盐含量的增多和渗透压的增大而减少。

【膜状水】
又称薄膜水，当土壤吸湿水量达到最高时，分子引力不能再吸附空气中的水分子，此时土粒表面剩余的分子引力会继续吸附周围的液态水，在吸湿水层外部形成一层水膜，即为膜状水。

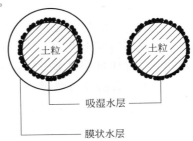

图 1-4　土壤吸湿水与膜状水的关系

3. 毛管水

毛管水包括毛管上升水和毛管悬着水两种。毛管上升水是指在毛管力的作用下，地下水沿着土壤孔隙上升的水分。当地下水较深时，地下水已不能被毛管力吸引到土壤上层，但在降水或灌溉后大量水分进入土壤，此时一部分水分被毛管保持下来，即为毛管悬着水。土壤毛管水既能被土壤保持又能被作物有效利用，是土壤中最宝贵的水分。土壤毛管水能够溶解养分，并在毛管力作用下向上下左右方向迅速移动，将养分输送到根部。毛管水的量主要取决于土壤质地、腐殖质含量和土壤结构状况。

【毛管水】
是指在毛细作用下保持在土壤孔隙间的水。

4. 重力水

重力水可分为：①在重力作用下，沿非毛管孔隙向下渗透的渗透重力水；②由地下水所支持而存在于毛管孔隙中，或由土层中相对不透水层阻止而无法继续向下形成的支持重力水。重力水可以被植物利用，但由于其流动速度相当快，因此难以被植物直接吸收，但重力水易变为毛管水而被植物利用。若土壤中长期存在大量重力水，会影响土壤通气性，因此要及时排除。

【重力水】
超过土粒的分子引力和毛管力作用范围的土壤水分由于无法被土壤所保持，因而会在重力作用下垂直向下运移，这部分土壤水称为重力水。

土壤水具有很大的流动性，它的运动变化对土壤肥力起到很大作用，更影响土壤污染物的迁移转化。土壤水是作物吸水的最主要来源，所有的水只有进入土壤转化为土壤水，才能被植物吸收利用。土壤水含量的多少会影响作物生长和土壤肥力:水分不足,种子不能萌发,植物也会凋萎;水分过高,通气不畅,供应氧气困难,造成土壤缺氧,肥力下降。土壤水还和可溶性盐构成土壤溶液,成为向植物供给养分和土壤中污染物迁移转化的介质。同时,土壤水也是土壤中热量传递的主要载体,影响着土壤温度在垂直方向上的变化。

(四)土壤空气

土壤空气是存在于土壤孔隙中的各种气体的混合物,可以根据物理状态分为自由态、吸附态和溶解态。自由态土壤空气主要存在于未被水占据的土壤孔隙中,因此若土壤孔隙度不变,则含水量增多空气含量必然减少,反之亦然。例如,砂质土壤中的毛细管孔隙较少,水分渗透得快,因此空气含量多,而黏质土壤正相反。土壤水的含量受降雨、灌溉、蒸发、蒸腾等因素影响不断变化,导致土壤中自由态空气的含量也随之改变。吸附态土壤空气主要是指土壤颗粒表面吸附的空气,土壤在最大吸湿水以下就有吸附气体的能力。溶解态土壤空气是指溶于土壤溶液或水中的气体。土壤溶液中的气体会改变溶液的性质,如氧气、氮气、氢气、硫化氢等气体对土壤溶液的氧化还原过程影响巨大。土壤空气主要来源于环境空气,但土壤中经常发生各种化学反应和生物作用,使得土壤空气和环境空气在数量或组成上既有相似之处,又有显著差别,土壤空气与近地表大气组成的差异详见表1-1。

表 1-1　土壤空气与近地表大气组成的差异　　　　单位:%

气体	O_2	CO_2	N_2	其他气体
近地表大气	20.94	0.03	78.05	0.98
土壤空气	18.0~20.03	0.15~0.65	78.8~80.24	0.98

土壤空气中氧气含量比近地表大气中低,二氧化碳含量、水汽含量较近地表大气中高,土壤空气经常被水汽所饱和,其相对湿度一般接近100%。土壤空气中含有较多的还原性气体,而通常情况下近地表大气中还原性气体较少。当土壤通气不良时,由于厌氧微生物作用和还原反应的发生,土壤中甲烷、硫化氢、氢、氨等还原性气体含量会升高。如果是受到污染的土壤,土壤空气中还可能存在相应的污染物。

土壤空气对土壤性质的影响大致体现在对成土过程的影响、对土壤氧化还原过程的影响、在土壤结构形成中的作用、对养分转化以及对植物种子萌发和植株生长发育的影响等方面。

二、土壤剖面层次

具有不同性质和形成过程的土壤,其发生层的组合、顺序及变化情况也有所不同。风化和成土时间长的土体发生层分化明显。国际土壤学会1967年提出把自然土壤剖面划分为六个主要发生层:有机质层(O)、腐殖质层(A)、淋溶层(E)、淀积层(B)、母质层(C)和母岩(R)。近年来,我国也倾向于在土壤调查和研究中采用此类土层命名法。每个层次可根据其不同的颜色、质地、结构、松

> 【土壤剖面】
> 是指由地表向下直至成土母质的土壤纵切面。

紧度、新生体等进行细分。当过渡层不便详
细划分时，通常用上下两层代表符号并列来
表示，如 AB 层、BC 层等，第一个字母表示
占优势的主要土层。若两个土层虽然互相混
杂，但可明显区分出来，则在两个层次符号

之间加上"/"表示，如 E/B、B/C。各土壤发生层的主要特点详见表 1-2。实际上，某一自
然土壤不一定同时具有上述全部层次。由于自然条件和土壤发育程度不同，自然土壤剖面构
造的层次组合可能很不相同。例如，森林土壤通常具有有机质层、腐殖质层、淋溶层和淀积
层，草原土壤常包括腐殖质层、淋溶层、淀积层和母质层。另外，典型的耕作土壤（农业土
壤）剖面具有耕作层、犁底层、心土层和底土层，水田土壤剖面常具有渗育层、潴育层、潜
育层。

表 1-2　各土壤发生层的主要特点

层类	代号	主要特点
有机质层	O	也称枯枝落叶层，是由一部分堆积在地表的植物有机残体初步分解产生粗腐殖质而形成的层次
腐殖质层	A	腐殖质和矿质养料含量丰富，且结合紧密，多呈良好的团粒结构或粒状结构，土色较深，土体较为疏松，透水性能良好，富含多种植物生长所必需的营养元素，尤其是氮素
淋溶层	E	在生物气候或人类活动影响下，由于长期的淋溶作用而形成的层次。由于大量黏粒、铁和铝的三氧化物以及腐殖质的淋失，淋溶层砂粒和粉粒含量相对增加，出现颜色较淡的灰白色
淀积层	B	在土壤剖面的中部或中下部，由淋溶层淋洗下来的硅酸盐黏粒、氧化铁、氧化铝、碳酸盐、其他盐类和腐殖质等物质聚积形成不同形态的新生体，新生体淀积起来形成的土层即为淀积层。淀积层常常较为紧实，透水性能较差，铁、铝、锰或钙、镁等盐基成分的含量较高，与淋溶层相比较少受到生物活动的影响，植物所需的主要营养元素的含量，尤其是氮素，也比其上层土壤少
母质层	C	由于其性质特点并不是在土壤形成过程中产生的，因此严格而论，母质层和母岩不属于土壤发生层，在此仅作为土壤剖面的一个重要部分列出
母岩	R	

三、土壤理化性质

(一) 土壤的物理性质

1. 土壤类型

土壤分类就是根据土壤的发生发展规律和自然形状，按照一定的分类标准，把自然界的
土壤划分成不同的类别。《中国土壤分类与代码》（GB/T 17296—2009）采用线分法将土壤
划分为土纲、亚纲、土类、亚类、土属、土种六个具体的土壤分类级别，根据该标准统计，
目前土纲分为 12 种，亚纲分为 30 种，土类分为 60 种，土壤环境影响评价应分析到土类。

2. 土壤的粒级

土壤中的颗粒包括矿质颗粒和有机质颗粒，矿质颗粒根据是否胶结在一起分为单粒和复
粒。单粒是不包括有机质单位的土壤矿物质的基本颗粒，结构和性质相对稳定。复粒由单粒

团聚而成，也称团聚体。土壤一般是单粒和复粒共存的体系。土壤单粒直径大小不同，其组成和性质也发生变化，为了认识和研究的方便，将土壤单粒按一定的直径范围划分为若干组合，即为土壤粒级。各粒级之间的界限值，是大小单粒间的成分或性质发生突变的地方。土壤粒级划分标准各国不同，常见的有四种粒级分类制，即中国制、国际制、美国制和卡庆斯基制，详见表1-3。我国第二次全国土壤普查采用的标准与目前国际标准相一致。石砾多为岩石碎块，速效养分很少，吸持性很差，但通透性极强；砂粒颗粒较粗，常以单粒存在，主要成分为石英或矿物颗粒，通透性好，但保水保肥能力差，矿质养分含量低；粉粒中次生矿物含量增多，石英减少，与砂粒相比，粉粒的比表面积大，保水性加强，透水性减弱，矿质营养含量增多；黏粒多呈片状，常以复粒存在，比表面积巨大，黏结性、可塑性较强，透水性差，保水保肥能力强，矿质营养成分丰富。

表1-3　常见土壤颗粒分级制度　　　　　　　　　单位：mm

粒级	国际制(1930)	美国制(1951)	中国制(1987)	卡庆斯基制(1957)
石砾	>2	>2	>1	>1
砂粒	2~0.02	2~0.05	1~0.05	物理性砂粒>0.01~1
粉粒	0.02~0.002	0.05~0.002	0.05~0.002	
黏粒	<0.002	<0.002	<0.002	物理性黏粒≤0.01

3. 土壤质地

相同质地的土壤，常常具有基本近似但不完全相同的颗粒组成，一些理化性质和肥力特征也常具有相似性。我国土壤质地分为砂土、壤土、黏土三类，并可以继续具体分为12个组别，详见表1-4。质地是土壤的一

【土壤质地】
土壤中各级土粒所占的质量分数即为土壤的机械组成，根据土壤的机械组成划分的土壤类型即为土壤质地。

种十分稳定的自然属性，能够反映母质来源及成土过程的某些特征。土壤的黏度、砂度很大程度上影响着土壤中物质的吸附、迁移及转化过程，因此通常是土壤污染物环境行为研究中首要考察的因素之一。

表1-4　中国制土壤质地分类　　　　　　　　　单位：%

质地类别	质地名称	不同粒级的颗粒组成		
		砂粒 (1~0.05mm)	粗砂粒 (0.05~0.01mm)	细砂粒 (<0.01mm)
砂土	粗砂土	>70	—	<30
	细砂土	60~70	—	
	面砂土	50~<60		
壤土	粉砂土	≥20	≥40	
	粉土	<20		
	砂壤土	≥20	<40	
	壤土	<20		
	砂黏土	≥20	—	≥30

质地类别	质地名称	不同粒级的颗粒组成		
		砂粒 (1~0.05mm)	粗砂粒 (0.05~0.01mm)	细砂粒 (<0.01mm)
黏土	粉黏土	—	—	30~<35
	壤黏土	—	—	≥35~<40
	黏土	—	—	40~60
	重黏土	—	—	>30

4. 土体构型

土体构型是土壤剖面最主要的特征，是区分土种的重要标志之一。作为农业生产重要的立地条件之一，土体构型不仅很大程度上影响着土壤中水分和养分的储存、运移以

> 【土体构型】
> 是指土壤发生层有规律的组合、有序的排列状况，也称为土壤剖面构型。

及作物的根系生长，而且是农田的地力水平和农作物产量的重要决定因素之一。不同土质地区土体构型的分类方式不同，如华北平原丰产区土壤的土体构型划分出 4 大类共 10 种类型：均质型（砂土型、壤土型和黏土型）、薄体型（薄层型、底漏沙型和底障碍层型）、夹层型（砂夹黏型、黏夹砂型和砂壤黏互层型）和上松下紧。典型旱作区的三江平原的土体构型可划分为以下 6 类：薄土层型、散砂型、下部砂砾型、夹层型、黏鳅型和适体型。土体构型根据其与土壤肥力的关系可以分为以下 4 类：均质型（剖面通体无质地类型差别）、蒙金型（上轻下黏，上虚下实）、腰砂型（上下黏中间砂）和叠加型（薄的砂、壤、黏层交替叠加）。

5. 土壤结构

各种结构体的存在及其排列状况，必然改变土壤的孔隙状况，也影响土壤的水、肥、气、热和耕作性能。土壤结构体通常根据大小、形状及其与土壤肥力的关系划分为五种主要类型：块状结构体、核状结构体、柱状结构体、片状结构体、团粒结构体。

> 【土壤结构体】
> 是指土壤中单个土粒在各种因素综合作用下相互黏合团聚，形成大小、形状和性质不同的团聚体。

（1）块状结构体：属于立方体型，其长、宽、高三轴大体近似，边面棱不甚明显，常细分为大块状（$d>5$cm）、块状（$d=3~5$cm）和碎块状（$d=0.5~3$cm）。土壤质地黏重、缺乏有机质的土壤中容易形成块状结构体，尤其易形成于过湿或过干状态下耕作后的土壤中。

（2）核状结构体：长、宽、高三轴大体相等，边面棱角明显，比块状结构体小，直径多为 5~20mm，多存在于质地黏重而缺乏有机质的表下层土壤中。由于多以石灰或铁质作为胶结剂，结构面上出现胶膜，因此核状结构体常常具有水稳性。

（3）柱状结构体：纵轴大于横轴，呈立柱状，横截面大小不等，根据棱角是否明显分为棱柱状结构体（明显）和圆柱状结构体（不明显）。柱状结构体常出现于干旱、半干旱地带的底土层，碱土、碱化土表下层或黏重土壤的心土层。

（4）片状结构体：横轴大于纵轴，呈扁平状。这种结构体常常在流水沉积作用或某些机

械压力的作用下形成，多出现于森林土壤的灰化层、碱化土壤的表层、耕地土壤的犁底层和冲击性土壤。另外，因降雨和灌溉而形成的地表结壳或板结层也属于片状结构体。

（5）团粒结构体：指土壤中由若干单粒黏结形成的近乎球状的小团聚体，其直径为 0.25～10mm，具有一定的水稳定性。团粒结构体是五种土壤结构体中最好的、最符合农业生产要求的类型，土壤的肥力水平常常与团粒结构数量的多少和质量的好坏密切相关。

6. 饱和导水率

土壤被水饱和时，单位水势梯度下单位时间内通过单位面积的水量即为土壤的饱和导水率。土壤质地、容重、孔隙分布特征对饱和导水率的影响很大，导致其空间变异强烈。一般用渗透仪测定。

7. 土壤容重

干的土壤基质物质的质量与总容积之比即为土壤容重，又称土壤密度。土壤容重取决于土壤孔隙和土壤固体的数量，可作为粗略判断土壤质地、结构、孔隙度和松紧情况的指标，并可作为计算任何单位土壤质量的依据。

8. 孔隙度

孔隙容积与土壤容积的比值即为土壤孔隙度，能够体现出土壤的疏松程度及水分和空气容量的大小。土壤孔隙度受土壤质地影响，通常砂土孔隙度为 30％～45％、壤土 40％～50％、黏土 45％～60％，结构良好土壤的孔隙度可以达到 55％～70％，紧实底土多为 25％～30％。

9. 地下水溶解性总固体

水样在 105～110℃条件下，经过滤并蒸干后得到的残余物的质量即为地下水溶解性总固体，体现地下水中溶解组分的含量。

10. 植被覆盖率

指某一地域植物垂直投影面积占该地域土地面积的比例。

（二）土壤的化学性质

1. 土壤阳离子交换量

土壤阳离子交换量通常以单位质量干土所含阳离子的物质的量表示，可叙述为：厘摩（＋）每千克，或 cmol（＋）/kg。因为阳离子交换量随土壤 pH 值变化而变化，故一般控制在 pH 值为 7 的条件下测定土壤的阳

【阳离子交换量】
土壤溶液在一定的 pH 值时能吸附的交换性阳离子的总量，称为阳离子交换量（即 CEC）。

离子交换量。阳离子交换量大的土壤能够吸附较多的速效养分，避免其在短期内完全流失，进而提高土壤的保肥能力。决定土壤阳离子交换量的因子，主要是土壤胶体上负电荷的多少，而影响土壤胶体负电荷的，主要是土壤中带负电荷胶体的数量与性质。

2. 氧化还原电位（E_h）

氧化还原电位与物质（原子、离子、分子）提供或接受电子的趋向或能力有关，物质接受电子的趋势越强烈，则氧化还原电位越高，而提供电子的强烈趋势则意味着较低的氧化还原电位。

3. 土壤酸碱性

土壤酸碱性是指土壤溶液的反应表现出的酸性或碱性，不仅取决于土壤溶液中 H^+ 浓度和 OH^- 浓度比例，同时也受土壤胶体上致酸离子（H^+ 或 Al^{3+}）、碱性离子（Na^+）、酸性盐类和碱性盐类存在数量的影响。

4. 全氮

全氮指土壤中有机态氮和无机态氮含量之和，不包括土壤空气中的分子态氮及气态氮化物，是衡量土壤氮素供应状况的重要指标。

5. 有效磷

有效磷也称为速效磷，是指植物生长期内容易被植物根系吸收利用的土壤磷组分，包括土壤溶液中的磷、弱吸附态磷、交换性磷和易溶性固体磷酸盐等。可以通过《土壤　有效磷的测定　碳酸氢钠浸提-钼锑抗分光光度法》（HJ 704—2014）规定的条件浸提出来。

四、土壤主要功能

（一）土壤的调节功能

土壤作为自然界组成部分，在与其他环境因素交互过程中所发挥的功能即为土壤的调节功能，主要包括以下五个方面。

1. 水分循环功能

土壤在水循环中的作用主要体现在对水的渗透和保持、提供清洁水、增强人类抵御洪水和干旱的能力等方面。此外，土壤捕获并存储水，使其可被农作物吸收，从而能够最大程度减少表面蒸发并提高用水效率和生产率，进而改善粮食安全。

2. 养分循环功能

养分循环功能即以土壤为核心，土壤中的养分元素与生物圈、水圈、大气圈和岩石圈进行交换的能力。土壤的养分循环功能为陆地生态系统维持生物生命周期提供了必要条件。

3. 碳存储功能

碳存储功能即在碳循环中，土壤对有机碳和无机碳的存储功能，特别是对有机碳。植物和土壤中的微生物共同调节大气中的二氧化碳含量。植物光合作用吸收空气中的二氧化碳并转化成糖和其他碳基分子，这些含碳化合物一部分从根部被共生真菌和土壤中的微生物摄取，最后变成腐殖质，碳由此被存储在土壤中。土壤碳储量占碳库总碳储量的 80% 以上，是碳汇的主要场所，在全球变暖的大背景下，土壤的碳存储功能显得尤为重要。

4. 缓冲过滤功能

土壤溶液和土壤胶体都是良好的缓冲体系，对酸、碱具有抵御功能。另外，土壤对进入其中的污染物具有净化能力，例如土壤在水的渗透过程中能够捕获污染物，防止其渗入地下水。

5. 分解转化功能

分解转化功能即土壤对有机污染物的分解转化功能，主要包括把复杂的有机物分解为简单的化合物的矿化过程和把矿化过程形成的中间产物合成为复杂化合物的腐殖化过程。

（二）土壤的生产功能

作为人类最早认识的土壤功能之一，土壤的生产功能主要指土壤作为农业和园艺用地的适宜性，能够为人类生存和发展提供粮食和其他农业产品等，可以分为粮食作物生产和经济作物生产。土壤生产功能的好坏主要取决于该地土壤的肥力水平，即提供作物生长发育所必需的水分、空气、养分、热量等生活条件的能力，它直接影响作物的生命活动，决定作物的产量和质量，形成土壤生产功能的质量差异。

（三）动植物栖息地功能

土壤能够为各种植物和动物提供栖息场所和潜在的群落发展场所，是现存物种最丰富的栖息地之一，对于保护和提高生物多样性具有重要意义。土壤的栖息地功能通常具有地带性，人类的某些活动导致的土壤挖损、倾倒和移动，以及地下水水位降低和土壤质量降低，会使某些特殊植被失去它们的栖息地。因此，尽可能减少人为干预，保持较高的近自然态和稀有度，对保持各种生物的栖息地功能来说十分重要。

（四）土壤人居环境功能

作为人类生活和居住的环境，土壤能够为人类提供建筑、休闲娱乐场所，维护人类健康发展。土壤的承载功能是人居环境功能的一个方面，即土壤作为人类活动平台的功能，为工厂建设、人类居住的建筑物提供承载的基础，这与动植物栖息地功能是互斥的。土壤还具有原材料功能，即提供建筑所需的诸如黏土、沙子、矿物和泥炭等原材料，在生产建设、经济发展方面发挥重要作用。

健康良好的土壤对于提升城市环境质量来说至关重要。土壤能够增加空气的湿度并显著降低包括空气中的微小尘埃在内的灰尘的数量，尘埃进入土壤后会被分解和矿化。若土壤被封闭，则会失去相应的功能。作为人类生活和居住的环境，土壤与人类生活质量密切相关，土壤污染往往直接影响人类的健康状况。

第二节　土壤污染及污染源

土壤污染是指通过多种途径进入土壤的污染物的数量和速度超过了土壤的容纳能力和净化速度，引发土壤的性质、组成及性状改变，进而导致土壤自然动态平衡失衡、自然功能失调、土壤质量恶化的现象。土壤污染还会影响作物的生长发育，造成产品的产量和质量下降，引发水体或大气次生污染，同时可通过食物链对生物和人类产生危害。

土壤环境与其他环境要素频繁地进行着物质和能量交换，导致引起土壤污染的物质来源极为广泛，有天然污染源，也有人为污染源。自然界自行向环境排放有害物质或造成影响的场所即为天然污染源，一般也称为自然灾害；人为污染源是指由于人类活动而形成的污染源。后者是土壤污染研究的主要对象，其中人为污染中的化学污染最受人们关注。

如图 1-5 所示，根据污染物的属性可以将人为土壤污染与污染源大致划分为以下四种：化学污染与污染源、物理污染与污染源、生物污染与污染源和放射性污染与污染源。

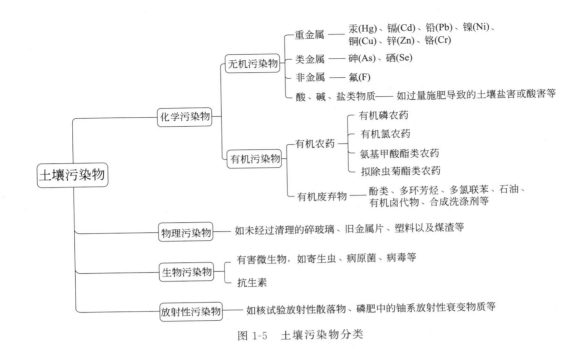

图 1-5 土壤污染物分类

一、化学污染与污染源

土壤的化学污染是上述四种土壤污染中最为普遍、严重、复杂的。化学污染与污染源可进一步分为无机污染与污染源和有机污染与污染源两大类。

（一）无机污染与污染源

土壤无机污染物主要包括重金属、酸、碱、盐、非金属和类金属等，其中重金属如汞、镉、铅、镍、铜、锌、铬，类金属砷、硒，非金属如氟等是目前关注较多的土壤无机污染物。由于类金属污染物行为、来源与危害都与重金属近似，故常被列入重金属类共同进行讨论。无机污染与有机污染不同：一般的有机化合物都可以通过自然的物理、化学和生物的净化作用，使有害物质的污染逐渐降低或解除；而无机污染物一般富集性强、滞留时间长，且具有移动性差、难降解的特点。

我国土壤重金属污染区域相对集中于云南、贵州、江西、湖南等省份以及珠三角和长三角等地区。整体而言，我国主要的土壤重金属污染类型是以镉-铜、砷-镉-铅等为主的多种重金属元素的复合污染。重金属污染物进入土壤的途径主要是：污水排放，灌溉，降尘，过量施用含 Pb、Hg、Cd、As 的农药和化肥，塑料薄膜的使用，机动车尾气排放，向土壤中倾倒或堆放固体废物，等等。污水灌溉过程中，未经处理或处理不达标的工业污水在灌溉渠系两侧形成污染区域，污水中的 Hg、Cd、Cr、As、Cu、Zn、Pb 等重金属元素对农田造成大面积的污染。在大量使用塑料大棚和地膜过程中，农用塑料薄膜生产中应用的热稳定剂中含有的重金属 Cd、Pb 都可造成土壤重金属的污染。金属飘尘中含有的气源重金属微粒是土壤重金属污染的重要来源之一。在金属加工过程中或在交通繁忙的地区常常存在金属飘尘，而其污染物的种类会因污染源的不同而变化。例如，公路、铁路两侧土壤的污染物种类一般以 Pb、Zn、Cd、Cr、Co、Cu 为主，来源于含铅汽油的燃烧、汽车轮胎磨损产生的含锌粉尘等。固体废物堆放地区的 Cd、Hg、Cr、Cu、Zn、Ni、Pb、As、Sb、V、Co、Mn 元素的含量常高于当地土壤背景值，对土壤造成直接污染。重金属进入土壤后移动性很小，不易随水淋滤，不被微生物降解，较难治理与排除，因此必须采取积极有效的措施进行防治。

土壤中的砷以无机态为主，主要包括 As（V）和 As（Ⅲ）两种存在形式。砷对生物的有效性和毒性取决于砷的形态，毒性规律为：无机砷＞有机砷，As（Ⅲ）＞As（V）。砷可以通过多种途径进入土壤，农药、冶金、医药卫生、半导体工业、硅酸盐工业、皮毛加工、饲料、防腐以及化妆品、军事等 50 多个领域中的各个环节都有可能有含砷的废水、废气、废渣以及最终产品进入土壤，造成土壤砷污染。同时，经过长期的雨水冲刷淋滤作用，矿山开采后长期暴露于地表的金属矿石和废石会生成大量酸性废水渗入土壤，造成土壤砷污染，也会污染水系和农田。我国西南、东南地区表层土壤中砷含量高于东北、西北地区，高海拔地区土壤砷含量高于低海拔地区，地形较高的土壤砷含量高于地形较低的土壤。

土壤中氟的存在形态包括水溶态、可交换态、铁锰氧化物态、有机束缚态和残余固定态（残渣态）等。土壤中氟以残渣态为主，占总量的 90% 以上。水溶态氟和可交换态氟具有较高的生物有效性，易被作物根系吸收并进入食物链。氟是工业生产中重要的化工原料，土壤中氟的人为来源主要是钢铁冶炼、炼铝、油田开采、磷矿石加工、砖瓦生产、陶瓷生产、玻璃生产、水泥制造等行业生产过程中所排出的含氟废水、废渣及含氟大气沉降等。

（二）有机污染与污染源

土壤中主要有机污染物包括有机农药和有机废弃物两类，有机农药是土壤有机污染最主要的污染物。土壤中有机污染物按降解性难易分成两类：易分解类，如 2,4-D、有机磷农药、酚、氰、三氯乙醛；难分解类，如 2,4,5-T、有机氯等。主要的土壤有机污染源为农药施用、污水灌溉、污泥和废弃物的土地处置与利用以及污染物泄漏等，其中农药施用是最主要的土壤有机污染来源途径。

按化学结构可以将有机农药分为有机氯农药、有机磷农药、氨基甲酸酯类农药以及拟除虫菊酯类农药四大类。常见的有机氯农药包括滴滴涕（DDT）、六六六、林丹、艾氏剂等，结构稳定，难氧化，难分解且毒性大，易溶于有机溶剂，在脂肪组织中蓄积，极易在环境中和人体内积累。基于有机氯农药对环境和人体的巨大危害，我国自 1983 年起已全面禁止使用有机氯农药，但之前积累的有机氯农药仍将在相当长的时间内存在于环境中并产生影响。有机磷农药主要包括敌敌畏、乐果等，具有低残留性的特点，不在环境中和人体内积累，但对人畜的毒性作用强。氨基甲酸酯类农药有巴沙、西维因和克百威等，具有易分解、低毒、低残留、高效广谱等优点，是农业生产的主力军。拟除虫菊酯类农药是天然除虫菊酯的仿生合成杀虫剂，如联苯菊酯、甲氯菊酯等，对人畜毒性极低，使用安全，但由于易使许多害虫产生抗药性，拟除虫菊酯类农药的研究开发受到限制。土壤中残留较多的主要是有机氯、有机磷、氨基甲酸酯类等农药。农药在生产、贮存、运输、销售和使用过程中都会产生污染。喷施于作物上的农药约有一半流入土壤中，同直接施用于田间的农药一起，构成农田土壤中农药污染的基本来源。

有机废弃物包括酚类、多环芳烃、多氯联苯、石油、有机卤代物、合成洗涤剂等。酚类物质毒性大，污染性强，广泛存在于石化、印染和农药等行业，在工业生产过程中经过遗撒、废物堆埋、气态挥发和随水下渗等过程进入土壤后，会对土壤酸碱度、硬度、结构和组分产生显著影响。多环芳烃（PAHs）是指由两个或两个以上芳香环构成的碳氢化合物，可分为两种：一种是非稠环型，如联苯及联多苯和多苯代脂肪烃；另一种是稠环型，即两个苯环共有两个碳原子。多环芳烃具有诱变性，且结构稳定，难生物降解，属于持久性有机污染物，对环境、生物及人体健康具有很大的潜在危害。不同种类和数量的多环芳烃广泛存在于国内外不同地区的土壤中，工业区和沥青路面交通干线两侧土壤的污染程度尤其严重。多环芳烃主要由大气干湿沉降、地表径流入渗、农用污水污泥、地下蓄油装备的渗漏等途径进入土壤。土壤中的多环芳烃易被矿物质和有机物复合体的团粒结构混合物吸附，吸附能力与多环芳烃的性质、矿物质含量、含水率和土壤所含其他溶剂有关。

多氯联苯（PCBs）是由 209 种同类物组成的一组氯代芳烃化合物，是典型的环境雌激素，具有污染范围广、残留持久性强、富集能力强、毒性高等特点，属于持久性有机污染物。土壤多氯联苯主要来源于颗粒沉降，少量来源于用作肥料的污泥、填埋场的渗漏以及农药配方中使用的多氯联苯等。由于水溶性差，难以随着雨水、河水、地下水的循环而迁移扩散，因此多氯联苯多沉积于土壤的表面。

二、物理污染与污染源

土壤的物理污染物主要是施入土壤中的物料，如未经过清理的碎玻璃、旧金属片、塑料以及煤渣等，大量污染物的施入会导致土壤渣砾化，降低土壤的保水、保肥能力。

土壤中的塑料及微塑料污染近年来受到了广泛关注。塑料是由多种合成或半合成有机物组成的聚合物材料，主要包括聚乙烯、聚丙烯、聚苯乙烯、聚氯乙烯、聚酰胺和聚酯类。塑料制品被广泛用于人们生产生活的各个领域，但回收率低，大部分都被填埋或丢弃在土壤环境中。微塑料主要是指粒径小于 5mm 的塑料颗粒，包括初级微塑料（人造微材料）和次级微塑料（由较大的塑料垃圾分解产生）两种存在形式。土壤中微塑料的来源主要是农用薄膜的广泛使用、污泥和堆肥产品的农业使用、含有微塑料的灌溉用水、塑料产品的大量使用和大气沉降等。在连续使用农用薄膜的地区，大量残留在土壤中的塑料碎片会使土壤水分运动受阻，导致经济作物根系生长不良。研究发现，塑料存于畜禽粪便中，通过筛分和分拣等方法可在堆肥前后将其中大部分的塑料去除，但仍有部分微塑料残余。污水处理设施去除的水中的微塑料并没有真正降解，而是存留于污泥中。因此，大量堆肥产品和污泥的使用会导致微塑料在农田土壤中的积累。个人洗护产品和洗涤剂中的微塑料通过进入地表水，经过污水灌溉途径污染土壤。由垃圾填埋或其他表面沉积物产生的微粒和微纤维，可由空气作为载体，通过大气沉降作用进入土壤。微塑料能够改变土壤的物理性质，吸附有机污染物，作为重金属载体导致重金属的生物可利用性升高，还可被土壤动物摄食从而进入土壤食物链。

三、生物污染与污染源

土壤生物污染是指病原菌、寄生虫等有害生物侵入土壤以后大量繁殖，破坏土壤结构，改变土壤成分，破坏土壤环境，损毁生物群落，破坏原有的动态平衡，进而影响土壤营养物质的转化和能量活动，引起土壤质量下降，导致土壤功能丧失的现象。土壤生物污染源主要包括：生活污水、垃圾、未经处理的人畜粪便、医院含有病原体的污水、实验室排放的污水、工业废水、饲养场和屠宰场的污水、处理不当的病畜尸体等。它们含有伤寒杆菌、肝炎病毒、痢疾细菌以及蛔虫等各种病原菌，其中以肠道致病性原虫和蠕虫类分布最为广泛。近年来，因抗生素的滥用而导致抗生素抗性基因的环境扩散和积累也被归为生物污染，并已成为全世界关注的一个环境问题。土壤中抗生素的最主要来源是施入耕作土壤的含有残留抗生素的畜禽粪便。在水产养殖过程中使用抗生素后，将存在抗生素的鱼塘污泥用作土壤调节剂施入农田土壤后也会造成土壤抗生素污染。除农用抗生素来源外，医用抗生素、抗生素生产过程损失和废弃的抗生素也是土壤抗生素的重要来源。

四、放射性污染与污染源

土壤中含有少量天然放射性核素，如 ^{40}K、^{238}U、^{232}Th 等，形成土壤放射性的背景值。人类社会活动排放出的放射性污染物导致土壤的放射性水平高于天然背景值的现象称为土壤放射性污染。人为放射性核素主要有 ^{137}Cs、^{134}Cs、^{90}Sr、^{240}Pu、^{131}I 等。放射性污染物质在土壤中不容易被发现，具有较强的隐蔽性，长期积累会破坏原有土壤生态系统的稳定性，引发土壤质量下降或者物种变异，进而对生物和人体产生影响。土壤放射性污染的来源有铀矿和钍矿的开采、铀矿浓缩、核废料处理、核武器爆炸、核试验、放射性核素使用单位的核废料、燃煤发电厂、磷酸盐矿开采加工等。其中，核原料开采区和大气层核爆炸地区是土壤放射性污染较为严重的区域。大气层核试验产生的放射性落下灰是最主要的土壤放射性污染源，在其放射性散落物中，^{90}Sr、^{137}Cs 的半衰期较长，易被土壤吸附，滞留时间也较长。近年来，核技术在工农业、医疗、地质、科研等领域应用广泛，导致越来越多的放射性污染物进入土壤中。例如，现代农用化肥中的磷肥和钾肥等可能含有一定量的天然放射性核素，在使用的过程中会导致放射性物质进入土壤。

第三节　我国土壤污染防治现状

一、我国土壤污染总体状况

（一）土壤污染总体情况

环境保护部和国土资源部（2014 年 4 月 17 日）公开的《全国土壤污染状况调查公报》中指出，2005 年 4 月至 2013 年 12 月，我国开展了历时八年的全国范围内的首次土壤污染状况调查，调查范围为中华人民共和国境内（未计入香港特别行政区、澳门特别行政区和台湾地区）的陆地国土，调查点位覆盖全部耕地，部分林地、草地、未利用地和建设用地，实际调查面积约 630 万平方公里，均采用统一的方法和标准，基本掌握了全国土壤环境质量的总体状况。

全国土壤环境状况总体不太理想，个别地区土壤污染较重，尤其是耕地土壤环境质量堪忧，工矿业废弃地土壤环境问题突出。工矿业和农业等人为活动以及土壤环境背景值高是造成土壤污染或超标的主要原因。

全国土壤总的超标率为16.1%，其中轻微、轻度、中度和重度污染点位比例分别为11.2%、2.3%、1.5%和1.1%。污染类型以无机型为主，有机型次之，复合型污染比重较小，无机污染物超标点位数占全部超标点位的82.8%。

> 【点位超标率】
> 是指土壤超标点位的数量占调查点位总数量的比例。

从污染分布情况看，南方土壤污染重于北方；长三角、珠三角、东北老工业基地等个别区域土壤污染问题较为突出，西南、中南地区土壤重金属超标范围较大；镉、汞、砷、铅4种无机污染物含量分布呈现从西北到东南、从东北到西南方向逐渐升高的态势。

（二）无机污染物超标情况

《全国土壤污染状况调查公报》显示，镉、汞、砷、铜、铅、铬、锌、镍8种无机污染物点位超标率分别为7.0%、1.6%、2.7%、2.1%、1.5%、1.1%、0.9%、4.8%，表1-5展示了典型无机污染物超标的情况。

表1-5　无机污染物超标情况

污染物类型	点位超标率/%	不同程度污染点位比例/%				主要来源
		轻微	轻度	中度	重度	
镉	7.0	5.2	0.8	0.5	0.5	冶炼、电镀染料等工业、肥料杂质
汞	1.6	1.2	0.2	0.1	0.1	氯碱工业、含汞农药、汞化物生产、仪器仪表工业
砷	2.7	2.0	0.4	0.2	0.1	硫酸、化肥、农药、医药、玻璃等工业
铜	2.1	1.6	0.15	0.15	0.05	冶炼、铜制品生产、含铜农药
铅	1.5	1.1	0.2	0.1	0.1	颜料、冶炼等工业、农药、汽车排气
铬	1.1	0.9	0.15	0.04	0.01	冶炼、电镀、制革、印染等工业
锌	0.9	0.75	0.08	0.05	0.02	冶炼、镀锌、人造纤维、纺织工业、含锌农药、磷肥
镍	4.8	3.9	0.5	0.3	0.1	冶炼、电镀、炼油、染料等工业

资料来源：全国土壤污染状况调查公报。

注：本次调查土壤污染程度分为5级：污染物含量未超过评价标准的，为无污染；在1倍至2倍（含）之间的，为轻微污染；2倍至3倍（含）之间的，为轻度污染；3倍至5倍（含）之间的，为中度污染；5倍以上的，为重度污染。

（三）有机污染物超标情况

六六六、滴滴涕、多环芳烃3类有机污染物点位超标率分别为0.5%、1.9%、1.4%。表1-6为具体的有机污染物超标情况。

表1-6　有机污染物超标情况

污染物类型	点位超标率/%	不同程度污染点位比例/%			
		轻微	轻度	中度	重度
六六六	0.5	0.3	0.1	0.06	0.04
滴滴涕	1.9	1.1	0.3	0.25	0.25
多环芳烃	1.4	0.8	0.2	0.2	0.2

资料来源：全国土壤污染状况调查公报。

在我国土壤中，有多种有机污染物被检测到，其中常见的包括有机氯农药、多环芳烃、多氯联苯和邻苯二甲酸酯。

我国中部地区土壤有机氯农药含量明显高于其他地区，原因在于集约化农业生产活动造成的农药投入明显高于其他地区，使得农药在土壤中长期累积。有机氯农药残留水平也与土地利用类型有关，推测原因可能是水稻田有氧、厌氧交替环境更有利于有机氯农药降解。

部分点位的多环芳烃检出含量已严重超出我国规定的污染标准，不同地区含量分布特征略有差异，其中部分地区由于工业发展和化石燃料燃烧，多环芳烃含量显著高于其他地区。

我国东部和南部地区土壤多氯联苯含量高于其他地区，总体分布趋势中的异常值主要分布在电子垃圾的生产和处理拆解区。同样地，多氯联苯含量分布也与土地利用类型，即土壤环境和作物类型有关，比如其含量高低有如下规律：水稻田＞高地田＞旱地。

中部地区邻苯二甲酸酯土壤累积最为严重，推测原因是当地农业生产中塑料制品如塑料薄膜的大量使用；在某种程度上，化肥和农药的大量投入也是造成其累积的另一潜在来源。地块耕作方式可能是影响邻苯二甲酸酯累积的重要因素；其在旱地地块的累积程度明显低于耕地土壤。

二、我国土壤污染修复现状

建立污染地块数据库、完善修复标准体系、加大治理资金投入，这三项是当前我国土壤污染修复治理过程中需要解决的问题。如何破局"三项"，已经成为当前土壤修复工作的重中之重。

（一）建立污染地块数据库

大量翔实的污染地块数据是修复环节必不可少的，然而污染是动态的。对于过去已经被污染的地块要形成数据库，对于新的、正在形成的污染也不能忽视。

公开的《全国土壤污染状况调查公报》的实际调查面积约 630 万平方公里，要建立污染地块数据库，仍需要进行更加细致的监测。

（二）完善修复标准体系

除解决技术难题之外，目前我国污染场地修复还需形成明确的标准体系。

场地调查与监测方面的现有标准支撑污染场地调查有些困难。应加强对污染场地的采样、监探，包括快速监测仪器的使用、地下水监测井相应技术规范的建设等；应完善风险评估方法，构建层次化风险评估体系，以便更加客观地对风险进行评估；应进一步完善修复技术方面的技术规范。

为此，我们应该建立相应的修复技术的应用技术规范；加快制定修复过程建设运行维护等相关标准；制定针对二次污染的相关技术标准，防止污染场地修复过程中的二次污染；建立合理的修复效果的评估体系，包括引入统计分析方法进行污染场地效果的评估；研究制定绿色可持续修复技术标准等。

（三）加大治理资金投入

2016—2019 年，环保能力建设资金使用总额逐年升高（图 1-6），由 2016 年的 398.9 亿元，升高到 2019 年的 1288.1 亿元。其中，土壤污染防治能力建设资金总计投入 220.9 亿元，并且资金投入力度逐年加大。

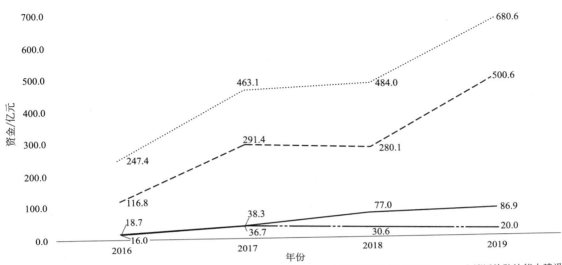

图 1-6　2016—2019 年环保能力建设资金使用情况

资料来源：2016—2019 年全国生态环境统计公报

2019 年土壤污染防治能力建设的投入资金较上年增加 12.86%，中央财政资金起到示范杠杆作用，拉动地方及社会资本的投入，推动行业需求逐步释放，但要解决土壤污染问题还需进一步增加。

虽然我国对土壤污染问题的关注比较晚，但近年来土壤污染治理的资金保障机制不断完善。从调查统计到的数据来看，在实际的土壤污染治理过程中，政府承担土壤污染治理的案例占 75%，因此，政府积极承担着社会责任，引导社会资本的投入，对土壤污染治理起到了引领作用。

三、我国土壤污染修复行业驱动力

未来，我国土壤污染修复行业发展的主要驱动力来源于以下几个方面。

（一）土壤修复规模具有较大发展空间

我国土壤修复行业目前在生命周期中所处的位置仍是起步成长阶段。当前我国土壤修复产业的产值尚不及环保产业总产值的 1%～2%，而这一指标在发达国家的土壤修复产业中已经达到 30% 以上。预计随着国家宏观和行业政策对土壤修复重视度的提高，以及相对完善的土壤修复管理体系的构建，未来将会有更多的土壤修复项目，市场需求将进一步扩张，土壤修复规模将迎来巨大的提升空间。

（二）环保政策助推土壤修复行业发展

2016 年，《土壤污染防治行动计划》（"土十条"）正式发布，"十三五"期间，伴随着"土十条"、《土壤污染防治法》的出台以及相关实施细则的逐步落实，土壤修复行业标准和监管体系有效建立，土壤修复需求开始逐步释放。

2018 年国家出台了《工矿用地土壤环境管理办法（试行）》（2018 年 8 月 1 日施行），2021 年出台了《建设用地土壤污染责任人认定暂行办法》《农用地土壤污染责任人认定暂行办法》等管理办法，以及农用地、建设用地污染风险管控与修复系列标准等管控标准，土壤修复行业政策体系逐步完善。

2020 年 2 月，财政部印发《土壤污染防治基金管理办法》。该办法指出，鼓励土壤污染防治任务重、具备条件的省设立基金，积极探索基金管理的有效模式和回报机制，中央财政通过土壤污染防治专项资金对本办法出台后一年内建立基金的省予以支持。

政策法规的频繁出台，对我国土壤修复行业起到了极大的推动作用。

（三）技术创新和产业化是土壤修复企业未来发展的核心竞争力

目前在行业内崭露头角的多数为具备集成技术与工程经验的综合型公司，在行业起步成长阶段，这些公司更容易获利。但成熟的土壤修复产业涉及检测、评估、技术设备研发及工程设计施工等环节，随着市场规模快速扩大，产业链上下游各个环节都将迎来市场需求。从短期来看，股东背景、过往业绩等仍将是企业获取项目的主要因素；从长期看，技术的成熟度、适应性及产业化将是企业竞争力的核心。随着土壤修复市场深化，新技术成本逐步下降，在更加关注土壤修复的生态和社会效应的情况下，新的前沿的土壤修复技术将更受欢迎。

（四）多种商业模式将成为未来发展的重要方向

资金问题是土壤修复行业面临的一大难题。目前土壤修复资金主要来自政府，其次是污染企业和土地开发商，包括产业农业化开发商和房地产开发商。探索土壤修复行业商业模式的过程中需要着重考虑资金来源的解决办法。从技术成熟国家来看，土壤修复企业可以选择多种商业模式——BOT/BT 模式（建设-运营-转让模式/建设-移交模式）、EPC 模式（设计-采购-施工总承包模式）、PPP 模式（公共私营合作制）。其中我国目前比较多见的是 EPC 模式。从我国土壤修复行业的发展前景来看，BOT 模式具有更加灵活的资金融通方法，同时对土壤修复企业的激励作用更为明显；而随着国内 PPP 模式的来临，修复产业的 PPP 模式为行业发展带来更多的创新思路，"特许经营、购买服务和股权投资"三种方式的政企合作能有效缓解政府财政压力，并通过财政资金杠杆作用撬动社会资本的投入，让社会资本融合到修复产业中，是我国未来积极探索的盈利模式。

（五）《土壤污染防治行动计划》的重要影响

《土壤污染防治行动计划》已于 2016 年 5 月 28 日颁布实施，其作为土壤修复的指导计划，对土壤修复行业产生重要影响。《土壤污染防治行动计划》指出，我国应以改善土壤环境质量为核心，以保障农产品质量和人居环境安全为出发点，坚持预防为主、保护优先、风险管控，突出重点区域、行业和污染物，实施分类别、分用途、分阶段治理，严控新增污染、逐步减少存量，形成政府主导、企业担责、公众参与、社会监督的土壤污染防治体系，促进土壤资源永续利用；到 2020 年，全国土壤污染加重趋势得到初步遏制，土壤环境质量总体保持稳定，农用地和建设用地土壤环境安全得到基本保障，土壤环境风险得到基本管控；到 2030 年，全国土壤环境质量稳中向好，农用地和建设用地土壤环境安全得到有效保障，土壤环境风险得到全面管控；到 21 世纪中叶，土壤环境质量全面改善，生态系统实现良性循环。

第四节　土壤污染的危害

　　受污染的土壤会向周围环境输出物质和能量，造成大气和水体的二次污染，同时污染物会对农作物的产量和品质产生影响，并能通过食物链、饮水、呼吸或直接接触等多种途径危害动物和人类的身体健康。

一、影响农作物产量和品质

　　土壤中的污染物含量会在生物累积作用的影响下，随着食物链等级升高而升高，导致受污染区域的粮食、蔬菜、水果等产品中的重金属等物质含量超标。研究表明，当土壤可溶态 Cd 含量达到 0.43mg/kg 时，水稻减产 10%，当含量为 8.1mg/kg 时，水稻减产达 25%，并且稻米的氨基酸、支链淀粉和直链淀粉比例会发生改变，使水稻品质变差。如用含 Zn 污水灌溉农田，可导致小麦出苗不齐、植株矮小、叶片萎黄。当土壤中 As 含量较高时，会阻碍树木的生长，使树木提早落叶、果实萎缩、减产。

　　部分有机污染物在生物和非生物特别是土壤微生物的作用下，可转化降解成不同稳定性的产物，或最终成为无机物。但仍然有相当一部分污染物不易转化，造成作物减产，如施用含三氯乙醛废酸制成的过磷酸钙肥料可造成小麦、水稻大面积减产，同时可引起污染物在植物中残留，如 DDT 可转化为 DDD、DDE，成为植物残毒。土壤污染不仅影响农产品的质量安全，还会引起产品味道变差、易坏甚至出现难闻的气味，使得农产品无法进行深加工。

二、引发次生环境问题

　　地表水、地下水、大气环境质量与土壤的生态环境质量和生态功能息息相关。土壤中的污染物可能发生转化和迁移，继而影响周边环境介质（如地表水、地下水和大气）的质量，引发次生环境问题。

　　土壤污染物主要通过两种途径危害水环境：一是表层污染物随着降水过程与雨水一起汇入地表水体中；二是土壤中的污染物迁移、扩散、转化进入地下水体，从而危害地下水源。例如，在雨水的冲刷、携带和下渗作用下，土壤中的病原体、含毒废渣及农药等有毒化学物质会被带进地表水或地下水中，引发水环境污染。

　　挥发性有机污染物进入土壤后，会先从土壤中解吸至土壤空气中，然后在浓度梯度的作用下扩散至地表空气或室内空气中，造成对空气的污染。重金属浓度较高的污染表层土容易在风力的作用下进入大气中，导致大气污染。比如，汞多以气态或甲基化形式挥发进入大气环境，引起大气次生环境问题。

三、危害人体健康

土壤中的污染物主要是通过食物链富集、饮水、呼吸或直接接触等途径危害人类的身体健康，其中食物链富集是最重要的影响途径。研究表明，Pb、Cd、Cr、Hg 等重金属进入人体后会损坏内脏器官，干扰正常代谢，并使细胞、组织发生癌变或突变。例如，Pb 能损害神经系统，尤其对儿童的智力成长有严重影响；Cd 毒性很强，在人体内少量蓄积便可能引起泌尿等系统功能病变，严重时还会影响人体骨骼发育，20 世纪 60 年代发生在日本的"骨痛病"就是由当地居民食用镉米引发的；若长期摄入含 Cr 的食品，会引起皮肤和呼吸道系统的病变；Hg 能够和人体中的大量携有负电荷基团的各种酶以及蛋白质相耦合，使得蛋白质和核酸等物质的合成受到影响，从而影响细胞正常功能和生长。

土壤中的持久性有机污染物随着食物链进入人体后会富集在人体内脏器官中，对机体内分泌系统的功能产生干扰，导致人体的内分泌系统、免疫系统、神经系统等出现异常，产生各种毒效应。另外，土壤中的有害物质在雨水的冲刷下会进入径流，最终流入江河或者渗漏到地下水中，污染饮用水，间接进入人体。土壤中的污染物也会随着灰层迁移，悬浮于大气中，通过与人类皮肤的接触，进入人体形成危害。此外，放射性污染物进入土壤中后，会放射出 α 射线、β 射线、γ 射线，这些射线能够穿透人体组织，甚至引起部分细胞死亡，导致头晕、脱发、白细胞减少、发生癌变等。

第二章

国内外土壤污染防治法律制度

第一节 我国土壤污染防治法律制度

一、我国土壤污染防治法律体系简介

我国土壤污染防治法律制度的建立历经半个世纪，尤其是最近 30 年发展迅速。无论是中央还是地方，都出台了相应的法律文件，丰富了我国土壤污染防治的法律制度，为我国土壤污染防治的工作提供了法律依据和制度保障。

(一) 回顾法律体系的发展进程

我国土壤污染防治法律体系的发展进程共分为四大阶段，如图 2-1 所示。

(二) 防治思路的转变历程

环境风险管控是《中华人民共和国土壤污染防治法》中的重要理念，意味着我国的土壤污染防治工作正在由质量管理向风险管控过渡。

国内土壤污染防治工作思路实现了以下五个转变。

1. 宏观战略指导到精细化管理的转变

推动农用地分类、建设用地准入管理，强化土壤污染风险管控等相关工作的实施。

2. 单一主体防治到系统化协同治理的转变

只考虑土壤单一主体的防控措施，难以保障污染治理效果的稳定性和长效性。只修复治理土壤将有可能导致污染场地二次污染。

3. 污染物达标判定到土壤环境风险管控修复的转变

土壤环境保护已经转向了生态环境保护，从污染物达标判定转向了土壤环境风险分级、分类和管控，污染防治覆盖污染源头防控、过程监管、污染后修复，科学统筹污染治理和场地再利用。

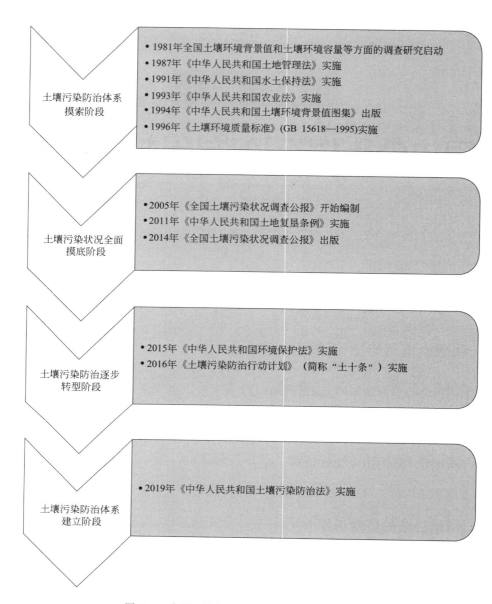

土壤污染防治体系摸索阶段
- 1981年全国土壤环境背景值和土壤环境容量等方面的调查研究启动
- 1987年《中华人民共和国土地管理法》实施
- 1991年《中华人民共和国水土保持法》实施
- 1993年《中华人民共和国农业法》实施
- 1994年《中华人民共和国土壤环境背景值图集》出版
- 1996年《土壤环境质量标准》(GB 15618—1995)实施

土壤污染状况全面摸底阶段
- 2005年《全国土壤污染状况调查公报》开始编制
- 2011年《中华人民共和国土地复垦条例》实施
- 2014年《全国土壤污染状况调查公报》出版

土壤污染防治逐步转型阶段
- 2015年《中华人民共和国环境保护法》实施
- 2016年《土壤污染防治行动计划》（简称"土十条"）实施

土壤污染防治体系建立阶段
- 2019年《中华人民共和国土壤污染防治法》实施

图 2-1　我国土壤污染防治法律体系发展进程图

4. 多头管理到精简统一管理的转变

生态环境部的组建成立把多个部委涉及环境治污领域的职责进行了整合，从而做到了精简管理，统一行动。

5. 立法空白到责任主体明确的转变

《中华人民共和国土壤污染防治法》的颁布填补了国内土壤污染防治领域的法律空白，明确了责任主体和追责方向，以"污染者担责"为原则，将责任主体分为土壤污染责任人、土地使用人和地方政府，并界定了责任范围。

二、《中华人民共和国环境保护法》

(一)《中华人民共和国环境保护法》的立法目的

《中华人民共和国环境保护法》是为保护和改善环境，防治污染和其他公害，保障公众健康，推进生态文明建设，促进经济社会可持续发展制定的法律。

(二)《中华人民共和国环境保护法》的立法进程

《中华人民共和国环境保护法》的立法进程如图 2-2 所示。

1989年12月26日，第七届全国人民代表大会常务委员会第十一次会议通过

2015年1月1日起正式实施

2014年4月24日，第十二届全国人民代表大会常务委员会第八次会议修订

图 2-2　《中华人民共和国环境保护法》立法进程时间轴

(三)《中华人民共和国环境保护法》的主要内容

1. 提出了新的环保理念

《中华人民共和国环境保护法》根据中国国情，在原有法律规章制度的基础上，提出了五大环保理念，如图 2-3 所示。

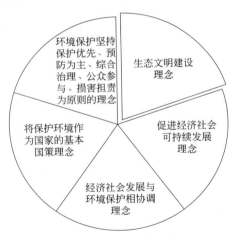

环境保护坚持保护优先、预防为主、综合治理、公众参与、损害担责为原则的理念

生态文明建设理念

将保护环境作为国家的基本国策理念

促进经济社会可持续发展理念

经济社会发展与环境保护相协调理念

图 2-3　五大环保理念

2. 环保责任的明确强化

《中华人民共和国环境保护法》从四个方面明确强化了环保责任，如图 2-4 所示。

3. 规章制度的调整完善

《中华人民共和国环境保护法》从环境管理经济政策、环境管理制度和违法行为处罚力度三个方面对现有规章制度进行了调整和完善，如图 2-5 所示。

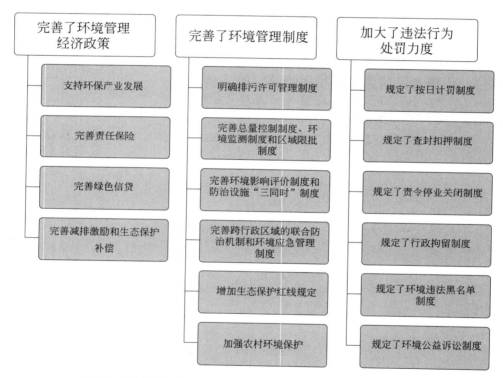

强化了政府的环境保护责任	明确了环保部门责任	强化了企业责任和义务	明确了公民的权利和义务
• 国家实行环境保护目标责任制和考核评价制度 • 明确地方各级人民政府对本行政区域的环境质量负有保护和改善的责任	• 赋予环保部门更大的监督处罚权力 • 赋予国务院环境保护主管部门在重点生态功能区、生态环境敏感区和脆弱区等区域规定生态保护红线的职责 • 明确要求环境保护主管部门负责制定环境质量标准、污染物排放标准和环境监测规范，组织监测网络 • 实现统一环境标准、统一监测规划、统一监测规范、统一发布监测数据	• 企业事业单位和其他生产经营者应当防止或减少环境污染和生态破坏并对所造成的损害依法承担责任 • 应当建立环境保护责任制度，实施清洁生产，减少环境污染和危害，按照排污标准和排放总量排放污染物 • 安装使用监测设备，缴纳排污费，制定突发事件应急预案，公布排污情况	• 规定了公民、法人和其他组织依法享有获取环境信息、参与环境管理和监督环境保护的权利

图 2-4 《中华人民共和国环境保护法》环保责任强化图

完善了环境管理经济政策	完善了环境管理制度	加大了违法行为处罚力度
支持环保产业发展	明确排污许可管理制度	规定了按日计罚制度
完善责任保险	完善总量控制制度、环境监测制度和区域限批制度	规定了查封扣押制度
完善绿色信贷	完善环境影响评价制度和防治设施"三同时"制度	规定了责令停业关闭制度
完善减排激励和生态保护补偿	完善跨行政区域的联合防治机制和环境应急管理制度	规定了行政拘留制度
	增加生态保护红线规定	规定了环境违法黑名单制度
	加强农村环境保护	规定了环境公益诉讼制度

图 2-5 《中华人民共和国环境保护法》规章制度的调整和完善图

三、《土壤污染防治行动计划》

(一)《土壤污染防治行动计划》的立法目的

《土壤污染防治行动计划》又被称为"土十条"，是为了切实加强土壤污染防治，逐步改善土壤环境质量而制定的法规。

（二）《土壤污染防治行动计划》的法律特点

《土壤污染防治行动计划》是国内土壤污染治理的首个纲领性文件。"土十条"不仅涉及摸清土壤污染状况、分类管理和推进土壤修复，还涉及依法治土、风险管控和责任分配，并完成了系统的规划和全面的部署。

（三）《土壤污染防治行动计划》的立法进程

《土壤污染防治行动计划》于 2016 年 5 月 28 日由国务院印发，并自 2016 年 5 月 28 日起实施。

（四）《土壤污染防治行动计划》的主要内容

《土壤污染防治行动计划》的主要内容包括十部分，如图 2-6 所示。

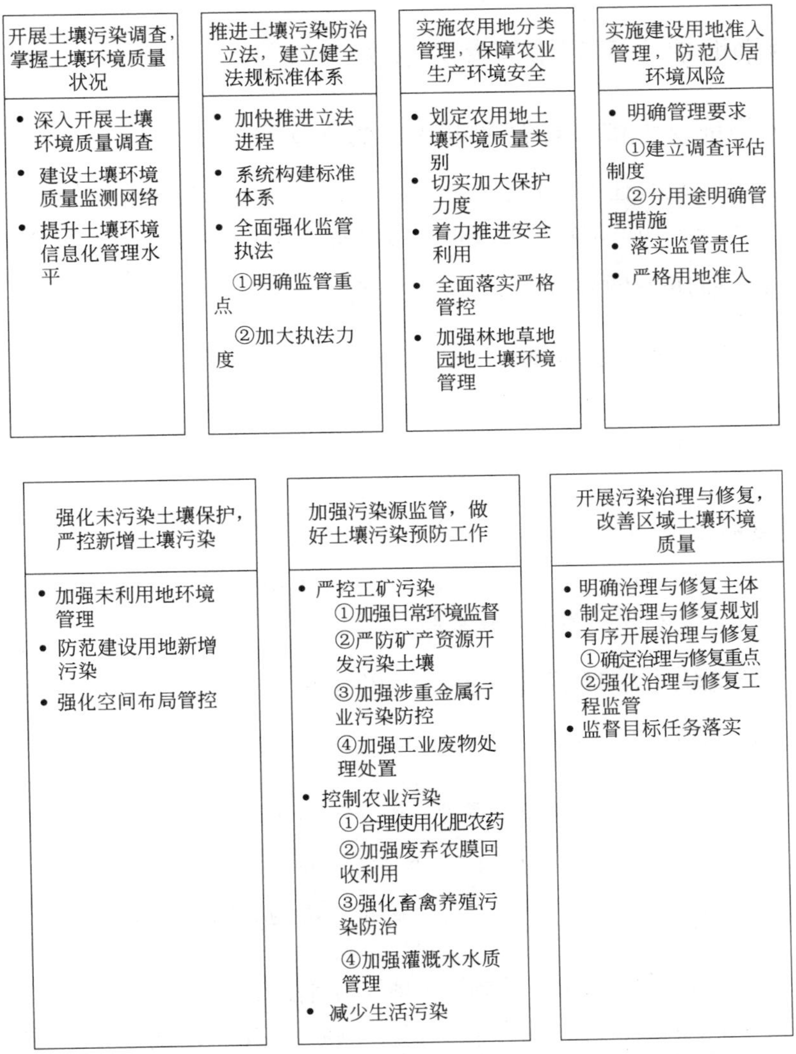

开展土壤污染调查，掌握土壤环境质量状况	推进土壤污染防治立法，建立健全法规标准体系	实施农用地分类管理，保障农业生产环境安全	实施建设用地准入管理，防范人居环境风险
• 深入开展土壤环境质量调查 • 建设土壤环境质量监测网络 • 提升土壤环境信息化管理水平	• 加快推进立法进程 • 系统构建标准体系 • 全面强化监管执法 　①明确监管重点 　②加大执法力度	• 划定农用地土壤环境质量类别 • 切实加大保护力度 • 着力推进安全利用 • 全面落实严格管控 • 加强林地草地园地土壤环境管理	• 明确管理要求 　①建立调查评估制度 　②分用途明确管理措施 • 落实监管责任 • 严格用地准入

强化未污染土壤保护，严控新增土壤污染	加强污染源监管，做好土壤污染预防工作	开展污染治理与修复，改善区域土壤环境质量
• 加强未利用地环境管理 • 防范建设用地新增污染 • 强化空间布局管控	• 严控工矿污染 　①加强日常环境监管 　②严防矿产资源开发污染土壤 　③加强涉重金属行业污染防控 　④加强工业废物处理处置 • 控制农业污染 　①合理使用化肥农药 　②加强废弃农膜回收利用 　③强化畜禽养殖污染防治 　④加强灌溉水水质管理 • 减少生活污染	• 明确治理与修复主体 • 制定治理与修复规划 • 有序开展治理与修复 　①确定治理与修复重点 　②强化治理与修复工程监管 • 监督目标任务落实

图 2-6

加大科技研发力度，推动环境保护产业发展	发挥政府主导作用，构建土壤环境治理体系	加强目标考核，严格责任追究
• 加强土壤污染防治研究 • 加大适用技术推广力度，加快成果转化应用 • 推动治理与修复产业发展	• 强化政府主导 ①完善管理体制 ②加大财政投入 ③完善激励政策 ④建设综合防治先行区 • 发挥市场作用 • 加强社会监督 ①推进信息公开 ②引导公众参与 ③推动公益诉讼 • 开展宣传教育	• 明确地方政府主体责任 • 加强部门协调联动 • 落实企业责任 • 严格评估考核

图 2-6 《土壤污染防治行动计划》主要内容图

四、《污染地块土壤环境管理办法》

（一）《污染地块土壤环境管理办法》的立法目的

（1）要求污染地块责任人应制定风险管控方案，移除或者清理污染源，防止污染扩散。
（2）对需要开发利用的地块应开展治理与修复，防止对地块及周边环境造成二次污染。

（二）《污染地块土壤环境管理办法》的特点

1."污染者担责"原则的体现

在地块污染责任划分层面，按照"污染者担责"原则，规定了造成地块土壤污染的单位或者个人应当承担的主体责任，以及无法认定责任主体和责任主体发生变更等特殊情况下的责任归属。

2. 三大制度的出台

《污染地块土壤环境管理办法》主要规定了地块土壤环境调查与风险评估制度、污染地块风险管控制度以及污染地块治理与修复制度。

（三）《污染地块土壤环境管理办法》的主要内容

《污染地块土壤环境管理办法》包含五部分内容，如图 2-7 所示。

> 造成土壤污染的单位或者个人应当承担的责任
>
> • 环境调查、风险评估、风险管控或者治理与修复的主体责任（"污染者担责"）
> • 造成地块土壤污染的单位和个人无法认定的，由土地使用权人承担相应的主体责任

> 需要采取风险管控措施的污染地块的责任人
>
> • 所在地块的县级人民政府应当按照国务院有关规定组织划定管控区域、设立标识、发布公告，开展土壤、地表水、地下水、大气环境监测，发现污染扩散的，要求有关责任人及时采取补救措施

地块责任人的法律职责

- 地块责任人应当根据城乡规划、土地利用规划、土地利用方式变更情况以及地块风险评估报告，编制污染地块治理与修复工程方案，并将治理与修复工程方案及专家咨询意见在工程实施之日起三十日前报所在地设区的市级环境保护主管部门备案

污染地块治理与修复期间施工单位的责任

- 污染地块治理与修复期间，施工单位应当采取措施，防止对地块及周边环境造成二次污染
- 治理与修复过程中产生的废水、废气和固体废物，应当依照国家有关规定进行处理处置，并达到国家或者地方规定的环境保护标准

对危险废物的处理

- 治理与修复过程中清理或者产生的固体废物以及拆除的生产经营设备设施、构筑物等，属于危险废物的，应当按照国家有关危险废物的规定进行处理处置

图 2-7 《污染地块土壤环境管理办法》主要内容图

(四) 污染地块处置流程

污染地块处置流程如图 2-8 所示。

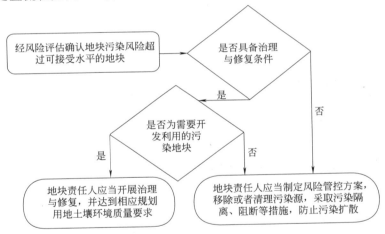

图 2-8 污染地块处置流程图

五、《中华人民共和国土壤污染防治法》

(一)《中华人民共和国土壤污染防治法》的立法目的

（1）保护和改善生态环境。

（2）防治土壤污染。

（3）保障公众健康。

（4）推动土壤资源永续利用。

（5）推进生态文明建设。

（6）促进经济社会可持续发展。

（二）《中华人民共和国土壤污染防治法》的立法进程

《中华人民共和国土壤污染防治法》的立法进程如图 2-9 所示。

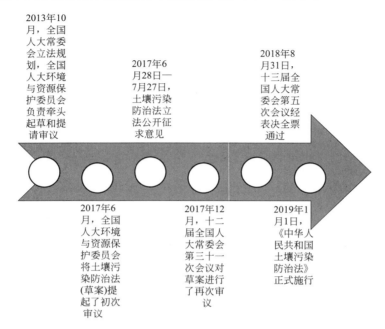

图 2-9　《中华人民共和国土壤污染防治法》立法进程图

（三）《中华人民共和国土壤污染防治法》的适用范围

在中华人民共和国领域及管辖的其他海域从事土壤污染防治及相关活动，适用《中华人民共和国土壤污染防治法》。

（四）《中华人民共和国土壤污染防治法》的工作思路

《中华人民共和国土壤污染防治法》的工作思路如图 2-10 所示。

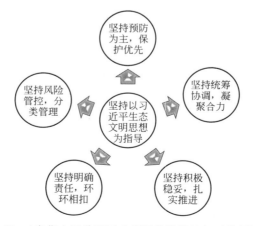

图 2-10　《中华人民共和国土壤污染防治法》工作思路图

（五）《中华人民共和国土壤污染防治法》的立法意义

《中华人民共和国土壤污染防治法》的立法意义如图 2-11 所示。

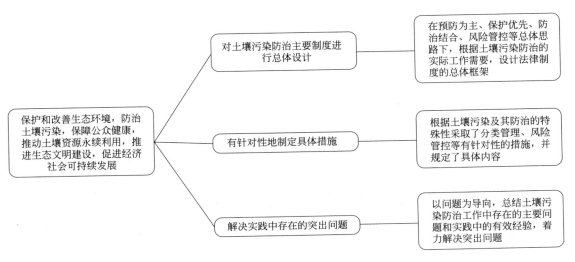

图 2-11　《中华人民共和国土壤污染防治法》立法意义图

（六）《中华人民共和国土壤污染防治法》的章节内容概述

《中华人民共和国土壤污染防治法》共七章九十九条，如图 2-12 所示。

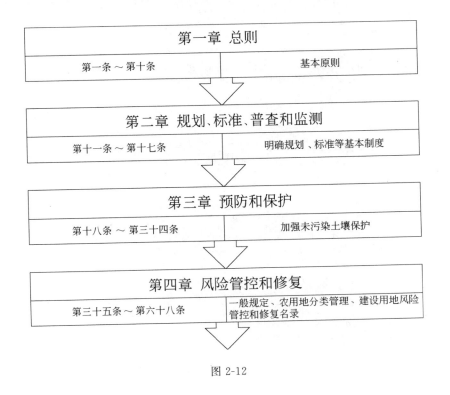

图 2-12

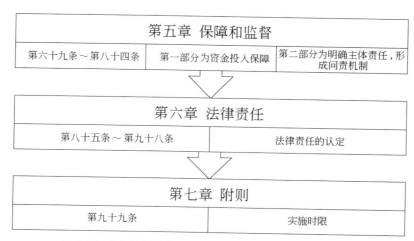

图 2-12 《中华人民共和国土壤污染防治法》章节内容图

（七）《中华人民共和国土壤污染防治法》的重要条款

《中华人民共和国土壤污染防治法》中重要条款的解读如图 2-13 所示。

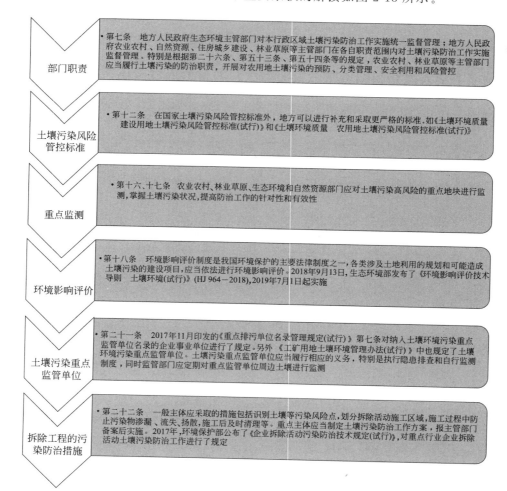

风险管控和修复
- 第三十五条　本法的核心概念之一。土壤污染风险管控和修复是一系列活动的统称

土壤污染状况调查报告
- 第三十六条　本法规定了需要编制土壤污染状况调查报告的五种主要情形。一是未利用地、复垦土地等拟开垦为耕地的；二是对土壤污染状况普查、详查和监测、现场检查表明有土壤污染风险的农用地地块；三是土壤污染状况普查、详查和监测、现场检查表明有土壤污染风险的建设用地地块；四是用途拟变更为住宅、公共管理与公共服务用地的；五是土壤污染重点监管单位生产经营用地的用途变更或者其土地使用权收回、转让的。报告的内容应包括法律和有关技术标准要求的内容

土壤污染风险评估报告
- 第三十七条　本法规定需要进行土壤污染风险评估的情形有两种：一是土壤污染状况调查表明污染物含量超过土壤污染风险管控标准的农用地地块（农业农村、林业草原主管部门会同生态环境、自然资源主管部门开展，按照农用地分类管理制度管理）；二是土壤污染状况调查报告评审表明污染物含量超过土壤污染风险管控标准的建设用地地块（土壤污染责任人、土地使用权人）。报告的内容应包括法律和有关技术标准要求的内容

实施风险管控、修复活动的基本要求
- 第三十八条　不得对土壤和周边环境造成新的污染。依据本法第四十条的规定执行，地块管理办法第二十四条也有明文规定。主要涉及废水、废气和固体废物等。要考虑风险管控、修复过程中投入品的影响

效果评估和后期管理
- 第四十二条　农用地按第五十七条第三款、建设用地按第六十五条规定进行效果评估，编制效果评估报告。后期管理，对实施风险管控的污染地块而言，要确认风险管控效果是否长期有效；对实施修复的污染地块，当有关条件发生变更时，修复后的土壤和地下水仍然可能存在风险，需要采取限制土壤和地下水的用途、跟踪监测等措施。后期管理过程中发现存在新的风险的，应当采取针对性的措施

从业单位专业能力与义务
- 第四十三条　专业能力一般从一定数量的专业技术人员，开展相关工作所必需的仪器设备、场所，具有健全的规章制度，能够按照国家有关标准和技术要求，完成土壤污染防治相关工作这些方面进行要求。需要说明的是专业能力不是一种资质管理，而是按照本法第八十条的规定，通过加强信用监管等措施对其进行约束和监督。有些地方也在这方面进行了探索，比如上海、重庆。从业单位应当对其出具的报告负责，本法第三十六、三十七、四十二条等，对相关报告的内容进行了规定，国家和地方生态环境主管部门也有系列标准规范对实施风险管控和修复活动的程序和标准作出了具体规定。违反规定的，将按照本法第九十条进行处罚

建设用地风险管控和修复名录制度
- 第五十八条　严格建设用地准入管理，保障人居环境安全的一项基础制度。列入名录的建设用地，应当按照本法规定实施风险管控、修复。名录应当按照规定向社会公开并动态更新。新发现的需要实施风险管控、修复活动的建设用地地块应当及时补充到建设用地土壤污染风险管控和修复名录中；经风险管控、修复达到相应目标且可以安全利用的，可以依据本法第六十六条的规定移出名录

土壤污染状况调查
- 第五十九条　启动调查的情形，一是发现问题线索的，要启动调查；二是用途拟变更的，要启动调查。一般情况下由土地使用权人开展土壤污染状况调查，对于征收的集体土地，由地方人民政府负责开展土壤污染状况调查。调查报告应当报地方人民政府生态环境主管部门组织评审。尽可能保障调查报告及其结论的科学性、合理性，也是对相关从业单位进行监督的一种方式，但这不属于行政许可。对评审认为存在问题的，可要求重新进行补充调查。即使通过评审，之后发现问题的，依然可以要求重新进行调查

图 2-13

土壤污染风险评估
- 第六十条　评审表明污染物含量超过土壤污染风险管控标准的建设用地地块，应当启动土壤污染风险评估。风险评估应当按照相关技术规范进行，包括《污染场地风险评估技术导则》《工业企业场地环境调查评估与修复工作指南(试行)》和《建设用地土壤环境调查评估技术指南》等。同样的地块，调查精细程度不同，则调查结果的不确定性不同，最终提出的风险管控、修复的目标和基本要求等可能也不同。相对而言，前期调查越精细，后期风险管控、修复越精准，有助于后期成本的降低

采取风险管控措施
- 第六十二条　对名录内暂不开发利用的地块，实施以防止污染扩散为目的的风险管控；对名录内拟开发利用的地块，实施以安全利用为目的的风险管控。风险管控措施有管理措施，也有工程措施。综合考虑技术可达性、环境安全、经济成本、时间周期等因素，采取以下措施之一或组合措施：一是及时移除或者清理污染源；二是采取污染隔离、阻断等措施，防止污染扩散；三是开展环境监测；四是发现污染扩散的，及时采取有效补救措施

实施修复
- 第六十四条　应当结合用地规划编制修复方案，不同的土地利用类型，对土壤污染防治的要求不一样。名录内地块成片，需要分期分批开发的，修复方案编制要注意开发时序，原则上住宅、学校等敏感类用地应后开发，以防止周边未完成修复的受污染地块对敏感人群造成不良影响。修复方案应当报地方人民政府生态环境主管部门备案。修复方案的编制同样要符合相关技术规范

效果评估
- 第六十五条　关于风险管控、修复活动的效果评估，根据风险管控和修复的措施、技术选择的不同，有的需要在风险管控、修复活动期间同步开展。效果评估应当委托实施风险管控、修复活动之外的第三方进行，以确保公平性。从事效果评估的单位，应当具备相应的专业能力，并对风险管控效果评估报告、修复效果评估报告的真实性、准确性、完整性负责。效果评估报告需备案

名录中地块移出
- 第六十六条　土壤污染责任人、土地使用权人提出申请，省级主管部门对效果评估报告组织评审。对评审认为存在问题的，可要求重新进行效果评估。对评审认为达到土壤污染风险评估报告确定的风险管控、修复目标且可以安全利用的地块移出建设用地土壤污染风险管控和修复名录。对尚不能安全利用的地块，即使达到风险管控目标，仍不能移出名录。本条再次强调了用地准入，名录中的地块，禁止开工建设任何与风险管控、修复无关的项目

土地使用权人责任
- 第六十七条　实践中，地方人民政府生态环境主管部门应当依据本法第十七条等相关规定，对土壤污染重点监管单位，特别是在土壤污染重点监管单位生产经营用地的用途变更或者在其土地使用权收回、转让前，开展重点监测和现场检查，并依法督促相关责任人开展土壤污染状况调查。未按照规定进行土壤污染状况调查的，将依据本法第九十四条追究相关责任

第九条　国家支持土壤污染风险管控和修复、监测等污染防治科学技术研究开发、成果转化和推广应用，鼓励土壤污染防治产业发展，加强土壤污染防治专业技术人才培养，促进土壤污染防治科学技术进步

第二十九条　国家鼓励和支持农业生产者采取下列措施：
(1) 使用低毒、低残留农药以及先进喷施技术
(2) 使用符合标准的有机肥、高效肥
(3) 采用测土配方施肥技术、生物防治等病虫害绿色防控技术
(4) 使用生物可降解农用薄膜
(5) 综合利用秸秆、移出高富集污染物秸秆
(6) 按照规定对酸性土壤等进行改良

其他相关条款

第五十三条　对安全利用类农用地地块，地方人民政府农业农村、林业草原主管部门，应当结合主要作物品种和种植习惯等情况，制定并实施安全利用方案

第五十七条　修复活动应当优先采取不影响农业生产、不降低土壤生产功能的生物修复措施，阻断或者减少污染物进入农作物食用部分，确保农产品质量安全

图 2-13　《中华人民共和国土壤污染防治法》重要条款图

(八)《中华人民共和国土壤污染防治法》的奖惩条款

1. 对于土壤污染防治有利的，国家将采取经济政策和优惠措施

对于有利于土壤污染防治的事项，国家会在多方面给予经济支持，并通过土壤污染防治基金制度给予专项资金，地方政府也会根据不同事项给予必要的资金支持。

具体的土壤污染防治事项和其对应的优惠政策如下。

第六十九条中指出，国家会通过财政、税收、价格、金融等经济政策和措施对有利于土壤污染防治的行为进行支持。

第七十条中指出，四种情况下会有政府资金支持，如图 2-14 所示。

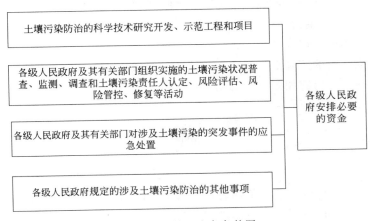

图 2-14　第七十条条款图

第七十一条提出了土壤污染防治基金制度的含义，如图 2-15 所示。

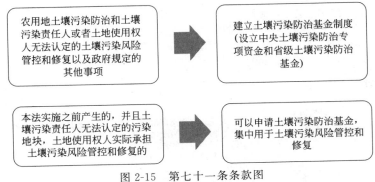

图 2-15　第七十一条条款图

第七十二条提出了国家鼓励金融机构的政策，如图 2-16 所示。

图 2-16　第七十二条条款图

税收优惠政策的相关条款如图 2-17 和图 2-18 所示。

图 2-17　第七十三条条款图

图 2-18　第七十四条条款图

2. 在不同情况下违反本法规定行为所对应的法律责任

《中华人民共和国土壤污染防治法》第八十五条～第九十八条主要列举了不同侵害土壤安全的行为所应承担的法律责任。

（1）土壤污染防治的监管部门和负责人渎职的将依法给予处分。

第八十五条的具体内容如图 2-19 所示。

图 2-19　第八十五条条款图

（2）土壤污染重点监管单位未依法履行土壤污染防治职责的，责令改正和处罚款，拒不改正则停产整治，造成严重后果处更高额罚款。

第八十六条的具体内容如图 2-20 所示。

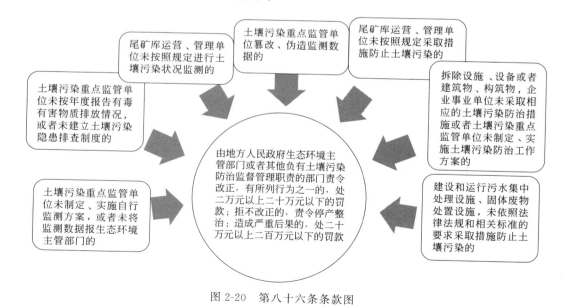

图 2-20　第八十六条条款图

（3）违反本法规定造成农用地土壤污染的，责令改正和处以罚款，部分情节严重的会被拘留和没收违法所得。

第八十七条的具体内容如图 2-21 所示。

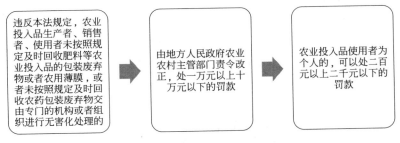

违反本法规定，向农用地排放重金属或者其他有毒有害物质含量超标的污水、污泥，以及可能造成土壤污染的清淤底泥、尾矿、矿渣等的 → 由地方人民政府生态环境主管部门责令改正，处十万元以上五十万元以下的罚款 → 情节严重的，处五十万元以上二百万元以下的罚款，并可以将案件移送公安机关，对直接负责的主管人员和其他直接责任人员处五日以上十五日以下的拘留；有违法所得的，没收违法所得

图 2-21　第八十七条条款图

第八十八条的具体内容如图 2-22 所示。

违反本法规定，农业投入品生产者、销售者、使用者未按照规定及时回收肥料等农业投入品的包装废弃物或者农用薄膜，或者未按照规定及时回收农药包装废弃物交由专门的机构或者组织进行无害化处理的 → 由地方人民政府农业农村主管部门责令改正，处一万元以上十万元以下的罚款 → 农业投入品使用者为个人的，可以处二百元以上二千元以下的罚款

图 2-22　第八十八条条款图

第八十九条的具体内容如图 2-23 所示。

违反本法规定，将重金属或者其他有毒有害物质含量超标的工业固体废物、生活垃圾或污染土壤用于土地复垦的 → 由地方人民政府生态环境主管部门责令改正，处十万元以上一百万元以下的罚款 → 有违法所得的，没收违法所得

图 2-23　第八十九条条款图

（4）出具虚假土壤污染调查、风险评估、管控效果评估和修复效果评估报告的，处罚款，情节严重的没收违法所得或终身禁止从事相关业务。

第九十条的具体内容如图 2-24 所示。

（5）开发建设过程中土壤处理不符合本法规定或建设无关项目的，处罚款，情节严重的，没收违法所得。

第九十一条的具体内容如图 2-25 所示。

（6）违反本法规定对修复后的土壤未进行后期管理、不配合检查或弄虚作假的，处罚款。

第九十二条的具体条款如图 2-26 所示。

第九十三条的具体条款如图 2-27 所示。

违反本法规定，受委托从事土壤污染状况调查和土壤污染风险评估、风险管控效果评估、修复效果评估活动的单位，出具虚假调查报告、风险评估报告、风险管控效果评估报告、修复效果评估报告的 由地方人民政府生态环境主管部门处十万元以上五十万元以下的罚款 情节严重的，禁止从事上述业务，并处五十万元以上一百万元以下的罚款；有违法所得的，没收违法所得

对出具虚假报告单位的直接负责的主管人员和其他直接责任人员 由地方人民政府生态环境主管部门处一万元以上五万元以下的罚款 情节严重的，十年内禁止从事前款规定的业务；构成犯罪的，终身禁止从事前款规定的业务

单位和委托人恶意串通，出具虚假报告，造成他人人身或者财产损害的 应当与委托人承担连带责任

图 2-24　第九十条条款图

实施风险管控、修复活动对土壤、周边环境造成新的污染的

转运污染土壤，未将运输时间、方式、线路和污染土壤数量、去向、最终处置措施等提前报所在地和接收地生态环境主管部门的

未单独收集、存放开发建设过程中剥离的表土的 由地方人民政府生态环境主管部门责令改正，处十万元以上五十万元以下的罚款；情节严重的，处五十万元以上一百万元以下的罚款；有违法所得的，没收违法所得；对直接负责的主管人员和其他直接责任人员处五千元以上二万元以下的罚款

未达到土壤污染风险评估报告确定的风险管控、修复目标的建设用地地块，开工建设与风险管控、修复无关的项目的

图 2-25　第九十一条条款图

违反本法规定，土壤污染责任人或者土地使用权人未按照规定实施后期管理的 由地方人民政府生态环境主管部门或者其他负有土壤污染防治监督管理职责的部门责令改正，处一万元以上五万元以下的罚款 情节严重的，处五万元以上五十万元以下的罚款

图 2-26　第九十二条条款图

违反本法规定，被检查者拒不配合检查，或者在接受检查时弄虚作假的

由地方人民政府生态环境主管部门或者其他负有土壤污染防治监督管理职责的部门责令改正，处二万元以上二十万元以下的罚款

对直接负责的主管人员和其他直接责任人员处五千元以上二万元以下的罚款

图 2-27　第九十三条条款图

（7）未按照规定进行土壤污染状况调查、风险评估、风险管控、修复和完成后评估的，处罚款并可委托他人代为履行，情节严重的，将拘留。

第九十四条的具体条款如图 2-28 所示。

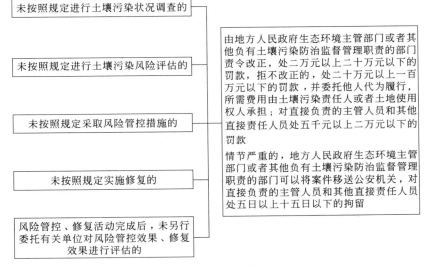

未按照规定进行土壤污染状况调查的

未按照规定进行土壤污染风险评估的

未按照规定采取风险管控措施的

未按照规定实施修复的

风险管控、修复活动完成后，未另行委托有关单位对风险管控效果、修复效果进行评估的

由地方人民政府生态环境主管部门或者其他负有土壤污染防治监督管理职责的部门责令改正，处二万元以上二十万元以下的罚款，拒不改正的，处二十万元以上一百万元以下的罚款，并委托他人代为履行，所需费用由土壤污染责任人或者土地使用权人承担；对直接负责的主管人员和其他直接责任人员处五千元以上二万元以下的罚款

情节严重的，地方人民政府生态环境主管部门或者其他负有土壤污染防治监督管理职责的部门可以将案件移送公安机关，对直接负责的主管人员和其他直接责任人员处五日以上十五日以下的拘留

图 2-28　第九十四条条款图

（8）未按照规定对工作方案、修复方案、效果评估报告和调查报告进行备案的，处罚款。

第九十五条的具体条款如图 2-29 所示。

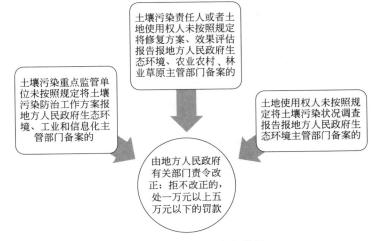

土壤污染责任人或者土地使用权人未按照规定将修复方案、效果评估报告报地方人民政府生态环境、农业农村、林业草原主管部门备案的

土壤污染重点监管单位未按照规定将土壤污染防治工作方案报地方人民政府生态环境、工业和信息化主管部门备案的

土地使用权人未按照规定将土壤污染状况调查报告报地方人民政府生态环境主管部门备案的

由地方人民政府有关部门责令改正；拒不改正的，处一万元以上五万元以下的罚款

图 2-29　第九十五条条款图

（9）涉及其他法律的污染土壤行为，依照行为对应的法律进行处罚。

其具体条款如图 2-30 所示。

第九十六条	第九十七条	第九十八条
• 污染土壤造成他人人身或者财产损害的，或土壤污染责任人无法认定，土地使用权人未按照本法规定履行土壤污染风险管控和修复义务，造成他人人身或者财产损害的，依法承担侵权责任 • 土壤污染引起的民事纠纷，当事人可以向地方人民政府生态环境等主管部门申请调解处理，也可以向人民法院提起诉讼	• 污染土壤损害国家利益、社会公共利益的，有关机关和组织可以依照《中华人民共和国环境保护法》《中华人民共和国民事诉讼法》和《中华人民共和国行政诉讼法》等法律的规定向人民法院提起诉讼	• 违反本法规定，构成违反治安管理行为的，由公安机关依法给予治安管理处罚 • 构成犯罪的，依法追究刑事责任

图 2-30　涉及其他法律的污染土壤行为相关条款图

第二节　美国土壤污染防治法律制度

一、美国土壤污染防治法律制度简介

环境联邦主义即"合作式联邦主义"，是由联邦主导州的环境立法与执法关系，其具体指的是州虽然享有立法权，是环境政策立法的具体实施者，但是却需要被动地执行联邦法规。

美国国家环境保护局（United States Environmental Protection Agency）是美国联邦政府的一个独立行政机构，主要负责维护自然环境和保护人类健康不受环境危害影响，常简称美国国家环保局或美国环保局。

美国《超级基金法》是美国为解决危险物质泄漏的治理问题及其费用负担而制定的法律，又称《综合环境反应补偿与责任法》。该法案由美国国会于 1980 年 12 月 11 日通过。其目的是建立一个迅速清除因事故性泄漏危险物质和倾倒危险废物的场所泄漏污染的反应机制。

（一）美国土壤污染防治法律制度的特点

美国土壤污染防治法律制度的特点是"多元共治"的合作治理立法模式。美国的法律制度受制于其"三权分立"的政治体制。政府拥有行政权，国会的上下议院拥有立法权，法院拥有司法权，三者互相制衡。但是，罗斯福新政之后，政府加强了其行政权，从而导致美国的"三权分立"并没有很好地达到其互相制约的目的，加上三权之间存在互相渗透的情况，比如总统有权否决立法，且可以通过委托立法来部分行使其立法权，这就导致了美国的法律制度存在着联邦政府和地方各州之间互相对抗又合作的格局。在这一法律体制下，美国的土壤污染防治法律体系就出现了"多元共治"的合作治理立法模式的特点。

（二）美国土壤污染防治法律体系的内容

1. 联邦与州、地方政府间的合作治理模式体现出的环境联邦主义

环境联邦主义也就是"合作式联邦主义"，其指的是由联邦主导州的环境立法与执法关系，其具体指的是州虽然享有立法权，是环境政策立法的具体实施者，但是却需要被动地执行联邦法规。其被动性主要有三个特征，如图 2-31 所示。

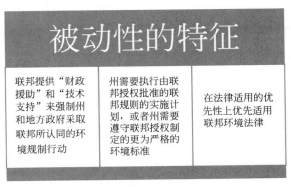

图 2-31　合作式联邦主义的被动性特征图

2. 联邦监管部门间的合作治理模式下的分权与制衡

美国联邦政府的土壤污染防治并非只是简单的一种模式，而是在各部门之间存在着三种类型的合作形式。在美国土壤污染防治立法中，美国国家环境保护局对土壤环境保护相关立法的执行必须要涉及其他部门的利益，因而美国国家环境保护局必须要与其他部门（如内政部、农业部、核管制委员会等）进行沟通与合作。比如，虽然美国国家环保局是超级基金项目的执行机构，但是在将案件诉诸法院时，美国国家环保局必须要与司法部协同配合，并且美国国家环保局还需要在处理关于自然资源损害的场地问题时与该资源的受托人（通常为联邦层面的部门机构）进行合作。其具体合作关系如图 2-32 所示。

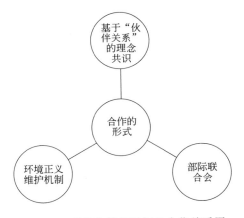

图 2-32　联邦监管部门间的合作关系图

3. 管理者与被管制对象之间存在的互动所反映出的公私合作治理模式

在美国土壤污染防治立法中，公众参与是污染场地修复以及"棕地"再开发项目中至关重要的构成要素，其制度内容主要包括环境信息公开和公民诉讼两方面。

4. 执法和解模式

执法和解模式是环境执法策略层面的创新之举，其主要的作用有两点：第一，降低了因为土壤污染而产生的诉讼案件的数量；第二，在联邦执法的效率层面上其提速的效果也是非常显著的。

比如，为解决 1980 年美国《超级基金法》颁布实施之后出现的很多问题和暴露出的缺

陷，在 1986 年，根据美国环保局的执法经验，美国的国会集体讨论通过了制定和出台第一项修正案的决议，同时出台了《超级基金修正案及再授权法》。该修正案的目的是解决美国《超级基金法》在诉讼和执行中出现的效率低下的问题，同时，创设新的解决和授权的工具来降低诉讼成本，那便是现在在美国非常著名的《超级基金法》的第 122 条，也就是所谓的"和解程序"条款。"执法协商"一词是执法和解制度的别名。该制度核心的特征是，在面对免责条款的规定时进行协商，同时其特殊性在于不受司法审查。

5. 责任认定模式

责任认定模式是对土壤污染责任机制的补充和完善，如图 2-33 所示。

图 2-33　法律责任的认定模式图

6. 资金机制模式

【资金机制模式】
通过建设专项基金与环境污染强制保险制度来保障土壤污染控制和修复。

美国资金机制模式的产生与土壤污染问题的关系如图 2-34 所示。

图 2-34　美国资金机制模式的产生与土壤污染问题的关系图

（三）美国土壤污染防治法律体系的体制建设进程

1. 美国土壤污染防治的早期历史

由于干旱和美国农业扩张，1934 年美国西部草原出现了严重的水土流失现象，进而引发了一场规模巨大的黑色沙尘暴，这就是著名的"黑色风暴"事件。自此之后，美国政府开始了对土壤保护的立法工作，其中的重要事件如图 2-35 所示。

2. 美国土壤污染防治法律体系中超级基金制度的建立与完善

为了解决危险物质泄漏的治理及其费用，美国国会通过了《综合环境反应补偿与责任法》，而后又陆续出台了多部法律对该法律进行了修订，其中的重要事件如图 2-36 所示。

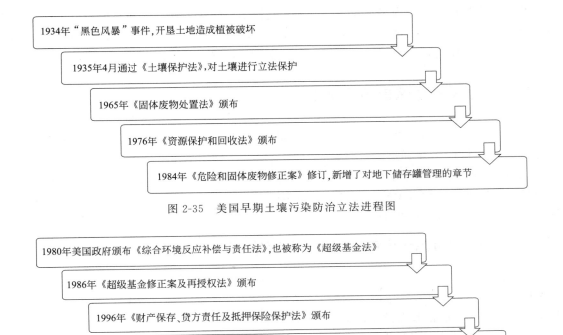

图 2-35　美国早期土壤污染防治立法进程图

1980年美国政府颁布《综合环境反应补偿与责任法》,也被称为《超级基金法》

1986年《超级基金修正案及再授权法》颁布

1996年《财产保存、贷方责任及抵押保险保护法》颁布

2000年《超级基金回收平衡法》颁布

2002年《棕色地块法》（又称《小规模企业责任减免和棕色地块振兴法》）颁布

图 2-36　超级基金制度的建立与完善立法进程图

（四）中美土壤污染防治法律体系的对比

相较于美国土壤污染防治法律制度，目前我国法律政策法规和行动计划大多是宏观性、纲领性文件，对于土壤环境污染治理更多的是一些原则性的规定，需要在具体的实践中进一步细化和完善。因此，我国应制定有针对性和可操作性的专门性立法，为各级各部门开展工作提供法律支持；依法制定配套的相关标准、技术规范；根据现阶段土壤质量现状、污染特点和现实挑战，及时修订和制定不同区域、不同土地利用类型的土壤环境质量标准；制定不同场地、不同污染物特征的土壤修复技术标准或工程技术规范；完善污染调查、风险评估、治理修复和修复结果验收相关技术体系，使法律法规有效落到实处。

相较于美国《超级基金法》中的连带责任制度，我国目前仍有个别排污企业环保意识淡薄，存在随意排放超标污染物的现象。究其原因很重要的一点是处罚机制还需进一步严厉，不能让罚单比依法达标排放污染物还要节省太多，杜绝部分企业投机取巧，避免做出污染土壤、破坏环境的行为。在造成环境损害时，不仅需要向相关责任方追究责任，还需要完善相关的法律规范，建立严格的惩罚机制，扩大责任人范围。除此之外，我国还应该同时注重将环境破坏和污染所产生的其他法律责任相互结合，比如民事、行政和刑事责任，严格追究责任，以便有效地执行责任人应承担的法律责任和应履行的赔偿义务。

相较于美国从 20 世纪 80 年代开始进行土壤污染治理修复工程，我国应在借鉴国外经验的同时，充分发挥高校和科研机构的资源优势，加大科研投入力度，支持土壤修复技术的研究。我国目前以植物措施为主，要更广泛地结合化学措施、生物和工程措施进行修复和治理，从单一修复技术发展为多种技术结合的修复技术。除此之外，遇到多种污染物可以采取联合修复技术，比如将物理、化学方法联合在一起的修复技术。坚持风险管理和控制，切断污染源，尽量避免进行大治理、大修复，要防先于治，防大于治。

二、美国《资源保护和回收法》

美国《资源保护和回收法》旨在管理陆地废弃物及有害废物，从污染物和污染源控制土壤污染，该法于 1976 年通过。

《危险和固体废物修正案》对美国《资源保护和回收法》进行了修正。该修正案的重点是通过纠正措施来尽量减少处置荒废的土地和逐步被淘汰的存在危险废物的土地，以及释放这些土地的价值。该修正案 1984 年通过。

（一）美国《资源保护和回收法》的立法目的

美国《资源保护和回收法》是美国关于固体废物和危险废物处置的主要法律。美国《资源保护和回收法》于 1976 年 10 月 21 日签署成为法律，目的是解决美国因城市和工业废物数量不断增加而面临的日益严重的问题。

美国《资源保护和回收法》是 1965 年《固体废物处理法》的修正案，这是第一个特别侧重于改进固体废物处理方法的法规。

（二）美国《资源保护和回收法》的内容

（1）美国《资源保护和回收法》授权环保局"从摇篮到坟墓"控制危险废物。这包括危险废物的产生、运输、处理、储存和处置。

（2）美国《资源保护和回收法》提出了管理非危险固体废物的框架。固体废物包括固体、半固体、不能排入水体的液态废物和不能排入大气的置于容器中的气态物质，必须丢弃才能被视为废物。

（3）美国《资源保护和回收法》规定禁止公开倾倒废物，并规定城市废物和工业废物填埋场运营的最低联邦标准，包括设计标准、地点限制、财务保证、纠正措施（清理）和关闭要求。各州在执行这些条例方面发挥主导作用，并可能制定更严格的要求。如果州的计划没有被批准，联邦有权要求将该计划交由废物处理设施管理。

（三）美国《资源保护和回收法》的意义

（1）美国《资源保护和回收法》大幅提高了垃圾收集和处理的行业标准，在扩大固废行业市场份额的同时，也导致了成本的激增。小型公司只有不断地合并，才能通过规模效应来承担标准提高带来的高额投资和运营费用。

（2）美国《资源保护和回收法》开发了全面的危险废物处理系统，建立了联邦和各州处理这些废物的基础设施，以管理这些"从摇篮到坟墓"的危险废物。

（3）美国《资源保护和回收法》在美国建立了能有效实施的城市固体废物和非危险二级材料管理方案的框架。

（4）美国《资源保护和回收法》防止污染对美国社区造成负面影响，并为后来颁布的美国《超级基金法》提供了理论基础。

（5）美国《资源保护和回收法》恢复了 1800 万英亩❶受污染的土地，其面积几乎相当于南卡罗来纳州的大小，并纠正了各州的行动计划，使更多的土地能够进行生产性再利用。

（6）美国《资源保护和回收法》建立了合作伙伴关系和奖励计划，并鼓励公司修改生产工艺，减少资源浪费，还鼓励公司安全地重复使用各类材料。

（7）美国《资源保护和回收法》努力通过管理可持续材料，增强了"废物是可以成为新产品一部分的宝贵商品"这一认知。

（8）美国《资源保护和回收法》加强了美国国家回收基础设施的建设，提高了城市固体废物的回收率或堆肥率。

（四）美国《资源保护和回收法》面临的挑战

（1）剧毒废物的处置问题。
（2）日益高效的空气和水污染控制装置产生的废物的处置问题。
（3）人口增长使人类对自然资源需求加大的问题。
（4）对因废物而关闭的设施长期管理的问题。

（五）对美国《资源保护和回收法》的修正

1976 年以来，美国《资源保护和回收法》一直由国会修订和加强。除其他任务外，对美国《资源保护和回收法》的这些修订，目的是要求逐步取消对危险废物的土地处置，对排放采取纠正措施和废物最小化措施。废物最小化是指在处理或处置危险废物之前使用减少来源和/或无害环境的回收方法。

美国《资源保护和回收法》的修订和加强历程：

（1）1984 年《危险和固体废物修正案》对美国《资源保护和回收法》进行了修正。该修正案的重点是通过纠正措施来尽量减少处置荒废的土地和逐步被淘汰的存在危险废物的土地，以及释放这些土地的价值。该法的其他任务包括加强美国国家环境保护局的执法权以及使美国国家环境保护局能够解决地下储罐储存石油和其他有害物质可能导致的环境问题。

（2）1992 年《联邦设施合规法》颁布。
（3）1996 年《土地处置方案灵活性法》颁布。

（六）美国《资源保护和回收法》的案例

（1）艾奥瓦州的一家电器开关公司，因未经许可储藏含有银及镉的有害废弃物而被处罚了 38250 美元。

（2）某空军基地被判决处罚了 633000 美元，原因是该空军基地未经有关部门的许可，多次燃烧废弃物品，而且燃烧过程中并没有采取任何防范措施，同时造成了附近的饮用水水源地污染。

另外，美国环保局在处理环境刑事案件时，除了对当事人判决处罚高额罚金外，还会向全国公布以下内容：

① 受到刑事告发的当事人企业的名称。
② 受到刑事告发的当事人企业的地址。

---

❶ 1 英亩＝0.405 公顷。

③ 受到刑事告发的当事人企业的法定代表人名称。

④ 其他相关的详细情况。

三、美国《超级基金法》

（一）美国《超级基金法》的立法目的

美国《超级基金法》的立法目的是治理泄漏的危险物质，同时解决因此产生的各项费用负担，从而形成对因事故性泄漏危险物质迅速清除和对因倾倒的危险废物泄漏而产生污染的场所作出反应的机制。

（二）美国《超级基金法》的立法背景

20 世纪后半叶，美国经济和工作重心发生了转移。这个转移的过程分别是从城区到市郊、由北方向南方和由东边向西边。许多企业在搬迁后留下了大量的"棕色地块"，其主要包括五类，如图 2-37 所示。

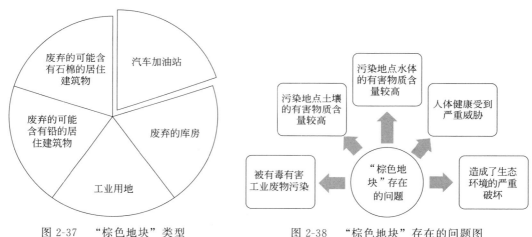

图 2-37　"棕色地块"类型　　　　图 2-38　"棕色地块"存在的问题图

由于"棕色地块"存在的问题（图 2-38）以及拉夫运河事件，美国国会于 1980 年通过了《综合环境反应补偿与责任法》，即《超级基金法》，以其环保超级基金而闻名。

（三）美国《超级基金法》的法律意义

美国《超级基金法》的法律意义主要有三大方面，如图 2-39 所示。

（四）美国《超级基金法》的基金内容

1. 核心条款

《超级基金法》主要用于治理全国范围内的闲置不用或被抛弃的危险废物处理场，并对危险物品泄漏作出紧急反应。该法案授权美国环保局敦促有责任各方予以清理，法案第 102 条授权美国环保局局长可以颁布规章，将只要渗漏到环境中去就可能对公众健康、社会福利和生态环境造成实质性危害的物质指定为"危险性物质"。不管当事人有无过错，任何一方

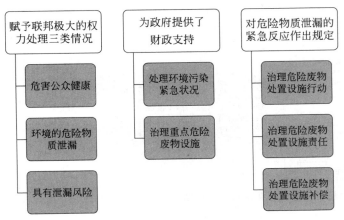

图 2-39　美国《超级基金法》的法律意义图

均有承担全部清理费用的义务。法案也允许美国国家环保局先行支付清理费用，然后再通过诉讼等方式向责任方索回。

法案第 103 条要求危险物品的业主和股东通知美国国家环保局在他们那里发现的或者是从处理场地了解到的，怀疑的或者是有可能渗漏的危险物质的总量和类型，美国国家环保局从中选出需要长期治理的地区，列入"国家优先名单"，然后由美国国家环保局或委托私人机构分析该地区的危险程度，选择、设计清理方案，以进一步采取相应的清理行动。

2. 主要支付对象

超级基金的资金主要负责支付三类费用，如图 2-40 所示。

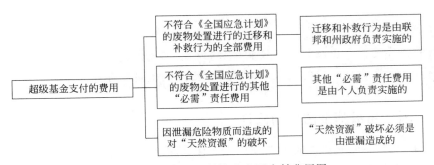

图 2-40　超级基金的资金主要支付费用图

3. 承担根据

根据美国《超级基金法》第 107（a）条的规定，超级基金负责支付的治理费用通过诉讼追索的三类情况如图 2-41 所示。

超级基金治理费用的承担主体主要包括四大类，如图 2-42 所示。

4. 责任形式

根据美国《超级基金法》第 107（a）条的规定，超级基金的责任形式包括四大方面，如图 2-43 所示。

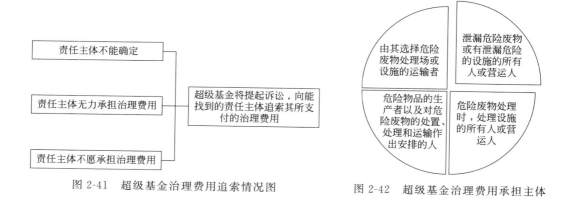

图 2-41　超级基金治理费用追索情况图　　　　　图 2-42　超级基金治理费用承担主体

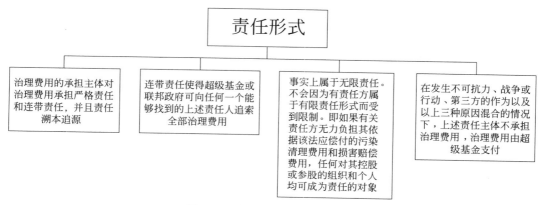

图 2-43　超级基金的责任形式图

【溯本追源】

即使当初的丢弃是完全合法的，当按照该法的标准可能构成环境污染时，也可以认为丢弃的企业应负治理责任，同时也认定当下的业主以及使用人负有治理的法定责任。

（五）美国《超级基金法》的修订

1986 年到 2002 年间先后发布的 7 项修正案使《超级基金法》的严格责任机制得到了软化（图 2-44），从而缓和了政府与潜在责任主体之间的矛盾冲突（图 2-45）。

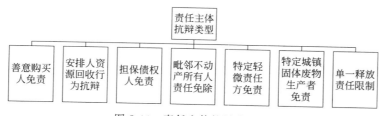

图 2-44　责任主体抗辩类型图

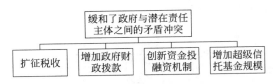

图 2-45 《超级基金法》修订影响图

四、美国《棕色地块法》

"棕地"是指因含有或可能含有危害性物质、污染物或致污物而使得扩张、再开发或再利用变得复杂的不动产。

美国《小规模企业责任减缓和棕色地块振兴法》又称《棕色地块法》，该法案对"棕地"作出明确定义，解决了《综合环境反应补偿与责任法》中严格的监管方法所带来的问题，解决了与"棕地"及其再开发相关的环境、经济和环境正义问题。该法于 2002 年 1 月通过。

（一）"棕地"的介绍

（1）"棕地"的概念如图 2-46 所示。

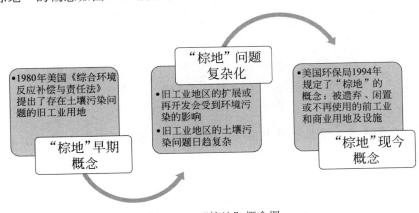

图 2-46 "棕地"概念图

（2）"棕地"的来源如图 2-47 所示。

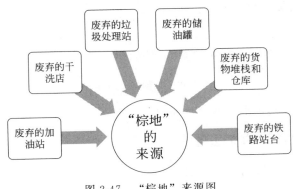

图 2-47 "棕地"来源图

（3）"棕地"的成因如图 2-48 所示。

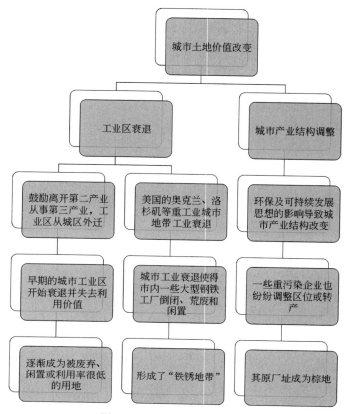

图 2-48 "棕地"的成因图

（4）"棕地"的危害主要是对城市和居民两方面，具体内容如图 2-49 所示。

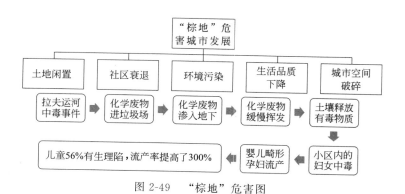

图 2-49 "棕地"危害图

（5）"棕地"改造原则包括四部分，如图 2-50 所示。

（二）《棕色地块法》的立法目的

《棕色地块法》的立法目的如图 2-51 所示。

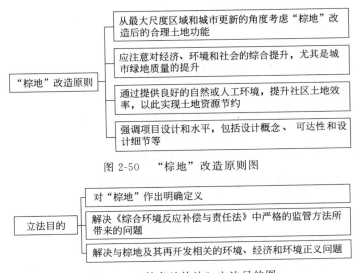

图 2-50 "棕地"改造原则图

图 2-51 《棕色地块法》立法目的图

(三)《棕色地块法》的内容

《棕色地块法》主要是解决美国《超级基金法》中关于"棕地"再开发方法存在的问题，如图 2-52 所示。

责任计划具有复杂性	复杂的责任计划是美国《超级基金法》中关于"棕地"再开发方法的最常见的问题。该责任计划因为让那些对场地造成最小污染的各方责任人产生了不平衡的影响而饱受争议。比如，《超级基金法》要求"棕地"所有业主和经营者对污染负有责任，不管他们是否确实对污染负有责任。人们指责该责任计划所带来的不确定的责任吓跑了潜在的投资者
环保局干预州"棕地"项目的权力过大	美国《超级基金法》赋予环保局干预州"棕地"项目的权力，并要求额外的清洁条件。这让开发商和州政府在完成"棕地"清理的努力中都感到十分沮丧，降低了开发商和州政府对"棕地"清理的积极性
"棕地"再开发受到影响	土地所有者因为害怕面临不确定的责任，所以往往选择放弃或封存他们的财产，转而在绿地上开发，从而规避可能产生的不确定的清洁责任。令人担忧的是，放弃或封存土地会导致城市扩张和税收减少
美国《超级基金法》与环境正义相冲突	因为"棕地"通常位于较贫困的社区，所以较贫穷的社区经常感受到封存土地所带来的问题冲击。这导致了越来越多的人质疑美国《超级基金法》是否符合环境正义。因此，在20世纪初期，美国国会通过了《小规模企业责任减缓和棕色地块振兴法》。该法案试图改革美国《超级基金法》中严格的监管方法，并解决与"棕地"及其再开发相关的环境、经济和环境正义问题

图 2-52 美国《超级基金法》中"棕地"再开发方法存在的问题图

《棕色地块法》增设了三类免责对象（图 2-53），从而减轻了部分"棕地"的持续拥有者和潜在购买者的责任。

图 2-53 《棕色地块法》三类免责对象图

（四）《棕色地块法》产生的影响

《棕色地块法》所带来的变化虽然是源于充分关注与"棕地"再开发有关的经济和环境正义问题，但是这些变化是以环境问题为代价的。具体来说，该法案对"棕地"地产的某些购买者的责任进行限制是为了刺激发展、增加就业机会、鼓励"棕地"的再开发。然而，这种责任免除会对环境清理产生负面影响，因为政府将承担大部分责任和随后的清理费用。该法案以牺牲环保局的利益为代价，增加了各州的权力，这会给"棕地"再开发带来新的问题，比如当局不能再依靠联邦政府的参与来诱导相关责任人进行清理活动。

（五）美国《超级基金法》对于"棕地"的监管模式

美国《超级基金法》通过两种方式来规范清洁工作。

1. 美国《超级基金法》所建立的信托基金

美国环保局用信托基金的钱来清理那些无人负责的污染场所，比如已经破产的破旧的场所，或者是美国环保局需要紧急清理的场所。为信托基金提供资金的是对各行业征收的企业税，但是该税在 1995 年到期，后来继任的总统都没有被重新授权征收该税。

2. 美国《超级基金法》所创造的责任计划

美国环保局主要通过美国《超级基金法》所创造的责任计划来规范"棕地"的清理，其具体内容如图 2-54 所示。

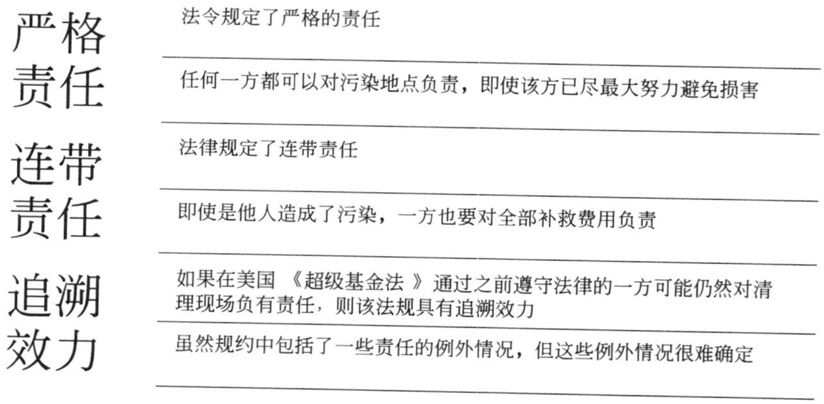

严格责任	法令规定了严格的责任
	任何一方都可以对污染地点负责，即使该方已尽最大努力避免损害
连带责任	法律规定了连带责任
	即使是他人造成了污染，一方也要对全部补救费用负责
追溯效力	如果在美国《超级基金法》通过之前遵守法律的一方可能仍然对清理现场负有责任，则该法规具有追溯效力
	虽然规约中包括了一些责任的例外情况，但这些例外情况很难确定

图 2-54　美国《超级基金法》责任计划图

第三节　欧盟土壤污染防治法律制度

一、欧盟土壤污染防治法律体系介绍

（一）欧盟土壤污染防治法律体系的特点

由于城市化、道路建设和污染，欧盟每天有三平方公里的土壤被破坏。然而，欧盟在土壤污染防治法律体系中并没有独立存在的成文法律规定，因为各成员国和地区的土壤污染防治法律体系完备，欧盟委员会认为对于土壤污染问题不需要出台欧盟独立的土壤污染防治法律。基于此判断，欧盟委员会关于土壤污染防治问题只是出台了相应的指导和监督体系。该体系的基础是一般标准，而非独立成文的法律。目前，作为欧盟土壤污染防治指导性文件的是《第七次环境行动计划》。

> 《第七次环境行动计划》指导欧洲的环境政策，希望欧盟成为一个可持续管理自然资源、保护和重视生物多样性的地方。它要求欧盟及其成员国加大努力，减少土壤威胁和修复受污染的场地。

（二）欧盟土壤污染防治法律体系的内容

> 《欧洲土壤宪章》规定了土地为陆地生态系统的一部分，是一项共同财产，应当采取预防措施，并遵循科学不确定性适用风险预防原则保护土地免受损害。
> 《阿尔卑斯公约》旨在保护阿尔卑斯山的自然环境和文化完整性的同时，促进该地区的发展。
> 欧盟委员会制定了土壤保护专题战略，强调以风险预防为原则，其中包含《土壤框架指令》草案。
> 欧盟委员会土壤保护专题报告会详细地报告了土壤保护专题战略从 2006 年通过以来的实施情况和目前正在进行的土壤保护活动。

1. 污染的预防

成员国应该采取适当的措施来限制将危险物质引入土地或土地表面的行为，不论该行为是有意还是无意。因此，该规定预防污染的方式是限制污染物质引入土壤。

2. 名单制度（图 2-55）

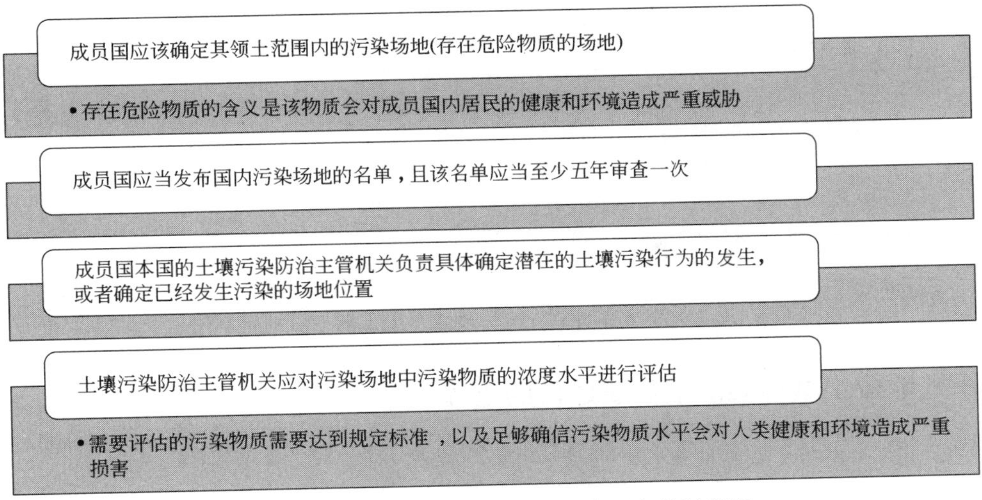

> 成员国应该确定其领土范围内的污染场地(存在危险物质的场地)
> • 存在危险物质的含义是该物质会对成员国内居民的健康和环境造成严重威胁
>
> 成员国应当发布国内污染场地的名单，且该名单应当至少五年审查一次
>
> 成员国本国的土壤污染防治主管机关负责具体确定潜在的土壤污染行为的发生，或者确定已经发生污染的场地位置
>
> 土壤污染防治主管机关应对污染场地中污染物质的浓度水平进行评估
> • 需要评估的污染物质需要达到规定标准，以及足够确信污染物质水平会对人类健康和环境造成严重损害

图 2-55 欧盟土壤污染防治法律体系名单制度图

3. 土壤现状报告制度（图2-56）

图2-56　欧盟土壤污染防治法律体系土壤现状报告制度图

4. 国家修复战略（图2-57）

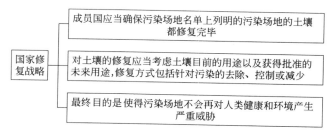

图2-57　欧盟土壤污染防治法律体系国家修复战略图

5. 无主场地资助机制（图2-58）

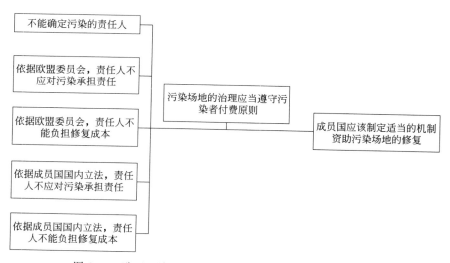

图2-58　欧盟土壤污染防治法律体系无主场地资助机制图

（三）欧盟土壤污染防治法制建设的进程

欧盟土壤污染防治法制建设的时间表如图2-59所示。

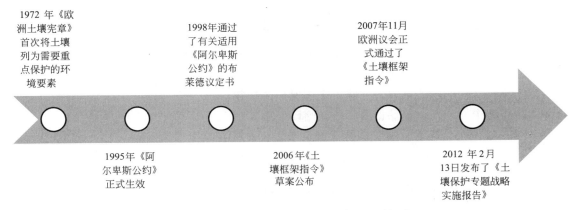

图 2-59　欧盟土壤污染防治法制建设的时间表

二、德国土壤污染防治法律体系介绍

（一）德国土壤污染防治法律体系的特点

德国的土壤污染防治以立法为支撑，形成了土壤"污染评估-修复技术-管理监测"的多层次、全方位的防控监测体系，从根本上保障了土壤污染的有效预防与监测治理。

（二）德国土壤污染防治法律体系的主要内容

德国颁布《联邦土壤保护法》《联邦土壤保护和污染场地条例》以及各州土壤保护法，对土壤污染实施直接管控，其具体内容如图 2-60 所示。

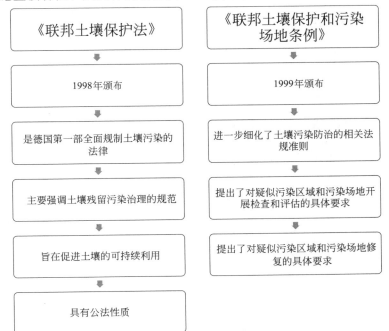

图 2-60　德国《联邦土壤保护法》与《联邦土壤保护和污染场地条例》介绍图

（三）德国土壤污染防治法律体系的补充

除《联邦土壤保护法》《联邦土壤保护和污染场地条例》以及各州土壤保护法之外，其余环境保护的法律也规范了土壤保护的有关事宜，完善了土壤保护的法律框架。在实践中，如果土壤保护的具体准则已经由其他法规（图 2-61）作出规定，则以其他法规为准，《联邦土壤保护法》不再适用。

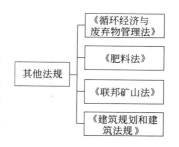

图 2-61　德国土壤污染防治其他法规图

（四）德国土壤污染防治法律体系给我们的启示

1. 建立全国范围内的可持续管理体系

德国的土壤污染防治管理体系涉及责任人、调查机构、修复机构和政府机关，包括信息采集与修复治理两个流程。通过采集不同功能用途土壤的污染监测数据，建立污染场地专业数据库，判定污染地块类型，确定是否启动修复程序。修复流程大致可分为确定责任人、专业调查机构再次评估土壤、政府全程监管保证实施、修复机构进行修复治理。整个体系分工明确，互相配合，各部门均可稳定持续地发挥所长。我国在建立全国范围内土壤可持续管理体系时，可以先从地方出发，后逐渐延伸整合，实现全覆盖。虽然可能会经历一个较长的过渡期，但意义重大。

2. 加快土壤污染修复技术创新

德国土壤修复技术种类繁多，不仅创新性地开发了多种土壤修复措施，在市场上还拥有成熟先进的土壤修复配套设备，可以满足土壤修复的应用需求。同时，德国政府也大力支持技术产业的发展，为土壤修复技术的创新性开发营造了较好的国内环境。我国应当大力支持各行业的创新，加大对土壤污染治理技术开发的资金投入，从而研究出更加因地制宜、适合我国具体情况的土壤修复技术。

三、法国土壤污染防治法律体系介绍

（一）法国土壤污染防治法律体系的特点

法国土壤污染防治法律体系的特点是分散性间接保护模式，如图 2-62（a）所示。

法国土壤保护相关的法律文件分散在多部法典中，这些法典并不是专门为了解决土壤污染问题而制定的，因而存在协调性不佳和法律制度重叠问题，如图 2-62（b）所示。

法国的土壤污染防治法律体系的特点除了体现在各法典之中，还存在于其特有的污染土壤公共信息数据库之中，如图 2-62（c）所示。

（二）法国土壤污染防治法律体系的主要内容

法国土壤污染防治法律制度分布于多个法律制度中，如图 2-63 所示。

（三）中法土壤污染防治法律体系的对比

法国土壤污染防治法律体系的法律渊源如图 2-64 所示。

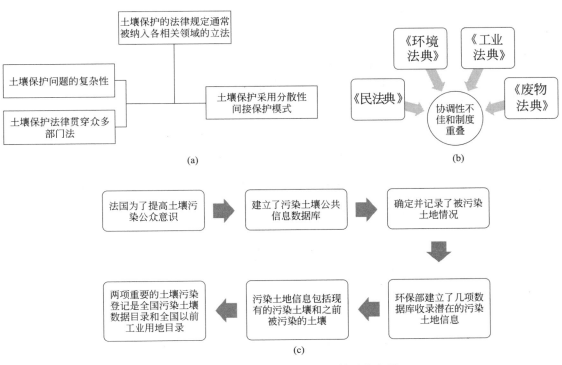

图 2-62 法国土壤污染防治法律体系特点图

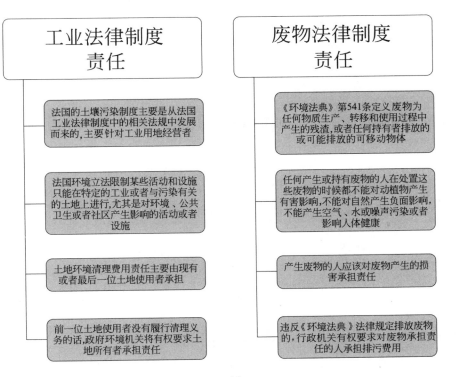

(a)

图 2-63

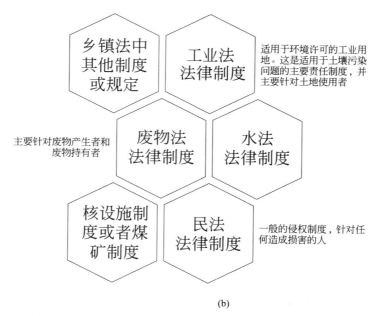

(b)

图 2-63 法国土壤污染防治法律体系主要内容图

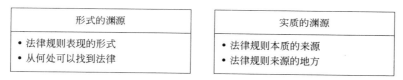

图 2-64 法国土壤污染防治法律体系的法律渊源图

法国土壤污染防治法律体系法律渊源的内容如图 2-65 所示。

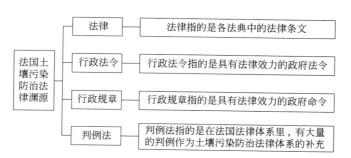

图 2-65 法国土壤污染防治法律体系法律渊源内容图

虽然我国与法国在法律体系的本质上都属于大陆法系，即主要通过成文法条约束公民的行为，但法国并没有一部单独的土壤污染防治的成文法律，而是通过大量的判例来补充成文法，弥补其空白和缺陷。因此，法国在土壤污染防治法律领域存在立法的滞后性，从而与土壤污染防治工作产生冲突。不过，法国通过积累大量判例的方式，在土壤污染防治领域积累了充足的经验，为之后土壤污染防治相关成文法的颁布奠定了基础。除此之外，法国土壤污染防治法律体系还有三点优势，如图 2-66 所示。

土壤污染防治的预防原则	建立污染土壤公共信息数据库	基于风险的修复政策
• 为了预防进一步的污染，政府部门首先通过发展法国工业管理体制从源头解决潜在的土壤污染问题，也即通过调节和控制与污染有关的活动和设施来解决问题 • 1998年环保部制定了一项政府条令，该条令规定现存的和新的设施和活动要向空气、水或者土壤中排放污染物，必须事先经ICPE管理体制授权，在可适用的具体操作许可之外实施排放值限制和监测要求	• 为了提高土壤污染公众意识，确定并记录被污染土地情况，环保部门建立了几项数据库收录潜在的污染土地信息，包括现有的污染土壤和之前被污染的土壤 • 两项重要的土壤污染登记是全国污染土壤数据目录和全国以前工业用地目录	• 法国政府针对土壤和地下水污染有一项特定场地的有效方法。这就意味着，每块污染土地都要进行风险评估来确定污染源、污染途径和受体以及以后该土地用途的建议 • 不存在污染的法律或监管定义，也不存在土壤或地下水中污染物监管值限制 • 避免主要风险，降低修复成本，采取必要的预防措施和解决全方位修复可能带来的大规模清理成本

图 2-66　法国土壤污染防治法律体系优势图

四、意大利土壤污染防治法律体系介绍

(一) 意大利土壤污染防治法律体系的特点

意大利对工业污染场地及其污染水土的监管有严厉的法律法规作为保障，对污染土壤及污水处理有明确严格的技术标准。其中，"经营者污染场地数据申报制度"是意大利土壤污染防治法律体系的一大特点。

(二) 意大利土壤污染防治法律体系的内容

意大利建立了一套完善的污染场地行政管理程序和污染场地申报制度，充分发挥环保行政主管部门的监管职能：

（1）通过完善环保法规系统和管理制度，可以有效控制企业产生污染的风险。

（2）通过完善环境技术标准，可以加快污染处置技术和设备的自主研发速度，催生新的细分环保产业。

意大利通过"经营者污染场地数据申报制度"实现了对识别与筛选、场地调查、分类评价、环境风险评估、修复治理以及后监测评估的全过程监管。

（三）中意土壤污染防治法律体系的对比

1. 重视技术和设备

技术和设备是污染土壤修复能力建设的关键，尤其是实用性修复技术能力，即能应用于实际污染场地修复，并能够将其转化成具体的设施设备的一种技术能力。意大利拥有比较完备的技术能力和处置设施设备。相比于意大利，我们国内正处在利用技术和设备推动污染土壤修复能力建设发展的关键阶段，国内当前最缺的是将各种环境修复技术转化成实用技术和相应技术设备设施的能力和制度推力。我国土壤修复行业处于起步阶段，咨询服务、技术设备、修复工程等环保企业的供应能力离市场需求还有很大的差距。在参考发达国家经验基础上，我国需加快土壤修复行业的市场化发展。通过构建法律制度体系及技术标准体系培育市场，优先开展政府和社会资本合作项目解决资金难题，在典型地区开展土壤污染治理试点示范。对于涉及国家利益的污染场地，应建立财政资金支付机制。

2. 土壤污染防治的主导者

相比于意大利自下而上的土壤污染防治法律制度模式，我国目前处于"政府主导型"模式。今后应多鼓励和推动社会参与，培育自下而上的环保活动，逐步将环保工作的"政府主导型"转变为政府主导与社会参与相结合的模式。

3. 重视资源再利用

资源再利用是环保产业可持续发展的重要动力。垃圾是放错位置的资源。意大利政府和市场特别重视资源再利用。经过处置后的土壤各类成分，除必须无害化填埋的以外，没有污染风险的组分被重新利用，例如细沙组分被运到水泥厂加工成水泥等建筑材料，大粒径的石块被用作道路建设材料。资源再利用不但大幅度减少了垃圾填埋量，而且为环保企业带来了可观的经济效益。

五、荷兰土壤污染防治法律体系介绍

（一）荷兰土壤污染防治法律体系的特点

在欧盟成员国中，荷兰是最早进行土壤污染防治法律体系建设的国家。荷兰以其完善的土壤污染防治法律体系及相关标准的适用与监管等制度而闻名，对于全球土壤污染防治法律体系的建设具有宝贵的借鉴意义。作为欧洲最具特色的土壤污染防治法律体系，荷兰的土壤污染防治法律体系的发展也经过了漫长的积累与不断修订的过程。荷兰土壤污染防治的层级如图 2-67 所示。

荷兰土壤污染防治法律体系的特点是风险管控和功能导向，如图 2-68 所示。

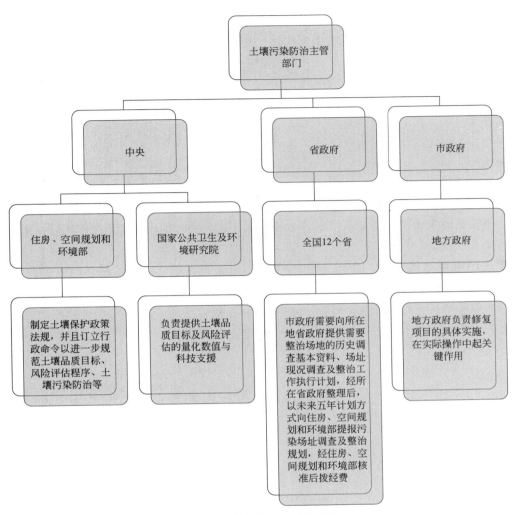

图 2-67　荷兰土壤污染防治层级图

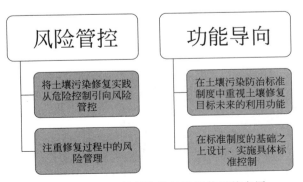

图 2-68　荷兰土壤污染防治法律体系特点图

1. 风险控制理念下的污染判定值（图 2-69）

【目标值】

生态系统风险可忽略时的污染物浓度限值。目标值近乎背景值，是基于生态风险评估方法确定的土壤中污染物含量限值，反映的是土壤中重金属等污染物对生态物种和土壤生态过程危害风险可忽略时的含量限值。

【筛选值】

筛选存在潜在风险的污染地块时，污染水平介于目标值与筛选值之间的可直接被视为相对安全，而超过筛选值时则应启动一系列风险调查评估以确认是否存在需要启动修复程序的风险。

【干预值】

基于人体健康风险评估和陆生生态风险评估方法综合确定的污染物含量限值。污染水平超过干预值的限值则意味着土壤中存在对人体健康和生态系统不可接受的风险，应启动污染修复程序。

【严重污染指示值】

对部分生态毒性或标准方法尚未完全明确的污染物的含量限值。与干预值相比，该值具有较大的不确定性，土壤污染物监测含量超过指示值时，需综合考虑其他因素确定土壤是否受到严重污染。

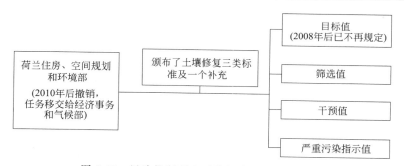

图 2-69　风险控制理念下的污染判定值概念图

2. 功能导向的多元化、立体化的污染判定体系（图 2-70 和图 2-71）

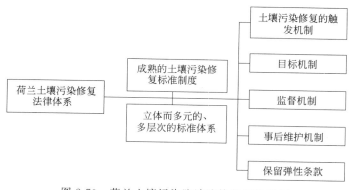

图 2-70　荷兰土壤污染防治法律判定体系图

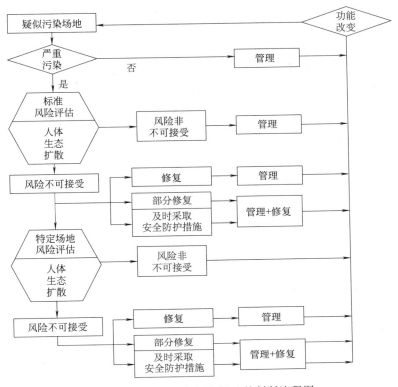

图 2-71　荷兰疑似污染场地的判断流程图

(二) 荷兰土壤污染防治法律体系的内容

荷兰土壤污染防治法律体系的内容如图 2-72 所示。

(三) 荷兰土壤污染防治法律体系的发展进程

荷兰土壤污染防治法律体系的发展进程如图 2-73 所示。

(四) 中荷土壤污染防治法律体系的对比

1. 细致具体的法律条款与可参考案例

荷兰土壤污染防治法律体系的各项法律条款非常具体和细致,其法律的适用也规定了大量具有参考价值的场景。土壤修复效果与地块差异性紧密相关,我国土壤呈明显的区域化态势,土壤修复的工作会受到修复土壤地理位置的影响,会受制于修复土壤的功能用途,会因为附着物类型的多样性而变得复杂,还会受其他土壤因素的影响。这些问题的共同作用会导致较为单一的土壤修复方案不足以满足各异的土壤修复要求。综上所述,我国土壤污染防治法律体系可以借鉴荷兰土壤污染防治法律体系的具体和细致的管理模式。

2. 法律体系的弹性双标准

荷兰采用的是两种标准叠加适用的土壤污染防治法律体系,其中一个标准是限值型标准,另一个标准是风险管控型标准。这样做的目的是克服两种不同种类的标准自身存在的各种问题和缺陷,从而融合两种标准在不同情况下适用,形成具有一定弹性的土壤污染防治法

注重管理和制约风险的管控理念

- 荷兰土壤污染防治法律体系的目标是通过对修复标准的适用以控制污染风险,而不是杜绝污染损害
- 《土壤保护法案》和《土壤修复通令》中严格区分严重污染标准和一般污染标准
- 对于严重污染情形,也就是对人体、生态系统等具有不可接受的重大风险,应启动紧急修复程序
- 对于一般污染则归为非紧急修复情形,虽然法律不得对责任人施加修复义务,但可要求责任主体进行长期管理,一旦目标地块的新建设或再开发利用增加了风险水平,往往就会导致紧急修复的启动

内容分门别类的标准规定

- 修复干预值对其适用对象的种类划分非常细致,以求精确地判断每一地块的风险。针对不同的暴露途径,分门别类地对污染土壤风险进行评估,并做相应的污染物浓度限值要求

限值型标准与风控型标准的叠加适用

- 对于所有的地块均通过干预值、筛选值判断是否存在需要启动修复的风险,超过筛选值的地块则进一步以风险控制标准确定是否应当启动修复
- 在风险控制标准下形成了干预值(针对不可接受风险水平)直接启动和筛选值加风控型标准共同判断是否启动修复的有序筛选标准体系
- 在风险评估中还进一步区分标准化风险评估标准与具体地块风险评估标准,以精细筛选判断具体地块的风险水平。这是一种差别化判断的成熟做法

适当的标准制度延展弹性

- 对于因标准化机理未明确(生态毒性、标准化方法论等因素不明)的污染物,即使未能将其纳入标准规范体系,也设定了污染风险指示值,体现了对未知环境风险谨慎防范的风险预防原则

以人为本的制度价值目标

- 荷兰土壤污染防治法律体系明确包含了对人体健康安全与生态安全的关切,尊重自然规律在标准法律制度中的角色与作用。
- 《土壤保护法案》及《土壤修复通令》将应当启动紧急修复的土壤环境风险区分为三类:
  - 对人类的风险:如对健康的急慢性不利影响、引发诸如皮肤过敏等表面不适症状
  - 对生态系统的风险:如对生态多样性和生态循环功能的影响,或导致生态累积、生态扩大现象
  - 污染扩散的环境风险:如污染随地下水扩散对生态系统或其他土壤利用的影响,进而引发对脆弱目标的侵害、地下水污染等不可控制情形

审批制的修复标准适用

- 《土壤保护法案》规定,修复方案应当经过省级行政部门按照《统一行政法案》的规定权限予以审批之后方可实施,且一旦在标准适用过程中行政部门根据污染地块发布具体指令,则修复责任人应当按照指令完成修复。修复工程完成之后,修复责任人应当尽快将修复效果的书面报告提交修复方案审批部门审核,对修复效果的书面报告应当包含哪些内容,《土壤保护法案》也予以明确。行政主管部门从修复方案的确定开始介入标准适用过程,直至修复工程完毕。甚至在修复完成后,如果目标地块仍然存在污染物(但已经降至可接受风险水平以下),行政主管部门仍可以要求修复责任人编制"事后维护计划",对后续的适用标准、成本效益分析、定期监测等做详细计划

图 2-72 荷兰土壤污染防治法律体系内容图

律体系的管控制度。

3. 政府介入标准适用的监管模式

荷兰土壤污染防治法律的适用过程,采用严格的政府介入模式管控两个环节:

(1) 修复方案的编制:方案编制的作用是设计整个土壤修复工程走向。

(2) 修复工程验收评估:该工程验收评估的目的是审查修复工程,然后从合法性上给予评价,考察其在法定要求的框架下的合法性。

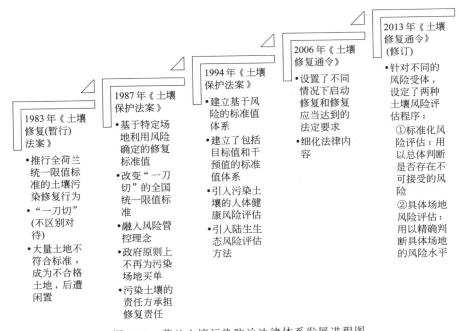

图 2-73　荷兰土壤污染防治法律体系发展进程图

4. 既保证人体健康安全又注重生态安全的法律体系

荷兰《土壤保护法案》的修复标准不是单独针对生态环境的保护，也不仅仅只关注人体健康问题，而是具有明确的对人体健康及生态系统两方面的双重保护理念。在该理念的指导下，荷兰不仅有人群毒理标准，也有生态毒理标准。借鉴荷兰土壤污染修复标准中的人体健康安全、生态安全的双重价值取向，我国的土壤污染防治法律体系中关于修复标准的内容可以更多地重视土壤生态安全问题。

第四节　日本土壤污染防治法律制度

一、日本土壤污染防治法律体系简介

（一）日本土壤污染防治法律体系的特点

负责日本土壤污染防治工作的有两大主管部门，日本土壤污染防治法律体系的特点如图2-74 所示。

（二）日本土壤污染防治法律制度的内容

日本土壤污染防治法律制度以国家政府的部门机构为管理核心。具有强制力的政府部门通过法律途径和强制性政策对土壤污染防治工作进行监督和管理。同时，日本为了对国家政府的部门机构进行监督，还强调拥有土地所有权的一方与污染土地的一方共同参与土壤污染防治的相关工作。除此之外，日本政府还鼓励公众参与，通过各种渠道如广播、电视节目和影视作品等宣传土壤污染防治工作的巨大意义，从而共同促进土壤污染防治工作的有序

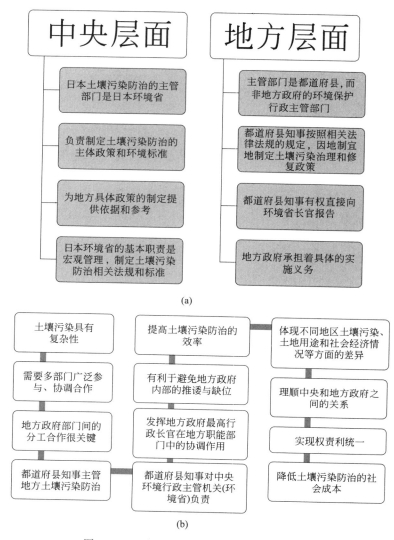

(a)

(b)

图 2-74　日本土壤污染防治法律体系特点图

进行。

1. 土壤污染调查制度

土壤污染调查在土壤污染防治工作中处于基础性阶段和初级阶段，是保证后续土壤污染防治工作有序进行的前提条件。日本对拥有可能遭受污染的土地的人或企业进行土壤污染防治方面的调查研究，其目的是对可能发生的土壤污染导致的环境问题进行行之有效的处理，从而减少因土壤污染产生的风险。

土壤污染调查可以分为自行调查和行政命令调查两类。

【自行调查】

当制造、使用或处理特定有害物质的设施被关闭时，土地所有者自己或者委托具有资质的指定调查机构进行土壤污染状况调查，并将调查结果提交给都道府县知事。

日本的都道府县知事有权对发生土壤污染的地区实施现场调查，该过程通常是委派负责的公职人员前往该地区。除此之外，日本的都道府县知事也可以选择收集与发生污染的土壤相关的样品，该过程是完全免费的且仅限于收集与土壤污染相关的样品。日本政府非常重视对土壤污染治理机构的资质审查。同时，日本政府对从事土壤污染防治工作的个人实行严格的资质审查。土壤污染治理资格考试是审查从事土壤污染防治工作人才的考试，通过率很低。想成为土壤污染防治工作的从业人员的必经之路便是通过该考试，由此可见日本政府的严苛。

2. 土壤污染地区指定制度

公众享有土壤污染对策地区名单的查阅权，可以在土壤污染对策地区公示到台账之后，查阅到其符合要求的记录。由于土壤污染地区指定制度可以从侧面较为客观公正地展现土壤污染的状况，企业形象与土地价值这两项重要的指标好坏会与土壤污染地区指定制度的公示记录挂钩。因此，为了防止土地价格贬值，在日本拥有土地的人或企业与对土地造成污染的人或企业会积极采取措施对受到污染的土壤进行整治。这对于土壤污染防治工作，尤其是改善土壤环境质量来说，是非常有效和有益的。当然，如果被列入土壤污染对策地区名单的土地得到有效整治之后，都道府县知事会将该地区的土地从土壤污染对策地区的名单中剔除或者改变列入名单的范围。

3. 土壤污染管制制度

日本政府从土地类型和土壤污染程度两个方面入手，构建了灵活完善的土壤污染防治的监管和修复治理制度。该制度的目的是将被污染的土壤的污染消除，然后合理地利用这些土地。其中一个方式就是对土地的使用加以限制：如果农业用地的土壤被污染，农户就不可以在该土地上种植规定的某几类农作物。不仅如此，在遇到某些特殊情况时，农户还必须销毁那些被污染的特定农作物，然后对污染的土壤在规定的期限内整治，保证土壤中的污染物被去除，以此防止污染物进一步扩散。

4. 土壤污染整治基金制度

土壤污染整治基金为了实现外部成本内部化，会保留向土壤污染者追索赔偿治理污染土壤的经费的权利。这体现的正是污染者付费原则。

5. 信息公开和公众参与制度

【信息公开和公众参与】

日本政府通过向社会公开土壤污染调查结果和土壤污染对策地区的信息，让公众全面准确地了解土壤污染信息，从而监督土地所有者和污染者的土壤污染整治情况，进而掌握和监督土壤污染防治立法、执法和司法。

日本的新闻媒介和社会团体通过舆论的方式监督土地所有者和污染者的土壤污染整治情况，从而引导公众加深对土壤污染防治工作的认识，鼓励更多的公众参与到土壤污染防治的监督工作中，从而将公益诉讼制度融入社会生活，利用公众的影响力与日本政府的司法权力来保护因土壤污染而受害的一方的合法权利，同时又强调对政府部门和执法机构要加强监督，保证其履行自身的职责。

6. 土壤污染处罚制度

【土壤污染处罚制度】

日本以刑事责任和民事责任为主的严格的针对土壤污染事件进行处罚的制度。民事责任分为严格责任、连带责任和溯及责任三种。

优先承担土壤污染防治责任的是土地所有者中负有基础责任的基本责任人。只有当该责任人有明确的"合理的理由"可以认定土地污染者对土壤污染负有责任时，土地所有者中的负有基础责任的基本责任人才有权利免除其优先承担的责任。21世纪初期，日本对房地产的估价系出台了新的标准。该标准强制要求土地的所有者有治理污染土壤的责任。该标准在判断土地所有者是否应承担土壤污染修复的补充责任、无过失责任和溯及责任时，是不考虑土壤污染者的财力状况的。这也就是说，土壤污染者是否需要去履行土壤污染修复责任与能否支付得起修复污染土壤的各项费用是不相关的。作为对土地所有者的保护，土地所有者可以在土壤污染者履行其土壤污染修复责任后，通过合法的途径向土地污染者寻求关于土壤污染修复过程中产生的费用的补偿和赔偿。

（三）日本土壤污染防治法律体系的法制建设进程

日本土壤污染防治法律体系的法制建设进程如图 2-75 所示。

（四）日本土壤污染防治法律体系对日本的影响

《农业用地土壤污染防治法》是日本政府针对农用地保护而颁布的。此项法律的颁布，标志着日本成为最早关注农用地土壤环境并在农用地土壤保护方面进行立法的国家。日本政府分别于 1971 年、1978 年、1993 年、1999 年、2005 年和 2011 年对《农业用地土壤污染防治法》进行了修订。

《自然环境保全法》是日本自然保护方面的基本法，与《公害对策基本法》平行适用，共同在克服公害危机、保护自然环境和维持经济与环境的双向发展方面发挥巨大的法律功能。

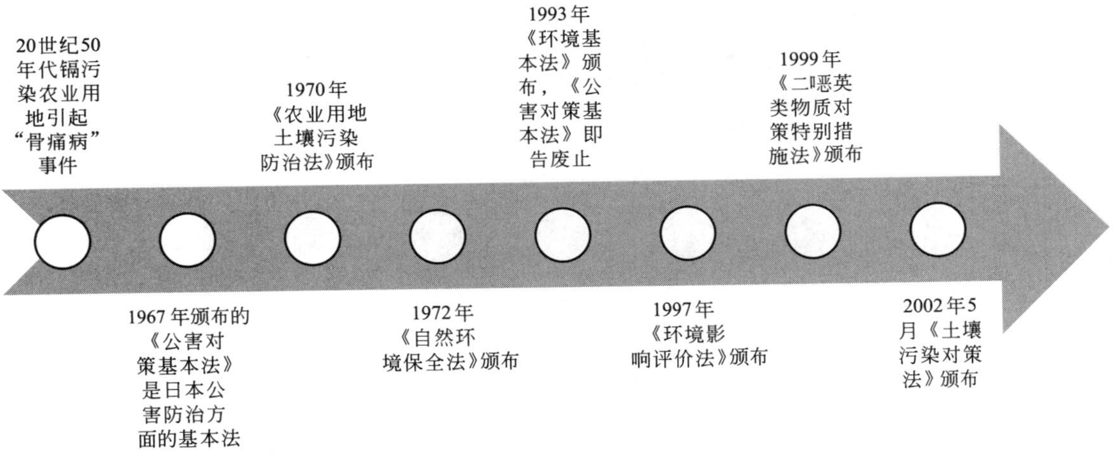

图 2-75 日本土壤污染防治法律体系的法制建设进程图

日本土壤污染防治法律体系对日本的影响主要体现在四个方面，如图 2-76 所示。

土壤污染调查和修复措施大量开展，土壤环境质量改善
- 1970年《农业用地土壤污染防治法》颁布以后，日本开展了以清洁土壤为主要手段的土壤修复工程。土壤污染调查和管理的加强，激励土地所有者和污染者治理和修复土壤污染，有利于土壤环境质量的改善

激励企业自主治理和修复土壤污染
- 日本土壤污染管理制度激励企业参与工商业用地土壤污染调查，主动采取污染治理和修复措施，使土壤污染整治由被动治理向主动治理转变。日本一些企业在相关法律的约束下开始治理土地污染，并取得了显著的效果。从20世纪70年代起，日本企业内部开始建立治理机制，企业采取自主行动承担保护环境的责任
- 为了治理土壤重金属污染，日本制定了重点行业的重金属减排政策。经过多年的努力，日本的含汞工艺数量和产品用汞量不断下降

促进环境保护产业的发展和完善
- 日本土壤污染管理制度促进了土壤环境污染治理和风险管理等相关环境保护产业的发展，催生了土壤污染调查和监测机构、土壤治理工程中介等一系列的相关产业，促进了就业，拉动了经济增长。同时，环境保护产业得到了公共财政的支持。环境保护产业的发展有效地处理了废水、废气和废渣，有利于土地环境质量的改善

鼓励公众参与
- 日本土壤污染管理制度鼓励公众参与，发挥公众对政府和企业的监督和约束作用。通过公益诉讼制度，经过政府、企业、公益诉讼组织和受害者多次协商，维护土壤重金属污染受害者的合法权益

图 2-76　日本土壤污染防治法律体系对日本影响图

（五）中日土壤污染防治法律体系对比

（1）中日土壤污染防治法律体系内容的对比如图 2-77 所示。

（2）日本土壤污染防治法律体系独特的优势如图 2-78 所示。

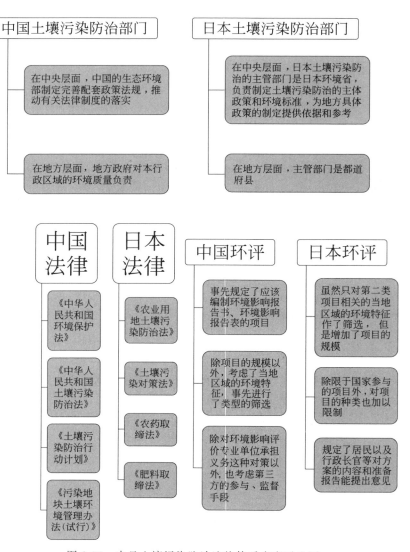

图 2-77　中日土壤污染防治法律体系内容对比图

二、日本《环境基本法》

（一）日本《环境基本法》的立法目的

日本《环境基本法》的立法目的是通过制定环境保护的基本理念，明确国家、地方公共团体、企（事）业者及国民的责任和义务，规定构成环境保护政策的根本事项，综合而有计划地推进环境保护政策，在确保现在和未来的国民享有健康的文化生活的同时，为造福人类作出贡献。

（二）日本《环境基本法》的基本理念

日本《环境基本法》的基本理念包含三部分，如图 2-79 所示。

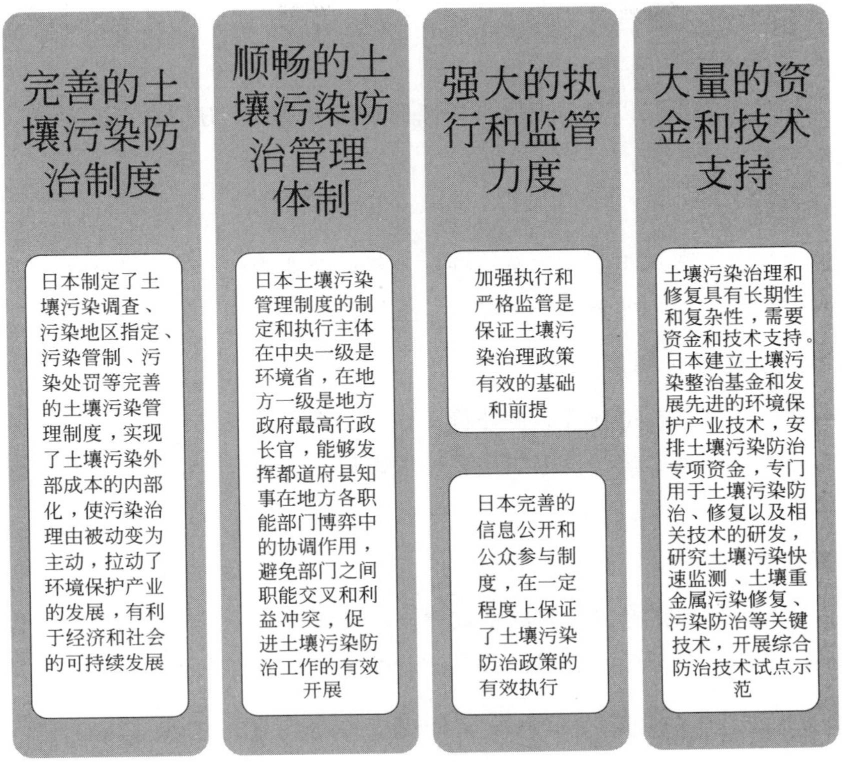

图 2-78　日本土壤污染防治法律体系优势图

完善的土壤污染防治制度	顺畅的土壤污染防治管理体制	强大的执行和监管力度	大量的资金和技术支持
日本制定了土壤污染调查、污染地区指定、污染管制、污染处罚等完善的土壤污染管理制度，实现了土壤污染外部成本的内部化，使污染治理由被动变为主动，拉动了环境保护产业的发展，有利于经济和社会的可持续发展	日本土壤污染管理制度的制定和执行主体在中央一级是环境省，在地方一级是地方政府最高行政长官，能够发挥都道府县知事在地方各职能部门博弈中的协调作用，避免部门之间职能交叉和利益冲突，促进土壤污染防治工作的有效开展	加强执行和严格监管是保证土壤污染治理政策有效的基础和前提 日本完善的信息公开和公众参与制度，在一定程度上保证了土壤污染防治政策的有效执行	土壤污染治理和修复具有长期性和复杂性，需要资金和技术支持。日本建立土壤污染整治基金和发展先进的环境保护产业技术，安排土壤污染防治专项资金，专门用于土壤污染防治、修复以及相关技术的研发，研究土壤污染快速监测、土壤重金属污染修复、污染防治等关键技术，开展综合防治技术试点示范

图 2-79　日本《环境基本法》基本理念图

环境恩惠的享受和继承	建设对环境负荷小、可持续发展的社会	积极促进建立在国际协调基础上的全球环境保护
•人类生存基础的环境是有限的且是全人类共有的，当代人在享受丰富的环境恩惠时，必须考虑到应当将它完整地保存好，使后代人得以继承	•把社会经济活动控制在公平负担下的环境负荷比较小的水平，寻求对环境负荷小、健康的经济发展模式，环境保护必须坚持防患于未然原则	•在国际协调下积极致力于保护全球环境

(三) 日本《环境基本法》的特点

1. 立法理念进步

(1) "环境恩惠的享受和继承"体现了日本环境保护的全球性和继承性。

(2) "建设对环境负荷小、可持续发展的社会"体现了日本环境保护的预防性和可持续性。

(3) "积极促进建立在国际协调基础上的全球环境保护"体现了日本环境保护的责任性。

2. 完善法律制度

相比于《公害对策基本法》和《自然环境保全法》，《环境基本法》完善了环境保护的法律制度和对策，比如新设立了环境基本计划，并对其运作方式作出了明确的规定。

3. 可持续发展为宗旨

以可持续发展为宗旨，以日本环境与资源的现状为基点，建立循环型社会，将土壤污染防治立法工作上升到新高度。

4. 责任的合理分担

国家和地方政府主要承担制定政策措施的责任，企业责任是一种生产者责任，公众责任是尽量循环使用产品、适当处置废弃产品。

5. 环境影响事先评价制度

环境影响评价制度是指把环境影响评价工作以法律、法规或行政规章的形式确定下来从而必须遵守的制度。环境影响评价不能代替环境影响评价制度。前者是评价技术，后者是进行评价的法律依据。

6. 循环型社会计划

循环型社会的计划包括：以法律的形式建立，确保循环经济的贯彻实现；以科技和教育为后盾；加强技术研发和循环经济知识普及；鼓励民间团体自愿活动；加强国家协调与合作的计划实施的时间表。

三、日本《环境影响评价法》

日本《环境影响评价法》第一条明确规定："此法是对土地之变更、新设建筑物等事业进行动作之事业者，对试作其事业之实施时，鉴于进行事前的环境影响评定"。

（一）日本《环境影响评价法》的立法目的

其立法目的主要是针对办理土地变更和新设建筑物等事业的人，要求他们提前进行环境影响评定。

（二）日本《环境影响评价法》的主要内容

日本《环境影响评价法》包含总则、制作计划书前的手续、计划书、评价书、修正对象事业的内容、评价书的公告及公告后的手续、影响环境评定其他手续的特例和各种细则，共八章六十一条。

日本《环境影响评价法》的具体内容共以下五个主要部分。

1. 建设项目

日本《环境影响评价法》规定，适用《环境影响评价法》的建设项目（图 2-80）包括两类：第一类项目（第一种事业）和第二类项目（第二种事业），如图 2-81 所示。

图 2-80 适用日本《环境影响评价法》建设项目条件图

图 2-81 日本《环境影响评价法》建设项目分类图

日本《环境影响评价法》还对适用《环境影响评价法》的建设项目是否进行环境影响评价规定了判断流程，如图 2-82 所示。

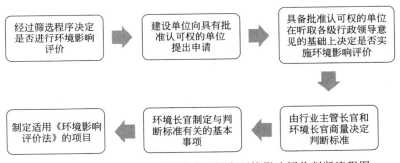

图 2-82 日本《环境影响评价法》规定环境影响评价判断流程图

2. 方案评价程序（图 2-83）

【方案评价程序】

日本关于某项具体的事业，针对某种特定的环境要素，确定使用特定的方法进行调查、预测和评价的程序。

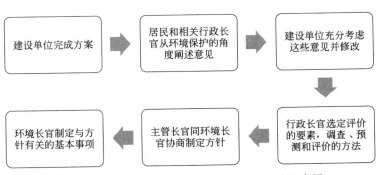

图 2-83 日本《环境影响评价法》方案评价程序图

3. 准备报告（图 2-84）

图 2-84　日本《环境影响评价法》准备报告流程图

4. 评价报告（图 2-85）

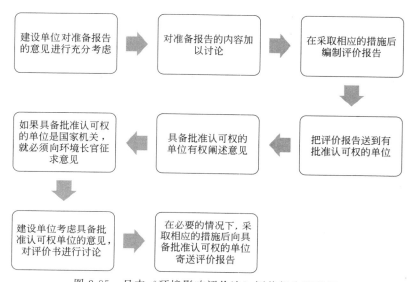

图 2-85　日本《环境影响评价法》评价报告流程图

5. 批准认可评价书（图 2-86）

图 2-86　日本《环境影响评价法》批准认可评价书要求图

四、日本《土壤污染对策法》

（一）日本《土壤污染对策法》的立法目的

　　日本《土壤污染对策法》第一条明确规定："通过制定措施确定特定有毒物质给土壤造成的污染的范围来保护公众健康，以及预防土壤污染给健康造成的损害。"该法律主要是对于已经发生土壤污染的场址，掌握土壤特定有害物质状况，通过制定相关措施，保护公众健康，以及预防土壤污染给人体健康造成的损害。第二条指出"特定物质"包括铅、砷、三氯乙烯及其他物质。

日本《土壤污染对策法》的立法目的如图 2-87 所示。

图 2-87　日本《土壤污染对策法》立法目的图

（二）日本《土壤污染对策法》的意义

日本《土壤污染对策法》是土壤污染防治的主要法律，确立了有关城市土壤污染防治的对策，对日本社会产生了重大影响，促进了公众对土壤污染及其风险的认识，引发了公众对土壤污染的思考。

（三）日本《土壤污染对策法》的补充完善

日本政府在《土壤污染对策法》颁布后，为了进一步完善土壤污染防治法律体系，出台了详细的规定，从而对《土壤污染对策法》的具体实施加以解释和说明，建立了更为完善的土壤污染防治法律体系，如图 2-88 所示。

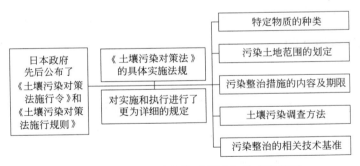

图 2-88　日本《土壤污染对策法》补充完善图

（四）日本《土壤污染对策法》的主要内容

日本《土壤污染对策法》包含一般条款、土壤污染状况调查、划定污染区、土壤污染损害预防、委派调查机构、委派促进法律实体和责任条款等共八章四十二条。

日本《土壤污染对策法》具体内容包括以下五个主要部分。

1. 实施土壤调查并报告（图 2-89）

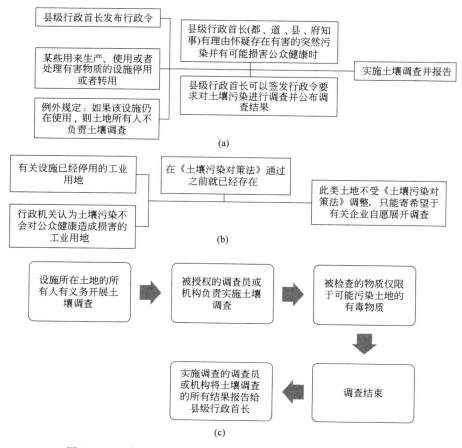

(a)

(b)

(c)

图 2-89　日本《土壤污染对策法》土壤调查报告内容及步骤图

2. 指定污染区（图 2-90）

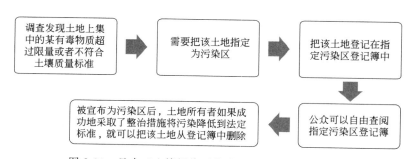

图 2-90　日本《土壤污染对策法》指定污染区步骤图

3. 对指定污染区的管制

（1）危险管理措施——土地使用限制，如图 2-91 所示。

（2）整治行政令如图 2-92 所示。

（3）报告和检查如图 2-93 所示。

图 2-91   日本《土壤污染对策法》危险管理措施步骤图

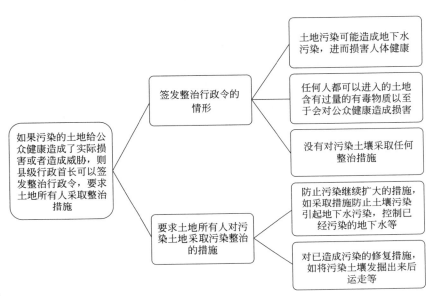

图 2-92   日本《土壤污染对策法》整治行政令内容图

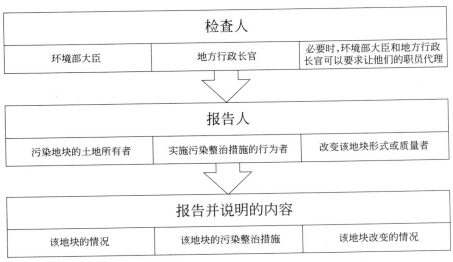

图 2-93   日本《土壤污染对策法》报告和检查步骤图

4. 土壤污染整治措施义务人——责任主体（图 2-94）

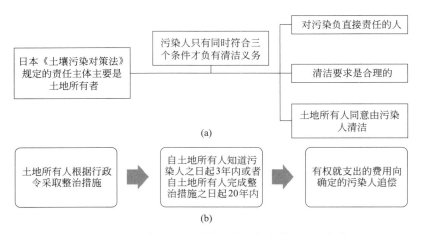

(a)

(b)

图 2-94　日本土壤污染整治措施的责任主体和追责条件图

5. 其他相关规定（图 2-95）

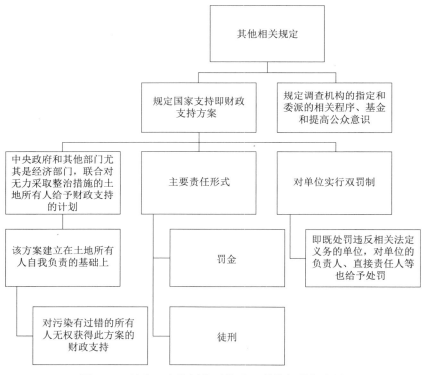

图 2-95　日本《土壤污染对策法》其他相关规定图

第三章

国内外土壤污染防治标准介绍

随着经济和科学技术的飞速发展，土壤污染修复与防治的思路和战略目标在不断发生变化，现阶段正值打好污染防治攻坚战、推动生态文明建设的关键时段，土壤污染防治工作被国家日益重视，土壤污染治理的相关标准也日臻完善。我国土壤污染防治标准的发展历程如图 3-1 所示。

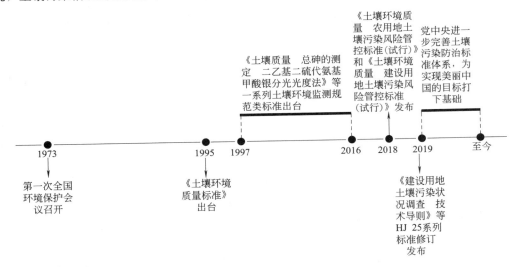

图 3-1　我国土壤污染防治标准的发展历程

土壤污染具有潜伏性、暴露迟缓性、累积性和不可逆转性，与其他介质（大气、水体）的污染防治工作相比，国内土壤污染防治工作基础较为薄弱。直到 1973 年 8 月第一次全国环境保护会议召开，我国才首次正式提出了要加强对土壤环境的保护。

1995 年，我国正式发布了《土壤环境质量标准》（GB 15618—1995），用于保护农田、蔬菜地、菜园、果园、牧场、林地、自然保护区等的土壤，该标准规定了土壤中主要污染物标准限值，在环境保护发展中起到了基础性作用。

1997 年起，我国陆续发布了《土壤质量　总砷的测定　二乙基二硫代氨基甲酸银分光光度法》（GB/T 17134—1997）等一系列土壤环境监测规范类标准，对各类土壤污染物的测定方法进行了规范，确保《土壤环境质量标准》可以得到有效的实施。

随着国家对生态环境保护的日益重视，国家生态环境主管部门加快了土壤环境修复治理标准体系的系统构建。截至 2016 年 6 月，我国土壤环境保护标准体系包括三类 48 项标准：

一是土壤环境质量（评价）类标准，包括1项土壤环境质量标准、3项特殊用地土壤环境评价标准、4项建设用地土壤环境保护技术导则；二是土壤环境监测规范类标准，包括1项土壤环境监测技术规范、37项土壤环境污染物监测方法标准；三是土壤环境基础类标准，包括2项相关术语标准。

2018年6月22日，《土壤环境质量　农用地土壤污染风险管控标准（试行）》（GB 15618—2018）和《土壤环境质量　建设用地土壤污染风险管控标准（试行）》（GB 36600—2018）两项质量标准发布，同时2018年8月1日《土壤环境质量标准》废止。这标志着我国的土壤环境保护工作从污染物达标判定转向了土壤环境风险管控和修复。《土壤环境质量　农用地土壤污染风险管控标准（试行）》对8个基本项目和3个其他项目提出了风险筛选值的控制要求，对5种无机污染物提出了风险管制值的控制要求；《土壤环境质量　建设用地土壤污染风险管控标准（试行）》分别对45个基本项目和40个其他项目提出了风险筛选值和风险管制值的控制要求。为保证上述两项标准的实施，生态环境部对土壤环境监测分析方法标准进行了修订和增补，发布了《土壤和沉积物　醛、酮类化合物的测定　高效液相色谱法》（HJ 997—2018）等一系列监测类标准，这些标准在分析技术手段和监测的元素种类方面趋于多样化。

2019年12月5日，为了加强建设用地环境保护监督管理，规范建设用地土壤污染状况调查、土壤监测、土壤污染风险评估管控、土壤修复等相关工作，生态环境部修订发布了《建设用地土壤污染状况调查　技术导则》（HJ 25.1—2019）等五项导则类标准。这些标准的修订体现了国家对建设用地土壤修复和风险管控工作的重视，夯实了全国土壤污染防治与修复工作的基础。

截至2020年1月，我国现行的土壤环境质量和评价标准、土壤污染物控制标准、土壤环境监测规范类标准、土壤环境管理规范类标准、土壤基础类标准共5类国家环境保护相关标准近100项。随着生态环境部对重点工作相关标准制修订的加速，各省（市、区）也根据当地土壤状况不断推进地方环境保护标准的制修订和法规的制定，取得了丰富的成果。

党中央明确提出，至2030年全国土壤环境质量要稳中向好，农用地和建设用地土壤环境安全得到有效保障，土壤环境风险得到全面管控；到2035年生态环境实现根本好转，基本实现美丽中国的目标。为了实现这一目标，需要全面完善土壤环境标准体系和管理制度，推进土壤相关环境标准和多领域环境数据共享标准制修订，增加土壤风险管控标准中的污染物种类，深入研究土壤环境基准、土壤修复目标值，基于生物有效性和人体可给性的土壤风险评估，进行人群土壤暴露参数健康风险评价等。

第一节　中国土壤污染防治标准介绍

一、《土壤环境质量　农用地土壤污染风险管控标准（试行）》

（一）标准出台背景及特点

随着我国政府对土壤环境管理思路的转变，于1995年以土壤质量达标为目的制定的《土壤环境质量标准》不再与我国国情相符。为了满足我国对土壤环境保护的需要，生态环境部立足于我国国情，对《土壤环境质量标准》进行了修订并调整为《土壤环境质量　农用地土壤污染风险管控标准（试行）》，以适应农用地土壤污染风险管控的需要，为农用地土壤污染风险分类和农用地分类管理提供基础。该标准由生态环境部于2018年5月17日批准，自2018年8月1日起实施，沿用至今。

农用地土壤污染风险筛选值和风险管制值的提出，使得《土壤环境质量　农用地土壤污染风险管控标准（试行）》与《土壤环境质量标准》有了本质的区别。该标准更符合土壤环境管理的内在规律，更能在新的发展阶段科学合理地指导农用地的安全使用，减少农用地土壤风险，保障农产品质量安全。

（二）标准主要内容

该标准适用于农用地的土壤污染风险管控，可以在对农田土壤进行污染状况调查时对照参考。农用地指GB/T 21010—2017中的01耕地（0101水田、0102水浇地、0103旱地）、02园地（0201果园、0202茶园）和04草地（0401天然牧草地、0403人工牧草地）。

《土壤环境质量　农用地土壤污染风险管控标准（试行）》的主要目标是保护食用农产品质量安全，同时兼顾保护农作物生长和土壤生态的需要。该标准分别制定了农用地土壤污染风险筛选值和风险管制值，为农用地分类管理提供了技术上的支持和参考。其中，农用地土壤污染风险筛选值指"农用地土壤中污染物含量等于或者低于该值的，对农产品质量安全、农作物生长或土壤生态环境的风险低，一般情况下可以忽略；超过该值的，对农产品质量安全、农作物生长或土壤生态环境可能存在风险，应当加强土壤环境监测和农产品协同监测，原则上应当采取安全利用措施"。农用地土壤污染风险管制值指"农用地土壤中污染物含量超过该值的，食用农产品不符合质量安全标准等农用地土壤污染风险高，原则上应当采取严格管控措施"。

该标准规定了农用地土壤中镉、汞、砷、铅、铬、铜、镍、锌等基本项目，以及六六六、滴滴涕、苯并［a］芘等其他项目的风险筛选值；同时也规定了农用地土壤中镉、汞、砷、铅、铬的风险管制值。具体规定值参考《土壤环境质量　农用地土壤污染风险管控标准（试行）》（GB 15618—2018）中的表1～表3。

二、《土壤环境质量　建设用地土壤污染风险管控标准（试行）》

（一）标准出台背景及特点

1995年出台并实施的《土壤环境质量标准》在土壤环境保护工作中发挥了重要的作用，但是该标准更多关注农用地的土壤污染情况，并不适用于建设用地的土壤污染防治。为落实建设用地的土壤污染防控治理，急需制订适用于建设用地的土壤污染风险管控标准。2014年，环境保护部科技标准司召开《土壤环境质量标准》修订专题研讨会，会议建议修订后的《土壤环境质量标准》继续适用于农用地土壤环境质量评价，另外制订适用于建设用地土壤环境评价的建设用地土壤污染风险筛选值，与HJ 25系列标准相补充。2018年，生态环境部正式出台了《土壤环境质量　建设用地土壤污染风险管控标准（试行）》来加强建设用地的环境保护监督管理，防控建设用地的环境风险。该标准由生态环境部于2018年5月17日批准，自2018年8月1日起实施，沿用至今。

《土壤环境质量　建设用地土壤污染风险管控标准（试行）》的批准实施填补了我国关于建设用地土壤污染防控治理标准的空白。建设用地土壤污染风险筛选值和风险管制值的提出体现了我国土壤污染治理思路从污染物达标判定转向了土壤环境风险管控和修复。

（二）标准主要内容

该标准适用于建设用地的土壤污染风险管控，可以在对下文所述的两类建设用地土壤进行污染状况调查时对照参考。建设用地指建造建筑物、构筑物的土地，包括城乡住宅和公共设施用地、工矿用地、交通水利设施用地、旅游用地、军事设施用地等。根据保护对象暴露情况的不同，可以将建设用地分为两类。第一类用地包括 GB 50137—2011 规定的城市建设用地中的居住用地（R）、公共管理与公共服务用地中的中小学用地（A33）、医疗卫生用地（A5）和社会福利设施用地（A6），以及公园绿地（G1）中的社区公园或儿童公园用地等；第二类用地包括 GB 50137—2011 规定的城市建设用地中的工业用地（M）、物流仓储用地（W）、商业服务业设施用地（B）、道路与交通设施用地（S）、公用设施用地（U）、公共管理与公共服务用地（A，A33、A5、A6 除外），以及绿地与广场用地（G，G1 中的社区公园或儿童公园用地除外）等。

《土壤环境质量　建设用地土壤污染风险管控标准（试行）》以保护人体健康为目标，规定了基于人体健康的建设用地土壤污染风险筛选值和风险管制值。建设用地土壤污染风险筛选值指"在特定土地利用方式下，建设用地土壤中污染物含量等于或者低于该值的，对人体健康的风险可以忽略；超过该值的，对人体健康可能存在风险，应当开展进一步的详细调查和风险评估，确定具体污染范围和风险水平"。建设用地土壤污染风险管制值指"在特定土地利用方式下，建设用地土壤中污染物含量超过该值的，对人体健康通常存在不可接受风险，应当采取风险管控或修复措施"。该标准规定了重金属和无机物、挥发性有机物、半挥发性有机物共三类 45 个污染物（基本项目）的建设用地土壤污染风险筛选值和风险管制值，此外还规定了重金属和无机物，挥发性有机物，半挥发性有机物，有机农药类，多氯联苯、多溴联苯和二噁英类，石油烃类共六类 40 个污染物（其他项目）的建设用地土壤污染风险筛选值和风险管制值。具体规定值参考《土壤环境质量　建设用地土壤污染风险管控标准（试行）》（GB 36600—2018）中的表 1～表 2。

三、《建设用地土壤污染状况调查　技术导则》

（一）标准出台背景及特点

随着我国经济发展和城市化进程的提速，新的土壤污染问题不断出现，其中建设用地土壤污染的健康风险开始被人们广泛关注。为了加强场地开发利用过程中的环境管理，保护人体健康和生态环境，规范场地环境调查的内容、工作程序和技术要求，环境保护部于2014年发布并实施了《场地环境调查技术导则》（已废止）。该标准为场地污染风险评价和受污染场地修复提供了重要的基础信息和数据。

随着我国政府对土壤污染治理认识的逐渐深入，《中华人民共和国土壤污染防治法》《土壤环境质量　建设用地土壤污染风险管控标准（试行）》等文件和标准相继出台实施，《场地环境调查技术导则》与国家最新法规、标准存在不一致的内容。为了使《场地环境调查技术导则》与现行的法律法规和国家标准相协调，生态环境部从适用范围、规范性引用文件等方面对该标准进行了修订，并将标准名称调整为《建设用地土壤污染状况调查　技术导则》。《建设用地土壤污染状况调查　技术导则》自 2019 年 12 月 5 日起实施，沿用至今。

《建设用地土壤污染状况调查　技术导则》立足于我国国情，填补了建设用地土壤污染状况调查类标准的空白。该标准的针对性较强，针对不同地块的特征和潜在污染物特性，进行污染物浓度和分阶段的空间分布调查。该标准具有规范性，对土壤污染调查过程的系统化规定保证了调查过程的科学性和客观性。该标准具有可操作性，结合其他技术标准，可满足建设用地环境调查土壤采样分析的需要。

（二）标准主要内容

该标准适用于建设用地土壤污染状况调查，有资质的环评单位可以根据该标准规定的建设用地土壤污染状况调查的主要内容及程序和技术要求，制定相应的土壤污染状况调查检测方案，对地块土壤和地下水进行监测，为后续的建设用地土壤污染风险管控和修复提供基础数据和信息。

该标准将建设用地土壤污染状况调查分为三个阶段。第一阶段土壤污染状况调查是污染识别阶段，以资料收集、现场踏勘和人员访谈为主；第二阶段土壤污染状况调查通常可以分为初步采样分析和详细采样分析两步进行；第三阶段土壤污染状况调查以补充采样和测试为主，获得满足风险评估及土壤和地下水修复所需的参数。在完成上述调查阶段后，需要编写调查报告。

1. 第一阶段

第一阶段土壤污染状况调查原则上不进行现场采样分析。若第一阶段调查确认地块内及周围区域当前和历史上均无可能的污染源，则认为地块的环境状况可以接受，调查活动可以结束。若有可能的污染源，应说明可能的污染类型、污染状况和来源，并应提出第二阶段土壤污染状况调查的建议。第一阶段需要进行的各个步骤的主要内容详见表 3-1。

表 3-1　建设用地土壤污染状况调查第一阶段内容

主要工作步骤		主要内容
一、资料收集	地块利用变迁资料	地块及其相邻地块的开发及活动状况的航片或卫星图片,地块的土地使用和规划资料,其他有助于评价地块污染的历史资料,如土地登记信息资料等。地块利用变迁过程中的地块内建筑、设施、工艺流程和生产污染等的变化情况
	地块环境资料	地块土壤及地下水污染记录、地块危险废物堆放记录以及地块与自然保护区和水源地保护区等的位置关系等
	地块相关记录	产品、原辅材料及中间体清单、平面布置图、工艺流程图、地下管线图、化学品储存及使用清单、泄漏记录、废物管理记录、地上及地下储罐清单、环境监测数据、环境影响报告书或表、环境审计报告和地勘报告等
	由政府机关和权威机构所保存和发布的环境资料	区域环境保护规划、环境质量公告、企业在政府部门相关环境备案和批复以及生态和水源保护区规划等
	地块所在区域的自然和社会信息	自然信息包括地理位置图、地形、地貌、土壤、水文、地质和气象资料等;社会信息包括人口密度和分布,敏感目标分布,土地利用方式,区域所在地的经济现状和发展规划,国家和地方相关的政策、法规与标准,以及当地地方性疾病统计信息等

主要工作步骤		主要内容
二、现场踏勘	地块现状与历史情况	可能造成土壤和地下水污染的物质的使用、生产、贮存,"三废"处理与排放以及泄漏状况,地块过去使用中留下的可能造成土壤和地下水污染的异常迹象,如罐、槽泄漏以及废物临时堆放污染痕迹
	相邻地块的现状与历史情况	相邻地块的使用现状与污染源,以及过去使用中留下的可能造成土壤和地下水污染的异常迹象,如罐、槽泄漏以及废物临时堆放污染痕迹
	周围区域的现状与历史情况	对于周围区域目前或过去土地利用的类型,如住宅、商店和工厂等,应尽可能观察和记录;周围区域的废弃和正在使用的各类井,如水井等;污水处理和排放系统;化学品和废弃物的储存和处置设施;地面上的沟、河、池;地表水体,雨水排放和径流以及道路和公用设施
	地质、水文地质和地形的描述	地块及其周围区域的地质、水文地质与地形应观察、记录,并加以分析,以协助判断周围污染物是否会迁移到调查地块,以及地块内污染物是否会迁移到地下水和地块之外
三、人员访谈	访谈方法	当面交流、电话交流、电子或书面调查表等
	访谈对象	地块管理机构和地方政府的官员,环境保护行政主管部门的官员,地块过去和现在各阶段的使用者,以及地块所在地或熟悉地块的第三方,如相邻地块的工作人员和附近的居民
	访谈内容	资料收集和现场踏勘所涉及的疑问、信息补充和已有资料的考证

资料来源:《建设用地土壤污染状况调查 技术导则》(HJ 25.1—2019)。

2. 第二阶段

第二阶段土壤污染状况调查是以采样与分析为主的污染证实阶段。若第一阶段土壤污染状况调查表明地块内或周围区域存在可能的污染源,如化工厂、农药厂、冶炼厂、加油站、化学品储罐、固体废物处理等可能产生有毒有害物质的设施或活动,以及由于资料缺失等原因造成无法排除地块内外存在污染源时,进行第二阶段土壤污染状况调查,确定污染物种类、浓度(程度)和空间分布。第二阶段土壤污染状况调查通常可以分为初步采样分析和详细采样分析两步进行,每步均包括制定工作计划、现场采样、数据评估和结果分析等步骤。第二阶段需要进行的各个步骤的主要内容详见表3-2。

表 3-2   建设用地土壤污染状况调查第二阶段内容

主要工作步骤		主要内容
一、初步采样分析工作计划	核查已有信息	对已有信息进行核查,包括第一阶段土壤污染状况调查中重要的环境信息,如土壤类型和地下水埋深;查阅污染物在土壤、地下水、地表或地块周围环境的可能分布和迁移信息;查阅污染物排放和泄漏的信息
	判断污染物的可能分布	根据地块的具体情况、地块内外的污染源分布、水文地质条件以及污染物的迁移和转化等因素,判断地块污染物在土壤和地下水中的可能分布,为制定采样方案提供依据
	制定采样方案	采样点的布设,样品数量,样品的采集方法,现场快速检测方法,样品收集、保存、运输和储存等要求
	制定健康和安全防护计划	根据有关法律法规和工作现场的实际情况,制定地块调查人员的健康和安全防护计划

主要工作步骤		主要内容
一、初步采样分析工作计划	制定样品分析方案	检测项目:重金属、挥发性有机物、半挥发性有机物、氰化物和石棉等。如土壤和地下水明显异常而常规检测项目无法识别时,可进一步结合色谱-质谱定性分析等手段对污染物进行分析,筛选判断非常规的特征污染物,必要时可采用生物毒性测试方法进行筛选判断
	质量保证和质量控制	防止样品污染的工作程序,运输空白样分析,现场平行样分析,采样设备清洗空白样分析,采样介质对分析结果影响分析,以及样品保存方式和时间对分析的影响分析,等等
二、详细采样分析工作计划	评估初步采样分析的结果	分析初步采样获取的地块信息,主要包括土壤类型、水文地质条件、现场和实验室检测数据等;初步确定污染物种类、程度和空间分布;评估初步采样分析的质量保证和质量控制
	制定采样方案	根据初步采样分析的结果,结合地块分区,制定采样方案。应采用系统布点法加密布设采样点。对于需要划定污染边界范围的区域,采样单元面积不大于 $1600m^2$(40m×40m 网格)。垂直方向采样深度和间隔根据初步采样的结果判断
	制定样品分析方案	根据初步调查结果,制定样品分析方案。样品分析项目以已确定的地块关注污染物为主
三、现场采样	采样前的准备	现场采样应准备的材料和设备包括:定位仪器、现场探测设备、调查信息记录装备、监测井的建井材料、土壤和地下水取样设备、样品的保存装置和安全防护装备等
	定位和探测	采样前,可采用卷尺、GPS 卫星定位仪、经纬仪和水准仪等工具在现场确定采样点的具体位置和地面标高,并在图中标出。可采用金属探测器或探地雷达等设备探测地下障碍物,确保采样位置避开地下电缆、管线、沟、槽等地下障碍物。采用水位仪测量地下水水位,采用油水界面仪探测地下水非水相液体
	现场检测	采用便携式有机物快速测定仪、重金属快速测定仪、生物毒性测试仪等现场快速筛选技术手段进行定性或定量分析,可采用直接贯入设备现场连续测试地层和污染物垂向分布情况,也可采用土壤气体现场检测手段和地球物理手段初步判断地块污染物及其分布,指导样品采集及监测点位布设。采用便携式设备现场测定地下水水温、pH 值、电导率、浊度和氧化还原电位等
	土壤样品采集	土壤样品分表层土壤和下层土壤。下层土壤的采样深度应考虑污染可能释放和迁移的深度、污染物性质、土壤的质地和孔隙度、地下水水位和回填土等因素。可利用现场探测设备辅助判断采样深度。采集含挥发性污染物的样品时,应尽量减少对样品的扰动,严禁对样品进行均质化处理。土壤样品采集后,应根据污染物理化性质等,选用合适的容器保存。汞或有机物污染的土壤样品应在 4℃ 以下的温度条件下保存和运输。土壤采样时应进行现场记录,主要内容包括:样品名称和编号、气象条件、采样时间、采样位置、采样深度、样品质地、样品的颜色和气味、现场检测结果以及采样人员等
	地下水水样采集	地下水采样一般应建地下水监测井。监测井的建设过程分为设计、钻孔、过滤管和井管的选择和安装,滤料的选择和装填,以及封闭和固定等。所用的设备和材料应清洗除污,建设结束后需及时进行洗井。监测井建设记录和地下水采样记录的要求参照 HJ/T 164。样品保存、容器和采样体积的要求参照 HJ/T 164 中的附录 A
四、数据评估和结果分析	实验室检测分析	委托有资质的实验室进行样品检测分析
	数据评估	整理调查信息和检测结果,评估检测数据的质量,分析数据的有效性和充分性,确定是否需要补充采样分析等
	结果分析	根据土壤和地下水检测结果进行统计分析,确定地块关注污染物种类、浓度水平和空间分布

资料来源:《建设用地土壤污染状况调查　技术导则》(HJ 25.1—2019)。

3. 第三阶段

第三阶段主要采用资料查询、现场实测和实验室分析测试等方法，对地块的特征参数和受体暴露参数进行调查。第三阶段主要工作内容详见表3-3。

表 3-3　建设用地土壤污染状况调查第三阶段内容

调查对象	主要内容
地块特征参数	不同代表位置和土层或选定土层的土壤样品的理化性质分析数据,如土壤 pH 值、容重、有机碳含量、含水率和质地等;地块(所在地)气候、水文、地质特征信息和数据,如地表年平均风速和水力传导系数等。根据风险评估和地块修复实际需要,选取适当的参数进行调查
受体暴露参数	地块及周边地区土地利用方式、人群及建筑物等相关信息

资料来源:《建设用地土壤污染状况调查　技术导则》(HJ 25.1—2019)。

4. 报告编制

第一阶段调查报告的内容主要包括土壤污染状况调查的概述、地块的描述、资料分析、现场踏勘、人员访谈、结果和分析、调查结论与建议、附件等。

第二阶段调查报告的内容主要包括工作计划、现场采样和实验室分析、数据评估和结果分析、结论和建议、附件。

第三阶段调查报告需要按照 HJ 25.3—2019 和 HJ 25.4—2019 的要求，提供相关内容和测试数据。

第一阶段和第二阶段调查报告的格式可参考 HJ 25.1—2019 中的附录 A。

四、《建设用地土壤污染风险管控和修复监测技术导则》

(一) 标准出台背景及特点

随着我国经济的飞速发展、产业结构的优化以及城市布局的调整，许多污染企业进行了产业迁移，为了对搬迁遗留下来的污染地块进行风险管控和修复，急需进行土壤污染监测评价。为保护生态环境，保障人体健康，加强场地环境管理与监督，规范场地全过程管理各环节的环境监测，环境保护部于 2014 年颁布并实施了《场地环境监测技术导则》(已废止)。该标准为污染场地修复可行性研究提供了技术指导。

随着科学技术的进步和土壤污染防治系列法律体系的日益完善，《场地环境监测技术导则》中规定的监测项目无法满足我国对土壤污染防治的要求，部分内容也与国家最新法规标准不一致。为了使《场地环境监测技术导则》与现行的法律法规和国家标准相协调，生态环境部从适用范围、规范性引用文件、土壤污染物监测项目、土壤垂向采样间隔等方面对该标准进行了修订，并将标准名称调整为《建设用地土壤污染风险管控和修复监测技术导则》。《建设用地土壤污染风险管控和修复监测技术导则》自 2019 年 12 月 5 日起实施，沿用至今。

该标准首次对场地环境调查、风险评估、治理修复、工程验收及后评估等方面的监测提出了针对性的技术要求。该标准具有针对性，标准中规定的地块环境监测需要针对土壤污染状况调查与土壤污染风险评估、治理修复、修复效果评估及回顾性评估等各阶段环境管理的目的和要求开展，确保监测结果的协调性、一致性和时效性，为地块环境管理提供依据。该标准具有规范性，程序性的地块环境监测工作程序和工作方法可以保证地块环境监测的科学性和客观性。该标准具有可行性，该标准综合考虑了监测成本、技术应用水平等方面的因素，保证监测工作切实可行及后续工作的顺利开展。

（二）标准主要内容

《建设用地土壤污染风险管控和修复监测技术导则》规定了建设用地土壤污染风险管控和修复监测的三项基本原则，即针对性原则、规范性原则和可行性原则，包括主要工作内容及工作流程、监测点布设、样品采集和报告编制等内容。环评单位可以根据该标准规定的工作内容及程序对建设用地土壤污染状况调查和土壤污染风险评估、风险管控、修复、风险管控效果评估、修复效果评估、后期管理等活动进行土壤环境监测。

该标准规定了地块环境监测的四项工作内容：地块土壤污染状况调查监测、地块治理修复监测、地块修复效果评估监测、地块回顾性评估监测。

地块土壤污染状况调查监测是地块土壤污染状况调查和土壤污染风险评估过程中的环境监测，主要工作是采用监测手段识别土壤、地下水、地表水、环境空气、残余废弃物中的关注污染物及水文地质特征，全面分析并确定地块的污染物种类、污染程度和污染范围。

地块治理修复监测是地块治理修复过程中的环境监测，主要工作是针对各项治理修复技术措施的实施效果开展相关监测，包括治理修复过程中涉及环境保护的工程质量监测和二次污染物排放的监测。

地块修复效果评估监测是地块治理修复工程完成后的环境监测，主要工作是考核和评价治理修复后的地块是否达到已确定的修复目标及工程设计所提出的相关要求。

地块回顾性评估监测是指地块经过修复效果评估后，在特定的时间范围内，为评价治理修复后地块对土壤、地下水、地表水及环境空气的环境影响所进行的环境监测，同时也包括针对地块长期原位治理修复工程措施的效果开展验证性的环境监测。

地块环境监测的工作程序主要包括监测内容确定、监测计划制定、监测实施及监测报告编制。监测内容确定是监测启动后根据上文提到的四项工作内容要求确定具体工作内容；监测计划制定包括资料收集分析、确定监测范围、监测介质、监测项目及监测工作组织等过程；监测实施包括监测点位布设、样品采集及样品分析等过程。

1.监测计划制定

监测计划制定步骤的具体内容详见表 3-4。

表 3-4　监测计划制定步骤的主要内容

工作步骤	主要内容
资料收集分析	根据地块土壤污染状况调查阶段性结论,同时考虑地块治理修复监测、修复效果评估监测、回顾性评估监测各阶段的目的和要求,确定各阶段监测工作应收集的地块信息,主要包括地块土壤污染状况调查阶段所获得的信息和各阶段监测补充收集的信息
监测范围	① 地块土壤污染状况调查监测范围为前期土壤污染状况调查初步确定的地块边界范围 ② 地块治理修复监测范围应包括治理修复工程设计中确定的地块修复范围,以及治理修复中废水、废气及废渣影响的区域范围 ③ 地块修复效果评估监测范围应与地块治理修复的范围一致 ④ 地块回顾性评估监测范围应包括可能对土壤、地下水、地表水及环境空气产生环境影响的范围,以及地块长期治理修复工程可能影响的区域范围
监测对象	监测对象主要为土壤,必要时也应包括地下水、地表水及环境空气等

工作步骤	主要内容
监测项目	初步采样监测项目应根据 GB 36600—2018 要求、前期土壤污染状况调查阶段性结论与本阶段工作计划确定,详细采样监测项目包括土壤污染状况调查确定的地块特征污染物和地块特征参数。监测项目还应考虑地块治理修复过程中可能产生的污染物,具体应根据地块治理修复工艺技术要求确定
监测工作的组织	监测工作的组织包括分工、准备和实施三个部分。监测工作的分工包括信息收集整理、监测计划编制、监测点位布设、样品采集及现场分析、样品实验室分析、数据处理、监测报告编制等。承担单位应根据监测任务组织好单位内部及合作单位间的责任分工。监测工作的准备一般包括人员分工、信息的收集整理、工作计划编制、个人防护准备、现场踏勘、采样设备和容器及分析仪器准备等。监测工作的实施主要包括监测点位布设、样品采集、样品分析,以及后续的数据处理和报告编制。一般情况下,监测工作实施的核心是布点采样。在样品的采集、制备、运输及分析过程中,应采取必要的技术和管理措施,保证监测人员的安全防护

资料来源:《建设用地土壤污染风险管控和修复监测技术导则》(HJ 25.2—2019)。

2. 监测实施过程

监测实施包括监测点位布设、样品采集及样品分析等过程,主要步骤及内容详见表 3-5～表 3-7。

表 3-5　监测点位布设主要内容

工作步骤		主要内容
一、地块土壤污染状况调查监测点位的布设	初步采样监测点位的布设	可根据原地块使用功能和污染特征,选择可能污染较重的若干工作单元,作为土壤污染物识别的工作单元。原则上监测点位应选择工作单元的中央或有明显污染的部位;对于污染较均匀的地块和地貌严重破坏的地块,可根据地块的形状采用系统随机布点法,在每个工作单元的中心采样。监测点位的数量与采样深度应根据地块面积、污染类型及不同使用功能区域等调查阶段性结论确定。对于每个工作单元,表层土壤和下层土壤垂直方向层次的划分应综合考虑污染物迁移情况、构筑物及管线破损情况、土壤特征等因素确定。采样深度应扣除地表非土壤硬化层厚度,原则上应采集 0～0.5m 表层土壤样品,0.5m 以下下层土壤样品根据判断布点法采集,建议 0.5～6m 土壤采样间隔不超过 2m;不同性质土层至少采集一个土壤样品。同一性质土层厚度较大或出现明显污染痕迹时,根据实际情况在该层位增加采样点。应根据地块土壤污染状况调查阶段性结论及现场情况确定下层土壤的采样深度,最大深度应直至未受污染的深度为止
	详细采样监测点位的布设	对于污染较均匀的地块和地貌严重破坏的地块,可采用系统布点法划分工作单元,在每个工作单元的中心采样。如地块不同区域的使用功能或污染特征存在明显差异,则可根据土壤污染状况调查获得的原使用功能和污染特征等信息,采用分区布点法划分工作单元,在每个工作单元的中心采样。单个工作单元的面积可根据实际情况确定,原则上不应超过 1600m²。对于面积较小的地块,应不少于 5 个工作单元。采样深度应至土壤污染状况调查初步采样监测确定的最大深度,如需采集土壤混合样,可根据每个工作单元的污染程度和工作单元面积,将其分成 1～9 个均等面积的网格,在每个网格中心进行采样,将同层的土样制成混合样
	地下水监测点位的布设	对于地下水流向及地下水水位,可结合土壤污染状况调查阶段性结论间隔一定距离按三角形或四边形至少布置 3～4 个点位监测判断。地下水监测点位应沿地下水流向布设,可在地下水流向上游、地下水可能污染较严重区域和地下水流向下游分别布设监测点位。确定地下水污染程度和污染范围时,应参照详细监测阶段土壤的监测点位,根据实际情况确定,并在污染较重区域加密布点。应根据监测目的、所处

工作步骤		主要内容
一、地块土壤污染状况调查监测点位的布设	地下水监测点位的布设	含水层类型及其埋深和相对厚度来确定监测井的深度,且不穿透浅层地下水底板。地下水监测目的层与其他含水层之间要有良好止水性。一般情况下采样深度应在监测井水面下 0.5m 以下。对于低密度非水溶性有机物污染,监测点位应设置在含水层顶部;对于高密度非水溶性有机物污染,监测点位应设置在含水层底部和不透水层顶部。应在地下水流向上游的一定距离设置对照监测井。如地块面积较大,地下水污染较重,且地下水较丰富,可在地块内地下水径流的上游和下游各增加 1~2 个监测井。如果地块内没有符合要求的浅层地下水监测井,则可根据调查阶段性结论在地下水径流的下游布设监测井。如果地块地下岩石层较浅,没有浅层地下水富集,则在径流的下游方向可能的地下蓄水处布设监测井。若前期监测的浅层地下水污染非常严重,且存在深层地下水时,可在做好分层止水条件下增加一口深井至深层地下水,以评价深层地下水的污染情况
	地表水监测点位的布设	观察地块的地表径流对地表水的影响时,可分别在降雨期和非降雨期进行采样。如需反映地块污染源对地表水的影响,可根据地表水流量分别在枯水期、丰水期和平水期进行采样。如有必要可在地表水上游一定距离布设对照监测点位
	环境空气监测点位的布设	如需要考察地块内的环境空气,可根据实际情况在地块疑似污染区域中心、当时下风向地块边界及边界外 500m 内的主要环境敏感点分别布设监测点位,监测点位距地面 1.5~2.0m。对于有机污染、汞污染等类型地块,尤其是挥发性有机物污染的地块,如需要可选择污染最重的工作单元中心部位,剥离地表 0.2m 的表层土壤后进行采样监测。应在地块的上风向设置对照监测点位
	地块残余废弃物监测点位的布设	根据前期调查结果,对可能为危险废物的残余废弃物按照 HJ 298 相关要求进行布点采样
二、地块治理修复监测点位的布设	地块残余危险废物和具有危险废物特征土壤清理效果的监测	在地块残余危险废物和具有危险废物特征土壤的清理作业结束后,应对清理界面的土壤进行布点采样。根据界面的特征和大小将其分成面积相等的若干工作单元,单元面积不应超过 100m²。可在每个工作单元中均匀分布地采集 9 个表层土壤样品制成混合样。如监测结果仍超过相应的治理目标值,应根据监测结果确定二次清理的边界,二次清理后再次进行监测,直至清理达到标准。残余危险废物和具有危险废物特征土壤清理效果的监测结果可作为修复效果评估结果的组成部分
	污染土壤清挖效果的监测	对完成污染土壤清挖后界面的监测,包括界面的四周侧面和底部。根据地块大小和污染的强度,应将四周的侧面等分成段,每段最大长度不应超过 40m,在每段均匀采集 9 个表层土壤样品制成混合样;将底部均分为若干工作单元,单元的最大面积不应超过 400m²,在每个工作单元中均匀分布地采集 9 个表层土壤样品制成混合样。对于超标区域根据监测结果确定二次清挖的边界,二次清挖后再次进行监测,直至达到相应要求。污染土壤清挖效果的监测可作为修复效果评估结果的组成部分
	污染土壤治理修复的监测	治理修复过程中的监测点位或监测频率,应根据工程设计中规定的原位治理修复工艺技术要求确定,每个样品代表的土壤体积应不超过 500m³。应对治理修复过程中可能排放的物质进行布点监测,如治理修复过程中设置废水、废气排放口,则应在排放口布设监测点位
三、地块修复效果评估监测点位的布设		对治理修复后地块的土壤修复效果评估监测一般应采用系统布点法布设监测点位,原则上每个工作单元面积不应超过 1600m²。对原位治理修复工程措施效果的监测,应依据工程设计相关要求进行监测点位的布设。对异位治理修复工程措施效果的监测,处理后土壤应布设一定数量监测点位,每个样品代表的土壤体积应不超过 500m³。修复效果评估监测过程中,如发现未达到治理修复标准的工作单元,则应进行二次治理修复,并在修复后再次进行修复效果评估监测

工作步骤	主要内容
四、地块回顾性评估监测点位的布设	对土壤进行定期回顾性评估监测,应综合考虑土壤污染状况调查详细采样监测、治理修复监测及修复效果评估监测中相关点位进行监测点位布设。对地下水、地表水及环境空气进行定期监测,监测点位可参照上述地块土壤污染状况调查监测点位的布设中的监测点位布设方法。对原位治理修复工程措施效果的监测,应针对工程设计的相关要求进行监测点位的布设。长期治理修复工程可能影响的区域范围也应布设一定数量的监测点位

资料来源:《建设用地土壤污染风险管控和修复监测技术导则》(HJ 25.2—2019)。

表 3-6　样品采集主要内容

工作步骤	主要内容
表层土壤样品的采集	表层土壤样品的采集一般采用挖掘方式进行,一般采用锹、铲及竹片等简单工具,也可进行钻孔取样。土壤采样的基本要求为尽量减少土壤扰动,保证土壤样品在采样过程中不被二次污染
下层土壤样品的采集	下层土壤的采集以钻孔取样为主,也可采用槽探的方式进行采样。钻孔取样可采用人工或机械钻孔后取样。手工钻探采样的设备包括螺纹钻、管钻、管式采样器等。机械钻探包括实心螺旋钻、中空螺旋钻、套管钻等。槽探一般靠人工或机械挖掘采样槽,然后用采样铲或采样刀进行采样。槽探的断面呈长条形,根据地块类型和采样数量设置一定的断面宽度。槽探取样可通过锤击敞口取土器取样和人工刻切块状土取样
原位治理修复工程措施处理土壤样品的采集	对原位治理修复工程措施效果的监测采样,应根据工程设计提出的要求进行
挥发性有机物污染、易分解有机物污染、恶臭污染土壤的采样	采用无扰动式的采样方法和工具。钻孔取样可采用快速击入法、快速压入法及回转法,主要工具包括土壤原状取土器和回转取土器。槽探可采用人工刻切块状土取样。采样后立即将样品装入密封的容器,以减少暴露时间
采集土壤混合样	将各点采集的等量土壤样品充分混拌后,采用四分法得到土壤混合样。含易挥发、易分解污染物和恶臭污染的样品必须进行单独采样,禁止对样品进行均质化处理,不得采集混合样
土壤样品的保存与流转	挥发性有机物污染的土壤样品和恶臭污染土壤的样品应采用密封性的采样瓶封装,样品应充满容器整个空间;含易分解有机物的待测定样品,可采取适当的封闭措施。样品置于 4℃ 以下的低温环境(如冰箱)中运输、保存,避免运输、保存过程中的挥发损失,送至实验室后应尽快分析测试。挥发性有机物浓度较高的样品装瓶后应密封在塑料袋中,避免交叉污染,应通过运输空白样来控制运输和保存过程中交叉污染情况
地下水样品的采集	地下水采样时应依据地块的水文地质条件,结合调查获取的污染源及污染土壤特征,应利用最低的采样频次获得最有代表性的样品。监测井可采用空心钻杆螺纹钻、直接旋转钻、直接空气旋转钻、钢丝绳套管直接旋转钻、双壁反循环钻、绳索钻具等方法钻井。设置监测井时,应避免采用外来的水及流体,同时在地面井口处采取防渗措施。监测井的井管材料应有一定强度、耐腐蚀,对地下水无污染。低密度非水溶性有机物样品应用可调节采样深度的采样器采集,对于高密度非水溶性有机物样品可以应用可调节采样深度的采样器或潜水式采样器采集。在监测井建设完成后必须进行洗井。所有的污染物或钻井产生的岩层破坏以及来自天然岩层的细小颗粒必须去除,以保证出流的地下水中没有颗粒。常见的方法包括超量抽水、反冲、汲取及气洗等。地下水采样前必须先进行洗井,采样应在水质参数和水位稳定后进行。测试项目中有挥发性有机物时,应适当减缓流速,避免冲击产生气泡,一般不超过 0.1L/min。地下水采样的对照样品应与目标样品来自相同含水层的同一深度
地表水样品的采集	地表水采样时避免搅动水底沉积物。为反映地表水与地下水的水力联系,地表水的采样频次与采样时间应尽量与地下水采样保持一致
环境空气样品的采集	可根据分析仪器的检出限,设置具有一定体积并装有抽气孔的封闭仓,封闭 12h 后进行气体样品采集

工作步骤	主要内容
地块残余废弃物样品的采集	地块内残余的固态废弃物可选用尖头铁锹、钢锤、采样钻、取样铲等采样工具进行采样。地块内残余的液态废弃物可选用采样勺、采样管、采样瓶、采样罐、搅拌器等工具进行采样。地块内残余的半固态废弃污染物应根据废物流动性按照固态废弃物或液态废弃物的采样规定进行样品采集

资料来源:《建设用地土壤污染风险管控和修复监测技术导则》(HJ 25.2—2019)。

表 3-7　样品分析主要内容

工作步骤	主要内容
现场样品分析	在现场样品分析过程中,可采用便携式分析仪器设备进行定性和半定量分析。水样的温度须在现场进行分析测试,溶解氧、pH、电导率、色度、浊度等监测项目亦可在现场进行分析测试,并应保持监测时间一致性。采用便携式仪器设备对挥发性有机物进行定性分析,可将污染土壤置于密闭容器中,稳定一定时间后测试容器中顶部的气体
实验室样品分析	土壤样品关注污染物的分析测试应参照 GB 36600—2018 和 HJ/T 166—2004 中的指定方法。土壤的常规理化特征如土壤 pH、粒径分布、密度、孔隙度、有机质含量、渗透系数、阳离子交换量等的分析测试应按照 GB 50021—2001 执行。污染土壤的危险废物特征鉴别分析,应按照 GB 5085.1—2007、GB 5085.2—2007、GB 5085.3—2007、GB 5085.4—2007、GB 5085.5—2007、GB 5085.6—2007、GB 5085.7—2019 和 HJ 298—2019 中的指定方法进行。地下水样品、地表水样品、环境空气样品、残余废弃物样品的分析应分别按照 HJ 164—2020、HJ/T 91—2002(地表水监测部分)、HJ 91.1—2019(污水监测部分)、GB 3095—2012、GB 14554—1993、GB 5085.1—2007、GB 5085.2—2007、GB 5085.3—2007、GB 5085.4—2007、GB 5085.5—2007、GB 5085.6—2007、GB 5085.7—2019 和 HJ 298—2019 中的指定方法进行

资料来源:《建设用地土壤污染风险管控和修复监测技术导则》(HJ 25.2—2019)。

3. 监测报告编制

监测报告应包括但不限于以下内容:报告名称、任务来源、编制目的及依据、监测范围、污染源调查与分析、监测对象、监测项目、监测频次、布点原则与方法、监测点位图、采样与分析方法和时间、质量控制与质量保证、评价标准与方法、监测结果汇总表等。同时还应包括实验室名称、报告编号、报告每页和总页数、采样者、分析者,以及报告编制者、复核者、审核者、签发者及时间等相关信息。

监测结果可按照地块土壤污染状况调查和土壤污染风险评估、治理修复、修复效果评估及回顾性评估等不同阶段的要求与相关标准的技术要求,进行监测数据的汇总分析。

五、《建设用地土壤污染风险评估技术导则》

(一) 标准出台背景及特点

建设用地的土壤污染具有隐蔽性、滞后性和持久性,污染物通常存在于土壤中并通过土壤进行迁移转化,这种污染通常只有污染物接触受体时才可能被发现。随着我国工业化和城市化的发展,污染场地的土壤污染风险管控问题开始进入人们的视野。为了解决搬迁工业场地再开发利用过程中的土壤环境管理问题,科学评估场地污染风险,规范污染场地的健康风险评估技术要求,环境保护部于 2014 年颁布并实施了《场地污染风险评估技术导则》。该标准有助于分析和比较多种修复措施的有效性,为有效地规避场地污染风险、合理制定土地利用规划和污染治理计划提供依据。

随着《土壤环境质量 建设用地土壤污染风险管控标准（试行）》的出台和实施，《场地污染风险评估技术导则》的部分内容与国家最新法规标准存在出入。为了使《场地污染风险评估技术导则》与现行的法律法规和国家标准相协调，生态环境部从适用范围、规范性引用文件、用地方式及分类和附录中的参数等方面对该标准进行了修订，并将标准名称调整为《建设用地土壤污染风险评估技术导则》。《建设用地土壤污染风险评估技术导则》自 2019 年 12 月 5 日起实施，沿用至今。

该标准立足于我国国情，充分借鉴了国际上的风险评估方法，并与相关环境保护政策法规和技术导则及标准指标体系相结合，保证污染场地风险评估技术方法科学合理。该标准具有科学性，科学技术的支持使评估结果具有客观性和可比性。该标准具有合理性，规范的评估程序保证了评估结果的科学合理，使其具有参考依据。该标准具有可操作性，该标准充分考虑我国污染场地风险管理的实际需求和技术现状，重点解决关键问题，为合理进行土地利用规划和制定污染治理计划提供了依据。

（二）标准主要内容

《建设用地土壤污染风险评估技术导则》规定了开展建设用地土壤污染风险评估的原则、工作内容及程序、方法和技术要求，适用于建设用地健康风险评估和土壤、地下水风险控制值的确定。有资质的相关环评单位可以根据该标准的技术要求计算相关污染物对建设用地使用者人体健康的致癌风险或危害水平，并制定风险控制值。

该标准规定地块风险评估工作内容包括危害识别、暴露评估、毒性评估、风险表征，以及土壤和地下水风险控制值的计算。

工作内容中，危害识别阶段是收集土壤污染状况调查阶段获得的相关资料和数据，掌握地块土壤和地下水中关注污染物的浓度分布，明确规划土地利用方式，分析可能的敏感受体，如儿童、成人、地下水体等。

暴露评估是在危害识别的基础上，分析地块内关注污染物迁移和危害敏感受体的可能性，确定地块土壤和地下水污染物的主要暴露途径和暴露评估模型，确定评估模型参数取值，计算敏感人群对土壤和地下水中污染物的暴露量。

毒性评估是在危害识别的基础上，分析关注污染物对人体健康的危害效应，包括致癌效应和非致癌效应，确定与关注污染物相关的参数，包括参考剂量、参考浓度、致癌斜率因子和呼吸吸入单位致癌因子等。

风险表征是在暴露评估和毒性评估的基础上，采用风险评估模型计算土壤和地下水中单一污染物经单一途径的致癌风险和危害商，计算单一污染物的总致癌风险和危害指数，进行不确定性分析。

土壤和地下水风险控制值的计算是在风险表征的基础上，判断计算得到的风险值是否超过可接受风险水平。如地块风险评估结果未超过可接受风险水平，则结束风险评估工作；如地块风险评估结果超过可接受风险水平，则计算土壤、地下水中关注污染物的风险控制值；如调查结果表明，土壤中关注污染物可迁移进入地下水，则计算保护地下水的土壤风险控制值。根据计算结果，提出关注污染物的土壤和地下水风险控制值。

此外，该标准对危害识别、暴露评估、毒性评估、风险表征、计算风险控制值的技术要求也进行了详细规定，具体要求详见表 3-8。

表 3-8 工作程序技术要求

工作步骤		技术要求
一、危害识别		按照 HJ 25.1—2019 和 HJ 25.2—2019 对地块进行土壤污染状况调查及污染识别,获得相关信息;根据土壤污染状况调查和监测结果,将对人群等敏感受体具有潜在风险需要进行风险评估的污染物确定为关注污染物
二、暴露评估	分析暴露情景	第一类用地方式下,儿童和成人均可能会长时间暴露于地块污染而产生健康危害。对于致癌效应,考虑人群的终生暴露危害,一般根据儿童期和成人期的暴露来评估污染物的终生致癌风险;对于非致癌效应,儿童体重较轻、暴露量较高,一般根据儿童期暴露来评估污染物的非致癌危害效应。第二类用地方式下,成人的暴露期长、暴露频率高,一般根据成人期的暴露来评估污染物的致癌风险和非致癌效应
	确定暴露途径	对于第一类用地和第二类用地,共有 9 种主要暴露途径和暴露评估模型,包括经口摄入土壤、皮肤接触土壤、吸入土壤颗粒物、吸入室外空气中来自表层土壤的气态污染物、吸入室外空气中来自下层土壤的气态污染物、吸入室内空气中来自下层土壤的气态污染物共 6 种土壤污染物暴露途径和吸入室外空气中来自地下水的气态污染物、吸入室内空气中来自地下水的气态污染物、饮用地下水共 3 种地下水污染物暴露途径
	计算暴露量	根据 HJ 25.3—2019 中附录 A 提供模型对不同的暴露途径下的暴露量进行计算
三、毒性评估		污染物经不同途径对人体健康的危害效应,包括致癌效应、非致癌效应、污染物对人体健康的危害机理和剂量-效应关系等。具体参数见 HJ 25.3—2019 中的附录 B 和附录 G
四、风险表征		应根据每个采样点样品中关注污染物的检测数据,通过计算污染物的致癌风险和危害商进行风险表征。风险表征得到的地块污染物的致癌风险和危害商,可作为确定地块污染范围的重要依据。计算得到单一污染物的致癌风险值超过 10^{-6} 或危害商超过 1 的采样点,其代表的地块区域应划定为风险不可接受的污染区域。具体模型计算公式见 HJ 25.3—2019 中的附录 C 和附录 D
五、计算风险控制值		该标准计算基于致癌效应的土壤和地下水风险控制值时,采用的单一污染物可接受致癌风险为 10^{-6};计算基于非致癌效应的土壤和地下水风险控制值时,采用的单一污染物可接受危害商为 1。计算土壤和地下水风险控制值时,具体模型计算公式见 HJ 25.3—2019 中的附录 E。确定土壤和地下水风险控制值时,需要比较计算得到的基于致癌效应和基于非致癌效应的土壤风险控制值,以及基于致癌效应和基于非致癌效应的地下水风险控制值,选择较小值作为地块的风险控制值

资料来源:《建设用地土壤污染风险评估技术导则》(HJ 25.3—2019)。

六、《建设用地土壤修复技术导则》

(一) 标准出台背景及特点

随着我国城市化进程的加快,产业布局调整和迁移遗留下大量可能存在潜在土壤环境风险的场地。我国场地再利用需求量巨大,未经环境调查或修复的场地再利用存在健康和生态隐患,可能会引发严重后果,因此在进行场地再利用前必须进行环境调查、风险评估及污染修复。为了给污染场地修复可行性研究提供技术指导,环境保护部于 2014 年颁布并实施了《污染场地土壤修复技术导则》。该标准有助于加强场地开发利用过程中的环境管理,保护人体健康和生态环境,规范了污染场地土壤修复可行性研究的程序、内容和技术要求。

近年来,《土壤污染防治行动计划》等一系列土壤保护相关的文件标准相继出台实施,《污染场地土壤修复技术导则》的部分内容与国家最新法规标准存在不一致的地方。为了使

《污染场地土壤修复技术导则》与现行的法律法规和国家标准相协调，生态环境部从适用范围、规范性引用文件、修复目标值、修复方案和附录等方面对该标准进行了修订，并将标准名称调整为《建设用地土壤修复技术导则》。《建设用地土壤修复技术导则》自 2019 年 12 月 5 日起实施，沿用至今。

《建设用地土壤修复技术导则》填补了我国建设用地土壤修复相关标准的空白，有助于科学系统地指导建设用地土壤修复工作。该标准具有科学性，综合考虑地块修复目标、土壤修复技术的处理效果、修复时间、修复成本、修复工程的环境影响等因素，从而制定修复方案。该标准具有可行性，要求在前期调查的基础上合理选择土壤修复技术，因地制宜制定修复方案，使修复目标可达，修复工程切实可行。该标准具有安全性，要求制定地块土壤修复方案时要确保地块修复工程实施安全，防止对施工人员、周边人群健康以及生态环境产生危害和二次污染。

（二）标准主要内容

《建设用地土壤修复技术导则》规定了建设用地土壤修复方案编制的基本原则、主要程序及内容以及相应的技术要求，适用于建设用地土壤修复方案的制定。进行土壤修复的施工单位可以参照该标准制定相应的土壤修复方案。

地块土壤修复方案编制分为选择修复模式、筛选修复技术和制定修复方案三个阶段。

选择修复模式是在分析前期污染土壤污染状况调查和风险评估资料的基础上，根据地块特征条件、目标污染物、修复目标、修复范围和修复时间长短，选择确定地块修复总体思路。

筛选修复技术指根据地块的具体情况，按照确定的修复模式，筛选实用的土壤修复技术，开展必要的实验室小试和现场中试，或对土壤修复技术应用案例进行分析，从适用条件、对本地块土壤修复效果、成本和环境安全性等方面进行评估。

制定修复方案指根据确定的修复技术，制定土壤修复技术路线，确定土壤修复技术的工艺参数，估算地块土壤修复的工程量，提出初步修复方案。从主要技术指标、修复工程费用以及二次污染防治措施等方面进行方案可行性比选，确定经济、实用和可行的修复方案。

当完成上述三个阶段后需要编制修复方案，修复方案要全面和准确地反映出全部工作内容。报告中的文字应简洁和准确，并尽量采用图、表和照片等形式描述各种关键技术信息，以利于后续土壤修复工程的设计与施工。修复方案的编制可参考 HJ 25.4—2019 中附录 A 部分。

1. 第一阶段——选择修复模式

选择修复模式阶段包括确认地块条件、提出修复目标、确认修复要求和选择修复模式四个步骤，具体内容详见表 3-9。

表 3-9　选择修复模式具体内容

工作步骤		技术要求
一、确认地块条件	核实地块相关资料	审阅前期按照 HJ 25.1—2019 和 HJ 25.2—2019 完成的土壤污染状况调查报告和按照 HJ 25.3—2019 完成的地块风险评估报告等相关资料，核实地块相关资料的完整性和有效性，重点核实前期地块信息和资料是否能反映地块目前实际情况

工作步骤		技术要求
一、确认地块条件	现场考察地块状况	考察地块目前现状情况,特别关注前期土壤污染状况调查和风险评估时发生的重大变化,以及周边环境保护敏感目标的变化情况。现场考察地块修复工程施工条件,特别关注地块用电、用水、施工道路、安全保卫等情况,为修复方案的工程施工区布局提供基础信息
	补充相关技术资料	通过核查地块已有资料和现场考察地块状况,如发现不能满足修复方案编制基础信息要求,应适当补充相关资料
二、提出修复目标		确认前期土壤污染状况调查和风险评估提出的土壤修复目标污染物,分析其与地块特征污染物的关联性和与相关标准的符合程度。分析比较按照 HJ 25.3—2019 计算的土壤风险控制值、GB 36600—2018 规定的筛选值和管制值、地块所在区域土壤中目标污染物的背景含量以及国家和地方有关标准中规定的限值,结合目标污染物形态与迁移转化规律等,合理提出土壤目标污染物的修复目标值。确认前期土壤污染状况调查与风险评估提出的土壤修复范围是否清楚,包括四周边界和污染土层深度分布,特别要关注污染土层异常分布情况,比如非连续性自上而下分布。依据土壤目标污染物的修复目标值,分析和评估需要修复的土壤量
三、确认修复要求		与地块利益相关方进行沟通,确认对土壤修复的要求,如修复时间、预期经费投入等
四、选择修复模式		根据地块特征条件、修复目标和修复要求,选择确定地块修复总体思路。永久性处理修复优于处置,即显著地减少污染物数量、毒性和迁移性。鼓励采用绿色的、可持续的和资源化修复。治理与修复工程原则上应当在原址进行,确需转运污染土壤的,应确定运输方式、路线和污染土壤数量、去向和最终处置措施

资料来源:《建设用地土壤修复技术导则》(HJ 25.4—2019)。

2. 第二阶段——筛选修复技术

该阶段包括分析比较实用修复技术、修复技术可行性评估和确定修复技术三个步骤,具体内容详见表3-10。

表 3-10　筛选修复技术具体内容

工作步骤		技术要求
一、分析比较实用修复技术		结合地块污染特征、土壤特性和选择的修复模式,从技术成熟度、适合的目标污染物和土壤类型、修复的效果、时间和成本等方面分析比较现有的土壤修复技术优缺点,重点分析各修复技术工程应用的实用性。可以采用列表描述修复技术原理、适用条件、主要技术指标、经济指标和技术应用的优缺点等方面来进行比较分析,也可以采用权重打分的方法。通过比较分析,提出 1 种或多种备选修复技术进行下一步可行性评估
二、修复技术可行性评估	实验室小试	可以采用实验室小试进行土壤修复技术可行性评估。实验室小试要采集地块的污染土壤进行试验,应针对试验修复技术的关键环节和关键参数,制定实验室试验方案
	现场中试	如对土壤修复技术适用性不确定,应在地块开展现场中试,验证试验修复技术的实际效果,同时考虑工程管理和二次污染防范等。中试试验应尽量兼顾到地块中不同区域、不同污染浓度和不同土壤类型,获得土壤修复工程设计所需要的参数
	应用案例分析	土壤修复技术可行性评估也可以采用相同或类似地块修复技术的应用案例分析进行,必要时可现场考察和评估应用案例实际工程

工作步骤	技术要求
三、确定修复技术	在分析比较土壤修复技术优缺点和开展技术可行性试验的基础上,从技术的成熟度、适用条件、对地块土壤修复的效果、成本、时间和环境安全性等方面对各备选修复技术进行综合比较,选择确定修复技术,以进行下一步的制定修复方案阶段

资料来源:《建设用地土壤修复技术导则》(HJ 25.4—2019)。

3. 第三阶段——制定修复方案

该阶段包括制定土壤修复技术路线、确定土壤修复技术的工艺参数、估算地块土壤修复的工程量、修复方案比选、制定环境管理计划五个步骤,具体内容详见表3-11。

表 3-11 制定修复方案具体内容

工作步骤		技术要求
一、制定土壤修复技术路线		根据确定的地块修复模式和土壤修复技术,制定土壤修复技术路线,可以采用单一修复技术制定,也可以采用多种修复技术进行优化组合集成。修复技术路线应反映地块修复总体思路和修复方式、修复工艺流程和具体步骤,还应包括地块土壤修复过程中受污染水体、气体和固体废物等的无害化处理处置等
二、确定土壤修复技术的工艺参数		土壤修复技术的工艺参数应通过实验室小试和/或现场中试获得。工艺参数包括但不限于药剂投加量或比例、设备影响半径、设备处理能力、处理需要时间、处理条件、能耗、设备占地面积或作业区面积等
三、估算地块土壤修复的工程量		根据技术路线,按照确定的单一修复技术或修复技术组合的方案,结合工艺流程和参数,估算每个修复方案的修复工程量。根据修复方案的不同,修复工程量可能是调查和评估阶段确定的土壤处理和处置所需工程量,也可能是方案涉及的工程量,还应考虑土壤修复过程中受污染水体、气体和固体废物等的无害化处理处置的工程量
四、修复方案比选		从确定的单一修复技术及多种修复技术组合方案的主要技术指标、工程费用估算和二次污染防治措施等方面进行比选,最后确定最佳修复方案
五、制定环境管理计划	修复工程环境监测计划	修复工程环境监测计划包括修复工程环境监理、二次污染监控和修复效果评估中的环境监测。应根据确定的最佳修复方案,结合地块污染特征和地块所处环境条件,有针对性地制定修复工程环境监测计划
	环境应急安全计划	为确保地块修复过程中施工人员与周边居民的安全,应制定周密的地块修复工程环境应急安全计划,内容包括安全问题识别、需要采取的预防措施、突发事故时的应急措施、必须配备的安全防护装备和安全防护培训等

资料来源:《建设用地土壤修复技术导则》(HJ 25.4—2019)。

4. 编制修复方案

修复方案可参考 HJ 25.4—2019 中附录 A 进行编制。报告中的文字应简洁和准确,并尽量采用图、表和照片等形式描述各种关键技术信息,以利于后续土壤修复工程的设计与施工。

七、《污染地块风险管控与土壤修复效果评估技术导则(试行)》

(一) 标准出台背景及特点

随着我国对建设用地土壤污染修复治理工作的逐渐深入,《中华人民共和国土壤污染防治法》《土壤污染防治行动计划》等法规、标准相继出台实施,我国的土壤污染治理标准体系也日趋完善。为了加强污染地块环境监督管理，指导和规范污染地块风险管控与土壤修复效果评估工作，生态环境部于 2018 年发布了《污染地块风险管控与土壤修复效果评估技术导则（试行）》。该标准自 2018 年 12 月 29 日起实施，沿用至今。

该标准是 2018 年首次发布的新标准，用以完善污染地块土壤环境管理技术支撑体系，属于 HJ 25 系列标准。该标准具有科学性，要求污染地块风险管控与土壤修复效果评估应对土壤是否达到修复目标、风险管控是否达到规定要求、地块风险是否达到可接受水平等情况进行科学、系统的评估，提出后期环境监管建议，为污染地块管理提供科学依据。

（二）标准主要内容

《污染地块风险管控与土壤修复效果评估技术导则（试行）》规定了建设用地污染地块风险管控与土壤修复效果评估的基本原则、主要内容及程序、方法和技术要求。有资质的环境评估单位可以根据该标准对建设用地污染地块风险管控与土壤修复效果进行评估。

污染地块风险管控与土壤修复效果评估的工作内容包括：更新地块概念模型、布点采样与实验室检测、风险管控与修复效果评估、提出后期环境监管建议、编制效果评估报告。前四项工作内容及具体要求详见表 3-12～表 3-15。

表 3-12　更新地块概念模型阶段的工作内容及具体要求

工作内容	具体要求
资料回顾	首先应收集污染地块风险管控与修复相关资料，该部分包括两项内容，一项是资料回顾清单，另一项是资料回顾要点。资料回顾清单主要包括地块环境调查报告、风险评估报告、风险管控与修复方案、工程实施方案、工程设计资料、施工组织设计资料、工程环境影响评价及其批复、施工与运行过程中监测数据、监理报告和相关资料、工程竣工报告、实施方案变更协议、运输与接收的协议和记录、施工管理文件等。资料回顾要点主要包括风险管控与修复工程概况和环保措施落实情况
现场踏勘	了解污染地块风险管控与修复工程情况、环境保护措施落实情况，包括修复设施运行情况、修复工程施工进度、基坑清理情况、污染土暂存和外运情况、地块内临时道路使用情况、修复施工管理情况等
人员访谈	开展人员访谈工作，对地块风险管控与修复工程情况、环境保护措施落实情况进行全面了解。访谈对象包括地块责任单位、地块调查单位、地块修复方案编制单位、监理单位、修复施工单位等单位的参与人员
更新地块概念模型	在资料回顾、现场踏勘、人员访谈的基础上，掌握地块风险管控与修复工程情况，结合地块地质与水文地质条件、污染物空间分布、修复技术特点、修复设施布局等，对地块概念模型进行更新，完善地块风险管控与修复实施后的概念模型

资料来源：《污染地块风险管控与土壤修复效果评估技术导则（试行）》（HJ 25.5—2018）。

表 3-13　布点采样与实验室检测阶段的工作内容及具体要求

工作内容		具体要求
一、土壤修复效果评估布点	基坑清理效果评估布点	基坑清理效果评估对象为地块修复方案中确定的基坑。污染土壤清理后遗留的基坑底部与侧壁，应在基坑清理之后、回填之前进行采样。若基坑侧壁采用基础围护，则宜在基坑清理同时进行基坑侧壁采样，或于基础围护实施后在围护设施外边缘采样。采样时基坑底部采用系统布点法，基坑侧壁采用等距离布点法，当基坑深度大于 1m 时，侧壁应进行垂向分层采样，应考虑地块土层性质与污染垂向分布特征，在污染物易富集位置设置采样点，各层采样点之间垂向距离不大于 3m，具体根据实际情况确定。基坑坑底和侧壁的样品以去除杂质后的土壤表层样为主，不排除深层采样。对于重金属和半挥发性有机物，在一个采样网格和间隔内可采集混合样

工作内容		具体要求
一、土壤修复效果评估布点	土壤异位修复效果评估布点	异位修复后土壤效果评估的对象为异位修复后的土壤堆体。异位修复后的土壤应在修复完成后、再利用之前采样。按照堆体模式进行异位修复的土壤,宜在堆体拆除之前进行采样。异位修复后的土壤堆体,可根据修复进度进行分批次采样。修复后土壤原则上每个采样单元(每个样品代表的土方量)不应超过 500m³;也可根据修复后土壤中污染物浓度分布特征参数计算修复差变系数,根据不同差变系数查询计算对应的推荐采样数量。对于按批次处理的修复技术,在符合前述要求的同时,每批次至少采集 1 个样品。对于按照堆体模式处理的修复技术,若在堆体拆除前采样,在符合前述要求的同时,应结合堆体大小设置采样点。修复后土壤一般采用系统布点法设置采样点;同时应考虑修复效果空间差异,在修复效果薄弱区增设采样点。重金属和半挥发性有机物可在采样单元内采集混合样
	土壤原位修复效果评估布点	土壤原位修复效果评估的对象为原位修复后的土壤,原位修复后的土壤应在修复完成后进行采样。原位修复的土壤可按照修复进度、修复设施设置等情况分区域采样。原位修复后的土壤水平方向上采用系统布点法,原位修复后的土壤垂直方向上采样深度应不小于调查评估确定的污染深度以及修复可能造成污染物迁移的深度,根据土层性质设置采样点,原则上垂向采样点之间距离不大于3m,具体根据实际情况确定
	土壤修复二次污染区域布点	潜在二次污染区域包括:污染土壤暂存区、修复设施所在区、固体废物或危险废物堆存区、运输车辆临时道路、土壤或地下水待检区、废水暂存处理区、修复过程中污染物迁移涉及的区域、其他可能的二次污染区域。潜在二次污染区域土壤应在此区域开发使用之前进行采样。可根据工程进度对潜在二次污染区域进行分批次采样。潜在二次污染区域土壤原则上根据修复设施设置、潜在二次污染来源等资料判断布点,也可采用系统布点法设置采样点,潜在二次污染区域样品以去除杂质后的土壤表层样为主,不排除深层采样
二、风险管控效果评估布点	采样周期和频次	风险管控效果评估的目的是评估工程措施是否有效,一般在工程设施完工 1 年内开展。工程性能指标应按照工程实施评估周期和频次进行评估。污染物指标应采集 4 个批次的数据,建议每个季度采样一次
	布点数量与位置	需结合风险管控措施的布置,在风险管控范围上游、内部、下游,以及可能涉及的潜在二次污染区域设置地下水监测井。可充分利用地块调查评估与修复实施等阶段设置的监测井,现有监测井须符合修复效果评估采样条件
三、现场采样与实验室检测	检测指标	基坑土壤的检测指标一般为对应修复范围内土壤中目标污染物。存在相邻基坑时,应考虑相邻基坑土壤中的目标污染物。异位修复后土壤的检测指标为修复方案中确定的目标污染物,若外运到其他地块,还应根据接收地环境要求增加检测指标。原位修复后土壤的检测指标为修复方案中确定的目标污染物。化学氧化/还原修复、微生物修复后土壤的检测指标应包括产生的二次污染物,原则上二次污染物指标应根据修复方案中的可行性分析结果确定。风险管控效果评估指标包括工程性能指标和污染物指标。工程性能指标包括抗压强度、渗透性能、阻隔性能、工程设施连续性与完整性等;污染物指标包括关注污染物浓度、浸出浓度、土壤气、室内空气等。必要时可增加土壤理化指标、修复设施运行参数等作为土壤修复效果评估的依据;可增加地下水水位、地下水流速、地球化学参数等作为风险管控效果的辅助判断依据
	现场采样与实验室检测	风险管控与修复效果评估现场采样与实验室检测按照 HJ 25.1—2019 和 HJ 25.2—2019 的规定执行

资料来源:《污染地块风险管控与土壤修复效果评估技术导则(试行)》(HJ 25.5—2018)。

表 3-14　风险管控与修复效果评估阶段的工作内容及具体要求

工作内容		具体要求
一、土壤修复效果评估	土壤修复效果评估标准值	基坑土壤评估标准值为地块调查评估、修复方案或实施方案中确定的修复目标值。异位修复后土壤的评估标准值应根据其最终去向确定,若修复后土壤回填到原基坑,评估标准值为调查评估、修复方案或实施方案中确定的目标污染物的修复目标值;若修复后土壤外运到其他地块,应根据接收地土壤暴露情景进行风险评估确定评估标准值,或采用接收地土壤背景浓度与 GB 36600—2018 中接收地用地性质对应筛选值的较高者作为评估标准值,并确保接收地的地下水和环境安全。原位修复后土壤的评估标准值为地块调查评估、修复方案或实施方案中确定的修复目标值。化学氧化/还原修复、微生物修复潜在二次污染物的评估标准值可参照 GB 36600—2018 中一类用地筛选值执行,或根据暴露情景进行风险评估确定其评估标准值
	土壤修复效果评估方法	可采用逐一对比和统计分析的方法进行土壤修复效果评估。当样品数量<8 个时,应将样品检测值与修复效果评估标准值逐个对比:若样品检测值低于或等于修复效果评估标准值,则认为达到修复效果;若样品检测值高于修复效果评估标准值,则认为未达到修复效果。当样品数量≥8 个时,可采用统计分析方法进行修复效果评估。一般采用样品均值的 95% 置信上限与修复效果评估标准值进行比较,下述条件全部符合方可认为地块达到修复效果:样品均值的 95% 置信上限小于等于修复效果评估标准值;样品浓度最大值不超过修复效果评估标准值的 2 倍。若采用逐个对比方法,当同一污染物平行样数量≥4 组时,可结合 t 检验分析采样和检测过程中的误差,确定检测值与修复效果评估标准值的差异:若各样品的检测值显著低于修复效果评估标准值或与修复效果评估标准值差异不显著,则认为该地块达到修复效果;若某样品的检测结果显著高于修复效果评估标准值,则认为地块未达到修复效果。原则上统计分析方法应在单个基坑或单个修复范围内分别进行。对于低于报告限的数据,可用报告限数值进行统计分析
二、风险管控效果评估	风险管控效果评估标准	风险管控工程性能指标应满足设计要求或不影响预期效果。风险管控措施下游地下水中污染物浓度应持续下降,固化/稳定化后土壤中污染物的浸出浓度应达到接收地地下水用途对应标准值或不会对地下水造成危害
	风险管控效果评估方法	若工程性能指标和污染物指标均达到评估标准,则判断风险管控达到预期效果,可对风险管控措施继续开展运行与维护。若工程性能指标或污染物指标未达到评估标准,则判断风险管控未达到预期效果,须对风险管控措施进行优化或修理

资料来源:《污染地块风险管控与土壤修复效果评估技术导则（试行）》（HJ 25.5—2018）。

表 3-15　提出后期环境监管建议阶段的工作内容及要求

工作内容	具体要求
后期环境监管要求	修复后土壤中污染物浓度未达到 GB 36600—2018 第一类用地筛选值的地块或者实施风险管控的地块,需要提出后期监管建议。后期环境监管直至地块土壤中污染物浓度达到 GB 36600—2018 第一类用地筛选值、地下水中污染物浓度达到 GB/T 14848—2017 中地下水使用功能对应标准值为止
长期环境监测	一般通过设置地下水监测井进行周期性采样和检测,也可设置土壤气监测井进行土壤气样品采集和检测,监测井位置应优先考虑污染物浓度高的区域、敏感点所处位置等。原则上长期监测 1~2 年开展一次,可根据实际情况进行调整
制度控制	制度控制包括限制地块使用方式、限制地下水利用方式、通知和公告地块潜在风险、制定限制进入或使用条例等方式,多种制度控制方式可同时使用

资料来源:《污染地块风险管控与土壤修复效果评估技术导则（试行）》（HJ 25.5—2018）。

效果评估报告应当包括风险管控与修复工程概况、环境保护措施落实情况、效果评估布点与采样、检测结果分析、效果评估结论及后期环境监管建议等内容。效果评估报告的格式参见 HJ 25.5—2018 中附录 D。

第二节　国外土壤污染防治标准介绍

一、美国土壤污染防治标准

（一）美国土壤污染防治标准特点

美国的土壤污染防治起步较早，在经历长期探索后形成了一套以《超级基金法》为核心的土壤污染防治体系。随后为了确保相应法律能顺利施行，美国政府又制定了一系列配套的技术标准，用来规范和指导场地环境调查监测、风险评估管控和土壤修复等行为，为土壤污染防治提供了依据。

美国土壤污染防治标准具有逐级管理的特点。1996 年美国环保局颁布的《土壤筛选导则》作为污染场地评估和修复的标准化指南，为场地管理提供了分层次的管理框架。该导则规定联邦政府负责对污染地块进行评估、管理及开发。各州政府需要制定详细的土壤污染地块治理标准，起监督作用。地方政府和社区是土壤修复的主要管理者。非政府组织作为参与者，参与推进土壤污染的治理。

美国土壤污染防治标准具有责任主体明确的特点。《超级基金法》规定，总统、州政府、地方政府、印第安部落、危险废物设施或船舶的所有者和营运人是负有治理责任的主体，发生危险物质泄漏设施的所有者或营运人或该设施所处土地的所有者或营运人应承担治理费用。

美国土壤修复目标值的确定是一个不断变化完善的过程，即先建立初步修复目标，然后在修复调查和可行性研究过程中再次进行优化，最终得到修复目标值，且最终得到的修复目标值要与最佳修复方案相对应。

（二）美国土壤污染防治标准介绍

1.《国家优先控制场地名录》

1980 年，美国国会通过的《超级基金法》中提出建立《国家优先控制场地名录》。该名录是对美国境内已知的受到危险物质、污染物排放污染或污染威胁场地进行国家优先治理的统计名录，旨在指导联邦环保局确定对哪些场地必须进行进一步调查。

《超级基金法》规定，需建立一套筛选机制以评估场地的相对风险，决定《国家优先控制场地名录》的增选和删除。1986 年的《超级基金修正与重新授权法》指定危害分级系统（Hazard Ranking System，HRS）作为该名录产生的主要方法。当场地的危害等级分值超过 28.5 分时，经过 60 天公众评议后美国环保局仍然认为该场地符合列入名录的要求，则该场地列入名录。经判定后仍需开展进一步详细评估的场地会被列入优先修复名录；随后，对优先修复名单上的场地，按照场地环境详细调查、修复方案设计与可行性研究、工程施工、竣工验收、污染修复设施运行与维护等流程操作，验收合格的地块将从优先修复名录中除名。

2.《土壤筛选导则》

1996 年，美国环保局发布了《土壤筛选导则》，以帮助标准化和加快《国家优先控制场地名录》上受污染土壤的评估和修复。

《土壤筛选导则》包括《土壤筛选导则：快速参考资料表》《土壤筛选导则：用户手册》《土壤筛选导则：技术背景文件》等三项规定文件和《拓展超级基金场地土壤筛选水平的补充导则》一项补充导则。《土壤筛选导则：快速参考资料表》介绍总结了《土壤筛选导则》的关键内容和基本工作程序。《土壤筛选导则：用户手册》为环境科学/工程专业人士提供了一种简单的方法步骤，可针对土壤中的污染物计算基于风险和特定地点的土壤筛选水平，用于识别需要进一步调查的污染区域。《土壤筛选导则：技术背景文件》介绍了《土壤筛选导则：用户手册》依据的分析和建模方法，以及使用保守的默认值计算出的通用土壤筛选水平，并提供了对复杂站点条件进行更详细分析的方法。

《拓展超级基金场地土壤筛选水平的补充导则》于 2002 年发布，是《土壤筛选导则》的补充配套标准。它以 1996 年发布的原版导则中用于住宅土地使用场景的土壤筛选框架为基础，增加并更新了适用场景，增加了暴露途径并合并了新的建模数据。

《土壤筛选导则》基于通过风险和特定场地背景计算出的土壤筛选水平，为管理者提供了分层次的管理框架。土壤筛选水平不是美国土壤修复标准，其目的是确定污染场地面积、暴露途径和化学污染物浓度等。该导则用于指导污染场地的初步筛选，进而确定是否需要开展进一步的调查。

3.《超级基金场地化学污染物的区域筛选水平》

2004 年以来，美国各州均制定了适用于当地实际情况的土壤标准，例如第 3 区风险浓度、第 6 区人体健康中度限定筛选水平和第 9 区初步修复目标值。这些标准一方面作为判定是否启动基线风险评估的依据，另一方面可作为初步修复目标。美国第 9 区的初步修复目标值根据毒理学参数和物理化学常数的修正进行实时更新，提供了用于计算场地修复目标的详细技术信息。2009 年，美国环保局将上述第 3 区、第 6 区和第 9 区的三个值合并，为居住用地、商业/工业用地的土壤、大气和饮用水制定了最新的《超级基金场地化学污染物的区域筛选水平》。筛选水平的计算同时考虑其他环境法规设定的浓度限值和特定暴露条件下基于风险计算的浓度限值。

二、日本土壤污染防治标准

(一) 日本土壤污染防治标准特点

对土壤污染的治理是日本政府在环境领域的重要工作之一。经过长期探索实践，日本已经形成了一套较为完善的土壤环境质量标准体系，用来开展土壤风险监测及治理工作。

日本土壤污染防治标准具有分土地类型制定不同标准的特点。日本将土壤污染区分为农用地土壤污染和工业迹地土壤污染两种并分别制定了不同的标准，这是农用地土壤污染和工业迹地土壤污染不同所致。两套标准在实施过程中相互结合，相互促进。

日本土壤污染防治标准注重信息公开和公众参与。日本土壤污染防治法规中规定，土壤污染情况需要向公众公开和汇报，《土壤污染对策法》中规定了公众有权查阅污染土壤登记簿，公众的监督对于土壤污染防治工作的执行具有重要意义。

日本土壤污染防治标准具有针对性。日本的土壤污染防治标准在发生不同的土壤污染事件后不断更新，针对新型污染物出台了一系列新标准，如《二噁英类物质对策特别措施法》。

（二）日本土壤污染防治标准介绍

1.《土壤环境质量标准》

1976年制定的《公害对策基本法》中便提及日本土壤污染防治的相关标准，但直到1991年日本才正式制定了《土壤环境质量标准》，1991年8月该标准规定了镉等10个标准项目，1994年2月增加挥发性有机化合物（VOCs）、农药等15个标准项目，2001年从保护地下水涵养功能和水质净化功能的角度增加了氟和硼2个项目。经过1994年和2001年的两次修订，该标准规定了土壤中镉、铅、汞等27种特定有害物质的含量限值。

2003年日本环境省制定的《土壤污染对策法施行规则》将25种特定有害物质分为3类，第Ⅰ类特定有害物质主要是四氯乙烯等挥发性有机物，第Ⅱ类特定有害物质主要是镉等重金属，第Ⅲ类特定有害物质主要是西玛津等农药成分。该标准根据土壤中含有量以及土壤溶出量两个因素来控制土壤重金属污染，前者主要通过直接接触污染土壤的方式摄入重金属带来影响，后者主要通过人类的污染地下水暴露风险带来影响。对挥发性有机物和农药，该标准只限定了溶出量基准。

日本环境省于2016年、2018年和2019年再次对《土壤环境质量标准》进行了修订，日本现行《土壤环境质量标准》共规定了29类土壤污染物的浓度标准。

2.《二噁英类物质对策特别措施法》

1998年日本大阪地区的二噁英类物质造成的土壤污染引发了广泛的社会关注。为防治有毒有害（二噁英类）化学物质污染，日本于1999年7月颁布《二噁英类物质对策特别措施法》，根据此法第7条，制定了《有毒有害化学物质（二噁英类）土壤环境质量标准》。该标准最新修订时间为2009年。

三、欧盟土壤污染防治标准

（一）欧盟土壤污染防治标准特点

欧盟地区的土壤污染防治工作开展较早，土壤污染防治法律标准体系也较为完善。各成员国根据本国实际情况建立了不同的土壤污染物标准、土壤监测技术标准、风险管控标准和土壤修复标准等一系列标准，基本上各国都拥有一套较为完备的土壤治理体系。

欧盟土壤污染防治相关标准多以风险评估及防范为管控理念，对修复标准的适用以控制污染风险为目标。如《土壤保护法案》将荷兰的土壤标准从全国统一限值标准值管理思维转向了基于特定场地利用风险确定修复标准值。

欧盟国家大多针对不同的土地利用类型制定不同的土壤类标准，如德国针对居住区、娱乐设施、工商业区和广场游乐场区四种类型制定了不同的土壤污染修复标准；与德国相似，法国将土壤应用分为一般项目和特殊项目两种，划分了两个不同级别的土壤修复标准。

欧盟国家的土壤污染相关标准要求土壤污染情况和政府的治理信息公开。如荷兰开放土壤污染管理数据系统，共享土壤污染管理数据，为政府、行业、地方、企业等制定相关标准提供数据支持；丹麦的公民可以向环保部门提出查询土壤污染数据库的请求，并可以向政府提出对污染场地进行调查的申请。

（二）欧盟土壤污染防治标准介绍

1. 荷兰土壤污染防治标准介绍

荷兰是针对土壤污染治理立法较早的欧洲国家之一。1983 年，荷兰出台了《土壤修复（暂行）法案》及土壤环境质量标准，要求土壤在修复后各项污染物的浓度在规定的标准值以下，并使修复后的土壤满足多种用途。这一阶段过于严苛的标准导致土壤修复成本大幅增加，土壤修复标准过高，造成了大量污染土地的开发严重滞后，导致大部分土地因为不符合全国统一的土壤环境质量标准而成为不合格土地，进而产生了大量闲置土地，严重影响了经济发展。

1987 年荷兰颁布了《土壤保护法案》，该法用于评估实施土壤修复的必要性。1994 年荷兰引入污染土壤的人体健康风险评估和陆生生态风险评估方法，建立了包括目标值和干预值的标准值体系。目标值是基于生态风险评估方法确定的土壤中污染物含量限值，反映的是土壤中重金属等污染物对生态物种和土壤生态过程危害风险可忽略时的含量限值；干预值是基于人体健康风险评估和陆生生态风险评估方法综合确定的污染物含量限值，反映的是在可接受人体健康风险和可接受生态风险水平时，土壤中污染物的含量限值，超过干预值表明土壤污染可能存在风险，需要开展进一步调查评估，根据调查评估结果决定是否需要采取治理修复措施。2006 年，荷兰颁布了《土壤修复通令》的草案，其中分门别类设置了不同情况下启动修复和修复应当达到的法定要求。该法案于 2008 年、2009 年、2013 年进行了修订：2008 年的修订中保留了土壤干预值标准，不再规定目标值标准；2013 年的修订中针对不同的风险受体，设定了标准化风险评估和具体场地风险评估两种土壤风险评估程序，前者用以总体判断是否存在不可接受的风险，后者用以精确判断具体场地的风险水平。

经过多年的实践探索，荷兰将风险管控理念融入标准制度内核，针对土壤污染修复形成了一套完整多元的标准体系。

2. 德国土壤污染防治标准介绍

自 20 世纪 90 年代，德国基于土地污染现状，出台了一系列土壤修复治理法规和标准。目前，德国针对土壤污染防治形成了以《联邦土壤保护法》为核心，以《联邦土壤保护和污染地块条例》等法规为辅的一套完善的土壤污染修复法律标准体系。

1998 年 3 月，德国出台了《联邦土壤保护法》，建立了土壤污染风险评估和治理修复的统一方法和标准。该法强调事前预防和事后控制，明确了每个土地使用者或所有者都有防止土壤污染和清除土壤污染的义务，同时也规定了土壤监测调查和修复治理的具体要求。

1999 年，德国颁布了《联邦土壤保护和污染地块条例》。该条例规定了关于土壤保护和污染场地修复的具体要求。其中包括：对污染地块和土壤退化情况的调查和评估，规定了抽样、分析与质保的要求；规定了通过排除污染、防止泄漏、保护和限制等措施来防范危险的要求，以及有关整治的调查与整治计划的补充要求；对防止土壤退化的要求进行规定；详细规定了触发值、行动值和预防值等三类土壤污染风险管控标准值，并明确规定了每年土壤污染负荷值。触发值、行动值和预防值这三类土壤污染风险管控标准值的作用十分明确。超过预防值意味着未来有可能产生土壤污染问题；超过触发值则需启动调查评估程序以判断土壤污染是否存在风险；超过行动值则意味着风险影响人类健康或环境，应当采取行动消除风险。此外，德国还建立了年度土壤污染负荷清单，限定了土壤作为受体在一年中通过所有途径可承载的污染物种类和数量。

德国的土壤污染防治法律标准体系注重预防与修复，经过长期发展和不断完善，德国的土壤污染标准制定和应用方面已经取得了较为可观的成果。

第四章

土壤环境监测

第一节　土壤样品采集与制备

一、土壤样品采集

土壤样品采集作为土壤分析工作的重要环节之一，关系到测定结果能否如实反映采集的样品所代表的区域或地块的环境条件和客观情况。因此，样品采集时必须选择有代表性的土壤，并根据不同的分析目的选择与其相对应的采集方法。

> 【土壤样品采集】
> 简称采样，是指将土壤从野外、田间、培养或者栽培单元中取出具有代表性的一部分的过程。

按照不同的采样深度，采样可以分为采集土壤表层样品和采集土壤剖面样品。另外还包括采集土壤盐分动态样品和采集土壤物理性质测定样品。

（一）采集土壤表层样品

一般监测项目只需要采集表层土壤，采样深度一般为0～20cm；农田土壤采集耕作层土样时，种植一般农作物的农田采样深度为0～20cm，种植果林类农作物的农田采样深度为0～60cm。

采集表层土壤可以采集单独样品，也可以采集混合样品。为了保证样品的代表性，同时降低监测费用，一般采取采集混合样的方案。每个土壤单元设3～7个采样区，单个采样区可以是自然分割的一个田块，也可以由多个田块所构成，其范围以200m×200m左右为宜。每个采样区的样品为农田土壤混合样。混合样的采集主要有四种方法，如图4-1所示。

1.对角线法

适用于污灌农田土壤，对角线分为五等份，以等分点作为采样分点。

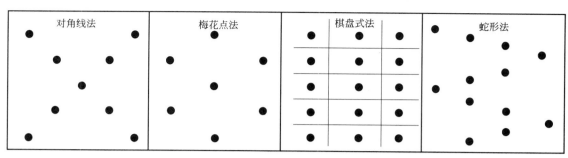

图 4-1　混合样的采集方法

2. 梅花点法

适用于面积较小、地势平坦、土壤组成和受污染程度相对比较均匀的地块，设分点 5 个左右。

3. 棋盘式法

适宜面积中等、地势平坦、土壤不够均匀的地块，设分点 10 个左右；受污泥、垃圾等固体废物污染的土壤，分点应在 20 个以上。

4. 蛇形法

适宜面积较大、土壤不够均匀且地势不平坦的地块，设分点 15 个左右，多用于农业污染型土壤。

以使用土钻采样为例，以采样点作为中心点画半径为 1m 的圆周，在圆周上均匀四等分，等距采集 4 个样品，在采样点中心上采集 1 个样品，将 5 个样品等质量混匀成为 1 个单独样品，保留 1kg 左右，其余用四分法弃去。四分法示意图如图 4-2 所示，具体方法为将采集的土壤样品放在盘子里或塑料布上，弄碎，混匀，铺成圆形，画对角线将土样分成四份，把对角的两份分别合并成一份，然后弃去一份，保留一份，如果得到的样品还是超出需要数量，可再用四分法重复处理，直到所需数量为止。

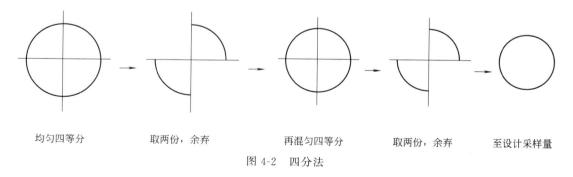

均匀四等分　　　　取两份，余弃　　　　再混匀四等分　　　　取两份，余弃　　　　至设计采样量

图 4-2　四分法

当采集湖沼土、水稻土或湿地等烂泥土样时，难以应用四分法，这时可以将采集的样品放入塑料盆中，将各采样点的烂泥用塑料棍搅拌均匀后再取出所需数量的样品。

最后将采集的样品放入样品袋，用铅笔写好标签后在样品袋内外各放置一张，标签上应注明采样地点、日期、采样深度、编号及采样人等，同时做好采样记录。土壤样品标签记录格式参见表 4-1。

表 4-1　土壤样品标签记录格式

土壤样品标签

样品编号：	
采样地点：	
	东经　　　　　　　　　　　　　北纬
采样层次：	
特征描述：	
采样深度：	
监测项目：	
采样日期：	
采样人员：	

资料来源：《土壤环境监测技术规范》（HJ/T 166—2004）。

（二）采集土壤剖面样品

一些特殊要求的监测，如土壤背景、环评、污染事故监测等，必要时需选择部分采样点采集剖面样品。采集土壤剖面样品的方法是在有代表性的采样点挖掘面积为 $1m \times 1.5m$ 左右的长方形土壤剖面坑，选择较窄的一面向阳作为剖面观察面。挖出的土不能放在剖面观察面的上方，应放在土坑两侧。土坑的深度一般要求达到母质层或地下水水位，特殊情况根据具体情况确定。根据剖面的土壤颜色、结构、质地、松紧度、湿度及植物根系分布等划分土层，按研究所需了解的项目逐项进行仔细观察、描述记载，然后自下而上逐层采集样品。为了克服层次之间的过渡现象，保证样品具有代表性，一般采集各层最典型的中部位置的土壤。所采集的每个土样质量为 1kg 左右，将其分别放入样品袋，在样品袋内外各放置一张标签，上面写明采集地点、土层深度、层次、剖面号、采样日期和采样人等。

（三）采集土壤盐分动态样品

当监测目的是了解土壤中盐分的积累规律和动态变化时，需要采集土壤盐分动态样品。采样时应重视时间和采样深度，因为土壤剖面盐分上下移动和季节性受不同时间的淋溶与蒸发作用的影响很大。采样应按垂直深度分层采取，即从地表起每 10cm 或 20cm 划为一个采样层，当计算土壤含盐量和绘制土壤剖面盐分分布图时，须在该取样层内，自上而下、全层均匀地取土。研究盐分在土壤中垂直分布的特点时，须在各取样层的中部位置取样。

（四）采集土壤物理性质测定样品

当监测目的为测定土壤的容重和孔隙度等物理性状时，须采集原状土样，样品可直接用环刀在各土层中采集。采集土壤结构性的样品时，应当注意土壤湿度，不宜过干或过湿，最好在不黏铲、经接触不变形时分层采取。在取样过程中应保持土壤原状，受挤压变形的部分要弃去。土样采集后要小心装入铁盒保存。其他项目土样根据监测要求装入铝盒或环刀，带回室内分析测定。

二、土壤样品制备

野外采集到的新鲜土样除了立即进行与微生物活动、氧化还原条件、挥发性物质等相关的性状（如亚铁、还原性硫、易还原性锰、硝态氮、铵态氮、易降解和易挥发有机物等）分析以外，其余样品需要及时干燥，

> 【土壤样品制备】
> 是指土壤样品（取样中受到扰动的）从田间采集后混匀、干燥、磨细和过筛的过程。

以抑制土壤微生物的活动和化学变化，使所得分析结果更为稳定，也便于长期保存。

1. 土样风干

除测定低价铁、游离挥发酚和有机污染物等不稳定项目时需要直接使用新鲜土样外，大多数测定项目需要使用风干土样，因为风干后的土样容易混合均匀，测定结果的重复性、准确性较好。

将采集的土样放置于土壤风干盘中，摊成 2～3cm 的薄层，适时地压碎、翻动，用镊子拣出碎石、沙砾、动植物残体等土壤以外的其他物质，置于通风、干燥的室内阴凉处自然风干，切忌直接暴晒。风干处应防止受到酸、碱等气体及灰尘的污染。

2. 样品粗磨

土壤 pH、阳离子交换量、元素有效态含量等项目的分析可以直接采用粗磨样品。样品粗磨的方法是将风干后的样品倒在无色聚乙烯薄膜或有机玻璃板上，用木槌敲打成小块，用木棍、木棒或有机玻璃棒压碎，拣出杂质后将样品混匀，并用四分法选取压碎混匀后的样品，称重后保留约分析用量四倍的土样，过孔径 2mm 尼龙筛。过筛后的样品全部置于无色聚乙烯薄膜或有机玻璃板上，充分搅拌混匀后采用四分法取两份，一份存放于样品库中，另一份用于后续样品的细磨。

3. 样品细磨

用于细磨的土壤样品再用四分法分成两份，用于土壤有机质、全氮量等项目分析的土样研磨到全部过孔径 0.25mm（60 目）筛，用于土壤元素全量分析的土样研磨到全部过孔径 0.15mm（100 目）筛。

4. 样品分装

研磨混匀后的样品应尽快分别装在样品袋或样品瓶中，填写一式两份土壤标签，一份放于瓶内或袋内，一份贴于瓶外或袋外。

常用监测制样过程如图 4-3 所示。

三、土壤样品保存

土壤样品制备后需保存，按照样品编号、名称和粒径大小分类。

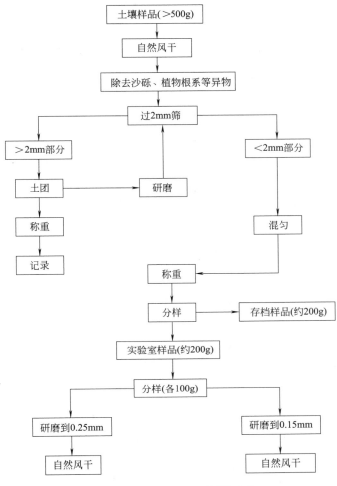

图 4-3 常用监测制样过程

1. 新鲜样品的保存

易分解、易挥发等不稳定组分的样品应低温保存，并尽快在低温条件下送到实验室进行下一步的分析测试。当测试项目需要新鲜土样时，样品采集后用可密封的玻璃或聚乙烯容器在 4℃ 以下避光保存，样品要充满容器。样品保存时应避免用含有待测组分或对测试有干扰的材料制成的器皿盛装，例如用于测定有机污染物的土壤样品应选用玻璃容器保存。具体保存条件见表 4-2。

表 4-2 新鲜样品的保存条件和保存时间

测试项目	容器材质	温度/℃	可保存时间/d	备注
金属（汞和六价铬除外）	聚乙烯、玻璃	<4	180	
汞	玻璃	<4	28	
砷	聚乙烯、玻璃	<4	180	
六价铬	聚乙烯、玻璃	<4	1	
氰化物	聚乙烯、玻璃	<4	2	

测试项目	容器材质	温度/℃	可保存时间/d	备注
挥发性有机物	玻璃（棕色）	<4	7	采样瓶装满装实并密封
半挥发性有机物	玻璃（棕色）	<4	10	采样瓶装满装实并密封
难挥发性有机物	玻璃（棕色）	<4	14	

资料来源：《土壤环境监测技术规范》（HJ/T 166—2004）。

2. 预留样品

一般预留样品须在样品库造册保留 2 年，珍稀、特殊、有争议、仲裁样品一般要永久保存。

3. 分析取用后的剩余样品

测定完成并取得数据结果后，分析取用后的剩余样品也须移交样品库保存。

4. 保存要求

样品每次入库、领用和清理均需做好记录。样品库应保持干燥、通风、无阳光直射、无污染。样品要定期清理，防止霉变、鼠害和标签脱落等。

第二节　土壤样品预处理方法

土壤样品预处理的目的是使土壤样品中待测组分的形态和浓度符合测定方法的要求，以及减少或消除共存组分的干扰。土壤样品预处理的方法包括分解法和提取法。分解法用于元素的测定，作用是破坏土壤的有机质和矿物晶格，使待测元素进入试样溶液中。常用的分解方法包括酸分解法、碱熔分解法、微波炉加热分解法、高压釜密闭分解法等。当测定土壤中的有机污染组分和受热后不稳定的组分以及进行组分形态分析时使用提取法。常用的提取溶剂为水、有机溶剂和酸。土壤中的欲测组分被提取后，往往需要进一步净化或浓缩，这是因为提取的样品中还存在干扰组分，或达不到分析方法测定要求的浓度。常用的净化方法有萃取法、色谱法和蒸馏法等；浓缩法有 K-D 浓缩器法、萃取法、蒸馏法等。例如，土壤样品中的硫化物、氰化物常用蒸馏-碱溶液吸收法分离，此法可同时达到净化和浓缩的目的。

一、土壤样品的分解方法

（一）酸分解法

【酸分解法】
是测定土壤中重金属常用的前处理方法，使用混合酸消解体系，为加速消解反应，必要时可加入氧化剂或还原剂。

1. 适用范围

此法的制备液可用于：火焰原子吸收分光光度法测定铜、锌、铬、铁、钴、镍、锰、锂、铷等；石墨炉原子吸收分光光度法测定铅、镉、铍、银等；电感耦合等离子体原子发射光谱法测定铜、锌、铬、钴、镍、铁、锰、铅、钾、钠、钙、镁、铝、锂、铷等；电感耦合等离子体质谱法测定铍、铜、铅、锌、稀土元素等 32 种元素；激光荧光法测定铀。

2. 方法步骤

称取 0.5g（精确到 0.1mg，下同）风干土样于聚四氟乙烯坩埚中，用几滴水润湿后，加入 10mL HCl（密度为 1.19g/mL），放置于电热板上低温加热，当样品蒸发至约剩 5mL 时加入 15mL HNO_3（密度为 1.42g/mL），继续加热蒸发至样品呈近黏稠状，加入 10mL HF（密度为 1.15g/mL）并继续加热，加热过程中应经常摇动坩埚，可以达到良好的除硅效果。最后加入 5mL $HClO_4$（密度为 1.67g/mL），并加热至白烟冒尽。对于含有机质较多的土样应加入 $HClO_4$，然后加盖消解，土壤分解物应呈白色，含铁较高的土壤呈淡黄色，倾斜坩埚时呈不流动的黏稠状。用稀酸溶液冲洗坩埚内壁及坩埚盖，温热溶解残渣，冷却后，根据待测成分的含量不同，将溶液定容至 100mL 或 50mL。

（二）碱熔分解法

【碱熔分解法】
是将土壤样品与碱混合，在高温下熔融，使样品分解的方法。

1. 适用范围

此法的制备液用于电感耦合等离子体原子发射光谱法和电感耦合等离子体质谱法测定铅、铬、镉、铜、锌、钴、镍、钛、钒、铍、钼、铁、铊等。

2. 方法步骤

称取 0.5g 试样于 25mL 刚玉坩埚中，加入 4g Na_2O_2，搅匀。样品置于已升温至 700℃ 的马弗炉中加热 10min，坩埚冷却后将试样置于 250mL 烧杯中，用 100mL 沸水提取。洗出坩埚后将提取液煮沸 20min，待提取液充分冷却后用中速定性滤纸过滤，用 20g/L NaOH 洗涤沉淀 8~10 次后，用 8mL 热 HCl（1+1）溶解沉淀，溶液用 50mL 容量瓶接取，用 2%热 HCl 反复洗漏斗及滤纸，定容后移入干燥洁净的聚乙烯瓶中，保存备用。

（三）高压釜密闭分解法

【高压釜密闭分解法】
是将用水润湿、加入混合酸并摇匀的土样放入密封的聚四氟乙烯坩埚内，置于耐压的不锈钢套筒中放在烘箱内加热分解的方法。

1. 适用范围

此法的制备液可用于：火焰原子吸收分光光度法测定铜、锌、铬、钴、镍、铁、锰、锂、铷等；电感耦合等离子体原子发射光谱法测定铜、锌、铬、钴、镍、铁、锰、铅、钾、钠、钙、镁、铝、锂、铷等；电感耦合等离子体质谱法测定铍、铜、铅、锌、稀土元素等 32 种元素。

2. 方法步骤

称取 0.5g 风干土样加至内套聚四氟乙烯坩埚中，加入少许水润湿试样，再加入 HNO_3（密度为 1.42g/mL）、$HClO_4$（密度为 1.67g/mL）各 5mL，摇匀后将坩埚放入不锈钢套筒中并拧紧，然后放在 180℃ 的烘箱中分解 2h。待冷却至室温后，取出坩埚，用水冲洗坩埚盖的内壁，加入 3mL HF（密度为 1.15g/mL），置于电热板上，在 100~120℃ 温度条件下加热除硅，待坩埚内剩下约 2~3mL 溶液时，调高温度至 150℃，蒸至冒浓白烟后再缓缓蒸至近干，根据不同情况选择用水定容至 100mL 或 50mL 后进行测定。

（四）微波炉加热分解法

【微波炉加热分解法】
是以被分解的土样和酸的混合液为发热体，从内部进行加热使试样得到分解的方法。

1. 适用范围

此法的制备液可用于：火焰原子吸收分光光度法测定铜、锌、铬、钴、镍、铁、锰、锂、铷等；石墨炉原子吸收分光光度法测定铅、镉、铍、银等；电感耦合等离子体原子发射光谱法测定铜、锌、铬、钴、镍、铁、锰、铅、钾、钠、钙、镁、铝、锂、铷等；电感耦合等离子体质谱法测定铍、铜、铅、锌等元素。

2. 方法步骤

称取 0.1250~0.2500g 样品，置于微波消解专用杯中，分别加入 5mL 硝酸、3mL 氢氟酸、2mL 过氧化氢，盖好盖子，于微波消解器消解后转入聚四氟乙烯烧杯中，于加热板上加热至近干，用水吹洗杯壁，再加 3~5 滴高氯酸，蒸至近干，加 1% HNO_3 5~10mL，温热溶解，定容至 25~50mL，立即移入干燥洁净的聚乙烯或聚四氟乙烯瓶中，保存备用。

（五）王水水浴消解法

1. 适用范围

此法的制备液用于原子荧光法测定汞、砷、硒、锑及铋。

2. 方法步骤

称取 0.5g 样品于 50mL 比色管中，加入新配的王水（4.5mol/L HCl，1.75mol/L HNO_3）10~15mL，摇匀，置于沸水浴中，加热煮沸 2h（其间摇动 3~4 次），取下冷却，用去离子水稀释定容至刻度，摇匀后静置，样品分解后应尽快进行测定。

二、土壤样品的提取方法

（一）索氏提取法

1. 适用范围

索氏提取法适用于提取土壤样品中含有的非挥发性和半挥发性有机物，不溶于水和微溶于水的有机污染物可通过此法分离和浓缩。但是，当需要提取的物质受热易分解和萃取剂沸点较高时，此种方法不适用。

2. 原理

索氏提取是属于液固萃取的一种提取方法，利用溶剂对固体混合物中所需成分的溶解度大、对杂质的溶解度小的特点，提取分离所需成分。土壤中有机污染物的索氏提取法是利用溶剂的回流和虹吸原理，对土壤样品中的有机污染物进行连续提取，当抽提筒中回流下的溶剂液面超过索氏提取器的虹吸管时，抽提筒中的溶剂回流到圆底烧瓶中。随着温度升高，抽提筒中的二次回流开始，每次虹吸之前，土壤样品都能被纯的热溶剂萃取，通过反复利用溶剂，缩短了对样品的提取时间，因此索氏提取法的萃取效率较高。

3. 步骤

萃取前为增大固液接触的面积，需要先将土壤样品研磨成细颗粒，然后将一定质量研磨后的样品放在滤纸套内，将滤纸套放在抽提筒中，抽提筒的下端与盛有溶剂的圆底烧瓶相连接，上面接回流冷凝管。加热圆底烧瓶，使烧瓶内溶剂沸腾，蒸气通过抽提筒的支管上升，被冷凝后滴入抽提筒中，溶剂和土壤样品接触进行萃取。当溶剂上表面超过虹吸管的最高处时，含有萃取物的溶剂虹吸回到烧瓶中，从而萃取出一部分物质，如此重复，使固体物质不断为纯的溶剂所萃取，萃取出的物质则富集在烧瓶中。

（二）加速溶剂萃取法

1. 适用范围

加速溶剂萃取法适用于土壤中氯代杀虫剂、多环芳烃类、有机磷农药、有机氯农药和多氯联苯类等半挥发性和不挥发性有机物的提取，具有萃取溶剂用量少、萃取速度快和回收率高的优点，是样品预处理的最佳方法之一，并被美国国家环保局选定为推荐的标准方法。但是，该方法仅适用于固态样品，对干燥细颗粒物质尤为有效。

2. 原理

加速溶剂萃取的原理是选择合适的溶剂，通过提高萃取溶剂的温度（50～200℃）和压力（1500～2000psi，1psi＝6894.757Pa）来加快萃取速度，提高萃取效率。提高萃取溶剂的温度可以降低萃取溶剂的黏度，加快萃取溶剂分子向样品内部的扩散，加快样品中欲分析组分在萃取溶剂中的溶解速度。为提高萃取溶剂的温度，要提高萃取体系的压力，以使萃取剂在高温下仍能保持液态，同时有助于加速萃取溶剂向样品孔隙的渗透。

3. 方法

样品装入萃取池后，将萃取池放到圆盘传送装置上，之后按计算机设定的程序运行。传送装置将萃取池送入加热炉内，并与对应编号的收集瓶连接，用泵将萃取溶剂输送到萃取池内，用高压氮气向萃取池内加压，与此同时加热炉加热萃取池，达到设定的温度和压力后，保持并继续静态提取一定时间，然后用泵少量多次地将清洗溶剂加入萃取池，萃取液将自动通过滤膜进入收集瓶，用氮气吹洗萃取池和管道，以便萃取液全部进入收集瓶。

（三）微波辅助提取

1. 适用范围

微波辅助提取是对土壤中的有机物（包括多环芳烃、邻苯二甲酸酯类化合物、有机氯农药、有机磷农药以及多氯联苯等）进行提取处理的方法。微波辅助提取法具有萃取时间短、加热均匀、节能高效、安全无害的优点。

2. 原理

微波辅助提取技术是利用微波加热的特性对样品中目标成分进行选择性萃取的方法，其原理是微波射线自由透过透明的萃取介质，深入样品基体内部，由于不同物质的介质损耗因数不同，即在电场作用下内部引起的能量损耗程度不同，对微波能的吸收程度也不同，因而被加热的情况也有所不同。利用这种特点，可以通过调节微波加热的参数，选择性地加热欲分析组分，以利于目标成分从样品基体中渗出，达到与基体分离的目的。

3. 方法

研磨后的样品装入微波专用萃取杯内，加入适量的萃取溶剂（不超过 30mL）后放到转盘中，并将其置于微波仪中，设置萃取温度和时间，加热萃取。萃取结束后冷却并取出萃取杯，将萃取液移出后经 4μm 有机相滤膜过滤，反复冲洗样品，合并萃取液并浓缩（如萃取液中含有水分，则需用无水硫酸钠干燥后再进行浓缩）。

（四）超声波提取

超声波提取法的原理是通过压电换能器产生的快速机械振动波来减少目标萃取物与样品基体之间的作用力，从而实现固液萃取分离，超声波的作用过程确保样品可以和提取溶剂充分接触。该法适用于从土壤中提取非挥发性和半挥发性有机物。按照样品浓度的高低，该方法可以分为两种：低浓度方法（单个有机物浓度＜20mg/kg，所需样品量较大，提取过程严格）和高浓度方法（单个有机物浓度＞20mg/kg，提取方法简单快捷）。与其他提取方法相比，超声波提取法的主要目的是获取更高的提取效率，并不是非常严格和精确。

三、净化和浓缩预处理方法

（一）凝胶色谱净化法

1. 适用范围

凝胶色谱净化法可以除去样品中的聚合物、共聚物、蛋白质、脂类化合物、细胞组分、天然树脂及其聚合物、病毒和分散的高分子化合物等。该方法适用于酚类和有机酸类、多环芳烃类、硝基芳烃类、氯代烃类、邻苯二甲酸酯类、有机磷杀虫剂、含氯除草剂、碱性或中性化合物等各种化合物样品提取物的净化。

2. 原理方法

凝胶色谱净化法是利用有机溶剂和疏水凝胶的尺寸大小排阻的方法来分离合成的高分子化合物，是一种体积排阻净化过程。所用的填料凝胶是多孔的，并且以孔隙的大小和排阻范围来表征。选择凝胶时，排阻体积必须大于待测分离物的分子大小。

3. 试剂材料

除非另有说明，分析时均使用符合国家标准的分析纯化学试剂，实验用水为新制备的、不含有机物的去离子水或蒸馏水。

有机溶剂：丙酮、正己烷、二氯甲烷或其他等效有机溶剂，均为农药残留分析纯级，在使用前应进行排气。

凝胶色谱校正标准溶液：适当浓度，保证在紫外检测器检测时有完整明显峰形。含有玉米油 200mg/mL，溶解于二氯甲烷、双（2-二乙基己基）邻苯二甲酸酯、甲氧滴滴涕和硫中。可直接购买有证标准溶液，也可用标准物质制备。

4. 方法步骤

用经溶胀的吸附剂填充柱子，同时在吸附剂膨胀阶段用溶剂冲洗柱子。柱子校准后，将样品提取液上柱、净化。用适当的溶剂洗脱柱子，然后浓缩洗脱液。洗脱溶剂的类型会影响洗脱结果。

（二）硅胶净化法

1. 适用范围

硅胶作为柱色谱的吸附剂，可以用于从不同化学极性的干扰物中分离待测物，此方法适用于多环芳烃、多氯联苯、有机氯农药及苯酚衍生化合物的样品提取液的净化。

2. 原理

在不同极性溶剂的流动作用下，根据物质在吸附柱上的吸附力的不同，极性较强的物质容易被硅胶吸附，极性较弱的物质不容易被硅胶吸附，整个过程是吸附、解吸、再吸附、再解吸的过程。

3. 试剂

有机试剂：丙酮、二氯甲烷、正己烷等其他等效有机溶剂，均为农残分析纯级。

硅胶：100 目/200 目，使用前将硅胶放在浅盘中，盖上铝箔，在 130℃ 活化 16h；有机氯农药和多氯联苯净化用的硅胶还需再在 500mL 广口玻璃瓶中用高纯水去活化至含水3.3%，混合均匀，平衡 6h。

无水硫酸钠：在 450℃ 加热纯化 4h。

4. 方法步骤

固相萃取柱净化方法：用 1g 或 2g 的硅胶填充柱子，使用前用溶剂淋洗，在柱子顶端装填吸水剂，最后负载样品的提取液。分析物用适当的溶剂洗脱，干扰物则保留在吸附柱上。洗脱液在用于分析测定之前，可根据需要进一步浓缩。

（三）氮吹浓缩法

1. 适用范围

该方法适用于体积小、易挥发的提取液。

2. 原理

氮吹浓缩法使用氮气吹干仪、自动快速浓缩仪等，将氮气快速、连续、可控地吹向加热样品的表面，使样品中的水分可以迅速蒸发、分离，从而实现样品的无氧浓缩。氮吹浓缩法能够保持样品的纯净，快速分离纯化样品，操作简单，可以同时处理多个样品，检测时间短。

3. 方法步骤

打开氮气钢瓶气阀开关，打开分压表开关，使气体进入浓缩仪内部。打开浓缩仪电源，从操作台的样品瓶插入口处加水，通过控制模式切换键选择控制模式，设定压力、温度和时间等参数，在大理石操作台上插入样品瓶，注意确保样品瓶已插入到位，闭合仪器上盖，打开样品瓶对应的通道开关，浓缩仪开始工作。仪器工作完毕后会有报警提示。

（四）旋转蒸发浓缩法

1. 适用范围

该方法适用于体积较大的提取液。

2. 原理

旋转蒸发浓缩法的基本原理是减压蒸馏，减压可降低液体的沸点，那些在常压蒸馏时未达到沸点就会受热分解、氧化或聚合的物质就可以在分解之前蒸馏出来，旋转过程可以使溶剂在蒸发瓶内形成薄膜，增加蒸发面积。另外，在高效冷却器（一般是冷凝管）作用下，可将热蒸气迅速液化，加快蒸发速率。

3. 方法步骤

将胶管与冷凝水龙头连接，真空胶管与真空泵连接。将水注入加热槽中，调正主机角度，接通冷凝水和电源，蒸发瓶连接到主机上，打开真空泵，调整主机高度、蒸发瓶转速和温度。蒸发完成后首先关闭调温开关和调速开关，按压下压杆使主机上升，蒸发瓶离开水面，关闭真空泵，打开冷凝器上方的放空阀，最后取下蒸发瓶，蒸发过程结束。

第三节　土壤中无机污染物测定分析方法

一、酸碱类污染物测定分析方法

土壤 pH 值使用电位法进行测定。

1. 适用范围

电位法适用于土壤 pH 值的测定。土壤样品须过 2mm 筛，以防止土壤过细或过粗对 pH 值测定产生影响。待测土样应贮存在密闭的玻璃瓶中，防止空气中的氨、二氧化碳及酸性或碱性气体对土样产生影响。

2. 原理

土壤试液或悬浊液的 pH 值用 pH 玻璃电极为指示电极，以饱和甘汞电极为参比电极组成测量电池，可测出试液的电动势，由此通过仪表可直接读取试液或悬浊液的 pH 值。

3. 试剂

pH 4.01 标准缓冲溶液：称取经 105℃烘干 2h 的邻苯二甲酸氢钾 10.21g，溶解于蒸馏水中，加水至 1000mL，此溶液在 20℃时，pH 值为 4.01。

pH 6.87 标准缓冲溶液：称取磷酸二氢钾 3.39g 和无水磷酸氢二钠 3.53g，溶解于蒸馏水中，加水至 1000mL，此溶液在 25℃时，pH 值为 6.87。

pH 9.18 标准缓冲溶液：称取四硼酸钠（$Na_2B_4O_7 \cdot 10H_2O$）3.80g，溶解于蒸馏水中，加水至 1000mL，此溶液在 25℃的 pH 值为 9.18。

无二氧化碳蒸馏水：将蒸馏水置于烧杯中，加热煮沸数分钟，冷却后放在磨口玻璃瓶中备用。

4. 仪器

（1）pH 计：读数精度为 0.02，玻璃电极，饱和甘汞电极。

（2）磁力搅拌器。

5. 分析步骤

（1）试液的制备。称取过 10 目筛的土样 10g，加入无二氧化碳蒸馏水 25mL，轻轻摇动，使水和土充分均匀混合。投入一枚磁搅拌子，放在磁力搅拌器上搅拌 1min。放置 30min 后待测。

（2）pH 计校准。开机预热 10min，将浸泡 24h 以上的玻璃电极浸入 pH 6.87 标准缓冲溶液中，以饱和甘汞电极为参比电极，将 pH 计定位在 6.87 处，反复几次至读数不变为止。取出电极，用蒸馏水冲洗干净，用滤纸吸干水分，再插入 pH 4.01（或 pH 9.18）标准缓冲溶液中复核其 pH 值是否正确。

（3）测量。用蒸馏水冲洗电极，并用滤纸吸去水分，将玻璃电极和饱和甘汞电极插入土壤试液或悬浊液中读取 pH 值，重复 3 次，使用平均值作为最终测量结果。

二、重金属污染物测定分析方法

（一）电感耦合等离子体原子发射光谱法

1. 适用范围

酸溶等离子体原子发射光谱法可同时测定土壤及沉积物中铝、钡、铍、钙、钴、铬、铜、铁、钾、镧、锂、镁、锰、钼、钠、镍、磷、铅、锶、钛、钒及锌等 22 种元素的元素总量；采用微波消解法等离子体原子发射光谱法同时测定土壤中铝、钡、铍、钙、钴、铬、铜、铁、钾、锂、镁、锰、钼、钠、镍、磷、铅、锶、钛、钒及锌等 21 种元素的元素总量。测定土壤及沉积物中铝、铁、钙等常量元素是为了校正对痕量元素的干扰。

2. 原理方法

将预处理后的土壤及沉积物分解液经等离子体原子发射光谱仪进样器中的雾化器雾化并由氩载气带入等离子炬中，分析物在等离子炬中挥发、原子化、激发并辐射出特征谱线。不同元素的原子在激发或电离时可发射出特征光谱，特征光谱的强弱与样品中原子浓度有关，将其与标准溶液进行比对，即可定量测定样品中含有的各元素的含量。

3. 分析步骤

（1）样品预处理。样品分解见本章"第二节　土壤样品预处理方法"，采用酸分解法或微波炉加热分解法。

（2）仪器参考测试条件。不同仪器型号不同，最佳测试条件不同，可根据所用仪器使用说明书进行选择。表 4-3 为主要指标推荐参考条件。

表 4-3　仪器分析主要指标推荐参考条件

工作参数	设定值
光源	ICAP
ICAP 观察方式	有自动、水平、垂直、线选择四种模式供选择
发射功率/W	1150
辅助气流量/(L/min)	1.0
雾化器压力/psi[①]	24.0

资料来源：王立章.土壤与固体废物监测技术［M］.北京：化学工业出版社，2004。

① 1psi＝6894.757Pa。

（3）样品测定。在选择的仪器最佳工作参数条件下，按照仪器使用说明书的有关规定对仪器进行标准化校正后，测定预处理好的样品及空白溶液。测定时须扣除背景或者用干扰系数法修正干扰。

4. 结果计算

（1）扣除空白值后的元素测定值即为样品中该元素的浓度。

（2）样品如果在测定前进行了浓缩或稀释，应将测定结果除以或乘以一个相应的倍数，并进行水分校正。

（3）测定结果最多保留四位有效数字，单位为 mg/kg。

（二）电感耦合等离子体质谱法

1. 适用范围

该方法可用于测定土壤中的镉、铅、铜、锌、铁、锰、镍、钼和铬等。

2. 原理方法

土壤样品经分解后，加入内标溶液，样品溶液经进样装置被引入电感耦合等离子体中，根据各元素及其内标的质荷比（m/z）测定各元素离子的计数值，由各元素的离子计数值与其内标的离子计数值的比值，求出元素的浓度。

3. 分析步骤

（1）样品预处理。样品分解见本章"第二节　土壤样品预处理方法"，采用酸分解法、微波炉加热分解法或碱熔分解法。

（2）仪器参考测试条件。不同仪器型号不同，最佳测试条件不同，可根据仪器使用说明书进行选择。表 4-4 为主要指标推荐参考条件。

（3）样品测定。在仪器最佳工作参数条件下，按照仪器使用说明书的有关规定对仪器进行标准化校正后，测定预处理好的样品及空白溶液。

4. 结果计算

（1）扣除空白值后的元素测定值即为样品中该元素的浓度。

（2）样品如果在测定前进行了浓缩或稀释，应将测定结果除以或乘以一个相应的倍数，并进行水分校正。

（3）测定结果单位为 mg/kg，最多保留四位有效数字。

表 4-4　仪器分析主要指标推荐参考条件

工作参数	设定值
射频功率/kW	1.25
冷却气流量/(L/min)	13.0
辅助气流量/(L/min)	0.70
雾化器压力/bar①	1.9
测量方式	跳峰
扫描次数/次	45
停留时间/ms	10
每个质量通道数	3
样品间隔冲洗时间/s	19～24
蠕动泵转速/(r/min)	30(分析);70(冲洗)

① 1bar=10^5Pa。

资料来源：王立章.土壤与固体废物监测技术 [M].北京：化学工业出版社，2004。

（三）X 射线荧光光谱法

1. 适用范围

该方法可用于测定土壤中的 32 种无机元素，包括砷、钡、溴、铈、氯、钴、铬、铜、镓、铪、镧、锰、镍、磷、铅、铷、硫、铊、锶、钍、钛、钒、钇、锌、锆、硅、铝、铁、钾、钠、钙、镁。

2. 原理方法

土壤或沉积物样品经过衬垫压片或铝环、塑料环压片后测定，试样中的原子在受到适当的高能辐射激发后，可以放射出该原子所具有的特征 X 射线，射线强度大小与试样中的该元素浓度成正比。因此，通过测量特征 X 射线的强度可以测定试样中各元素的含量。

3. 分析步骤

（1）样品预处理。将 5g 左右样品过 200 目筛后，以一定压力在压样机上压制成大于7mm 厚度的薄片，用硼酸垫底、镶边或塑料环镶边。压力和停留时间根据使用的压样机及镶边材质优化获取。

（2）仪器参考测试条件。不同型号的仪器的测定条件不同，需要参照仪器厂商提供的数据库选择最佳工作条件，主要包括 X 射线管的高压和电流、准直器、探测器、元素的分析线、分析晶体、脉冲高度分布、背景校正。

（3）校准。按照和试样制备相同的操作步骤，压制不同含量元素标准样品（至少 20 个不同含量标准样品）的薄片，在仪器最佳工作条件下，依次上机测定分析，记录 X 射线荧光强度。以对应各元素的含量（mg/kg 或%）为横坐标，以 X 射线荧光强度（kcps）为纵坐标，绘制校准曲线。

（4）测定。将待测试样按照与绘制校准曲线相同的测定条件进行测定分析，记录 X 射线荧光强度。

4. 结果计算

样品的测定结果中铝、铁、硅、钾、钠、钙、镁以氧化物表示，单位为%；其他均以元素表示，单位为 mg/kg。测定结果最多保留四位有效数字，小数点后最多保留两位。

（四）原子荧光法

1. 适用范围

该方法可用于测定土壤中的汞、砷、硒、锑、铋。

2. 原理方法

试样用王水分解，硼氢化钾还原，生成原子态的汞，经氩气导入原子化器，用原子荧光光度计进行测定。

3. 分析步骤

（1）样品预处理。样品分解见本章"第二节　土壤样品预处理方法"，采用王水水浴消解法。

（2）空白试验。和试样一起同时进行两份空白试验。

（3）校准曲线的绘制。分取一定量的汞标准工作液分别加入 100mL 容量瓶中，加入王水溶液（1+1）25mL、重铬酸钾溶液 1mL，用水稀释至刻度，摇匀，一般配制校准曲线汞的浓度范围为 0～10.0μg/L。以下按分析步骤进行，测定荧光强度，以汞的荧光强度为纵坐标，对应的浓度为横坐标，绘制校准曲线。

分取一定量的砷、锑标准工作液分别加入 100mL 容量瓶中，加入王水溶液（1+1）25mL、酒石酸溶液约 50mL、硫脲-抗坏血酸溶液 10mL，用酒石酸溶液稀释至刻度，立即摇匀，一般配制校准曲线砷的浓度范围为 0～100.0μg/L，锑的浓度范围为 0～50.0μg/L。以下按分析步骤进行，同时测定砷和锑的荧光强度，以砷和锑的荧光强度为纵坐标，相对应的浓度为横坐标，分别绘制校准曲线。

分取一定量的硒、铋标准工作液分别加入 100mL 容量瓶中，加入王水溶液（1+1）25mL，用水稀释至刻度，摇匀，一般配制校准曲线硒的浓度范围为 0～100.0μg/L，铋的浓度范围为 0～20.0μg/L。以下按分析步骤进行，同时测定铋和硒的荧光强度，以铋和硒的荧光强度为纵坐标，其相应的浓度为横坐标，分别绘制校准曲线。

校准曲线的最高浓度点配制应当根据测定样品的范围和仪器灵敏度进行适当调整。

（4）样品测定。抽取上层清液，以硼氢化钾溶液做还原剂，在原子荧光光度计上测定汞、硒、铋的荧光强度，从校准曲线上查出相对应的汞、硒、铋浓度。

抽取 2～10mL 上清液于 25mL 容量瓶中，取一定量的砷、锑标准工作液置于 100mL 容量瓶中，加入酒石酸溶液约 10mL、硫脲-抗坏血酸溶液 2.50mL，用酒石酸溶液稀释至刻度，立即摇匀。同时测定砷和锑的荧光强度，从校准曲线上分别查出相对应的砷和锑的浓度。

4. 结果计算

按下式计算汞等元素的含量：

$$w = \frac{\rho V}{m} \times 10^{-3} \tag{4-1}$$

式中　w——元素含量，μg/g；

ρ——从工作曲线上查得的样品浓度，ng/mL；

V——试样溶液测定体积，mL；

m——取样量，g。

（五）催化热解-原子吸收法

1. 适用范围

该方法可用于测定土壤中的汞。

2. 原理方法

在高温和催化剂的条件下，样品中的各形态汞被还原为单质汞，随载气进入混合器被金汞齐选择性吸附，其他分解产物随载气排出，混合器快速加温，将汞齐吸附的汞解吸，形成汞蒸气，汞蒸气随载气进入原子吸收光谱仪，在253.7nm下测定吸光度，吸光度与汞含量呈对应函数关系。

3. 仪器

测汞仪：自动测汞仪，具有固体自动进样系统、催化和热分解炉、原子吸收光谱仪、金汞齐吸附装置及数据处理系统。

4. 分析步骤

（1）样品预处理。所有样品应过200目筛。

（2）空白试验。空白溶液以3%硝酸代替。

（3）校准曲线的绘制。取汞标准储备液逐级稀释，配制高、低浓度两组校准曲线所需溶液。低浓度组校准曲线溶液浓度：50ng/mL、100ng/mL、200ng/mL、300ng/mL、400ng/mL和500ng/mL。高浓度组校准曲线溶液浓度：0.5μg/mL、1μg/mL、2μg/mL、3μg/mL、4μg/mL和6μg/mL。高、低浓度范围可根据仪器灵敏度适当调整。

（4）样品测定。根据仪器说明书设定系统参数，确定分析条件，仪器开机预热约15min，选择校准曲线，进行样品和质控样分析。称取0.3000～0.5000g样品，导入仪器，进行仪器自动测定。

5. 结果计算

测得未知样品分析元素的吸光度值，由计算机软件计算元素含量并自动打印出分析结果，再进行吸附水系数校正，即为样品中汞含量。

按下式计算总汞的含量 c（mg/kg）：

$$c = \frac{m}{w(1-f)} \tag{4-2}$$

式中　m——干燥样品中汞的质量，ng；

　　　w——称取土样质量，g；

　　　f——土壤含水率，%。

（六）火焰原子吸收分光光度法

1. 适用范围

该方法适用于测定铜、锌、铬、钴、镍、铁、锰、锂、铷等多种重金属元素。

2. 原理

采用酸分解法预处理后的分解液喷入具有富燃性的空气-乙炔火焰中，在火焰的高温下形成重金属基态原子，该基态原子蒸气对相应的空心阴极灯发射的特征谱线能够产生选择性吸收。在选择的最佳条件下测定重金属元素的吸光度。

3. 方法步骤

在原子吸收分光光度计推荐的浓度范围内，制备至少 3 份对照品溶液，其中含待测元素的浓度依次递增，并在溶液中分别加入制备供试溶液的相应试剂，同时使用相应试剂制备空白对照溶液。使用仪器依次测定各浓度标准溶液和空白溶液的吸光度，以溶液相应浓度为横坐标，对应浓度 3 次吸光度读数的平均值为纵坐标，绘制校准曲线。按规定制备供试溶液，待测元素的浓度应在校准曲线的浓度范围内，用仪器测定吸光度，从校准曲线上可以查得相应浓度，计算元素含量。

4. 结果计算

土壤样品中元素的含量 w（mg/kg）按下式计算：

$$w = \frac{\rho V}{m(1-f)} \tag{4-3}$$

式中 ρ——试样的吸光度减去空白溶液的吸光度，然后在校准曲线上查得元素的质量浓度，mg/L；

V——试液定容的体积，mL；

m——称取试样的质量，g；

f——试样含水率，%。

（七）石墨炉原子吸收分光光度法

1. 适用范围

该方法适用于测定铜、锌、铬、钴、镍、铁、锰、锂、铷等多种重金属元素，灵敏度和火焰原子吸收分光光度法相比有很大提升，但是在待测土壤样本中重金属成分比较复杂时，可能存在较大的误差。

2. 原理

土壤经分解后注入石墨炉原子化器中，经过干燥、灰化和原子化，元素化合物形成的基态原子对特征谱线产生吸收，其吸收强度在一定范围内与元素浓度成正比。

3. 方法步骤

同 "（六）火焰原子吸收分光光度法"中的 "3. 方法步骤"。

4. 结果计算

土壤样品中元素的含量 w（mg/kg）按下式计算：

$$w = \frac{(\rho - \rho_0)V}{m w_{dm}} \times 10^{-3} \tag{4-4}$$

式中 ρ——在校准曲线上查得元素的质量浓度，μg/L；

ρ_0——空白溶液中元素的质量浓度，μg/L；

V——试液定容的体积，mL；

m——称取试样的质量，g；

w_{dm}——土壤样品干物质含量，%。

三、盐类污染物测定分析方法

（一）水溶性盐总量测定——电导法

1. 适用范围

该方法适用于土壤水溶性盐分即全盐量的测定。

2. 原理

土壤中的水溶性盐是强电解质，水溶液具有导电作用，其导电能力的强弱可用电导率表示。在一定浓度范围内，溶液的含盐量与电导率呈正相关。土壤浸出液的电导率可用电导仪测定，土壤含盐量的高低可直接用电导率的数值表示。

3. 分析步骤

吸取 30～40mL 土壤浸出液，放在 50mL 的小烧杯中，或者称取 4g 风干土样放在 25mm × 200mm 的大试管中，加入 20mL 水，盖紧塞子振荡 3min，待静置澄清后，可以不用过滤直接测定。在测定电导率的同时应测量液体温度，每隔 10min 测一次，在 10min 内所测样品的温度可用前后两次液体温度的平均温度，或者在 25℃ 恒温水浴锅中进行测定。将电导仪的电极用待测液淋洗 1～2 次（如待测液较少或者不易取出时，可用水冲洗电极，用滤纸吸干），再将电极插入待测液中，使铂片全部浸入液面，插入时尽量插在液体中心部位。按说明书调节电导仪，测定待测液的电导度（S），记下读数。每个样品重复 2～3 次读数，以减小误差。在一个样品测定后，测定下一个样品前，应及时用蒸馏水冲洗电极，如果电极上附着水滴，可用滤纸吸干备用。

4. 结果计算

土壤浸出液的电导率＝电导度×温度校正系数×电极常数。

一般电导仪的电极常数值已在仪器上补偿，因此只要乘以温度校正系数即可，不需要再乘电极常数。温度校正系数（f）可查相应表格。粗略校正时，可按温度每升高 1℃，电导率约增加 2% 计算。

土壤水溶性盐总量也可直接用土壤浸出液的电导率表示。

（二）阳离子交换量测定——乙酸铵法

1. 适用范围

该方法适用于中性土壤阳离子交换量和交换性盐基的测定，也可用于微酸性少含 2∶1 型黏土矿物的土壤。

2. 原理

用 1mol/L 乙酸铵溶液（pH 7.0）反复处理土壤，使土壤成为铵离子饱和土。用 95% 乙醇洗去过量的乙酸铵，然后加氧化镁，用定氮蒸馏法进行蒸馏。用硼酸溶液吸收蒸馏出的氨，用标准酸滴定，根据铵离子的量计算土壤阳离子交换量。用土壤阳离子交换量测定时，所得到的乙酸铵土壤浸提液是在选定工作条件的原子吸收分光光度计上直接测定土壤交换性盐基（钙、镁、钾、钠）。为了消除基体效应，测定所用的钙、镁、钾、钠标准溶液应用乙酸铵溶液配制。用土壤浸出液测定钙、镁时应加入释放剂，消除铝、磷和硅对钙、镁测定的干扰。

3. 试剂

所有试剂除特别注明外，均为分析纯；水均指去离子水。

1mol/L乙酸铵溶液（pH 7.0）：称取77.09g乙酸铵，用水溶解并稀释至近1L。必要时用氨水（1+1）或稀乙酸调节至pH 7.0，然后定容至1L。

95%乙醇溶液（工业用，必须无铵离子）、液体石蜡（化学纯）。

氧化镁：将氧化镁放入镍蒸发皿内，在500～600℃马弗炉中灼烧30min，冷却后储存在密闭的玻璃器皿中。

20g/L硼酸溶液：将20g硼酸溶于1L无二氧化碳蒸馏水中。

甲基红-溴甲酚绿混合指示剂：将0.0660g甲基红和0.0990g溴甲酚绿置于玛瑙研钵中，加少量95%乙酸，研磨至指示剂完全溶解为止，最后加95%乙醇至100mL。

0.025mol/L盐酸标准溶液：吸取2mL浓盐酸（密度为1.19g/mL）用适量水稀释，然后加水定容至1L，再用基准无水碳酸钠标定。

pH 10缓冲溶液：将67.5g氯化铵溶于无二氧化碳蒸馏水中，加入新开瓶的浓氨水（密度为1.19g/mL）570mL，用水稀释至1L，储存于密封的塑料瓶中，并注意防止吸收空气中的二氧化碳。

K-B指示剂：0.5g酸性铬蓝K和1.0g萘酚绿B与100g 99.8%氯化钠（经105℃烘干）一同研细磨匀，越细越好，储存于棕色瓶中。

纳氏试剂：将134g氢氧化钾溶于460mL水中；将20g碘化钾溶于50mL水中，加入约32g碘化汞，使其溶解至饱和状态。然后将两溶液混合即成。

4. 仪器设备

（1）土壤筛：孔径1mm。

（2）离心管：100mL。

（3）天平：精度0.1g、0.0001g。

（4）电动离心机：转速3000～4000r/min。

5. 测定步骤

称取通过1mm筛孔的风干土样2.00g，若土壤质地较轻，称5.00g，放入100mL离心管中，沿离心管壁加入少量1mol/L乙酸铵溶液，用橡皮头玻璃棒搅拌土样，使其成为均匀的泥浆状态。再加乙酸铵溶液至总体积约60mL，并充分搅拌均匀，然后用乙酸铵溶液洗净橡皮头玻璃棒，溶液收入离心管内。

将离心管成对放于天平托盘上，用乙酸铵溶液配平。平衡好的离心管在转速为3000～4000r/min条件下离心3～5min。每次离心后的清液收集在250mL容量瓶中，如此用乙酸铵溶液处理2～3次，直到浸出液中无钙离子为止（检查钙离子的方法为：取浸出液5mL放在试管中，加pH 10的缓冲溶液1mL，再加少许K-B指示剂，如呈蓝色，表示浸出液中无钙离子；如呈紫红色，表示有钙离子）。最后用乙酸铵溶液定容，离心清液保留，用于测定交换性盐基。

往离心管中加入少量 95％的乙醇，用橡皮头玻璃棒搅拌土样成泥浆状，再加乙醇约 60mL，用橡皮头玻璃棒充分搅拌均匀，洗去土粒表面多余的乙酸铵。然后将离心管成对放在天平的托盘上，用乙醇配平，离心 3～5min，转速为 3000～4000r/min，离心后弃去乙醇溶液。如此反复用乙醇清洗 2～3 次，直至最后一次乙醇清液中无铵离子为止（检查铵离子的方法为：取乙醇清液一滴放在白瓷比色板上，立即加一滴纳氏试剂，如无黄色，表示无铵离子）。洗去多余的铵离子后，先用水冲洗离心管外壁，再往离心管中加入少量水，并搅拌成糊状，再用水将泥浆洗入凯氏烧瓶中，并用橡皮头玻璃棒清洗离心管内壁，使全部土样转入凯氏烧瓶中，清洗水的体积应控制在 50～80mL。蒸馏前往凯氏烧瓶内加入数滴液体石蜡和 1g 左右氧化镁，立即把凯氏烧瓶装在蒸馏装置上。

将盛有 20mL 20g/L 硼酸溶液和 3 滴混合指示剂的接收瓶放入蒸馏装置中进行蒸馏，待蒸馏体积达到 80mL 后，取下接收瓶，用 0.025mol/L 盐酸标准溶液滴定，并记录用量。

每份土样进行不少于两次的平行测定，同时做空白试验。

四、放射性污染物测定分析方法

(一) 微量铊测定——泡塑富集-石墨炉原子吸收分光光度法

1. 适用范围

该方法适用于测定土壤中的铊。

2. 原理

土壤和沉积物样品经分解后，注入石墨炉原子化器中，铊及其化合物形成基态原子，对特征谱线（276.8nm）产生选择性吸收，其吸收强度在一定范围内与铊含量成正比。

3. 试剂

（1）HNO_3、HCl、$HClO_4$、HF、H_2O_2、抗坏血酸等试剂，均为分析纯。

（2）Fe^{3+} 溶液（100g/L）：准确称取 485.0g $FeCl_3 \cdot 6H_2O$，溶解于 1L 水中。

（3）EDTA-$(NH_4)_2SO_4$ 溶液：称取 5g EDTA 溶于少量水中，滴加体积分数为 50％的 $NH_3 \cdot H_2O$ 使其溶解完全，加 10g 分析纯 $(NH_4)_2SO_4$，溶解后加水稀释至 1L，用 $NH_3 \cdot H_2O$ 调节 pH 为 7。

（4）泡沫塑料：每块 0.2g。

（5）Tl 标准储备液：准确称取 55.87mg Tl_2O_3 于 100mL 烧杯中，加 10mL HCl，盖表面皿，在水浴锅中加热使其溶解完全，移入 500mL 容量瓶中，稀释至刻度，摇匀，此标准储备液质量浓度为 100mg/L，用时根据需要稀释。

4. 仪器

石墨炉原子吸收分光光度计、铊空心阴极灯。

推荐仪器参数波长为 276.8nm；狭缝为 0.7nm；灯电流为 8mA。

石墨炉升温程序：干燥阶段为 90℃保留 10s，120℃保留 15s；灰化阶段为 650℃保留 20s；原子化阶段为 1600℃保留 3s；清洗阶段为 2300℃保留 3s。

5. 分析步骤

（1）试样制备。称取 0.2000g 试样于 50mL 聚四氟乙烯烧杯中，加入 5mL HF、5mL 5mol/L HNO_3、0.5mL $HClO_4$，加盖，置于电热板上加热 30min 后将盖取下，低温蒸干。加 50％的王水（1+1）5mL，吹洗杯壁，盖上表面皿，置于电热板上加热微沸几分钟，取下，稍微冷却。吹洗表面皿，将试样移入振荡瓶中，用水稀释至 50mL，加入 2mL H_2O_2、1mL Fe^{3+} 溶液，放入一块已处理的泡沫塑料，置于往复振荡器上振荡 1h，取出泡沫塑料用自来水反复挤压、冲洗，最后用去离子水冲洗 2～3 次，挤干泡沫塑料，置于已准确装有 5.0mL 解脱液的 10mL 比色管中，用玻璃棒挤压泡沫塑料至无气泡，盖紧，置于沸水浴中，解脱 20min，趁热用铁钩取出泡沫塑料，待溶液冷却至室温后摇匀，上机测定。测定前配制 200g/L 的抗坏血酸溶液做基体改进剂。

（2）工作曲线。为了得到更理想的分析结果，选用空白、有证标准物质 GBW 07401、GBW 07403、GBW 07405 和 GBW 07407 绘制工作曲线。测定时同时加入抗坏血酸基体改进剂。

（二）铀的测定——激光荧光法

1. 适用范围

该方法适用于测定土壤中的铀。

2. 原理

向液态样品中加入的铀荧光增强剂与样品中铀酰离子形成稳定的络合物，在紫外脉冲光源的照射下能被激发从而产生荧光，并且铀含量在一定范围内时，荧光强度与铀的含量成正比，通过测量荧光强度，计算获得铀含量。

3. 试剂

（1）HNO_3、HCl、$HClO_4$、HF 等试剂，均为优级纯。

（2）测铀混合液：抗干扰荧光增强剂氢氧化钠溶液。

（3）测铀工作液：量取 25mL 7％盐酸溶液，移入 1000mL 容量瓶中，再用测铀混合液稀释至刻度，摇匀。

（4）铀标准储备液：500mg/L。

4. 分析步骤

（1）试样制备。使用酸消解法。

（2）校准曲线。分取一定量的铀标准储备液，加入预先盛有 0.2mL 7％盐酸的样品空白液和 4.8mL 测铀工作液的 10mL 烧杯中，摇匀，配制含铀浓度范围 0～2.00μg/L 的校准曲线。上机测得荧光强度（F）以及透过被测溶液的激光强度（I），校正干扰的内滤效应后得荧光强度（F_{co}）。

（3）试样测试。用微量移液器移取 200μL 样品于预先盛有 4.8mL 测铀工作液的 10mL 烧杯中，以下步骤同校准曲线。

5. 结果计算

校正干扰的内滤效应后得荧光强度（F_{co}）的计算公式如下：

$$F_{\text{co}} = \left(F \times \frac{I_{\text{o}}}{I} \right) - F_{\text{o}} \tag{4-5}$$

式中　　F_{co}——校正干扰内滤效应后的绝对荧光强度；

　　　　F——被测溶液的荧光强度；

　　　　F_{o}——7％盐酸样品空白液的荧光强度；

　　　　I_{o}——透过标准溶液的激光强度；

　　　　I——透过被测溶液的激光强度。

用 F_{co} 通过线性回归求出溶液中的浓度 c_1，求得样品中含铀量 c_{X}。

$$c_{\text{X}} = c_1 \times \frac{n}{1000} \tag{4-6}$$

式中　　n——样品的总稀释倍数。

五、其他无机污染物测定分析方法

土壤中的氟化物使用离子选择电极法进行测定分析。

（一）适用范围

该方法适用于土壤中水溶性氟化物和总氟化物的测定。

（二）原理

用水提取土壤中的水溶性氟化物，用碱熔分解法提取总氟化物，在提取液中加入总离子强度缓冲液，用氟离子选择电极法测定，溶液中氟离子活度的对数与电极电位呈线性关系。

（三）分析步骤

1. 校准曲线绘制

取 500mg/L 氟标准储备液 10.00mL 于 100mL 容量瓶中，以水定容，即为氟标准溶液。取 7 个 50mL 容量瓶，分别加入氟标准溶液 0.10mL、0.20mL、0.50mL、1.00mL、2.00mL、4.00mL 和 10.00mL，再加入 1.0mol/L 柠檬酸三钠缓冲溶液 10mL，最后加水定容，配制成浓度分别为 0.1μg/mL、0.2μg/mL、0.5μg/mL、1.0μg/mL、2.0μg/mL、4.0μg/mL 和 10.0μg/mL 的氟标准系列溶液。依次由低浓度至高浓度分别吸取标准系列溶液各 10.00mL，加入 50mL 塑料烧杯中，再加入总离子强度缓冲液 10.00mL。将烧杯置于磁力搅拌器上，在 25℃恒温条件下，插入氟离子选择电极和饱和甘汞电极，电极插入深度约为液面下 1～2cm 处，在磁力搅拌下，观察电位值，待离子计电位值读数稳定后，在继续搅拌条件下读取电位值 E（mV），以氟离子浓度的负对数（$-\lg\rho$）为横坐标，电位值（E）为纵坐标绘制校准曲线。

2. 样品分析

将风干土样通过 2mm 孔径筛，称取 5.00g 于 250mL 塑料瓶中，加 50mL 水，在室温 25℃左右振荡 30min 后放置过夜。吸取上清液 10.00mL 于 50mL 塑料烧杯中，加入总离子强度缓冲液 10.00mL，以下同校准曲线绘制的操作步骤，读取电位值（mV），从校准曲线上查得氟含量。

（四）结果计算

土壤中水溶性氟化物或总氟化物的含量计算公式如下：

$$\omega = \frac{m_1 V_1}{m w_{dm} V_2}$$ (4-7)

式中　ω——样品中水溶性氟化物或总氟化物的含量（以 F^- 计），mg/kg；

m_1——试料中氟化物的质量，μg；

m——称取土壤样品的质量，g；

w_{dm}——土壤样品中干物质含量，%；

V_1——土壤样品提取液总体积，mL；

V_2——测定时移取试样上清液的体积，mL。

第四节　土壤中有机污染物测定分析方法

一、农药类污染物测定分析方法

（一）有机氯农药

1. 适用范围

该方法适用于环境土壤和沉积物中有机氯农药含量的测定。

2. 原理方法

土壤样品经处理后采用加速溶剂萃取法提取，用凝胶渗透净化仪进行净化，使用气相色谱-质谱法对样品中有机氯农药进行分析，采用保留时间进行定性分析，采用特征选择离子的峰面积进行定量分析。

3. 分析步骤

（1）样品预处理。样品预处理见本章"第二节　土壤样品预处理方法"部分，采用加速溶剂萃取法提取有机物，提取液采用凝胶色谱净化法进行净化。将 $1\sim10g$ 处理后的土壤样品与一定量的硅藻土混合均匀后装入萃取池，使用二氯甲烷-丙酮溶液（体积比为 $1:1$）上机萃取，萃取液经过无水硫酸钠小柱进行脱水，凝胶渗透净化仪净化，凝胶渗透净化仪在线浓缩系统自动浓缩定容后，等待气相色谱-质谱仪进样。

（2）仪器分析条件。色谱条件：色谱柱采用 HP-MS（$30m \times 0.25mm \times 0.25\mu m$）；无分流进样；进样口温度 280℃；程序升温条件为 80℃ 保持 1min，以 5℃/min 速度升温至 250℃，保持 2min，以 10℃/min 速度升温至 300℃，保持 5min；流速为 1.0mL/min。质谱条件：EI 源，电子能量 70eV；离子源温度为 230℃，四极杆温度为 150℃，传输线温度为 150℃，选择离子扫描。有机氯农药特征选择离子信息如表 4-5 所示。

表 4-5　有机氯农药特征选择离子信息

目标化合物	保留时间(t_R)/min	定量离子(m/z)	参考离子(m/z)
α-六六六	19.176	181	183
β-六六六	20.333	181	183
γ-六六六	20.533	181	183
δ-六六六	21.578	181	183
p,p'-DDE	28.675	246	248
p,p'-DDD	30.210	235	237
o,p'-DDT	30.299	235	237
p,p'-DDT	31.545	235	237

资料来源：王立章.土壤与固体废物监测技术［M］.北京：化学工业出版社，2004。

（3）校准曲线的绘制。样品采用外标法进行定量。标准系列溶液浓度分别为 0.01mg/L、0.05mg/L、0.1mg/L、0.2mg/L、0.5mg/L、1.0mg/L，直接进入气相色谱-质谱仪分析，得到校准曲线。

4. 结果计算

采用保留时间对有机氯农药进行定性分析，用峰面积进行定量分析。

$$c = \frac{(A - A_0) \times D}{A_S} \tag{4-8}$$

式中　c——样品浓度，$\mu g/kg$；

　　A——目标物定量离子峰面积；

　　A_0——空白样品中目标物定量离子峰面积；

　　A_S——目标物标准样品定量离子峰面积；

　　D——稀释因子。

（二）有机磷农药

1. 适用范围

该方法适用于土壤中有机磷农药的残留量分析。

2. 原理

土壤样品中有机磷农药残留量使用气相色谱氮磷检测器或火焰光度检测器检测，根据色谱峰的保留时间定性分析，外标法定量分析。

3. 方法步骤

（1）样品预处理。样品预处理见本章"第二节　土壤样品预处理方法"部分，采用索氏提取法提取有机物，经氮吹浓缩法浓缩至 1mL 后，依次用 5mL 乙酸乙酯和 15mL 正己烷活化固相萃取小柱，将 1mL 浓缩液转移至小柱上，再用 4mL 正己烷淋洗，15mL 乙酸乙酯洗脱，收集洗脱液并氮吹浓缩至 1mL 待测。

（2）仪器分析参考条件。色谱条件：色谱柱采用全无分流进样；进样口温度为 240℃；程序升温条件为 60℃ 不保持，以 60℃/min 速度升温至 180℃，再以 10℃/min 速度升温至 200℃，保持 15min，最后以 10℃/min 速度升温至 250℃，保持 5min；氮气流速为

1.2mL/min。

（3）校准曲线的绘制。样品采用外标法进行定量，建立的线性校准曲线的相关系数应大于0.995。

二、多环芳烃类污染物测定分析方法

（一）适用范围

该方法适用于环境土壤和沉积物中多环芳烃含量的测定。

（二）原理方法

土壤样品经预处理后采用加速溶剂萃取法提取，用凝胶渗透净化仪净化，采用气相色谱-质谱法对样品中多环芳烃进行分析，使用保留时间进行定性分析，特征选择离子的峰面积进行定量分析。

（三）分析步骤

1. 样品预处理

样品预处理见本章"第二节　土壤样品预处理方法"，采用加速溶剂萃取法提取有机物，提取液采用凝胶色谱净化法进行净化。将1~10g处理后的土壤样品与一定量的硅藻土混合均匀后装入萃取池，使用二氯甲烷-丙酮溶液（体积比为1∶1）上机萃取，萃取液经过无水硫酸钠小柱脱水，凝胶渗透净化仪净化，凝胶渗透净化仪在线浓缩系统自动浓缩定容后，等待气相色谱-质谱仪进样。

2. 仪器分析条件

色谱条件：色谱柱采用HP-MS（30m×0.25mm×0.25μm）；无分流进样；进样口温度为280℃；程序升温条件为80℃保持2min，以15℃/min速度升温至230℃，保持1min，以4℃/min的速度升温至260℃，保持2min，最后以10℃/min升温至290℃保持5min；流速为1.0mL/min。

质谱条件：EI源，电子能量70eV；离子源温度为230℃，四极杆温度为150℃，传输线温度为150℃，选择离子扫描。多环芳烃特征选择离子信息如表4-6所示。

表4-6　多环芳烃特征选择离子信息

目标化合物	定量离子（m/z）	参考离子1（m/z）	参考离子2（m/z）
萘	128	129	127
苊烯	152	151	153
苊	154	153	152
芴	166	165	167
菲	178	179	176
蒽	178	176	179
荧蒽	202	200	203
芘	202	101	203

目标化合物	定量离子(m/z)	参考离子1(m/z)	参考离子2(m/z)
苯并[a]蒽	228	229	226
蒀	228	229	226
苯并[b]荧蒽	252	253	125
苯并[k]荧蒽	252	253	125
苯并[a]芘	252	253	125
苯并[g,h,i]苝	276	138	277
二苯并[a,h]蒽	278	139	279
茚并[$1,2,3-c,d$]芘	276	138	277

资料来源：王立章.土壤与固体废物监测技术［M］.北京：化学工业出版社，2004。

3. 校准曲线的绘制

样品采用外标法进行定量。标准系列溶液浓度分别为 0.01mg/L、0.05mg/L、0.1mg/L、0.2mg/L、0.5mg/L、1.0mg/L，直接进入气相色谱-质谱仪分析，得到校准曲线。

（四）结果计算

使用保留时间对多环芳烃进行定性分析，用峰面积进行定量分析。

$$c = \frac{(A - A_0) \times D}{A_S} \tag{4-9}$$

式中　c——样品浓度，$\mu g/mg$；

　　A——目标物定量离子峰面积；

　　A_0——空白样品中目标物定量离子峰面积；

　　A_S——目标物标准样品定量离子峰面积；

　　D——稀释因子。

三、石油烃类污染物测定分析方法

（一）适用范围

该方法适用于土壤样品中石油烃类的测定。

（二）原理方法

（1）受石油污染的土壤或底质，常用氯仿提取，于60℃挥发去除氯仿，样品达到恒重后即得氯仿提取物，能够反映有机污染状况。

（2）氯仿提取物先用热乙醇-氢氧化钾溶液处理，使有机酸、腐殖酸、油脂等成分皂化后，用石油醚进行萃取。其中的非皂化物进入石油醚层，如果需要测量非皂化物总量，则赶去石油醚后再称重，也可用非分散红外分光光度法于 $3.4\mu m$ 波长处测定吸光度。

（3）在红外分光光度法中，石油烃类被定义为经四氯化碳萃取而不被硅酸镁吸附，在波数为 $2930cm^{-1}$、$2960cm^{-1}$、$3030cm^{-1}$ 处全部或部分谱带处有特征吸附的物质。

（三）分析步骤

1. 提取

土样通过0.25mm筛孔后准确称取25g，置于带塞磨口锥形瓶中，加50mL氯仿，加盖，轻轻振摇1～2min，放置过夜。次日，将锥形瓶置于50～55℃水浴中热浸1h，开始时注意打开锥形瓶盖放两次气。取下锥形瓶过滤，滤液接入已知质量的100mL烧杯中。土样再用氯仿热浸两次，每次使用氯仿约25mL，在水浴中加热半小时。每次浸提液分别流入烧杯中。然后在通风橱中把烧杯放在55～58℃水浴中，通氮气或通风浓缩至干燥，擦去外壁水汽，置于60～70℃烘箱中干燥4h，取出于干燥器中冷却半小时后称重，增加的质量即为氯仿提取物的质量。

当测定非皂化物时，向氯仿提取物中加入50mL 0.5mol/L氢氧化钾-乙醇液，盖上表面皿，于65～75℃水浴中皂化水解1h，并不时搅拌。皂化完毕后取出烧杯，将皂化液转移到250mL分液漏斗中，用50mL水、50mL石油醚分别润洗烧杯，洗液并入分液漏斗中。加塞，振摇1～2min，静置分离，开始时注意排气2～3次。下层水相再用25mL石油醚提取1次，合并两次石油醚提取液，用水洗2～3次，每次加水50mL，振摇1min，振摇过程中注意放气。所得的萃取物用于非皂化物总量测定。

2. 测定

（1）试液制备：在通风橱中将皂化后的石油醚萃取液放置于40～42℃水浴中，通氮气或通风浓缩至干燥，于65～70℃烘箱中烘半小时，待冷却后加25mL四氯化碳溶解。

（2）吸附净化：将玻璃棉用四氯化碳溶剂浸泡并晾干，在玻璃色谱柱出口处填塞少量玻璃棉，将处理好的硅酸镁缓缓倒入色谱柱中，填充高度为80cm，然后使试液经过吸附柱，弃去前面约5mL的滤出液，剩余部分接入玻璃瓶用于测定。

（3）校准曲线的绘制：吸取标准油使用液0.00mL、0.50mL、1.00mL、1.50mL、2.00mL、2.50mL，用四氯化碳稀释至25mL，摇匀，即为0.0μg/mL、2.0μg/mL、4.0μg/mL、6.0μg/mL、8.0μg/mL、10μg/mL的系列标准液，使用适当光程的比色皿，从2700～3200cm^{-1}开始进行扫描，在扫描区域画一条直线作为基线，测量在2930cm^{-1}处的最大吸收峰值，并用吸光度减去该点基点的吸光度。以标准油使用液的浓度为横坐标，吸光度为纵坐标，绘制校准曲线。

（4）结果计算：按校准曲线绘制方法测定经硅酸镁柱净化后的试液，从校准曲线上查得石油烃类物质含量。

四、卤代烃类污染物测定分析方法

土壤中的挥发性卤代烃采用顶空/气相色谱-质谱法进行测定分析。

1. 适用范围

该方法适用于土壤和沉积物中氯甲烷等35种挥发性卤代烃的测定。

2. 原理方法

在一定的温度条件下，顶空瓶内样品中的挥发性卤代烃向液上空间挥发，产生一定的蒸气压，并达到气液固三相平衡，取气相样品进入气相色谱仪分离后，用质谱仪进行检测。根据保留时间、碎片离子质荷比及不同离子丰度比定性，内标法定量。

3. 试剂

（1）甲醇为农残级，氯化钠、磷酸为优级纯，石英砂，氦气。

（2）基体改性剂：将磷酸滴加到 100mL 实验用水中，调节溶液 pH 值小于 2，再加入 36g 氯化钠混匀。

（3）标准储备液：$\rho = 2000mg/L$。标准使用液：$\rho = 20mg/L$，取适量标准储备液，用甲醇进行适当稀释。

（4）内标储备液：$\rho = 2000mg/L$，选用氟苯、1-氯-2-溴丙烷、4-溴氟苯作为内标。内标使用液：$\rho = 25mg/L$，取适量内标储备液，用甲醇进行适当稀释。

（5）替代物储备液：$\rho = 2000mg/L$，选用二氯甲烷-D_2、1,2-二氯苯-D_4 作为替代物。替代物使用液：$\rho = 25mg/L$，取适量替代物储备液，用甲醇进行适当稀释。

（6）4-溴氟苯溶液：$\rho = 25mg/L$。

4. 仪器

（1）气相色谱-质谱联用仪：EI 电离源。

（2）顶空自动进样器：具顶空瓶。

（3）往复式振荡器。

5. 分析步骤

（1）制备试样

① 低含量试样的制备：实验室内取出采样瓶，待其恢复至室温后，称取 2g 样品置于顶空瓶中，加入 10.0mL 基体改性剂、2.0μL 替代物使用液和 4.0μL 内标使用液，立即密封，振荡 10min 使样品混匀，待测。

② 高含量试样的制备：实验室内取出采样瓶，待其恢复至室温后，称取 2g 样品置于顶空瓶中，迅速加入 10.0mL 甲醇，密封。室温下振荡 10min，静置沉降后，取 2.0mL 提取液至 2mL 棕色密实瓶中，密封。该提取液可置于冰箱内 4℃条件下保存，保存期为 14d。分析前样品应恢复至室温再进行测定。用微量注射器取适量该提取液注入含 2g 石英砂、10.0mL 基体改性剂的顶空瓶中，加入 2.0μL 替代物使用液和 4.0μL 内标使用液后立即密封，振荡 10min 使样品混匀，待测。

③ 空白试样的制备：以 2g 石英砂代替样品，制备空白试样。

（2）校准曲线的绘制

向 5 个顶空瓶中依次加入 2g 石英砂、10.0mL 基体改性剂，分别量取适量标准使用液、替代物使用液，配制目标物和替代物含量为 20ng、40ng、100ng、200ng、400ng 的标准系列，并分别加入 4.0μL 内标使用液，立即密封，充分振摇 10min 后，进行分析，得到不同目标物的色谱图。以目标物含量为横坐标，目标物定量离子的响应值与内标物定量离子的响应值的比值为纵坐标，绘制校准曲线。

（3）样品测定

对制备好的样品和空白样品进行测定。

五、其他有机污染物测定分析方法

（一）邻苯二甲酸酯类

1. 适用范围

该方法适用于环境土壤和沉积物中邻苯二甲酸酯类含量的测定。

2. 方法原理

土壤样品经处理后采用加速溶剂萃取法提取，凝胶渗透净化仪净化，气相色谱-质谱法（GC-MS）对样品中邻苯二甲酸酯类进行分析，采用保留时间进行定性分析，特征选择离子的峰面积进行定量分析。

3. 试剂

（1）农残级二氯甲烷、正己烷、丙酮。

（2）硅藻土、分析纯无水硫酸钠。

4. 仪器

气相色谱-质谱仪、全自动凝胶渗透净化仪、加速溶剂萃取仪。

5. 分析步骤

（1）样品提取：样品经预处理后进行加速溶剂萃取提取有机物，提取液利用凝胶色谱净化法进行净化。将处理后的土壤样品 1～10g 与一定量的硅藻土混合均匀后装入萃取池，上机测定，使用体积比为 1:1 的二氯甲烷-丙酮溶液萃取，萃取液经无水硫酸钠小柱脱水、凝胶渗透净化仪净化，凝胶渗透净化仪在线浓缩系统自动浓缩定容后，等待气相色谱-质谱仪进样。

（2）校准曲线的绘制：样品采用外标法进行定量。标准系列浓度分别为 0.01mg/L、0.05mg/L、0.1mg/L、0.5mg/L、1.0mg/L，直接进入气相色谱-质谱仪分析，得到校准曲线。

（3）数据处理与计算：采用保留时间进行定性分析，用峰面积对其进行定量分析。

$$c = \frac{(A - A_0) \times D}{A_S} \tag{4-10}$$

式中　c——样品浓度，$\mu g/kg$；

　　A——目标物定量离子峰面积；

　　A_0——空白样品中目标物定量离子峰面积；

　　A_S——目标物标准样品定量离子峰面积；

　　D——稀释因子。

（二）多氯联苯

1. 适用范围

该方法适用于环境土壤和沉积物中多氯联苯含量的测定。

2. 方法原理

采用合适的萃取方法提取土壤中的多氯联苯，根据样品基体干扰情况选择合适的净化方法，对提取液净化、浓缩、定容后，用气相色谱-质谱仪（GC-MS）分离、检测，内标法定量。

3. 分析步骤

（1）样品提取：选择合适的提取和净化方法预处理样品后，洗脱液经浓缩定容至 1.0mL，取 20μL 内标使用液，加入浓缩定容后的试样中，混匀后转移至 2mL 样品瓶中，等待 GC-MS 进样。

用石英砂代替实际土壤样品，按与试样相同的预处理步骤制备空白试样。

（2）校准曲线的绘制：用多氯联苯标准使用液配制标准系列，如样品分析时采用了替代物指示全程回收效率，则同步加入替代物标准使用液，多氯联苯目标化合物及替代物标准系列浓度为 10μg/L、20μg/L、50μg/L、100μg/L、200μg/L、500μg/L。向标准系列中分别加入内标使用液，使其浓度均为 200μg/L。分析得到不同浓度各目标化合物的质谱图，记录各目标化合物的保留时间和定量离子质谱峰的峰面积。

取待测试样和空白样，按照与校准曲线绘制相同的分析步骤进行测定。

第五节　土壤环境监测的质量控制

一、质量保证和质量控制的目的

质量控制和质量保证都是质量管理的组成部分，两者既有区别又有一定的关联。质量控制是为了达到规定的质量要求开展的一系列活动，而质量保证是提供客观证据证实已经达到规定的质量要求，并取得顾客和其他方信任的各项活动，离开了质量控制就谈不上质量保证。

质量保证和质量控制是一项重要的管理工作和技术工作，它要求有科学的实验室管理制度和正确的操作规程以及技术考核措施。质量保证的目的是通过采取组织、人员培训、质量监督、检查、审核等一系列的活动和措施，对整个分析过程进行质量控制，使分析结果达到预期要求，保证所产生的土壤环境监测资料具有代表性、可比性、准确性、精密性和完整性。质量控制的目的是监视整个分析过程并排除导致不符合、不满意的原因。

【质量保证】

指为保证分析结果能够满足规定的质量要求所必需的、有计划的、系统的全面活动。该系统能向有关部门（如政府部门、中国合格评定国家认可委员会）保证实验室所产生的结果能满足规定的质量要求，主要包括质量控制和质量评价两个方面。

【质量控制】

指为保证实验室中得到的数据的准确度和精密度落在已知的置信区间内所采取的措施，是质量管理的一个组成部分。

二、采样和制样质量控制

土壤环境监测工作的首要任务是土壤样品采集点位布设，需要用有限的监测点位和最小的工作量确保分析结果的代表性和精密度以及由此得到的结论的正确性。采样点位布设的方法及样品数量见《土壤环境监测技术规范》（HJ/T 166—2004）中"5 布点与样品数容量"；样品采集及注意事项见"6 样品采集"；样品流转见"7 样品流转"；样品制备见"8 样品制备"；样品保存见"9 样品保存"。

三、样品测定的精密度控制

在实验中，为减小误差应采取以下措施。

（1）要求每批样品在进行每个项目分析时均须做 20％平行样品；当样品数量为 5 个以下时，平行样不少于 1 个。

（2）测定方式：明码平行样，由分析者自行编入，或密码平行样，由质控员在采样现场或实验室编入。

> 【精密度】
> 是指在同一条件下，测定同一样品的一组测量值彼此接近的程度。同一样品的一系列测量值越接近，精密度越高。

（3）合格要求：平行双样测定结果的误差在允许误差范围之内者为合格。当平行双样测定合格率低于 95％时，除对当批样品重新测定外再增加样品数 10％～20％的平行样，直至平行双样测定合格率大于 95％。

四、样品测定的准确度控制

为验证准确度，可采用以下方法。

（一）标准加入法

1. 操作方法

标准加入法的操作方法是将一定量已知浓度的标准溶液加入待测样品中，测定标准溶液加入前后样品的浓度，加入标准溶液后的浓度比加入前增加的量应等于加入的标准溶液中所含的待测物质的量。

> 【准确度】
> 指在一定实验条件下多次测定的平均值与真值相符合的程度，以误差来表示。它用来表示系统误差的大小。

2. 举例说明

以原子吸收分光光度法测定铜为例，简要说明标准加入法的使用方法。

（1）实验步骤。吸取四份以上的试样，第一份作为空白样品，不加入待测元素标准溶液，从第二份试样开始，依次按照比例加入不同体积的待测组分标准溶液，用溶剂稀

> 【标准加入法】
> 是一种适用于检验样品中是否存在干扰物质的测试方法，用于很难配制与样品溶液相似的标准溶液，或样品基体成分很高且变化不定，或样品中含有固体物质而对吸收的影响难以保持一定等情形。

释至同一体积。以空白样品为参比，在相同测量条件下，分别测量各份试样的吸光度，绘制工作曲线，曲线延长线与浓度轴的交点即为试样的浓度，如图 4-4 所示。

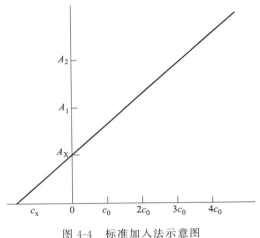

图 4-4   标准加入法示意图

（2）结果计算

$$\rho(\text{Cu}) = c \times \frac{V_0}{V_1} \tag{4-11}$$

式中 $\rho(\text{Cu})$——样品中铜含量，$\mu g/mL$；

  c——标准加入曲线与浓度轴交点，$\mu g/mL$；

  V_0——样品溶液定容体积，mL；

  V_1——取样量，mL。

（二）加标回收法

1. 操作方法

在一批试样中，加标回收测定一般应随机抽取 10%～20%试样。当样品数不足 10 个时，加标率应该适当提高，每批同类型试样中，加标试样不应少于 1 个。

加标量依据被测组分含量确定，被测组分含量高的加入含量的 0.5～1.0 倍，含量低的加入 2～3 倍，但加标后被测组分的总量不得超出方法的测定上限。加标浓度应高，体积应小，不应超过原试样体积的 1%，否则需要进行体积校正。

【加标回收】
是指在没有被测物质的样品基质中加入定量的标准物质，按样品的处理步骤分析得到的结果和理论值的比值。

【回收率】
是判定分析结果准确度的量化指标。

加标合格的回收率应在允许范围之内。当测定加标合格的回收率小于 70%时，对不合格者的回收率应当重新测定，并另外增加 10%～20%的试样测定加标回收率，直至总合格率大于或等于 70%。

2. 举例说明

以气相色谱法测定酚类化合物为例，简要说明加标回收法的应用方法。

（1）实验步骤。分别称取 m_0（g）样品于小玻璃瓶中，分别向小瓶中加入色谱纯酚类化合物 m（g），混匀后用同样的色谱方法进样，得出加标后的测定值 c，代入公式可算出加标回收率 P（%）。

（2）结果计算

$$P = \frac{c - c_0}{\Delta c} \times 100\% \tag{4-12}$$

式中　P——加标回收率，%；

c——加标后测定值，mg/L；

c_0——原始测定值，mg/L；

Δc——加标浓度，mg/L。

第五章

土壤污染风险管控

2016 年，"土十条"颁布，明确土壤污染防治中应坚持风险管控原则，这是我国首次以条例形式规定了土壤污染风险管控的重要性。

当前，我国土壤总体环境状况不容乐观，在修复资金有限、修复技术和条件受到限制的情况下，采取以风险管控为主的防治策略，

【土壤污染风险管控】
是指通过在场地治理全生命周期中，综合配套采用一系列减缓或控制场地风险的技术方法和管理制度，以降低场地治理的经济和环境成本，达到污染场地治理与再利用目的。

是符合我国现阶段基本国情和技术经济条件的有效做法。特别是对于暂不开发利用或现阶段不具备治理修复条件的污染地块，要划定管控区域，采取风险管控措施。土壤污染风险管控有时也作为修复失败或者修复未能达到预期目标时的补救措施。

土壤污染风险管控工作的主要内容包括：土壤污染现状调查、土壤污染风险评估、土壤污染风险管控、土壤污染风险管控效果评估、土壤污染后期管理等。土壤污染风险管控工作流程如图 5-1 所示。

第一节　土壤污染风险管控现状调查

一、农用地土壤污染风险管控现状调查

（一）现状调查目的和原则

农用地土壤污染风险管控现状调查的目的是通过系统和规范的调查方法，确定目标区域内农用地土壤是否受到污染，明确污染的特征、程度和范围，为实施农用地分类管理措施提供依据。

农用地土壤污染风险管控现状调查应遵循针对性原则、代表性原则和规范性原则。

（1）针对性原则：土壤污染现状调查过程中，针对农用地土壤或农产品点位超标区域、污染事故区域，确定重点关注的超标因子，针对性地制定样品采集及监测方案，确定土壤污染物类型、污染程度、污染范围及对农产品质量安全的影响等，为农用地土壤分类管理措施

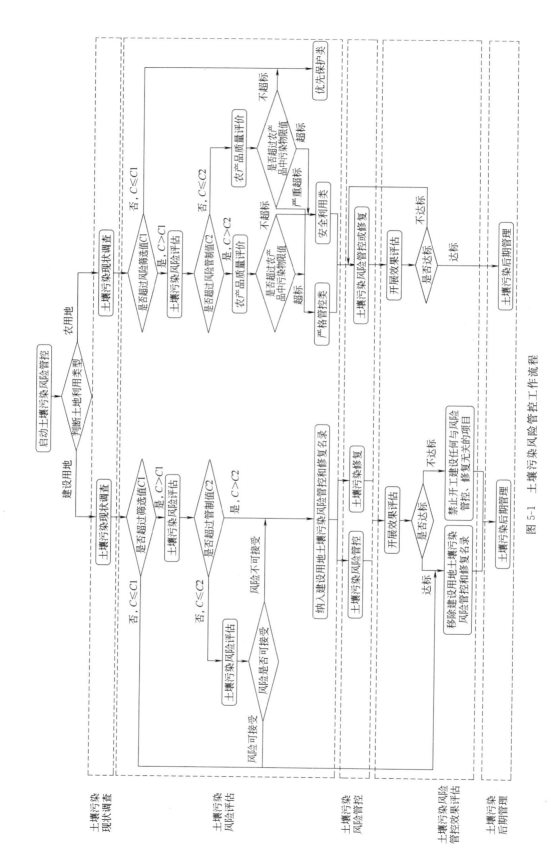

图 5-1　土壤污染风险管控工作流程

精准实施提供基础数据和信息。

（2）代表性原则：土壤现状调查过程中，综合考虑农用地的类型、地形地貌、水文地质特征、污染特征、农用地受污染规律和特点等，进行差异化布点，保证监测样品的代表性。

（3）规范性原则：采用程序化、系统化和规范化的方式开展农用地土壤污染现状调查，保证调查过程的科学性和客观性。

（二）现状调查范围和方法

被调查土壤可分为三种类型：农用地安全利用、严格管控等任务区域，土壤或农产品超标点位区域，污染事故农用地。土壤污染现状调查范围应依据被调查土壤类型来进一步确定。

农用地安全利用、严格管控等任务区域的土壤污染现状调查范围为任务范围，一般包括全部农产品产区，实际调查过程中可根据需要进行适当调整。

土壤或农产品超标点位区域的土壤污染现状调查范围的确定，应从污染的可能成因和来源出发，同时综合考虑污染源的影响范围［可参考《农用地土壤污染状况调查技术规范》（DB41/T 1948—2020）中的"附录B 土壤污染重点行业企业影响范围"］、污染途径、污染物特点、农用地分布等。

污染事故农用地土壤污染现状调查应根据污染事故类型、污染物种类和影响范围，综合考虑污染途径、地势、风向风速以及现场检测结果等因素，进一步确定调查范围。

农用地土壤污染风险管控现状调查方法包括资料收集、现场踏勘、人员访谈、采样分析等。调查过程可分为三个阶段，工作流程如图5-2所示。

第一阶段采用的方法主要有资料收集、现场踏勘和人员访谈，对上述方法收集的信息进行整理和分析，进而确定调查区域可能的污染来源及成因，综合判断以上信息能否满足农用地分类管理措施制定及实施的要求。能满足的话，终止调查工作，编制调查报告，否则需开展第二阶段调查。第一阶段所需收集的资料明细详见表5-1。

表 5-1　农用地土壤污染现状调查第一阶段收集资料汇总表

类型	资料明细
一、资料收集	
土壤环境和农产品质量	调查区域涉及的土壤污染状况详查数据、农产品产地土壤重金属污染普查数据、多目标区域地球化学调查数据、各级土壤环境监测网监测结果、土壤环境背景值，以及其他相关土壤环境和农产品质量数据、污染成因分析和风险评估报告等
土壤污染源信息	区域内土壤污染重点行业企业等工矿企业类型、空间位置分布、原辅材料、生产工艺及产排污情况，农业灌溉水质量，农药、化肥、农膜等农业投入品的使用情况及畜禽养殖废弃物处理处置情况，固体废物堆存、处理处置场所分布及其对周边土壤环境质量的影响情况，污染事故发生时间、地点、类型、规模、影响范围及已采取的应急措施情况等
区域农业生产状况	区域农业生产土地利用状况，农作物种类、布局、面积、产量、种植制度和耕作习惯等
区域自然环境特征	区域气候、地形地貌、土壤类型、水文、植被、自然灾害、地质环境等资料
社会经济资料	地区人口状况、农村劳动力状况、工业布局、农田水利和农村能源结构情况、当地人均收入水平以及相关配套产业基本情况等
其他相关资料	行政区划、土地利用现状、城乡规划、农业规划、道路交通、河流水系、土壤环境质量类别划分等图件、矢量数据及高分辨率遥感影像数据等

类型		资料明细
二、现场踏勘		
踏勘内容	土壤自然社会环境情况	位置、范围、道路交通状况、地形地貌等
	农作物生产情况	农作物类型、面积等
	土壤污染源情况	固体废物堆存情况、畜禽养殖废弃物处理处置情况、灌溉水及灌溉设施情况、工矿企业的生产及污染物产排情况、污染源及其周边污染痕迹
	污染事故发生情况	发生区域位置、范围、周边环境及已采取的应急措施等,观察记录污染痕迹和气味
踏勘方法		摄影和照相、现场笔记记录、现场快速测定等
三、人员访谈		
访谈方式		面对面交流、电话访谈、问卷调查(电子或书面均可)等
访谈对象		调查区域农用地的承包经营人;区域内现存及历史上存在过的工矿企业的生产经营人员(包括管理及技术人员)以及熟悉企业的第三方;当地生态环境、农业农村、自然资源等行政主管部门的政府工作人员;污染事故责任单位有关人员、参与应急处置工作的知情人员
访谈内容		前期工作的疑问,信息补充和已有资料的考证。针对污染事故的访谈还应记录污染事故发生的时间、地点、类型、规模、事件经过、影响范围和采取的应急措施等

资料来源:《农用地土壤污染状况调查技术规范》(DB41/T 1948—2020)。

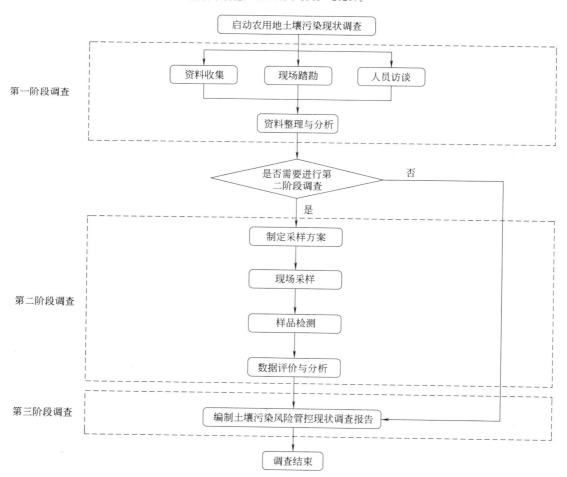

图 5-2　农用地土壤污染风险管控现状调查工作流程图

第二阶段包括制定采样方案（方案内容包含确定调查范围、划定监测单元、布设监测点位、确定监测项目等）、样品采集与检测、数据评价与分析步骤。通过对调查结果进行分析，确定目标农用地的污染特征、污染类型、污染范围、污染水平及对农产品质量安全的影响。如果调查的结果不能满足实际分析要求，应进行补充调查，直到满足分析要求为止。

第三阶段是汇总第一、第二阶段的调查结果，编制农用地土壤污染风险管控现状调查报告。

（三）现状调查布点和采样

农用地土壤污染状况调查的监测对象有两种，即土壤环境和食用农产品。原则上，一般的农用地土壤污染状况调查应在农产品成熟或收获后同步采集任务区域土壤及食用农产品样品，选取农产品种类时应优先考虑当地常规或主栽的农产品，如小麦和水稻等。针对污染事故开展的农用地土壤污染状况调查，应快速清理事故污染源后立即组织开展土壤样品的采集工作，根据土壤样品分析结果判断是否需进一步监测食用农产品，若需监测，应待污染事故农田或周边区域种植的当季农产品成熟或收获后采集。

对于一般的农用地土壤污染状况调查，首先应在任务区域内，按照土壤接纳污染物的不同途径划分监测单元。针对污染事故开展的农用地土壤污染状况调查，可不设置监测单元，直接布设监测点位。

监测单元的划分应综合考虑任务区域内土壤污染状况（污染类型、污染特征、污染范围、污染程度）、土壤环境和农产品种植情况（土壤类型、农作物的种类、农用地耕作制度）、社会自然环境（任务区域所在的行政区划、地形地貌、水文地质）等因素进行划定。划分过程中，应尽可能缩小同一单元之间的差别。

1. 监测单元分类

农用地土壤污染现状调查中，监测单元的类型及特征详见表 5-2。

表 5-2　农用地土壤污染现状调查监测单元类型及特征

监测单元类型	监测单元特征
大气污染型	大气污染物是监测区域的主要污染来源。在现有点位超标区基础上，综合考虑土壤污染重点行业企业和产业聚集区的大气污染影响范围进行监测单元的划分
灌溉水污染型	使用同一污染水源灌溉的农用地可划分为一个监测单元，监测区域污染的主要来源为被污染的农灌用水。划分监测单元时，应考虑农用地的自然聚集情况，按照地形地貌、灌区分布、水系分布等进行监测单元的划分。若同一块农田同时受到灌溉水污染、大气污染的双重影响，可优先按照灌溉水污染影响进行监测单元的划分
固体废物堆污染型	集中堆放的固体废物是监测区域的主要污染来源。该类型监测单元主要包括任务区域外独立的渣场和工业园区的固体废物集中处置场所，综合考虑地表产流影响范围[参见《农用地土壤污染状况调查技术规范》(DB41/T 1948—2020)中的附录 B]进行监测单元的划分
农用固体废物污染型	农用固体废物是监测区域的主要污染来源，综合考虑固体废物施用范围进行监测单元的划分
农用化学物质污染型	农药、化肥、农膜、生长素等农用化学物质是监测区域的主要污染来源，综合考虑上述物质的施用范围进行监测单元的划分
其他污染型	其他污染型监测单元包括三类，即上述未包含的污染类型、污染成因不明确类型和复合污染类型，可综合考虑具体的污染情况、农用地类型及农用地分布、耕作制度、农作物种植结构、行政区划及分布等因素进行监测单元的划分

资料来源：《农用地土壤污染状况调查技术规范》（DB41/T 1948—2020）。

2. 点位布设方法

开展任务区域、超标点位区域的农用地土壤污染状况调查时，一般应进行土壤环境、农产品的协同监测。针对不同的监测单元类型，确定不同的点位布设方法，详见表 5-3。

表 5-3　不同监测单元类型对应的布点方法

监测单元类型	布点方法
大气污染型	一般采用放射布点法，中心为大气污染源，自中心向外侧点位布设，由密渐稀，在同一半径圈内的点位布设要均匀。污染源的主导风下风向应当适当延长监测距离，增加点位数量
灌溉水污染型	一般采用带状布点法，布设位置为纳污灌溉水体顺水流方向两侧，从灌溉水体纳污口开始点位布设由密渐稀，各引灌段点位布设相对均匀
固体废物堆污染型	综合考虑地表产流以及当地的常年主导风向，一般可采用带状布点法、放射布点法
农用固体废物污染型	一般可采用均匀布点法
农用化学物质污染型	一般可采用均匀布点法
其他污染型	可依据实际情况，综合考虑采用均匀布点法、带状布点法、放射布点法等多种形式

资料来源：《农用地土壤污染状况调查技术规范》（DB41/T 1948—2020）。

3. 点位布设位置

土壤污染现状调查应开展土壤监测和农产品监测，点位布设应选择当地常规或主栽、种植范围较广且种植面积较大、对污染物相对比较敏感的农产品的主产区。土壤与农产品协同监测时，应同步采集农产品样品、土壤样品，且农产品采样点就是土壤采样点。当土壤与农产品监测非同步进行时，农产品监测点位数量、点位布设位置应尽可能与农用地土壤监测保持一致。

此外，监测点位布设应遵循以下原则：优先选择调查范围内已有的满足调查要求的监测点位；超标区域以及疑似污染区域应设置监测点位；选择网格中有代表性的农用地场地中间的开阔地带进行点位布设；当网格内农用地各场地之间面积差异比较明显时，应优先选择面积最大的场地，差异不明显时，可优先选择位于网格中心位置的场地；若网格内既有水田又有旱地，应优先选择水田；当网格内各场地之间高程差别十分明显（如存在沟谷、丘陵、梯田等）时，可优先选择地势比较低的场地；当网格中农用地面积占比较小（如小于10%）时，可不布设监测点位；若为矿区下游农用地且农用地破碎、面积占比小于10%，可在下游两岸农用地间隔进行点位布设。

4. 点位布设密度

监测点位的布设一般考虑每个监测单元最少设 3 个，当被调查区域地势起伏较大、土壤污染风险较高且污染物含量空间分布差异较大时，可适度增大布设密度。监测点位的布设密度应结合土壤中污染物含量及食用农产品中污染物含量。土壤中污染物含量超过 GB 15618—2018 中的风险管制值或食用农产品中污染物含量超过《食品安全国家标准　食品中污染物限量》（GB 2762—2022）食用农产品质量安全标准限值的点位区域，原则上点位布设密度均为 1 个/hm^2；土壤中污染物含量介于 GB 15618—2018 风险筛选值与管制值之间，且食用农产品满足 GB 2762—2022 质量标准限值要求的点位区域，原则上点位布设密度均为 10 个/hm^2。上述两种点位布设密度可根据实际情况进行调整。

5. 污染事故监测布点

针对污染事故开展的农用地土壤污染状况调查，应快速清理事故污染源后立即组织开展土壤样品的采集工作，根据土壤样品分析结果判断是否需进一步监测食用农产品，若需监测，应待污染事故农田或周边区域种植的当季农产品成熟或收获后采集。不同类型污染事故监测点位布设数量及采样方式详见表 5-4。

表 5-4　不同类型污染事故监测点位布设数量及采样方式

污染类型	采样方式	点位布设数量
一般情况		1 个/(1～50hm^2)
固体污染物抛撒	清扫散落的固体污染物,然后采集表层 5cm 土样	≥3 个
液体倾翻	分层采样,自事故发生点向外,采样密度由密渐疏,采样深度由深渐浅	≥5 个
爆炸	布点方法为放射性同心圆,爆炸中心采用分层采样,周围采集 0～20cm 的表层土即可	≥5 个
其他	综合考虑污染类型、污染特征、污染范围、污染途径等,采用均匀布点法、放射布点法、带状布点法等	≥3 个

资料来源:《农用地土壤污染状况调查技术规范》(DB41/T 1948—2020)。

(四) 现状调查的检测指标

农用地土壤污染风险管控现状调查中，检测指标分为三类：土壤理化性质指标（如土壤 pH）、重金属或类重金属指标（锌、镉、铬、铅、汞、铜、镍、砷）、有机物指标（六六六、滴滴涕、苯并 [a] 芘）。在上述指标基础上，可综合考虑农用地的历史检测数据、污染源分布与影响范围、污染物类型及污染途径以及实际的环境管理需求进行检测指标的选择，但不限于以上指标。必要时可检测重金属可提取态指标及土壤理化性质，如土壤有机质、机械组成、阳离子交换量等。不同类型农用地检测因子的确定需注意以下原则：

(1) 任务区域和超标点位区域农用地的土壤检测指标应包含土壤中污染物含量超过 GB 15618—2018 风险筛选值的因子及食用农产品超过 GB 2762—2022 等质量安全标准的因子。

(2) 污染事故农用地的土壤检测指标应包含污染事故的特征污染物，同时需进一步根据事故类型、污染物特征、污染途径，综合现场快速测定等检测结果选定。

(3) 农产品检测指标应根据土壤环境检测项目，结合《食品安全国家标准　食品中污染物限量》(GB 2762—2022)、《食品安全国家标准　食品中农药最大残留限量》(GB 2763—2021) 等质量安全标准进行确定。

二、建设用地土壤污染风险管控现状调查

(一) 现状调查目的和原则

建设用地土壤污染风险管控现状调查的目的是分析评价场地土壤和地下水环境质量，明确场地是否被污染以及污染类型、污染特征、污染范围、污染程度，并结合场地规划用途，对存在环境质量问题、安全隐患的区域提出针对性意见和风险管控措施，为土壤污染风险管控措施制定提供基础数据和信息。

土壤污染风险管控现状调查要遵循针对性原则、规范性原则、实用性原则、统筹性原则、可操作性原则。

(1) 针对性原则：分析任务场地及潜在污染物的特征，并针对性进行污染物浓度和空间分布调查，在此基础上制定风险管控措施，为环境管理者提供依据。

（2）规范性原则：采用程序化和系统化的方式规范土壤污染状况调查的工作内容、工作程序及工作方法，保证调查过程的科学性和客观性。

（3）实用性原则：针对场地特征，充分考虑适用的国内外技术方法，借鉴实践经验，在国家标准和技术规范指导下，细化土壤现状调查内容，规范调查方法，提高调查活动的实用性，便于实施。

（4）统筹性原则：土壤污染现状调查是污染场地全过程管理的第一个环节，调查结果会直接影响后期风险评价、风险管控工作的开展。调查工作应总结吸纳国内外先进、成熟经验，统筹考虑土壤和地下水监测，不断完善技术体系。

（5）可操作性原则：综合考虑调查方法、调查时间、调查成本、国家标准及技术规范等因素，结合当前科技发展和专业技术水平开展土壤现状调查工作，降低调查各个环节的不确定性，提高调查工作的效率和质量，使调查过程切实可行，调查结果可靠客观。

（二）现状调查范围和方法

建设用地土壤污染风险管控现状调查的范围以场地为主，包括周围区域，周围区域的范围由现场调查人员依据污染可能迁移的距离来进行判断决定。调查范围可采用注明场地四角坐标的方法，绘制场地调查范围图，注明比例尺，图例明显，大小适中，能清楚辨别场地内的建筑设施以及场外敏感目标位置等。

监测介质为场地内的土壤和地下水，地下水主要为场地边界内的地下水。

现状调查中，应注意调查场地周边环境敏感目标。调查范围一般为场地边界500m以内，如果场地严重污染，特别是存在挥发性污染物或恶臭时，可依据《环境影响评价技术导则　大气环境》（HJ 2.2—2018）适当扩大调查范围。敏感目标的记录要准确、详细而全面，包括距离、方位、人数、负责人、联系方式等等。

建设用地土壤污染风险管控现状调查的方法包括资料收集与分析、现场踏勘、人员访谈、制定工作方案、现场调查、样品检测分析和报告撰写。

（1）资料收集与分析：收集场地利用变迁资料、场地环境资料、场地相关记录、有关政府文件、场地所在区域的自然和社会信息、相邻场地的相关记录和资料等，依据专业知识对所收集资料进行分析，判断资料的有效性、准确性和正确性。

（2）现场踏勘：做好防护工作，实地踏勘现场，关注记录场地现状及历史情况、相邻场地和周围区域的现状及历史情况、场地地形地质地貌及水文地质等。

（3）人员访谈：通过面对面交流、电话访谈、问卷调查（电子或书面均可）等方式，对场地现状或历史知情人员进行访谈，访谈内容包括前期资料收集和现场踏勘过程中的疑问、未掌握信息的补充以及已掌握资料的考证。访谈中应重点关注场地使用历史和规划、场地可疑污染源、污染物泄漏或环境污染事故、场地周边环境及敏感受体状况等。

（4）制定工作方案：根据所收集的场地资料及现场踏勘情况，分析污染物可能的来源，严格按照国家标准规范制定工作方案，包括核实所收集到的资料、健康防护措施、监测点位布设、样品检测分析、质量控制方案等。

（5）现场调查：根据工作方案，严格按照法律法规，开展场地监测点位布设与样品采集、保存和运输等工作。

（6）样品检测分析：依据国家相关标准规范，如 GB 36600—2018 确定监测因子，依据检测规范，在实验室中对采集的土壤样品进行检测。

（7）报告撰写：根据所收集的场地资料，结合土壤样品检测分析结果，撰写建设用地土壤污染风险管控现状调查报告，提出场地规划风险防范建议。

建设用地土壤污染风险管控现状调查可分为四个阶段：污染识别阶段、污染证实阶段、补充采样和测试阶段、报告编制阶段。具体的程序如图 5-3 所示。

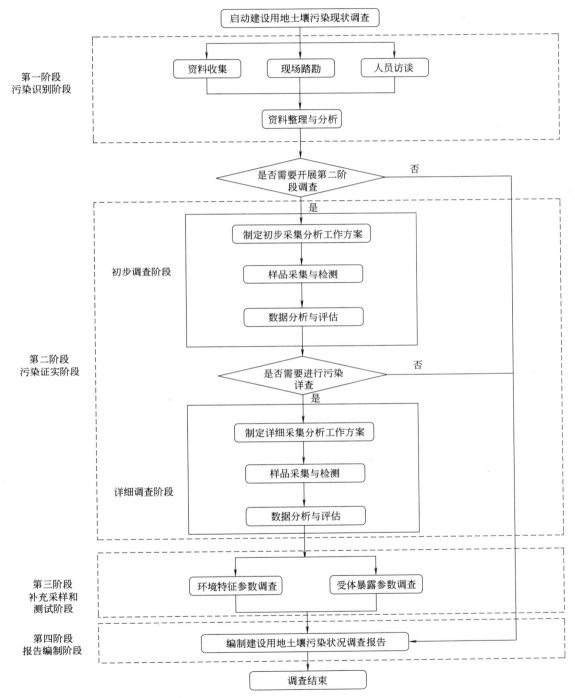

图 5-3　建设用地土壤污染风险管控现状调查流程图
[《建设用地土壤污染状况调查 技术导则》（HJ 25.1—2019）]

第一阶段采用的调查方法主要有资料收集与分析、现场踏勘、人员访谈，所需收集的资料明细详见表5-5。

表 5-5　建设用地土壤污染风险管控现状调查第一阶段收集资料汇总表

类型		资料明细
一、资料收集与分析		
资料内容	场地利用变迁资料	卫星图片、航片；场地的土地使用和规划资料；土地登记信息资料；场地内的建筑、设施设备、工艺流程以及生产污染变化情况等
	场地环境资料	场地土壤、地下水污染记录；危险废物堆放记录；场地与自然保护区、水源地保护区等重点区域的相对位置关系等
	场地相关记录	产品和原辅材料及中间体清单、平面布置图、工艺流程图、地下管线图、化学品储存及使用清单、泄漏记录、废物管理记录、地上及地下储罐清单、环境监测数据、环境影响报告书或表、环境审计报告、地勘报告等
	有关政府文件	区域环境保护规划、环境质量公告、生态及水源保护区规划、相关环境备案和批复等
	场地所在区域的自然和社会信息	区域地理位置图、地形地貌、水文地质、土壤、气象；人口密度和分布、敏感目标分布、土地利用方式、区域所在地的经济状况和发展规划、政策和法规标准、地方疾病统计等
	相邻场地的相关记录和资料	
资料分析		依据专业知识和经验对上述资料进行分析判定，识别错误和不合理信息，详细记录可能影响判断场地污染状况的情况，如重要资料缺失
二、现场踏勘		
踏勘内容	场地现状及历史情况	可能造成土壤和地下水污染的物质的使用、生产和贮存情况；"三废"处理与排放以及泄漏状况；场地历史上使用过程中留下的可能造成土壤和地下水污染的异常迹象，如罐、槽、管道泄漏以及废弃物临时堆放产生的污染痕迹
	相邻场地的现状及历史情况	相邻场地的使用状况与污染源；相邻场地历史上使用过程中留下的可能造成土壤和地下水污染的异常迹象，如罐、槽、管道泄漏以及废弃物临时堆放产生的污染痕迹
	周围区域的现状及历史情况	观察记录周围区域现在或过去的土地利用类型；周围区域废弃和正在使用中的各类井；污水处理和排放系统；化学品和废弃物等潜在污染物的储存、处置设施设备；地面上的沟、河、池；地表水体、雨水排放和径流以及道路和公用设施
	地形地貌、水文地质	观察记录场地及周围区域的地形地貌、水文地质，分析判断周围污染物是否会迁移到调查场地，以及场地内的污染物是否会迁移到地下水和场地之外
踏勘重点	场地污染现状及历史情况	有毒有害物质的使用、处理、储存及处置情况；生产过程和设施设备；储槽和管线泄漏情况；有无恶臭、化学品味道和刺激性气味，有无污染和腐蚀的痕迹；排水管或渠、污水池或其他地表水体、废物堆放地、井等
	场地周边区域现状	观察记录场地及周围是否存在敏感目标，如居民区、学校、医院、饮用水水源保护区以及其他公共场所等，并明确敏感目标与场地的位置
踏勘方法		异常气味识别、摄影和照相、现场记录笔记、现场快速测定等

对第一阶段收集的资料进行汇总分析，若结果显示该场地及周围区域当前阶段及历史上均不存在污染来源，即可认为当前该场地的环境状况可接受，调查工作终止。若第一阶段已收集资料显示场地内或周围区域存在可能的污染来源，如化工厂、冶炼厂、造纸厂、农药厂等可能具有产生有毒有害物质的设施及活动，或由于资料的缺失，无法排除该场地内及周围区域被污染的可能性，则需开展进一步的调查工作，即进入土壤污染现状调查的第二阶段。第一阶段的主要任务是明确场地内外是否存在污染源，以及污染的类型和污染状况，为第二阶段的开展做好基础工作。

第二阶段为污染证实阶段，以采样和分析为主，通过对采集的土壤样品进行分析测定，确定场地是否被污染，以及污染物的种类、浓度（程度）和具体的空间分布。

第二阶段包括两个步骤，初步调查与详细调查。两个步骤均包含制定工作计划、样品采集、数据评估与结果分析等流程。初步调查过程中，需核实第一阶段掌握的场地重要信息，并在此基础上判断污染物可能的分布，制定样品采集方案及分析方案。完成样品采集及分析测定之后，对标 GB 36600—2018 等国家和地方相关标准以及清洁对照点浓度（有土壤环境背景的无机物），对初步调查结果进行分析。若存在标准中没有涉及的污染物，可借鉴国外相关标准，专业人员也可根据丰富的专业知识和经验综合判断。如果污染物浓度均未超过上述标准值，并且经过不确定性分析（实际与计划工作内容的偏差及其对调查结论可能产生的影响），确认该场地不存在环境风险，不需要开展进一步调查后，即终止第二阶段土壤污染状况调查工作；否则，须对该场地进行详细调查，确定该场地是否存在环境风险。初步调查结果必须包含的要素有场地原始用途、规划用途、布点方法、取样情况、调查和评价依据、土壤和地下水有关检测指标达到或超过某限值或标准、场地是否需要进一步进行详细调查和健康风险评估工作等内容。详细调查步骤是在初步调查的基础上，开展土壤样品的加密布点采集和分析工作，确定场地中污染物的种类、浓度水平和空间分布。依据实际情况，初步调查与详细调查可分批进行，减小调查的不确定性。

第三阶段以补充采样和测试为主，包括环境特征参数调查和受体暴露参数调查，用于后续土壤污染风险评估。调查方法包括场地相关资料查询、现场污染项目实测和实验室分析测试等。环境特征参数包括不同点位和土层或特定土层的土壤样品的理化性质分析数据（如土壤 pH 值、容重、有机碳含量、含水率和质地等）及场地所处区域的气候、水文、地质特征信息和数据（如地表年平均风速和水力传导系数等）。根据风险评估和场地修复实际需要，选取适当的参数进行调查。受体暴露参数包括：场地及周边地区土地利用方式、人群及建筑物等相关信息。

第四阶段即报告编制阶段，依据前三阶段获取的资料，对采集测定的样品数据进行分析，确定场地的污染物清单、污染物分布特征，为后续场地风险评估、风险管控措施制定提供理论依据。

（三）现状调查布点和采样

1. 点位布设方法

建设用地土壤污染现状调查中，土壤水平布点方法包括系统随机布点法、分区布点法、系统布点法（网格）、专业判断布点法，如图 5-4 所示。

（1）系统随机布点法：将场地平均划分为若干个工作单元，利用掷骰子、抽签或查随机数表等方法获得随机数，并依据该随机数确定对应数字的工作单元，每个工作单元内设置一个监测点位。样本数的多少要根据场地面积、监测目的及场地的污染特征确定。

（2）分区布点法：按照一定的规则（如土地使用功能），将场地划分成不同的区域，依据区域面积或污染特征设置采样点位。如按照土地使用功能，可将场地划分为生活区、办公区、生产区。生活区包括配套食堂、公寓或宿舍以及其他公共建筑等；办公区包括办公建筑、绿地、道路、广场等；原则上生产区应以构筑物或生产工艺为单元进行工作单元划分，包括各生产车间、储存场地（原料及产品储库、废水处理及废渣储存场）、场内物料流通道路、地下贮存构筑物及管线等，根据实际情况，可将几个土地使用功能相近且单元面积较小的生产区合并成一个监测工作单元。

（3）系统布点法（网格）：将场地等分为面积相等的若干个工作单元，在每个工作单元内设置一个监测点位。

（4）专业判断布点法：适用于潜在污染明确的场地，可依据专业知识进行点位位置、点位数量确定。

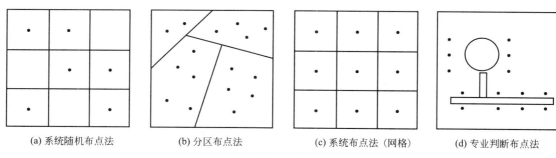

(a) 系统随机布点法　　(b) 分区布点法　　(c) 系统布点法（网格）　　(d) 专业判断布点法

图 5-4　建设用地土壤水平布点方法

各种布点方法的适用范围详见表 5-6。

表 5-6　各种布点方法适用范围

方法类型	适用范围
系统随机布点法	土壤特征相近、土地使用功能相同、污染分布均匀的场地，如气源污染
分区布点法	场地内土地使用功能存在差异、污染分布不均匀、污染特征存在明显差异且已初步明确污染潜在分布情况
系统布点法（网格）	各类场地，尤其是污染情况不明（如无法确定历史生产活动和各类污染装置位置）或场地原始状况严重破坏或者污染范围较大的场地
专业判断布点法	潜在污染明确的场地

2. 点位布设与样品采集

（1）对照监测点位布设

布点位置：一般情况下，可在场地外部区域的四个垂直轴向上设置土壤对照监测点位，尽量选择一定时间段内没有受到外界扰动的裸露土地。

布点方法：在场地外部区域每个垂直轴向上等间距设置 3 个采样点。

采样方法：采集对照监测点位表层土壤样品，采样深度应尽可能与场地土壤监测点位表层土壤采样深度保持一致。若实际分析测试需要，应补充采集下层土壤样品。

注意事项：监测点位的布设要科学、客观、规范，但也要具有灵活性，应根据实际情况进行适当调整，尤其是因场地所在区域的地形地貌、水文地质、土地利用方式、污染物迁移扩散等因素导致土壤特征存在明显差别或采样条件受限的情况。

（2）土壤监测点位布设

① 初步调查阶段土壤监测点位的布设

布点位置：分析场地原使用功能、污染分布范围及分布特征，在疑似污染较重的若干工作单元的中央或污染较为明显的部位（如生产车间、污水管线、废弃物堆放处等）进行监测点位的布设。

布点方法：采用系统随机布点法等，详见上述各种布点方法介绍。应根据场地面积、污染特征、场地不同功能区域分布等调查阶段性结论确定监测点位的数量。

采样方法：表层土壤样品的采集一般采用挖掘方式（挖掘工具如锹、铲、竹片等），下层土壤样品的采集以钻孔取样为主。针对单个工作单元，应综合考虑污染物在土壤中的迁移扩散、构筑物及管线破损情况、土壤特征等因素进行表层土壤和下层土壤垂直方向层次的划分。采样深度的确定应扣除地表非土壤硬化层厚度。原则上应采集表层 50cm 的土壤样品，50cm 以下下层土壤样品可依据判断布点法采集，一般情况下 50～600cm 土壤采样间隔不超过 2m。不同性质土层至少采集一个土壤样品。同一性质土层厚度较大或出现明显污染痕迹时，根据实际情况在该层位增加采样点。原则上，应根据场地土壤污染状况调查阶段性结论及现场情况确定下层土壤的采样深度，最大深度应直至未受污染的深度为止。

② 详细调查阶段土壤监测点位的布设

布点位置：污染地块中心位置。

布点方法：采用系统布点法（网格）、分区布点法等，详见上述布点方法介绍。

采样方法：表层土壤样品的采集一般采用挖掘方式（挖掘工具如锹、铲、竹片等），下层土壤的采集以钻孔取样为主。采样深度应达到土壤污染风险管控现状调查初步调查阶段采样时确定的最大深度。

注意事项：一般情况下每个工作单元的面积不超过 $1600m^2$，面积大小可根据实际情况酌情调整。原则上，面积较小的场地，工作单元的数量应大于或等于 5 个。若根据实际需要应采集土壤混合样品（除需测定挥发性有机物项目的样品外），可根据每个工作单元的污染程度和工作单元面积，将其等分为 1～9 个网格，采集每个网格中心的样品并进行均质化处理。

（3）地下水监测点位的布设

布点位置：地下水流向上游、地下水可能污染较严重区域和地下水流向下游，污染较重区域加密布点；在一定距离内的地下水径流下游汇水区内布点，可了解地块地下水污染特征；一般情况下，应在地下水流向上游的一定距离设置对照监测井。

布点方法：根据地下水流向及地下水水位，间隔一定距离按三角形或四边形至少布置 3～4 个点位；应根据监测目的、所处含水层类型及其埋深和相对厚度来确定监测井的深度，且不穿透浅层地下水底板。地下水监测目的层与其他含水层之间要有良好的止水性。

采样方法：一般情况下采样深度应在监测井水面下 0.5m 以下。对于低密度非水溶性有机物污染，监测点位应设置在含水层顶部；对于高密度非水溶性有机物污染，监测点位应设置在含水层底部、不透水层顶部。地下水监测井布设位置详见表5-7。采样方法参照《地下水环境监测技术规范》（HJ 164—2020）。

表 5-7　地下水监测井布设情景及布设位置

布设情景	布设位置
场地面积较大,地下水污染较重,且地下水较丰富	场地内地下水径流的上游和下游各增加 1～2 个监测井
场地内没有符合要求的浅层地下水监测井	在地下水径流的下游布设
场地地下岩石层较浅,没有浅层地下水富集	在径流的下游方向可能的地下蓄水处布设
前期监测的浅层地下水污染非常严重,且存在深层地下水	做好分层止水,增加一口深井至深层地下水

（4）地表水监测点位的布设

监测时段：依据实际分析需求可分为两种情况。若分析地表径流对地表水的影响，监测时段可选择降雨期、非降雨期；若分析污染源对地表水的影响，监测时段可依据地表水流量选择枯水期、丰水期和平水期。

监测指标：污染物浓度、地表水径流量。

点位布设：地表水监测点位应布设在疑似污染严重区域的地表水、地表水径流的下游，同时，应在地表水上游一定距离设置对照监测点位。具体监测点位布设要求参照《地表水环境质量监测技术规范》（HJ 91.2—2022）。

采样方法：地表水采样时要避免扰动水底的沉积物，且采样时间和频率尽可能与地下水采样保持一致。详细的采样方法见《地表水环境质量监测技术规范》（HJ 91.2—2022）。

（5）环境空气监测点位的布设

布点位置：环境空气监测点位一般布设在污染比较集中区域（生产车间、原料或废渣贮存场等）、疑似污染区域中心、调查时主导风下风向的场地边界至边界外 500m 以内的主要环境敏感点，监测点位高度为距地面 1.5～2.0m。一般情况下应设置对照监测点位，点位为调查时场地主导风的上风向。

采样方法：依据分析仪器的检出限，选择配备有抽气孔的特定体积的封闭仓。采样时，剥离表层土壤，将该封闭仓扣置在监测点位所在的地块地面，四周用土进行密封，密封时间为 12h。对于特殊类型的污染场地（如有机污染、汞污染场地，特别是挥发性有机物污染场地），可选择场地内污染相对最重的工作单元的中心部位，剥离表层 20cm 的土壤后采集样品。采集方法详见《环境空气质量手工监测技术规范》（HJ 194—2017）。

（6）残余废弃物监测点位的布设

布点位置：在疑似为危险废物的残余废弃物及与当地土壤特征有明显区别的可疑物质所在区域进行布点。

布点方法：参照《危险废物鉴别技术规范》（HJ 298—2019）。

（四）现状调查的检测指标

建设用地土壤环境污染风险管控现状调查检测指标所依据的主要标准为 GB 36600—2018，检测因子包括 45 项基本项目和 40 项其他项目。地下水评价一般选用《地下水质量标准》（GB/T 14848—2017）中规定的Ⅲ类水质标准值。当检测出不在上述标准范围内的检测因子时，可参考借鉴国外相关标准。

实际检测工作中，往往会出现标准规定中的检测因子未检出或检测浓度很低、未在标准规定中的检测因子浓度却很高的情形。建设用地中污染场地以工矿用地居多，且该类用地涵盖范围广泛，如制药厂、化工厂、发电厂、房地产等，各类场地污染类型不同，应依据污染场地类型选取关键检测因子，便于快速锁定污染来源。

石油行业重点关注检测因子有总石油烃、苯系化合物、多环芳烃中的菲和蒽及酚类，以及燃料添加剂和铅等。

有机化工类企业重点关注检测因子有石油烃类有机污染物，包括挥发性有机物和半挥发性有机物，如卤代脂肪族化合物、含氧化合物、熏蒸剂、含硫化合物、多环芳烃、邻苯二甲酸酯类、苯酚类、亚硝酸铵类、硝基芳烃等。

无机化工类企业（如电镀企业、冶炼企业）重点关注检测因子为重金属。

第二节　土壤污染风险评估

一、农用地土壤污染风险评估

（一）农用地土壤污染风险评估目的和原则

农用地土壤污染风险评估，即依据国家和地方制定的风险评估导则和技术规范，定量评估农用地关注污染物对人体健康造成的风险、对生态环境产生的影响以及对农产品质量安全的影响，并对农用地进行分类，提出农用地土壤污染风险管控建议。一般情况下，土壤污染现状调查中农用地污染物浓度高于 GB 15618—2018 中风险筛选值的，即需要开展风险评估工作。

农用地土壤污染风险评估需遵循以下原则：

（1）规范性原则。土壤污染风险评估应严格遵循国家和地方制定的风险评估导则和技术规范，按照相关法律、法规和标准要求进行。

（2）实用性原则。针对农用地污染特征，在国家标准和技术规范指导下，选择适用的国内外风险评估方法，规范风险评估行为，保证评估行为的实用性，便于实施。

（3）科学性原则。土壤污染风险评估应采用国际通用的技术方法，评估过程及结果应科学严谨。

（二）农用地土壤污染风险评估内容和程序

农用地土壤污染风险评估内容包括危害识别、风险评估、等级划分等。评估程序如图5-5所示。

（1）危害识别：通过对土壤污染现状调查阶段获取的资料进行分析，确定农用地 pH值，识别农用地关注污染物、污染来源、污染范围、污染物空间分布等。该阶段包括资料收集与分析、样品采集与分析两个阶段，收集资料内容包括农用地土壤污染背景、农用地土壤环境质量等，可利用现状调查阶段获取的资料。若单独进行农用地土壤污染风险评估，需增加样品采集及监测环节，布点及采样方法详见《土壤质量　土壤采样技术指南》（GB/T 36197—2018）、《土壤质量　土壤采样程序设计指南》（GB/T 36199—2018）、《土壤环境监测技术规范》（HJ/T 166—2004），样品检测分析详见 HJ/T 166—2004、GB 15618—2018，土壤 pH 测定详见《土壤中 pH 值的测定》（NY/T 1377—2007）。

（2）风险评估：农用地土壤污染风险评估通常要考虑土壤和农作物两方面的影响，评估

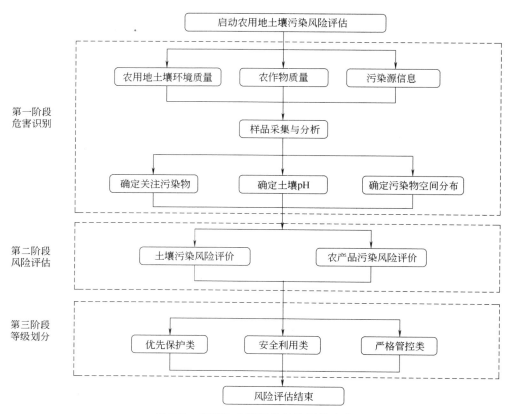

图 5-5　农用地土壤污染风险评估流程

内容包括土壤污染风险评价、农产品污染风险评价。

（3）等级划分：依据风险评估结果，将农用地划分为优先保护类、安全利用类和严格管控类，为后续土壤风险管控措施的制定提供指导依据。

（三）农用地土壤污染风险评估方法

针对农用地土壤污染风险评估，目前有基于农用地环境质量标准的评估方法、基于耕地背景值的评估方法、以保证支撑物安全为准绳的评估方法。上述方法均只考虑了单方面标准，无法保障农用地评价标准与农产品评价标准的统一。2015 年，农办科〔2015〕42 号文件中提出了综合考虑土壤与农产品质量安全的土壤风险评估方法。该方法分为两部分，即土壤污染风险评价与农产品污染风险评价，不仅考虑土壤污染物含量水平，还考虑土壤污染物危害效应。

1. 土壤污染风险评价

农用地土壤污染风险评价通常采用单因子污染指数法，土壤污染风险指数计算公式为：

$$P_i = \frac{C_i}{C_{0i}} \tag{5-1}$$

式中　P_i——土壤中污染物 i 的单因子污染指数；

　　　C_i——土壤中污染物 i 的实测值；

　　　C_{0i}——土壤中污染物 i 的污染风险评估参比值，选择 GB 15618—2018 中农用地土壤污染风险筛选值。

对某一监测点位，若存在多项污染物，则计算各项污染物的单因子污染指数之后，取单因子污染指数中的最大值 P。

$$P = \max(P_i) \tag{5-2}$$

将评价结果最差的因子作为该点位综合评价结果。

2. 农产品污染风险评价

农产品污染风险评价通常也采用单因子污染指数法，农产品污染风险指数计算公式为：

$$E_j = \frac{C_j}{C_{0j}} \tag{5-3}$$

式中　E_j——土壤中污染物 j 对应的农产品的单因子污染指数；

　　　C_j——土壤中污染物 j 对应的农产品实测值；

　　　C_{0j}——土壤中污染物 j 对应的农产品的污染风险评估参比值，参考 GB 2762—2022 中农产品中污染物限量值。

综合考虑土壤污染风险指数和农产品污染风险指数的评价结果，可对农用地土壤进行污染等级划分，详见表 5-8。

表 5-8　农用地土壤污染等级划分

等级	划分依据		土壤安全风险	土壤环境质量等级
	土壤污染最大单项指数（P）	农产品单项污染指数（E_i）		
I	$P \leqslant 1$	$E_i < 1$	无风险	优先保护类
II	$P \leqslant 1$	$1 < E_i \leqslant 2$	低风险	安全利用类
	$1 < P \leqslant 2$	$E_i \leqslant 1$		
	$1 < P \leqslant 2$	$1 < E_i \leqslant 2$	中等风险	
	$2 < P \leqslant 3$	$E_i \leqslant 2$		
III	$P > 3$	任意	高风险	严格管控类
	任意	$E_i > 2$		

二、建设用地土壤污染风险评估

（一）建设用地土壤污染风险评估目的和原则

建设用地土壤污染风险评估，即依据国家和地方制定的风险评估导则和技术规范，定量评估场地土壤和地下水关注污染物对未来使用人群造成的健康风险以及对生态造成的影响，根据场地规划制定污染物风险控制值，为场地后期风险管控提供支撑。一般情况下，土壤污染现状调查中场地污染物浓度高于 GB 36600—2018 中风险筛选值的，即需要开展风险评估工作。

建设用地土壤污染风险评估要遵循以下原则：

（1）规范性原则。土壤污染风险评估应严格遵循国家和地方制定的风险评估导则和技术规范，按照相关法律、法规和标准要求进行。

（2）人体健康保护原则。土壤风险评估工作应以人体健康保护为原则，针对不同土地利用类型下的敏感目标进行风险评估。

（3）实用性原则。针对建设用地污染特征，在国家标准和技术规范指导下，选择适用的国内外风险评估方法，规范风险评估行为，保证评估行为的实用性。

（4）科学性原则。风险评估应采用国际通用的技术方法，评估过程及结果应科学严谨。

（二）建设用地土壤污染风险评估内容和程序

建设用地土壤污染风险评估内容包括危害识别、暴露评估、毒性评估、风险表征、控制值计算，评估程序如图 5-6 所示。

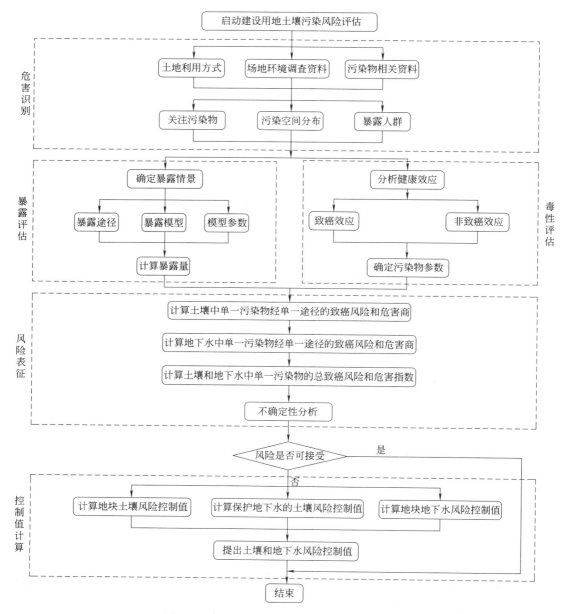

图 5-6　建设用地土壤污染风险评估工作程序

[《建设用地土壤污染风险评估技术导则》（HJ 25.3—2019）]

（1）危害识别：汇总分析建设场地土壤污染风险管控现状调查阶段收集的资料和数据，掌握场地内土壤和地下水中关注污染物的浓度分布，明确土地规划利用方式并分析场地周围存在的可能的敏感受体（如儿童、成人、地下水体等）。

（2）暴露评估：在危害识别的基础上，分析场地内关注污染物迁移和危害受体的可能性，确定场地土壤和地下水中污染物的主要暴露途径，选择适合的暴露评估模型，确定评估模型参数取值，计算敏感人群对土壤和地下水中污染物的暴露量。

（3）毒性评估：在危害识别的基础上，分析土壤和地下水中关注污染物对人体健康的危害效应（包括致癌效应和非致癌效应），确定与关注污染物相关的参数（包括参考剂量、参考浓度、致癌斜率因子和呼吸吸入单位致癌因子等）。

（4）风险表征：在暴露评估和毒性评估的基础上，采用风险评估模型计算土壤和地下水中单一污染物经单一途径的致癌风险和危害商，计算单一污染物的总致癌风险和危害指数并进行不确定性分析。

（5）控制值计算：在风险表征的基础上，判断计算得到的风险值是否超过可接受风险水平。如未超过，则结束风险评估工作。如超过可接受风险水平，则计算土壤、地下水中关注污染物的风险控制值。如调查结果表明，土壤中关注污染物可通过迁移扩散进入地下水，则计算保护地下水的土壤风险控制值。在上述计算基础上，提出关注污染物的土壤和地下水风险控制值。

（三）建设用地土壤污染风险评估方法

1. 土壤污染危害识别

建设用地土壤污染危害识别包括收集相关资料、确定关注污染物两部分。

（1）收集相关资料：包括场地相关资料及历史信息，场地所在地区的气候、水文、地质特征信息和数据，场地土壤的理化性质数据，场地土壤和地下水样品中污染物的浓度数据，场地及周边地区土地利用方式、可能的敏感受体及建筑物分布情况等。

（2）确定关注污染物：根据场地现状调查结果和土壤、地下水监测数据，对比 GB 36600—2018，筛选出高于筛选值的污染物，确定该污染物为关注污染物。

2. 土壤污染暴露评估

土壤污染暴露评估包括分析暴露情景、确定暴露途径、计算暴露量三部分。

（1）分析暴露情景：依据不同土地利用方式下人群的活动模式，可将暴露情景主要分为两种情况，即敏感用地与非敏感用地。

【暴露情景】
是指在特定的土地利用方式下，场地污染物经由不同暴露途径迁移和达到受体人群的情况。

敏感用地以住宅地为代表，包含城市建设用地中的居住用地、文化设施用地、中小学用地、社会福利设施用地中的孤儿院等，详见《城市用地分类与规划建设用地标准》（GB 50137—2011）中的划分。非敏感用地以工业用地为代表，包含 GB 50137—2011 中规定的城市建设用地中的工业用地、物流仓储用地、商业服务设施用地、公用设施用地等。

敏感用地利用方式下，儿童、成人均可能长时间暴露于污染场地环境中，进而产生健康危害。致癌效应应考虑人群的终生暴露危害，一般可按照儿童期、成人期的暴露来评估污染物的终生致癌风险；非致癌效应考虑到儿童体重较轻、暴露量较大，一般可按照儿童期暴露

表5-9 单一污染物不同暴露途径致癌效应暴露量计算公式

暴露途径	致癌效应暴露量	说明
经口摄入土壤	$$OISER_{ca} = \frac{\left(\dfrac{OSIR_c \times ED_c \times EF_c}{BW_c} + \dfrac{OSIR_a \times ED_a \times EF_a}{BW_a}\right) \times ABS_o}{AT_{ca}} \times 10^{-6}$$	OISER_ca —— 经口摄入土壤暴露量,kg 土壤/(kg 体重·d); OSIR_c —— 儿童每日摄入土壤量,mg/d; OSIR_a —— 成人每日摄入土壤量,mg/d; ED_c —— 儿童暴露期,a; ED_a —— 成人暴露期,a; EF_c —— 儿童暴露频率,d/a; EF_a —— 成人暴露频率,d/a; BW_c —— 儿童体重,kg; BW_a —— 成人体重,kg; ABS_o —— 经口摄入吸收效率因子; AT_ca —— 致癌效应平均时间,d
皮肤接触土壤	$$DCSER_{ca} = \frac{SAE_c \times SSAR_c \times EF_c \times ED_c \times E_v \times ABS_d}{BW_c \times AT_{ca}} \times 10^{-6}$$ $$+ \frac{SAE_a \times SSAR_a \times EF_a \times ED_a \times E_v \times ABS_d}{BW_a \times AT_{ca}} \times 10^{-6}$$ $$SAE_c = 239 H_c^{0.417} \times BW_c^{0.517} \times SER_c$$ $$SAE_a = 239 H_a^{0.417} \times BW_a^{0.517} \times SER_a$$	DCSER_ca —— 皮肤接触途径的土壤暴露量,kg 土壤/(kg 体重·d); SAE_c —— 儿童暴露皮肤表面积,cm²; SAE_a —— 成人暴露皮肤表面积,cm²; SSAR_c —— 儿童皮肤表面土壤黏附系数,mg/cm²; SSAR_a —— 成人皮肤表面土壤黏附系数,mg/cm²; ABS_d —— 皮肤接触吸收效率因子; E_v —— 每日皮肤接触时间频率,次/d; H_c —— 儿童平均身高,cm; H_a —— 成人平均身高,cm; SER_c —— 儿童暴露皮肤所占面积比; SER_a —— 成人暴露皮肤所占面积比
吸入土壤颗粒物	$$PISER_{ca} = \frac{PM_{10} \times DAIR_c \times ED_c \times PIAF \times (fspo \times EFO_c + fspi \times EFI_c)}{BW_c \times AT_{ca}} \times 10^{-6}$$ $$+ \frac{PM_{10} \times DAIR_a \times ED_a \times PIAF \times (fspo \times EFO_a + fspi \times EFI_a)}{BW_a \times AT_{ca}} \times 10^{-6}$$	PISER_ca —— 吸入土壤颗粒物的土壤暴露量,kg 土壤/(kg 体重·d); PM_10 —— 空气中可吸入悬浮颗粒物含量,mg/d; DAIR_a —— 成人每日空气呼吸量,m³/d; DAIR_c —— 儿童每日空气呼吸量,m³/d; PIAF —— 吸入土壤颗粒物在体内滞留比例; fspo —— 室外空气中来自土壤的颗粒物所占比例; fspi —— 室内空气中来自土壤的颗粒物所占比例; EFI_a —— 成人的室内暴露频率,d/a; EFI_c —— 儿童的室内暴露频率,d/a; EFO_a —— 成人的室外暴露频率,d/a; EFO_c —— 儿童的室外暴露频率,d/a

暴露途径	致癌效应暴露量	说明
吸入室外空气中来自表层土壤的气态污染物	$IOVER_{ca1} = VF_{suroa} \times \left(\dfrac{DAIR_c \times EFO_c \times ED_c}{BW_c \times AT_{ca}} + \dfrac{DAIR_a \times EFO_a \times ED_a}{BW_a \times AT_{ca}} \right)$	$IOVER_{ca1}$——吸入室外空气中来自表层土壤的气态污染物对应的土壤暴露量（致癌效应），kg 土壤/(kg 体重·d)； VF_{suroa}——表层土壤中污染物扩散进入室外空气的挥发因子，kg/m^3，根据 HJ 25.3—2019 附录 F 公式(F.17)计算
吸入室外空气中来自下层土壤的气态污染物	$IOVER_{ca2} = VF_{suboa} \times \left(\dfrac{DAIR_c \times EFO_c \times ED_c}{BW_c \times AT_{ca}} + \dfrac{DAIR_a \times EFO_a \times ED_a}{BW_a \times AT_{ca}} \right)$	$IOVER_{ca2}$——吸入室外空气中来自下层土壤的气态污染物对应的土壤暴露量（致癌效应），kg 土壤/(kg 体重·d)； VF_{suboa}——下层土壤中污染物扩散进入室外空气的挥发因子，kg/m^3，根据 HJ 25.3—2019 附录 F 公式(F.20)计算
吸入室外空气中来自地下水的气态污染物	$IOVER_{ca3} = VF_{gwoa} \times \left(\dfrac{DAIR_c \times EFO_c \times ED_c}{BW_c \times AT_{ca}} + \dfrac{DAIR_a \times EFO_a \times ED_a}{BW_a \times AT_{ca}} \right)$	$IOVER_{ca3}$——吸入室外空气中来自地下水的气态污染物对应的地下水暴露量（致癌效应），L 地下水/(kg 体重·d)； VF_{gwoa}——地下水中污染物扩散进入室外空气的挥发因子，L/m^3，根据 HJ 25.3—2019 附录 F 公式(F.21)计算
吸入室内空气中来自下层土壤的气态污染物	$IIVER_{ca1} = VF_{subia} \times \left(\dfrac{DAIR_c \times EFO_c \times ED_c}{BW_c \times AT_{ca}} + \dfrac{DAIR_a \times EFO_a \times ED_a}{BW_a \times AT_{ca}} \right)$	$IIVER_{ca1}$——吸入室内空气中来自下层土壤的气态污染物对应的土壤暴露量（致癌效应），kg 土壤/(kg 体重·d)； VF_{subia}——下层土壤中污染物扩散进入室内空气的挥发因子，kg/m^3，根据 HJ 25.3—2019 附录 F 公式(F.26)计算
吸入室内空气中来自地下水的气态污染物	$IIVER_{ca2} = VF_{gwia} \times \left(\dfrac{DAIR_c \times EFI_c \times ED_c}{BW_c \times AT_{ca}} + \dfrac{DAIR_a \times EFI_a \times ED_a}{BW_a \times AT_{ca}} \right)$	$IIVER_{ca2}$——吸入室内空气中来自地下水的气态污染物对应的地下水暴露量（致癌效应），L 地下水/(kg 体重·d)； VF_{gwia}——地下水中污染物扩散进入室内空气的挥发因子，L/m^3，根据 HJ 25.3—2019 附录 F 公式(F.29)计算
饮用地下水	$CGWER_{ca} = \left(\dfrac{GWCR_c \times EF_c \times ED_c}{BW_c \times AT_{ca}} + \dfrac{GWCR_a \times EF_a \times ED_a}{BW_a \times AT_{ca}} \right)$	$CGWER_{ca}$——饮用受影响地下水对应的地下水暴露量（致癌效应），L 地下水/(kg 体重·d)； $GWCR_c$——儿童每日饮水量，L 地下水/d，推荐值见 HJ 25.3—2019 附录 G 表 G.1； $GWCR_a$——成人每日饮水量，L 地下水/d，推荐值见 HJ 25.3—2019 附录 G 表 G.1

资料来源：《建设用地土壤污染风险评估技术导则》（HJ 25.3—2019）。

注：$OSIR_c$、$OSIR_a$、ED_c、ED_a、EF_c、EF_a、BW_c、BW_a、ABS_o、AT_{ca}、$SSAR_c$、$SSAR_a$、E_v、H_c、H_a、SER_c、SER_a、PM_{10}、$DAIR_a$、$DAIR_c$、$PIAF$、$fspi$、$fspo$、EFI_c、EFI_a、EFO_a、EFO_c 推荐值见 HJ 25.3—2019 附录 G 中表 G.1；ABS_d 取值见 HJ 25.3—2019 附录 B 中表 B.1。

表 5-10　单一污染物不同暴露途径非致癌效应暴露量计算公式

暴露途径	非致癌效应暴露量	说明
经口摄入土壤	$OISER_{nc} = \dfrac{OSIR_c \times ED_c \times EF_c \times ABS_o}{BW_c \times AT_{nc}} \times 10^{-6}$	$OISER_{nc}$——经口摄入土壤暴露量，kg 土壤/(kg 体重·d)； AT_{nc}——非致癌效应平均时间，d
皮肤接触土壤	$DCSER_{nc} = \dfrac{SAE_c \times SSAR_c \times EF_c \times ED_c \times E_v \times ABS_d}{BW_c \times AT_{nc}} \times 10^{-6}$	$DCSER_{nc}$——皮肤接触的土壤暴露量，kg 土壤/(kg 体重·d)
吸入土壤颗粒物	$PISER_{nc} = \dfrac{PM_{10} \times DAIR_c \times ED_c \times PIAF \times (fspo \times EFO_c + fspi \times EFI_c)}{BW_c \times AT_{nc}} \times 10^{-6}$	$PISER_{nc}$——吸入土壤颗粒物的土壤暴露量，kg 土壤·kg/(kg 体重·d)
吸入室外空气中来自表层土壤的气态污染物	$IOVER_{nc1} = VF_{suroa} \times \dfrac{DAIR_a \times EFO_a \times ED_a}{BW_a \times AT_{nc}}$	$IOVER_{nc1}$——吸入室外空气中来自表层土壤的气态污染物对应的土壤暴露量，kg 土壤/(kg 体重·d)
吸入室外空气中来自下层土壤的气态污染物	$IOVER_{nc2} = VF_{suroa} \times \dfrac{DAIR_a \times EFO_a \times ED_a}{BW_a \times AT_{nc}}$	$IOVER_{nc2}$——吸入室外空气中来自下层土壤的气态污染物对应的土壤暴露量，kg 土壤/(kg 体重·d)
吸入室外空气中来自地下水的气态污染物	$IOVER_{nc3} = VF_{gwoa} \times \dfrac{DAIR_a \times EFO_a \times ED_a}{BW_a \times AT_{nc}}$	$IOVER_{nc3}$——吸入室外空气中来自地下水的气态污染物对应的地下水暴露量，L 地下水/(kg 体重·d)
吸入室内空气中来自下层土壤的气态污染物	$IIVER_{nc1} = VF_{subia} \times \dfrac{DAIR_a \times EFI_a \times ED_a}{BW_a \times AT_{nc}}$	$IIVER_{nc1}$——吸入室内空气中来自下层土壤的气态污染物对应的土壤暴露量，kg 土壤/(kg 体重·d)
吸入室内空气中来自地下水的气态污染物	$IIVER_{nc2} = VF_{gwia} \times \dfrac{DAIR_a \times EFI_a \times ED_a}{BW_a \times AT_{nc}}$	$IIVER_{nc2}$——吸入室内空气中来自地下水的气态污染物对应的地下水暴露量，L 地下水/(kg 体重·d)
饮用地下水	$CGWER_{nc} = \dfrac{GWCR \times EF_a \times ED_a}{BW_a \times AT_{nc}}$	$CGWER_{nc}$——饮用受影响的地下水对应的地下水暴露量，L 地下水/(kg 体重·d)

资料来源：《建设用地土壤污染风险评估技术导则》（HJ 25.3—2019）。

注：AT_{nc} 推荐值见 HJ 25.3—2019 附录 G 中表 G.1。

来评估污染物的非致癌危害效应。非敏感用地利用方式下，考虑到成人暴露期长、暴露频率高，一般可按照成人期的暴露来评估污染物的致癌效应与非致癌效应。对于其他暴露情景（上述未提及的 GB 50137—2011 中规定的城市建设用地），应针对特定场地，分析人群暴露的可能性、暴露频率和暴露周期等，参照敏感用地与非敏感用地利用方式进行风险评估或构建适合特定场地的暴露情景进行风险评估。

（2）确定暴露途径：依据《建设用地土壤污染风险评估技术导则》（HJ 25.3—2019）的规定，第一类用地和第二类用地包括九种主要的暴露途径和暴露评估模型，其中六种土壤污染物暴露途径为经口摄入土壤、皮肤接触土壤、吸入土壤颗粒物、吸入室外空气中来自表层土壤的气态污染物、吸入室外空气中来自下层土壤的气态污染物、吸入室内空气中来自下层土壤的气态污染物；三种地下水暴露途径为吸入室外空气中来自地下水的气态污染物、吸入室内空气中来自地下水的气态污染物、饮用地下水等。

（3）计算暴露量：单一污染物不同暴露途径致癌效应与非致癌效应暴露量计算公式详见表 5-9、表 5-10。

3. 土壤污染毒性评估

土壤污染毒性评估包括污染物毒性效应分析与污染物相关参数确定两部分。

（1）污染物毒性效应分析：分析污染物经不同暴露途径对人体健康产生的危害效应，包括致癌效应、非致癌效应、污染物对人体健康的危害机理和剂量-效应关系等。

（2）污染物相关参数确定：包括致癌效应毒性参数、非致癌效应毒性参数、污染物的理化性质参数以及污染物的其他相关参数等的确定。

致癌效应毒性参数与非致癌效应毒性参数的确定首先依据国际癌症研究机构（IARC）的致癌性分类，然后参考美国环保局（EPA）的致癌性分类，查询 IARC 和 IRIS 数据库，确定关注污染物的致癌毒性因子（致癌斜率）和非致癌因子（参考剂量），计算公式详见表 5-11 及表 5-12。如果某些污染物在上述毒性数据库中没有相关毒性因子，除不同吸收途径间的暴露剂量或致毒效应差异较大外，可通过吸收途径外推的方法得到。污染物的理化性质参数包括无量纲亨利常数（H）、空气中扩散系数（D_a）、水中扩散系数（D_w）、土壤-有机质分配系数（K_{oc}）、水中溶解度（S）等。污染物其他相关参数包括消化道吸收因子（ABS_{gi}）、皮肤吸收因子（ABS_d）和经口摄入吸收因子（ABS_o）。

表 5-11　不同暴露途径关注污染物的致癌毒性因子（致癌斜率）计算公式

暴露途径	致癌毒性因子	说明
呼吸吸入	$SF_i = \dfrac{IUR \times BW_a}{DAIR_a}$	SF_i——呼吸吸入致癌斜率因子，mg 污染物/（kg 体重·d）； IUR——呼吸吸入单位致癌因子，m^3/mg
皮肤接触	$SF_d = \dfrac{SF_o}{ABS_{gi}}$	SF_d——皮肤接触致癌斜率因子，mg 污染物/（kg 体重·d）； SF_o——经口摄入致癌斜率因子，mg 污染物/（kg 体重·d）； ABS_{gi}——消化道吸收因子

资料来源：《建设用地土壤污染风险评估技术导则》（HJ 25.3—2019）。

表 5-12　不同暴露途径关注污染物的非致癌因子（参考剂量）计算公式

暴露途径	参考剂量外推模型公式	说明
呼吸吸入	$RfD_i = \dfrac{RfC \times DAIR_a}{BW_a}$	RfD_i——呼吸吸入参考剂量，mg 污染物/（kg 体重·d）； RfC——呼吸吸入参考浓度，mg/m^3
皮肤接触	$RfD_d = RfD_o \times ABS_{gi}$	RfD_d——皮肤接触参考剂量，mg 污染物/（kg 体重·d）； RfD_o——经口摄入参考剂量，mg 污染物/（kg 体重·d）

资料来源：《建设用地土壤污染风险评估技术导则》（HJ 25.3—2019）。

4. 土壤污染风险表征

土壤污染风险表征包括致癌风险与非致癌风险。一般，为考虑人体健康，单一污染物的致癌风险值超过 10^{-6} 或危害商值超过 1 的采样点所在的场地区域应视为风险不可接受的污染区域。

> **【致癌风险】**
> 是指暴露于某种致癌性物质而导致人一生中超过正常水平的癌症发病率，一般用风险值 CR 表示。
>
> **【非致癌风险】**
> 是指由于暴露造成的长期日摄入剂量与参考剂量的比值，一般用危害商 HQ 表示。

土壤污染风险表征分为土壤和地下水两种，各种暴露途径致癌风险值和危害商的计算详见表 5-13、表 5-14。

土壤中单一污染物经所有暴露途径的总致癌风险为六种暴露风险的加和，即

$$CR_n = CR_{ois} + CR_{dcs} + CR_{pis} + CR_{iov1} + CR_{iov2} + CR_{iiv1} \tag{5-4}$$

式中　CR_n——土壤中单一污染物（第 n 种）经所有暴露途径的总致癌风险。

地下水中单一污染物经所有暴露途径的总致癌风险为三种暴露途径风险的加和，即

$$CR_n = CR_{iov3} + CR_{iiv2} + CR_{cgw} \tag{5-5}$$

式中　CR_n——地下水中单一污染物（第 n 种）经所有暴露途径的总致癌风险。

土壤中单一污染物经所有暴露途径的危害指数为六种暴露途径危害商的加和，即

$$HI_n = HQ_{ois} + HQ_{dcs} + HQ_{pis} + HQ_{iov1} + HQ_{iov2} + HQ_{iiv1} \tag{5-6}$$

式中　HI_n——土壤中单一污染物（第 n 种）经所有暴露途径的危害指数。

地下水中单一污染物经所有暴露途径的危害指数为三种暴露途径危害商的加和，即

$$HI_n = HQ_{ivo3} + HQ_{iiv2} + HQ_{cgw} \tag{5-7}$$

式中　HI_n——地下水中单一污染物（第 n 种）经所有暴露途径的危害指数。

5. 污染风险控制值确定

（1）污染风险控制值标准

计算基于致癌效应的土壤和地下水风险控制值时，采用的单一污染物可接受致癌风险值为 10^{-6}；计算基于非致癌效应的土壤和地下水风险控制值时，采用的单一污染物可接受危害商为 1。

（2）污染风险控制值计算

① 基于致癌效应的土壤风险控制值

对于单一污染物，基于致癌效应的土壤风险控制值计算公式详见表 5-15。

表 5-13　土壤中各种暴露途径单一污染物的致癌风险值计算公式

类型	暴露途径	致癌风险值计算公式	说明
土壤	经口摄入土壤	$CR_{ois} = OISER_{ca} \times C_{sur} \times SF_o$	CR_{ois}——经口摄入土壤途径的致癌风险； C_{sur}——表层土壤中污染物浓度，mg/kg，必须根据场地调查获得数值
	皮肤接触土壤	$CR_{dcs} = DCSER_{ca} \times C_{sur} \times SF_d$	CR_{dcs}——皮肤接触土壤途径的致癌风险
	吸入土壤颗粒物	$CR_{pis} = PISER_{ca} \times C_{sur} \times SF_i$	CR_{pis}——吸入土壤颗粒物途径的致癌风险
	吸入室外空气中来自表层土壤的气态污染物	$CR_{iov1} = IOVER_{ca1} \times C_{sur} \times SF_i$	CR_{iov1}——吸入室外空气中来自表层土壤的气态污染物途径的致癌风险
	吸入室外空气中来自下层土壤的气态污染物	$CR_{iov2} = IOVER_{ca2} \times C_{sub} \times SF_i$	CR_{iov2}——吸入室外空气中来自下层土壤的气态污染物途径的致癌风险； C_{sub}——下层土壤中污染物浓度，mg/kg，必须根据场地调查获得数值
	吸入室内空气中来自下层土壤的气态污染物	$CR_{iiv1} = IIVER_{ca1} \times C_{sub} \times SF_i$	CR_{iiv1}——吸入室内空气中来自下层土壤的气态污染物途径的致癌风险
地下水	吸入室外空气中来自地下水的气态污染物	$CR_{iov3} = IOVER_{ca3} \times C_{gw} \times SF_i$	CR_{iov3}——吸入室外空气中来自地下水的气态污染物途径的致癌风险； C_{gw}——地下水中污染物浓度，mg/L，必须根据场地调查获得数值
	吸入室内空气中来自地下水的气态污染物	$CR_{iiv2} = IIVER_{ca2} \times C_{gw} \times SF_i$	CR_{iiv2}——吸入室内空气中来自地下水的气态污染物途径的致癌风险
	饮用地下水	$CR_{cgw} = CGWER_{ca} \times C_{gw} \times SF_o$	CR_{cgw}——饮用地下水途径的致癌风险

资料来源：《建设用地土壤污染风险评估技术导则》（HJ 25.3—2019）。

表5-14 各种暴露途径关注污染物的单一污染物危害商计算公式

类型	暴露途径	危害商计算公式	说明
土壤	经口摄入土壤	$HQ_{ois} = \dfrac{OISER_{nc} \times C_{sur}}{RfD_o \times SAF}$	HQ_{ois}——经口摄入土壤途径的危害商； SAF——暴露于土壤的参考剂量分配系数
	皮肤接触土壤	$HQ_{dcs} = \dfrac{DCSER_{nc} \times C_{sur}}{RfD_d \times SAF}$	HQ_{dcs}——皮肤接触土壤途径的危害商
	吸入土壤颗粒物	$HQ_{pis} = \dfrac{PISER_{nc} \times C_{sur}}{RfD_i \times SAF}$	HQ_{pis}——吸入土壤颗粒物途径的危害商
	吸入室外空气中来自表层土壤的气态污染物	$HQ_{iov1} = \dfrac{IOVER_{nc1} \times C_{sur}}{RfD_i \times SAF}$	HQ_{iov1}——吸入室外空气中来自表层土壤的气态污染物途径危害商
	吸入室外空气中来自下层土壤的气态污染物	$HQ_{iov2} = \dfrac{IOVER_{nc2} \times C_{sub}}{RfD_i \times SAF}$	HQ_{iov2}——吸入室外空气中来自下层土壤的气态污染物途径的危害商
	吸入室内空气中来自下层土壤的气态污染物	$HQ_{iiv1} = \dfrac{IIVER_{nc1} \times C_{sub}}{RfD_i \times SAF}$	HQ_{iiv1}——吸入室内空气中来自下层土壤的气态污染物途径的危害商
地下水	吸入室外空气中来自地下水的气态污染物	$HQ_{iov3} = \dfrac{IOVER_{nc3} \times C_{gw}}{RfR_i \times SAF}$	HQ_{iov3}——吸入室外空气中来自地下水的气态污染物途径的危害商
	吸入室内空气中来自地下水的气态污染物	$HQ_{iiv2} = \dfrac{IIVER_{nc2} \times C_{gw}}{RfR_i \times SAF}$	HQ_{iiv2}——吸入室内空气中来自地下水的气态污染物途径的危害商
	饮用地下水	$HQ_{cgw} = \dfrac{CGWER_{nc} \times C_{gw}}{RfR_i \times SAF}$	HQ_{cgw}——饮用地下水途径的危害商

资料来源：《建设用地土壤污染风险评估技术导则》(HJ 25.3—2019)。

单一污染物基于六种暴露途径致癌效应的土壤风险控制值的计算如下：

$$RCVS_n = \frac{ACR}{OISER_{ca} \times SF_o + DCSER_{ca} \times SF_d + (PISER_{ca} + IOVER_{ca1} + IOVER_{ca2} + IIVER_{ca1}) \times SF_i}$$

$$(5-8)$$

式中 $RCVS_n$——单一污染物（第 n 种）基于六种暴露途径致癌效应的土壤风险控制值，mg/kg。

② 基于非致癌效应的土壤风险控制值

对于单一污染物，基于非致癌效应的土壤风险控制值计算公式详见表 5-16。

表 5-15 基于致癌效应的土壤风险控制值计算公式

暴露途径	计算公式	说明
经口摄入土壤	$RCVS_{ois} = \dfrac{ACR}{OISER_{ca} \times SF_o}$	$RCVS_{ois}$——基于经口摄入途径致癌效应的土壤风险控制值，mg/kg； ACR——可接受致癌风险，取值为 10^{-6}； $OISER_{ca}$——经口摄入土壤暴露量（致癌效应），kg 土壤/(kg 体重·d)； SF_o——经口摄入致癌斜率因子，mg 污染物/(kg 体重·d)
皮肤接触土壤	$RCVS_{dcs} = \dfrac{ACR}{DCSER_{ca} \times SF_d}$	$RCVS_{dcs}$——基于皮肤接触途径致癌效应的土壤风险控制值，mg/kg； $DCSER_{ca}$——皮肤接触途径的土壤暴露量（致癌效应），kg 土壤/(kg 体重·d)； SF_d——皮肤接触致癌斜率因子，mg 污染物/(kg 体重·d)
吸入土壤颗粒物	$RCVS_{pis} = \dfrac{ACR}{PISER_{ca} \times SF_i}$	$RCVS_{pis}$——基于吸入土壤颗粒物途径致癌效应的土壤风险控制值，mg/kg； $PISER_{ca}$——吸入土壤颗粒物途径的土壤暴露量（致癌效应），kg 土壤/(kg 体重·d)； SF_i——吸入土壤颗粒物致癌斜率因子，mg 污染物/(kg 体重·d)
吸入室外空气中来自表层土壤的气态污染物	$RCVS_{iov1} = \dfrac{ACR}{IOVER_{ca1} \times SF_i}$	$RCVS_{iov1}$——基于吸入室外空气中来自表层土壤的气态污染物途径致癌效应的土壤风险控制值，mg/kg； $IOVER_{ca1}$——吸入室外空气中来自表层土壤的气态污染物途径的土壤暴露量（致癌效应），kg 土壤/(kg 体重·d)
吸入室外空气中来自下层土壤的气态污染物	$RCVS_{iov2} = \dfrac{ACR}{IOVER_{ca2} \times SF_i}$	$RCVS_{iov2}$——基于吸入室外空气中来自下层土壤的气态污染物途径致癌效应的土壤风险控制值，mg/kg； $IOVER_{ca2}$——吸入室外空气中来自下层土壤的气态污染物途径的土壤暴露量（致癌效应），kg 土壤/(kg 体重·d)
吸入室内空气中来自下层土壤的气态污染物	$RCVS_{iiv} = \dfrac{ACR}{IIVER_{ca1} \times SF_i}$	$RCVS_{iiv}$——基于吸入室内空气中来自下层土壤的气态污染物途径致癌效应的土壤风险控制值，mg/kg； $IIVER_{ca1}$——吸入室内空气中来自下层土壤的气态污染物途径的土壤暴露量（致癌效应），kg 土壤/(kg 体重·d)

资料来源：《建设用地土壤污染风险评估技术导则》（HJ 25.3—2019）。

表 5-16　基于非致癌效应的土壤风险控制值计算公式

暴露途径	非致癌效应风险控制值	说明
经口摄入土壤	$HCVS_{ois}=\dfrac{RfD_o\times SAF\times AHQ}{OISER_{nc}}$	$HCVS_{ois}$——基于经口摄入途径非致癌效应的土壤风险控制值，mg/kg； RfD_o——经口摄入参考剂量，mg 污染物/(kg 体重·d)； SAF——暴露于土壤的参考剂量分配系数； AHQ——可接受危害商，取值为 1； $OISER_{nc}$——经口摄入土壤暴露量（非致癌效应），kg 土壤/(kg 体重·d)
皮肤接触土壤	$HCVS_{dcs}=\dfrac{RfD_d\times SAF\times AHQ}{DCSER_{nc}}$	$HCVS_{dcs}$——基于皮肤接触途径非致癌效应的土壤风险控制值，mg/kg； RfD_d——皮肤接触参考剂量，mg 污染物/(kg 体重·d)； $DCSER_{nc}$——皮肤接触的土壤暴露量（非致癌效应），kg 土壤/(kg 体重·d)
吸入土壤颗粒物	$HCVS_{pis}=\dfrac{RfD_i\times SAF\times AHQ}{PISER_{nc}}$	$HCVS_{pis}$——基于吸入土壤颗粒物途径非致癌效应的土壤风险控制值，mg/kg； RfD_i——吸入土壤颗粒物参考剂量，mg 污染物/(kg 体重·d)； $PISER_{nc}$——吸入土壤颗粒物的土壤暴露量（非致癌效应），kg 土壤/(kg 体重·d)
吸入室外空气中来自表层土壤的气态污染物	$HCVS_{iov1}=\dfrac{RfD_i\times SAF\times AHQ}{IOVER_{nc1}}$	$HCVS_{iov1}$——基于吸入室外空气中来自表层土壤的气态污染物途径非致癌效应的土壤风险控制值，mg/kg； $IOVER_{nc1}$——吸入室外空气中来自下层土壤的气态污染物的土壤暴露量（非致癌效应），kg 土壤/(kg 体重·d)
吸入室外空气中来自下层土壤的气态污染物	$HCVS_{iov2}=\dfrac{RfD_i\times SAF\times AHQ}{IOVER_{nc2}}$	$HCVS_{iov2}$——基于吸入室外空气中来自下层土壤的气态污染物途径非致癌效应的土壤风险控制值，mg/kg； $IOVER_{nc2}$——吸入室外空气中来自下层土壤的气态污染物的土壤暴露量（非致癌效应），kg 土壤/(kg 体重·d)
吸入室内空气中来自下层土壤的气态污染物	$HCVS_{iiv}=\dfrac{RfD_i\times SAF\times AHQ}{IIVER_{nc1}}$	$HCVS_{iiv}$——基于吸入室内空气中来自下层土壤的气态污染物途径非致癌效应的土壤风险控制值，mg/kg； $IIVER_{nc1}$——吸入室内空气中来自下层土壤的气态污染物的土壤暴露量（非致癌效应），kg 土壤/(kg 体重·d)

资料来源：《建设用地土壤污染风险评估技术导则》(HJ 25.3—2019)。

对于单一污染物，基于六种暴露途径的综合非致癌效应的土壤风险控制值计算如下：

$$HCVS_n=\dfrac{AHQ\times SAF}{\dfrac{OISER_{nc}}{RfD_o}+\dfrac{DCSER_{nc}}{RfD_d}+\dfrac{PISER_{nc}+IOVER_{nc1}+IOVER_{nc2}+IIVER_{nc1}}{RfD_i}} \qquad(5\text{-}9)$$

式中　$HCVS_n$——单一污染物（第 n 种）基于六种暴露途径非致癌效应的土壤风险控制值，mg/kg。

③ 保护地下水的土壤风险控制值

$$CVS_{pgw}=\dfrac{MCL_{gw}}{LF_{sgw}} \qquad(5\text{-}10)$$

式中　CVS_{pgw}——保护地下水的土壤风险控制值，mg/kg；

MCL_{gw}——地下水中污染物的最高浓度限值，mg/L，取值参照 GB/T 14848—2017；

LF_{sgw}——土壤中污染物进入地下水的淋溶因子，kg/L。

④ 基于致癌效应的地下水风险控制值

对于单一污染物，基于致癌效应的地下水风险控制值计算详见表 5-17。

对于单一污染物，基于三种地下水暴露途径的综合致癌效应的地下水风险控制值计算如下：

$$RCVG_n = \frac{ACR}{(IOVER_{ca3} + IIVER_{ca2}) \times SF_i + CGWER_{ca} \times SF_o} \tag{5-11}$$

式中 $RCVG_n$——单一污染物（第 n 种）基于三种地下水暴露途径的综合致癌效应的地下水风险控制值，mg/L。

⑤ 基于非致癌效应的地下水风险控制值

对于单一污染物，基于非致癌效应的地下水风险控制值计算详见表 5-18。

对于单一污染物，基于上述三种暴露途径的综合非致癌效应的地下水风险控制值计算如下：

$$HCVG_n = \frac{AHQ \times WAF}{\dfrac{IOVER_{nc3} + IIVER_{nc2}}{RfD_i} + \dfrac{CGWER_{nc}}{RfD_o}} \tag{5-12}$$

式中 $HCVG_n$——单一污染物（第 n 种）基于三种地下水暴露途径的综合非致癌效应的地下水风险控制值，mg/L。

表 5-17 基于致癌效应的地下水风险控制值计算公式

暴露途径	致癌效应地下水控制值	说明
吸入室外空气中来自地下水的气态污染物	$RCVG_{iov} = \dfrac{ACR}{IOVER_{ca3} \times SF_i}$	$RCVG_{iov}$——基于吸入室外空气中来自地下水的气态污染物途径致癌效应的地下水风险控制值，mg/L； $IOVER_{ca3}$——吸入室外空气中来自地下水的气态污染物途径的地下水暴露量（致癌效应），L 地下水/(kg 体重·d)
吸入室内空气中来自地下水的气态污染物	$RCVG_{iiv} = \dfrac{ACR}{IIVER_{ca2} \times SF_i}$	$RCVG_{iiv}$——基于吸入室内空气中来自地下水的气态污染物途径致癌效应的地下水风险控制值，mg/L； $IIVER_{ca2}$——吸入室内空气中来自地下水的气态污染物途径的地下水暴露量（致癌效应），L 地下水/(kg 体重·d)
饮用地下水	$RCVG_{cgw} = \dfrac{ACR}{CGWER_{ca} \times SF_o}$	$RCVG_{cgw}$——基于饮用地下水途径致癌效应的地下水风险控制值，mg/L； $CGWER_{ca}$——饮用地下水途径的土壤暴露量（致癌效应），L 地下水/(kg 体重·d)

资料来源：《建设用地土壤污染风险评估技术导则》（HJ 25.3—2019）。

表 5-18 基于非致癌效应的地下水风险控制值计算公式

暴露途径	计算公式	说明
吸入室外空气中来自地下水的气态污染物	$HCVG_{iov} = \dfrac{RfD_i \times WAF \times AHQ}{IOVER_{nc3}}$	$HCVG_{iov}$——基于吸入室外空气中来自地下水的气态污染物途径非致癌效应的地下水风险控制值，mg/L； WAF——暴露于地下水的参考剂量分配比例； $IOVER_{nc3}$——吸入室外空气中来自地下水的气态污染物途径的地下水暴露量（非致癌效应），L 地下水/(kg 体重·d)

暴露途径	计算公式	说明
吸入室内空气中来自地下水的气态污染物	$HCVG_{iiv}=\dfrac{RfD_i \times WAF \times AHQ}{IIVER_{nc2}}$	$HCVG_{iiv}$——基于吸入室内空气中来自地下水的气态污染物途径非致癌效应的地下水风险控制值,mg/L; $IIVER_{nc2}$——吸入室内空气中来自地下水的气态污染物途径的地下水暴露量(非致癌效应),L地下水/(kg体重·d)
饮用地下水	$HCVG_{cgw}=\dfrac{RfD_o \times WAF \times AHQ}{CGWER_{nc}}$	$HCVG_{cgw}$——基于饮用地下水途径非致癌效应的地下水风险控制值,mg/L; $CGWER_{nc}$——饮用地下水途径的地下水暴露量(非致癌效应),L地下水/(kg体重·d)

资料来源:《建设用地土壤污染风险评估技术导则》(HJ 25.3—2019)。

（3）污染风险控制值确定

污染风险控制值的确定，应选择以下控制值的较小值：基于致癌效应的土壤风险控制值、基于非致癌效应的土壤风险控制值、基于致癌效应的地下水风险控制值和基于非致癌效应的地下水风险控制值。如果场地及周边地区以地下水作为饮用水水源，应充分考虑地下水保护，提出保护地下水的土壤风险控制值。

第三节　土壤污染风险管控措施

一、农用地土壤污染风险管控措施

（一）基于分类管理原则

我国针对农用地土壤污染风险管控实施分类管理原则，将农用地分为优先保护类、安全利用类和严格管控类。

1. 优先保护类

对优先保护类土地，要严格环境准入，防范新增污染，确保面积不减少、土壤环境质量不下降。

2. 安全利用类

对农用地土壤污染物浓度高于筛选值的地块，可采取安全利用措施，主要有：农艺调控、替代种植；定期进行土壤和农产品的协同监测和评价；定期开展技术指导和培训，培训对象为农民、农民专业合作社和其他农业生产经营主体。研究表明，"深耕＋施加生石灰＋施加土壤修复剂＋换种"的安全利用组合措施能够有效降低土壤重金属的风险。

针对安全利用类耕地，某地积极探索，开展了"十、百、千"的试验模式。首先开展十来亩的小试，筛选适应性较强的当地主推的低镉水稻品种、调理剂等，并将该项试验扩大到百来亩的中试规模，通过示范验证并优化参数，确定大范围可使用的具体操作流程及优化组合技术方案，最后推广到上千亩的耕地试验中，受污染的农用地安全利用率达到了90%以上。某市开展土壤污染综合防治先行区建设，结合当地产业发展，对受污染耕地探索发展食用菌项目，实现了农用地安全利用。

3. 严格管控类

对农用地土壤污染物浓度高于管制值的地块，应采取严格管控措施，包括：划定特定农产品禁止生产区域，防止污染物通过农产品向人体富集；定期进行土壤和农产品的协同监测和评价；定期组织技术指导和培训，培训对象为农民、农民专业合作社和其他农业生产经营主体；调整种植结构、退耕还湿、退耕还林还草、轮牧休牧、轮作休耕等。

某地结合当地种桑养蚕产业的发展，调整种植结构，将600余亩重污染耕地改种桑树。"种桑养蚕"模式的发展，确保了农产品的安全，同时融合产业发展、促进增收。

（二）基于污染风险三要素原则

1. 源头控制

农用地常见的污染物主要通过化肥施用、有机肥使用以及灌溉水等方式进入。对土壤污染进行风险管控，可从源头上介入。

（1）化肥施用管控。化肥中除了含有氮磷钾等作物生长必需的元素外，还含有很多重金属元素，长期施用重金属含量过高的化肥，会提高土壤中重金属的含量，造成土壤中重金属累积，影响农产品品质，进而影响人体健康。针对化肥中重金属含量问题，我国已制定了一些限量标准，如《肥料中砷、镉、铬、铅、汞含量的测定》（GB/T 23349—2020）等。在化肥生产过程中，应严格执行上述标准，并加大监督力度；定期监测化肥、土壤、农产品中重金属含量；开展进一步调查和研究，科学评价长期施用化肥对农产品品质的影响。

（2）有机肥管控。有机肥能够为作物提供全面营养，提高作物产量，改善土壤理化性质和生物活性。有机肥中含有重金属元素，如果长期大量使用有机肥，势必会造成土壤-植物系统中重金属元素的累积和超标，影响土壤质量和农产品品质。我国目前已制定了一些针对有机肥的限量指标，如《有机肥料》（NY/T 525—2021），但是畜禽粪便或肥料产品中重金属含量的标准尚欠缺。畜禽粪便是有机肥的重要组成部分，饲料添加剂中重金属超标会造成畜禽粪便重金属累积，进而影响到土壤和农产品。因此，应加强有机肥管控，制定饲料添加剂、畜禽粪便、有机肥料重金属限量标准，规范畜禽养殖场管理。

（3）灌溉水管控。农田灌溉是农产品种植过程中的重要环节，灌溉水质量直接影响到农产品质量。目前，我国已制定了《农田灌溉水质标准》（GB 5084—2021）。为管控农用地土壤污染风险，应加强农田灌溉水水质监测工作，严格水质管理，保证农用地和农产品质量。

（4）总量控制。化肥施用、有机肥使用、灌溉水是农用地土壤污染的可能来源。对于农用地的管控，不仅应关注污染物浓度，而且应该考虑土壤负载容量，关注一定时间段内特定区域土壤所能容纳的污染物总量，实行总量控制。

2. 过程调控

（1）植物调控。植物对土壤重金属具有吸收和累积作用，不同植物或同一植物不同品种对重金属的吸收和累积作用大小不一。通过筛选重金属低累积性植物或品种并在重金属污染较轻的区域进行种植，可降低农产品中的重金属含量。同时，利用植物对重金属吸收的差异，进行合理种植布局。例如，重金属污染严重区域不种植蔬菜和水果，可变更为林地；在重金属污染一般区域，尽量种植瓜果类，不种植根菜或叶菜，减少重金属向农产品富集；可供选择的蔬菜种类较多且各种蔬菜之间对重金属的富集程度不一时，可选择轮作种植，降低农产品中重金属超标的风险；等等。

（2）土壤有效性调控。土壤 pH 值和氧化还原电位 E_h 是影响植物吸收重金属的重要因素。提高土壤 pH 值，可降低重金属阳离子在土壤中的可溶性和生物有效性；E_h 的变化会对氧化铁、有机物、pH 值、硫化物等产生影响，进而影响重金属在土壤中的形态和迁移转化。

二、建设用地土壤污染风险管控措施

土壤污染风险的三要素为污染源、暴露途径、受体。为进行土壤污染风险管控，可从控制源头、减少暴露、保护受体三个角度出发。

（一）污染风险源头控制技术

污染风险源头控制技术通过降低污染物释放能力的水平或消除污染源，达到风险管控效果。常见的源头控制技术包括客土法和固化稳定化技术，后者详见第七章。

> 【客土法】
> 是指向污染土壤中添加洁净土壤，降低土壤中污染物的浓度或减少污染物与植物根系的接触。

（二）污染风险过程控制技术

污染风险过程控制技术通过阻隔暴露途径达到降低暴露风险的目的，减小污染物对人体的危害。常见的过程控制技术有以下几类。

（1）阻隔技术。在污染场地内铺设阻隔层，阻断土壤中污染物的迁移扩散，进而将污染物与周围环境隔离，减少污染物与人体的接触以及污染物随降水、地表径流或地下水的迁移，降低污染物对人体和周围环境的危害。阻隔技术包括水平阻隔和垂直阻隔，具体工艺介绍详见第七章。

（2）改变土地利用类型。如居住区、医院、学校等人群密集接触地块可调整为工业、绿化用地等或进行暂时性封闭，阻隔暴露途径，降低暴露概率，减少土壤污染对人体健康造成的影响。

（3）建设用地准入管理制度。准入办法通常有两种：用地批准角度和规划许可环节。前者如"净土出让"，未经治理修复合格，不得出让；规划许可环节，如未经治理修复合格，不得办理相关规划审批手续。将建设用地土壤环境质量管理要求纳入城市规划、土地开发利用以及供地管理环节中，从建设用地源头，即用地规划审批环节防范人居健康风险。根据调查评估结果，建立污染地块名录及其开发利用的负面清单，合理确定土地用途。

（三）污染风险受体保护技术

污染风险受体保护技术通过降低人体接触污染物的可能性来达到保护受体的目的。常见的污染风险受体保护技术包括限制人员进入污染场地、避免儿童接触污染物等。

第四节　土壤污染风险管控效果评估

一、农用地土壤污染风险管控效果评估

（一）农用地土壤污染风险管控效果评估指标

农用地土壤污染风险管控效果评估指标包括项目组织管理、土壤目标污染物控制、土壤健康状况、农产品质量安全、水环境质量及社会影响。评估程序包括更新地块概念模型、样品采集与分析、风险管控效果评估、提出后期监管意见、编制效果评估报告五个阶段，评估流程如图 5-7 所示。

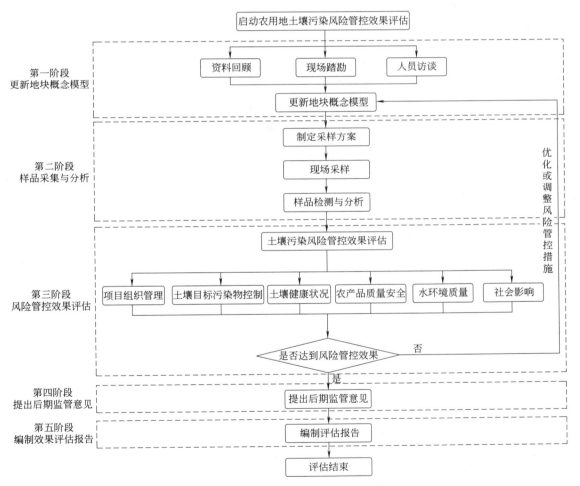

图 5-7　农用地土壤污染风险管控效果评估流程图

表 5-19 农用地土壤污染风险管控效果评估标准

目标层 S	准则层 A	指标层 B	评价指标			
			优	良	合格	不合格
农用地土壤污染风险管控效果	项目组织管理（A1）	实施技术方案（B1）	场地调查完整、客观、科学；技术方案成熟、可行；充分考虑当地经济	场地调查较完整、客观；技术方案较成熟、可行；较充分考虑当地经济	场地调查完整、客观，科学一般；技术方案可行一般；考虑当地经济结合一般	场地调查或技术方案科学性太差；项目实施效果不好；考虑和当地经济结合差
		项目管理水平（B2）	实行环境与工程的第三方监理；政策规定执行好；管理制度的监理、资料、组织与人员的配备、组织与人员的配备到位	实行环境与工程的第三方监理；政策规定执行较好；管理制度的监理、资料、组织与人员的配备较到位	实行环境与工程的第三方监理；政策规定执行一般；管理制度一般，完备程度一般，组织与人员配备一般	不实行环境与工程的第三方监理；政策规定的监理、资料、管理制度完备程度较差，组织与人员的配备较差
		资金使用规范（B3）	项目公开招标；严格执行财务管理制度	项目公开招标；较严格执行财务管理制度	项目公开招标；执行财务管理制度一般	项目没有公开招标或执行财务管理制度较差
		修复成本控制（B4）	<5000 元/亩①	5000~10000 元/亩	10000~20000 元/亩	>20000 元/亩
	土壤目标污染物控制（A2）	二次污染控制（B5）	治理过程造成的二次污染完全得到控制	治理过程造成轻度二次污染	治理过程造成中度二次污染	治理过程造成严重二次污染
		土壤污染物去除率（B6）	>10%	5%~10%	5%~10%	<5%
		土壤污染物有效态含量减少率（B7）	>30%	20%~30%	10%~20%	<10%

目标层 S	准则层 A	指标层 B	评价指标			
			优	良	合格	不合格
农用地土壤污染风险管控效果	土壤健康状况（A3）	农产品产量达到当地正常产量水平（B8）	>90%	80%~90%	70%~80%	<70%
		土壤 pH（B9）	pH 趋中性	pH 趋中性	pH 趋中性	pH 趋酸性或碱性
		土壤有机质含量提高率（B10）	>10%	5%~10%	0~5%	<0
	农产品质量安全（A4）	农产品质量达标率（B11）	>90%	70%~90%	50%~70%	<50%
	水环境质量（A5）	地表环境功能区水质达标率（B12）	100%	90%~<100%	80%~90%	<80%
		地下水达标率（三类水）（B13）	100%	90%~<100%	80%~90%	<80%
	社会影响（A6）	信息公开及公众沟通（B14）	好	较好	一般	差
		农民对项目的满意度（B15）	农民参与程度高，收益为>5000元/亩	农民参与程度较高，收益为3000~5000元/亩	农民参与程度不高，收益为1000~3000元/亩	农民没有参与，无收益

资料来源：王晓飞等．农用地土壤污染治理与修复成效评价方法实践及实证研究［J］．数学的实践与认识，2019，49（5）：207-216.

① 1 亩 = 666.67m²。

（二）农用地土壤污染风险管控效果评估标准

农用地土壤污染风险管控效果评估综合考虑了工程项目、污染物及社会公众三个方面，包含项目组织管理评估、土壤目标污染物控制评估、土壤健康状况评估、农产品质量安全评估、水环境质量评估、社会影响评估六个大类指标。评价分为优、良、合格、不合格四个等级，评估标准详见表5-19。

（三）农用地土壤污染风险管控效果评估方法

农用地土壤污染风险管控效果评估涉及的因素较多，且包含定性及定量指标。为保证评估结果的科学性、合理性和准确性，在利用1-9比率标度法与专家咨询法确定指标权重的基础上，采用层次分析法与模糊综合评价法对风险管控效果进行等级划分。

> 【1-9比率标度法】
> 又称德尔菲咨询法，通常以会议或调查表的方式咨询相关领域专家，专家依据经验、专业知识储备对指标进行主观判断打分，以数字形式表示各指标之间的重要程度。

1. 1-9比率标度法与专家咨询法

在农用地土壤污染风险管控效果评估中，通常使用1-9比率标度法与专家咨询法，构建准则层（A）对目标层（S）的两两重要性比较矩阵，或指标层（B）对准则层（A）的两两重要性比较矩阵。判断矩阵的标度及含义详见表5-20。

表 5-20 判断矩阵的标度及含义

标度（b_{ij}）	含义
1	b_i 与 b_j 同样重要
3	b_i 比 b_j 稍微重要
5	b_i 比 b_j 较为重要
7	b_i 比 b_j 非常重要
9	b_i 比 b_j 极端重要
2,4,6,8	取上述相邻判断的中间值
$\dfrac{1}{b_{ij}}$	b_j 比 b_i 较为重要

2. 层次分析法

层次分析法是将与评价相关的元素分解为目标层、准则层和指标层，并据此进行定性和定量分析。评价步骤如下。

（1）建立指标评价集。以农用地土壤污染风险管控效果评估为目标层，建立包含6个准则层（项目组织管理、土壤目标污染物控制、土壤健康状况、农产品质量安全、水环境质量以及社会影响）的15个指标层的指标评价集（详见表5-21）。评价集 U 可表示为：

$$U = \{B_1, B_2, B_3, \cdots, B_i\} \tag{5-13}$$

式中 B_i——第 i 个指标，$i=1,2,3,\cdots,15$。

（2）确定各指标权重。通过1-9比率标度法与专家咨询法，借助层次分析法确定两两指标相对重要性，进而构建各层次判断矩阵，计算判断矩阵的特征向量 W 并检验判断矩阵一致性，最终确定各指标 B_i 相对于准则层的相对权重 w_{ij} 以及准则层相对于目标层的权重 w_i，同一层级权重应进行归一化处理。各指标权重详见表 5-21。

表 5-21 农用地土壤污染风险管控效果评估各指标权重

目标层	准则层（A）	权重（w_i）	指标层（B）	相对权重（w_{ij}）	组合权重（$\overline{w}_k$）
S 农用地土壤污染风险管控效果评估	A1 项目组织管理	w_1	B1 实施技术方案		
			B2 项目管理水平		
			B3 资金使用规范		
			B4 管控成本控制		
			B5 二次污染控制		
	A2 土壤目标污染物控制	w_2	B6 土壤污染物去除率		
			B7 土壤污染物有效态含量减少率		
	A3 土壤健康状况	w_3	B8 农产品产量达到当地正常产量水平		
			B9 土壤 pH		
			B10 土壤有机质含量提高率		
	A4 农产品质量安全	w_4	B11 农产品质量达标率		
	A5 水环境质量	w_5	B12 地表水环境功能区水质达标率		
			B13 地下水达标率（三类水）		
	A6 社会影响	w_6	B14 信息公开及公众沟通		
			B15 农民对项目的满意度		

资料来源：王晓飞等，农用地土壤污染治理与修复成效评估方法及实证研究［J］.数学的实践与认识，2019，49（5）：207-216。

判断矩阵一致性检验方法为计算一致性指标 CI，计算公式为：

$$CI = \frac{\lambda_{\max} - n}{n - 1}$$ (5-14)

式中　CI——一致性指标；

　　　$\lambda_{\max}$——判断矩阵的最大特征值；

　　　n——指标数。

一致性比率 CR 计算公式为：

$$CR = \frac{CI}{RI}$$ (5-15)

式中　RI——随机一致性指标，可查表获得，详见表 5-22。

当 CR＜0.1 时，判断矩阵不一致程度在允许范围之内，无逻辑错误；当 CR≥0.1 时，需调整判断矩阵，直至满足条件。

表 5-22 随机一致性指标参数值

指标数	1	2	3	4	5	6	7	8	9	10
RI	0	0	0.52	0.89	1.12	1.26	1.36	1.41	1.46	1.49

3. 模糊综合评价法

因素集为 $U = \{B_1, B_2, B_3, \cdots, B_i\}$，代表综合评判的各种因素组成的集合，即对应层次分析法中提到的六个准则层。

评语集为 $V = \{V_1, V_2, V_3, V_4\}$，分为优、良、合格、不合格四个等级。

模糊综合评价法中通常需要建立隶属度，一般采用专家评定法和隶属函数法两种方法。

对于定量指标，即连续型因素，需建立隶属度和指标之间的隶属函数。模糊矩阵 $\boldsymbol{R}$ 可表示为：

$$\boldsymbol{R} = \begin{bmatrix} \boldsymbol{R_1} \\ \boldsymbol{R_2} \\ \boldsymbol{R_3} \\ \boldsymbol{R_4} \\ \boldsymbol{R_5} \\ \boldsymbol{R_6} \end{bmatrix} = \begin{bmatrix} r_{11} & r_{12} & \cdots & r_{1j} \\ r_{21} & r_{22} & \cdots & r_{2j} \\ \vdots & \vdots & & \vdots \\ r_{i1} & r_{i2} & \cdots & r_{ij} \end{bmatrix} \tag{5-16}$$

式中　$\boldsymbol{R_1}$——项目组织管理组成的模糊关系矩阵；

$\boldsymbol{R_2}$——土壤目标污染物控制组成的模糊关系矩阵；

$\boldsymbol{R_3}$——土壤健康状况组成的模糊关系矩阵；

$\boldsymbol{R_4}$——农产品质量安全组成的模糊关系矩阵；

$\boldsymbol{R_5}$——水环境质量组成的模糊关系矩阵；

$\boldsymbol{R_6}$——社会影响状况组成的模糊关系矩阵；

r_{ij}——第 i 层第 j 个指标属于 m 级别（$m = 1, 2, 3, 4$，分别对应风险管控效果评估的优、良、合格和不合格）的隶属度。

r_{ij} 值的大小由以下隶属函数确定。

$$U_{1(x)} = \begin{cases} 1, & (x \leqslant a) \\ \dfrac{b-x}{b-a}, & (a < x \leqslant b) \\ 0, & (x > b) \end{cases}$$

$$U_{2(x)} = \begin{cases} 0, & (x \leqslant a \text{ 或 } x > c) \\ \dfrac{x-a}{b-a}, & (a < x \leqslant b) \\ \dfrac{c-x}{c-b}, & (b < x \leqslant c) \end{cases}$$

$$U_{3(x)} = \begin{cases} 0, & (x \leqslant b \text{ 或 } x > d) \\ \dfrac{x-b}{c-b}, & (b < x \leqslant c) \\ \dfrac{d-x}{d-c}, & (c < x \leqslant d) \end{cases}$$

$$U_{4(x)} = \begin{cases} 0, & (x \leqslant c) \\ \dfrac{x-c}{d-c}, & (c < x \leqslant d) \\ 1, & (x > d) \end{cases} \tag{5-17}$$

式中　a,b,c——各指标的评价等级的边界值；

　　　　x——各指标实测值。

对于定性评价指标，即离散型因素，主要采用专家评定法取值。其中，r_{ij} 为专家打分人数 k 占总人数 n 的比重，$r_{ij}=\dfrac{k}{n}$。

综合隶属度计算公式为：

$$B=WR=(W_1,W_2,W_3,\cdots,W_m)=\begin{pmatrix} r_{11} & r_{12} & \cdots & r_{1n} \\ \vdots & \vdots & \vdots & \vdots \\ r_{m1} & r_{m2} & \cdots & r_{mn} \end{pmatrix} \tag{5-18}$$

评价等级确定：将综合隶属度函数归一化，比较归一化数值的大小，按照最大隶属度函数原则，最大值对应的等级区间即为农用地土壤污染风险管控效果的好坏。

（四）农用地土壤污染风险管控效果评估周期和频次

农用地土壤污染风险管控效果评估应在风险管控措施实施一定阶段后进行，如替代种植的，可待农作物收割后进行，一般分季度进行样品采集与分析，依据评估结果变更土地利用类型，监管土地使用过程。

二、建设用地土壤污染风险管控效果评估

（一）建设用地土壤污染风险管控效果评估指标

建设用地土壤污染风险管控效果评估指标包括工程性能指标、污染物指标和社会公众指标。工程性能指标包括抗压强度、渗透性能、阻隔性能、工程设施连续性与完整性等；污染物指标包括关注污染物浓度、浸出浓度、土壤气、室内空气等；社会公众指标包括社会公众知情度、满意度和参与度指标。必要时可增加地下水水位、地下水流速、地球化学参数等作为风险管控效果的辅助判断依据。

建设用地土壤污染风险管控效果评估工作包括五个阶段：更新地块概念模型、样品采集与分析、风险管控效果评估、提出后期监管意见、编制效果评估报告等。工作程序如图 5-8 所示。

（二）建设用地土壤污染风险管控效果评估标准

土壤污染风险管控效果评估标准包括工程性能指标评估标准、污染物指标评估标准和社会公众指标评估标准。

1. 工程性能指标评估标准

工程性能指标是定性指标，用于描述场地风险管控工程情况，通过赋值法对其进行量化，指示风险管控工程的抗压强度、防渗透性能、阻隔性能、工程设施连续性与完整性等。工程性能指标评估标准及赋值详见表 5-23。

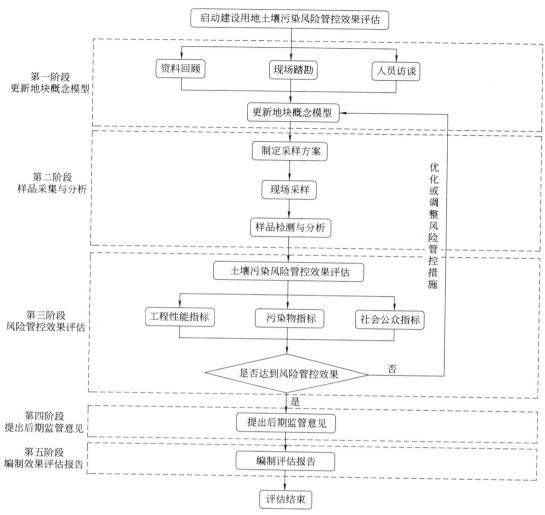

图 5-8　建设用地土壤污染风险管控效果评估流程图

[《建设用地土壤重金属污染风险管控评估标准》（T/CGDF 00001—2021）]

表 5-23　工程性能指标评估标准及赋值表

序号	指标	评估标准			赋值	备注
B1	信息公开	有公示牌	完好	信息详细	10	无
				信息简单	7.5	
			破损	信息详细	5	
				信息简单	2.5	
		无公示牌			0	
B2	场地拦护工程	无坍塌		无裂缝	10	该项是指场地挡渣坝等
				有裂缝	5	
		坍塌			0	

序号	指标	评估标准			赋值	备注
B3	封场工程（覆土）	覆土		未流失	10	无
				有流失	5	
		未覆土			0	
B4	生态修复工程	有覆绿		植物物种数为 1 种	1	指原覆绿工程
				植物物种数为 2~3 种	3	
				植物物种数为 4~5 种	5	
				植物物种数为 6~8 种	7	
				植物物种数大于 8 种	10	
		未覆绿			0	
B5	雨洪管理工程	有截洪沟	无破损	不影响排水	10	指原截洪沟系统
			有破损	不影响排水	5	
				影响排水	2.5	
		无截洪沟			0	
B6	废水收集工程	有收集池		完好	10	指渗滤液收集池、污水处理厂等
				缺损	5	
		无收集池			0	
B7	地下水监测井	有监测井			10	无
		无监测井			0	

资料来源：《建设用地土壤重金属污染风险管控评估标准》（T/CGDF 00001—2021）。

注：工程设施参照 GB 18599—2020 设定，其中公示牌参照 GB 15562.2—1995，监测井建设参照 HJ 25.6—2019。

2. 污染物指标评估标准

土壤污染物包含多种类型，如重金属污染、有机物污染、复合污染等，针对不同污染物类型，采取的风险管控措施不同，相应的风险管控效果评估污染物指标也不同。本书以重金属污染为例，详细描述污染物指标评估标准。

土壤重金属污染物指标为定量指标，又可细分为污染物直接指标和污染物间接指标两种，相应的评估标准也可分为污染物直接指标评估标准和污染物间接指标评估标准。

（1）污染物直接指标评估标准

首先测定场地内水样（包含地表水和地下水）、土样和空气降尘样品的污染物含量，分别计算污染指数，并根据污染指数的分级指标进行评估赋值。污染物直接指标评估标准及赋值详见表 5-24。

表 5-24　污染物直接指标评估标准及赋值表

序号	直接指标	评分标准	赋值
B8	土壤样的污染指数	参考表 5-25 或表 5-26	0~10
B9	地表水样的污染指数	参考表 5-25 或表 5-26	0~10
B10	地下水样的污染指数	参考表 5-25 或表 5-26	0~10
B11	空气降尘样的污染指数	参考表 5-25 或表 5-26	0~10

资料来源：《建设用地土壤重金属污染风险管控评估标准》（T/CGDF 00001—2021）。

注：最终的赋值以各个样品赋值的平均值计。

常用的污染物直接指标有 Rapant 生态风险指数和 Hakanson 综合潜在生态危害指数，实际评估过程中可任选其一。

Rapant 生态风险指数（I_{ER}）为某样品中所有重金属元素生态风险指数值之和。

$$I_{ER} = \sum_{i=1}^{n} I_{ERi} = \sum_{i=1}^{n} \left(\frac{C_{Ai}}{C_{Ri}} - 1 \right) \tag{5-19}$$

式中　I_{ER}——超过临界限量的第 i 种重金属元素的生态风险指数；

　　　C_{Ai}——第 i 种重金属元素的实测含量；

　　　C_{Ri}——第 i 种重金属元素的临界限量或背景值，C_{Ri} 可参照相关国家标准和行业标准，如土壤样品中的 C_{Ri} 可参照 GB 36600—2018，在没有相应国家标准和行业标准的情况下，可参考对照区所取样品的检测值作为背景值；

　　　n——样品中重金属种数。

当 $C_{Ai} < C_{Ri}$ 时，$I_{ERi} = 0$。I_{ER} 分级赋值详见表 5-25。

表 5-25　Rapant 生态风险指数 I_{ER} 分级赋值

风险程度	无风险	低风险	中等风险	高风险	极高风险
I_{ER}	0	0～1	1～3	3～5	＞5
分级赋值	10	7.5	5	2.5	0

资料来源：《建设用地土壤重金属污染风险管控评估标准》（T/CGDF 00001—2021）。

Hakanson 综合潜在生态危害指数 RI 为某样品中各重金属元素的潜在生态危害系数之和。

$$RI = \sum_{i=1}^{m} E_r^i = \sum_{i=1}^{m} T_r^i C_f^i = \sum_{i=1}^{m} T_r^i \frac{C^i}{C_n^i} \tag{5-20}$$

式中　RI——综合潜在生态危害指数；

　　　E_r^i——第 i 种重金属元素的潜在生态危害系数；

　　　T_r^i——第 i 种重金属元素毒性系数，反映污染物的毒性水平和生物对重金属污染敏感程度，具体系数值参见《建设用地土壤重金属污染风险管控评估标准》（T/CGDF 00001—2021）中的附录 C；

　　　C_f^i——第 i 种重金属的污染系数；

　　　C^i——样品中第 i 种重金属元素浓度的实测值；

　　　C_n^i——第 i 种重金属元素的临界限值或背景值，C_n^i 可参照相关的国家标准或行业标准，在无相关标准时，以对照区样品检测值为背景值；

　　　m——样品中重金属种数。

Hakanson 综合潜在生态危害指数分级赋值详见表 5-26。

表 5-26　Hakanson 综合潜在生态危害指数 RI 分级赋值

危害程度	轻微	中等	强	很强	极强
E_r^i	＜40	40～80	80～160	160～320	＞320
RI	＜150	150～300	300～600	600～1200	＞1200
分级赋值	10	7.5	5	2.5	0

资料来源：《建设用地土壤重金属污染风险管控评估标准》（T/CGDF 00001—2021）。

注：该指数可以评价单一元素的危害程度，也可以评价多个元素的综合危害程度。若某种重金属元素的危害系数 E_r^i 的级别高于综合潜在生态危害指数 RI 的级别，则以较高的级别作为该点位的赋值依据。

（2）污染物间接指标评估标准

污染物间接指标包括土壤微生物指标和生物多样性指标两种。通过测定或调查获得土壤微生物指标、生物多样性指标，分别计算土壤微生物商（或微生物代谢商）、生物多样性指数，并根据上述指数的分级指标进行评估赋值。污染物间接指标评估标准及赋值详见表5-27。

表 5-27　污染物间接指标评估标准及赋值表

序号	指标	评分标准	赋值
B12	土壤微生物指标	参考表 5-28	0~10
B13	生物多样性指标	参考表 5-29	0~10

资料来源：《建设用地土壤重金属污染风险管控评估标准》（T/CGDF 00001—2021）。

① 土壤微生物指标。通过检测土壤中微生物的相关指标，间接指示污染物的污染状况。常用的有土壤微生物商评定法和土壤微生物代谢商评定法，实际评估过程中可任选其一。

$$土壤微生物商 = \frac{C_{mic}}{C_{org}} \tag{5-21}$$

式中　C_{mic}——土壤微生物的生物量碳；

　　　C_{org}——土壤总有机碳。

土壤微生物商不同，指示不同程度的重金属污染，分级赋值标准见表5-28。

微生物的代谢商（q_{CO_2}）表征在单位时间内单位生物量的微生物呼吸作用的强弱，是土壤基础呼吸强度与微生物生物量碳的比值。随着重金属污染的加重，微生物的代谢商会显著提高。

微生物商评定法和微生物代谢商评定法得出的结论一致。

表 5-28　土壤微生物商分级赋值

风险程度	无风险	低风险	中等风险	高风险
C_{mic}/C_{org}	1%~4%	0.7%~1%	0.4%~0.7%	<0.4%
分级赋值	10	7.5	5	0

资料来源：《建设用地土壤重金属污染风险管控评估标准》（T/CGDF 00001—2021）。

② 生物多样性指标。布设 n 个 10m×10m 采样网格，通过调查网格内生物（包括植物、动物和微生物）的多样性，依据 HJ 623—2011 或 T/CGDF 00002—2020 分别计算植物、动物和微生物的物种多样性指数 H。

$$H_{plant} = -\sum_{i=1}^{s} p_i \ln p_i \tag{5-22}$$

式中　H_{plant}——香农-维纳多样性指数（也可将 ln 换成 $\log_2$）；

　　　p_i——物种 i 的个体数占调查区域内所有植物种个体数之和的比例；

　　　s——总的植物物种数。

动物的多样性指数 H_{animal} 可参照 H_{plant} 计算，微生物的多样性指数 $H_{microbe}$ 可以通过检测获得。

生物多样性指数 BI 计算公式为：

$$BI = \frac{H_{\text{plant}} + H_{\text{animal}} + H_{\text{microbe}}}{3}$$

$$t = \frac{\overline{D}}{S_{\overline{D}} / \sqrt{n}} \qquad (5\text{-}23)$$

式中 t——配对样本 t 检验结果；

$\overline{D}$——$D^i = BI^i - BI_0^i$ 的均值，BI^i 为布点区域采样网格 i 的生物多样性指数值，BI_0^i 为第一次风险管控评估时调查计算的各布点区域采样网格 i 的 BI^i 值；

$S_{\overline{D}}$——$D^i = BI^i - BI_0^i$ 的标准差；

n——各布点区域调查样方数（$n > 6$）。

风险管控效果的评估依据 t 值进行划分，划分标准详见表 5-29。若是首次进行风险管控评估，则该指标赋值为 0。

表 5-29　生物多样性指标指示污染风险管控效果

风险管控效果	极差	差	一般	良好	优秀
t	< -4	$-4 \sim -2.5$	$-2.5 \sim 2.5$	$2.5 \sim {<}4$	$\geqslant 4$
分级赋值	0	2	4	6	10

资料来源：《建设用地土壤重金属污染风险管控评估标准》（T/CGDF 00001—2021）。

3. 社会公众指标评估标准

社会公众指标包括三个，分别为公众知情度、公众参与度和公众满意度（B14～B16）。可通过设计调查问卷的方式（问卷详见附录），依据公众问卷调查结果，评估风险管控的政策和制度手段的控制效果，评分标准及赋值详见表 5-30。最终赋值应为多份有效问卷所得的均值。

表 5-30　社会公众指标评分标准及赋值

序号	指标	评分标准	赋值
B14	公众知情度	答"是"题数$\geqslant 9$	10
		$7 \leqslant$答"是"题数< 9	7.5
		$5 \leqslant$答"是"题数< 7	5
		$3 \leqslant$答"是"题数< 5	2.5
		答"是"题数< 3	0
B15	公众参与度	答"是"题数$\geqslant 5$	10
		答"是"题数$= 4$	7.5
		答"是"题数$= 3$	5
		答"是"题数$= 2$	2.5
		答"是"题数$= 1$	0
B16	公众满意度	答"是"题数$= 7$	10
		$5 \leqslant$答"是"题数< 7	7.5
		$3 \leqslant$答"是"题数< 5	5
		$1 \leqslant$答"是"题数< 3	2.5
		答"是"题数< 1	0

资料来源：《建设用地土壤重金属污染风险管控评估标准》（T/CGDF 00001—2021）。

（三）建设用地土壤污染风险管控效果评估方法

建设用地土壤污染风险管控效果评估采用层次分析法、1-9 比率标度法与专家咨询法，详细方法介绍见第四节"一、农用地土壤污染风险管控效果评估"。

建立指标评价集：在建设用地土壤污染风险管控效果评估中，设定了 1 个目标层（建设用地土壤污染风险管控效果）、3 个准则层（工程性能指标、污染物指标和社会公众指标）、16 个指标层［信息公开、场地拦护工程、封场工程（覆土）、生态修复工程、雨洪管理工程、废水收集工程、地下水监测井、土壤样的污染指数、地表水样的污染指数、地下水样的污染指数、空气降尘样的污染指数、土壤微生物指标、生物多样性指标、公众知情度、公众参与度、公众满意度］。

确定权重：采用层次分析法、1-9 比率标度法与专家咨询法获得权重，最终得到表 5-31 各层次指标的权重 w_i、相对权重 w_{ij} 和组合权重 $\overline{w}_k$。

表 5-31　建设用地土壤污染风险管控效果评估指标权重

目标层(S)	准则层(A)	权重(w_i)	指标层（B）	相对权重(w_{ij})	组合权重($\overline{w}_k$)
S 建设用地土壤污染风险管控效果评估	A1 工程性能指标		B1 信息公开		
			B2 场地拦护工程		
			B3 封场工程（覆土）		
			B4 生态修复工程		
			B5 雨洪管理工程		
			B6 废水收集工程		
			B7 地下水监测井		
	A2 污染物指标		B8 土壤样的污染指数		
			B9 地表水样的污染指数		
			B10 地下水样的污染指数		
			B11 空气降尘样的污染指数		
			B12 土壤微生物指标		
			B13 生物多样性指标		
	A3 社会公众指标		B14 公众知情度		
			B15 公众参与度		
			B16 公众满意度		

资料来源：《建设用地土壤重金属污染风险管控评估标准》（T/CGDF 00001—2021）。

计算评估指数：综合风险管控效果指数 $\text{SI}_{建设用地}$ 是指标层各项指标赋值的加权求和。

$$\text{SI}_{建设用地} = \sum_k \overline{w}_k \text{Index}_k \tag{5-24}$$

式中　$\overline{w}_k$——指标层指标 k 的权重；

Index_k——指标层指标 k 的赋值。

$\text{SI}_{建设用地}$ 的取值范围为 0～10，根据 $\text{SI}_{建设用地}$ 值的大小，可判断建设用地土壤污染风险管控的效果。

当 $SI_{建设用地} > 7$ 时，表示污染场地风险管控合格，可继续开展运行与维护；当 $SI_{建设用地} \leqslant 7$ 时，表示污染场地风险管控未达到预期效果，须对风险管控措施进行优化或调整。

（四）建设用地土壤污染风险管控效果评估周期和频次

风险管控效果评估的目的是评估工程措施是否有效，评估时间段为工程设施完工一年内。

工程各性能指标应按照工程实施要求进行评估。

污染物指标应采集四个批次的数据（可每个季度采样一次），并在此数据基础上进行分析评估。

原则上，自风险管控工程结束开始，污染场地的风险管控评估每年至少进行一次，监控评估指数 $SI_{建设用地}$ 随时间变化的趋势。只有当该指数值较为平稳、不逐年下降时，才表示污染场地的风险管控措施有效；否则风险管控措施必须进行整改，加强管控。

第六章

土壤环境影响评价

土壤环境影响评价的工作目标是采取预防手段以期达到环境保护的效果，其工作重点是对生态影响型或污染型项目进行前端防控。基于建设项目特点及土壤环境状况，通过监测调查与影响预测评价来提出避免土壤遭受污染的对策。土壤环境影响评价的重点如下：首先，对建设项目进行土壤环境影响识别，识别内容包括项目类别、占地规模、敏感程度，根据项目识别内容判定评价等级；其次，着重对土壤环境现状进行调查，土壤环境现状调查内容包括土壤理化性质和土壤环境质量，重点关注评价范围内监测点数、层位和指标要求；最后，为了确保项目用地达到对应的土壤环境质量标准要求，项目需在环评阶段就要重视相应的环保意见。

第一节 土壤环境影响识别

一、工程分析

工程分析的工作内容是对拟建项目对环境影响的内因进行全方位剖析，以分析对环境影响的内在因素为基础，一方面可从全局把控建设项目与区域乃至国家环境保护之间的关系，另一方面在实际环评工作中为环境影响预测与评价、环境保护措施的提出等方面提供数据支撑。

（一）污染型工程项目工程分析

1. 污染型工程分析方法

（1）类比法

在使用类比法进行污染型工程分析时，为了确保已有资料和数据的准确性，需重点关注现有项目和拟建项目的相似性与可比性。

① 工程一般特征的相似性。一般特征即项目性质与规模、工艺流程、产品特性、原

> **【类比法】**
> 是利用与现有项目类型相同的工程资料或数据进行拟建项目工程分析的方法。

料成分等。

　② 污染物排放特征的相似性。包括污染物排放方式与排放量、迁移路径等。

　③ 环境特征的相似性。包括自然环境及功能、区域污染现状等。

　值得注意的是，同一污染物在不同地区由于标准或实际现状的不同，在工程分析时该污染物可能会被归为主要因素、次要因素或忽略因素三种情况。

（2）物料衡算法

【物料衡算法】

是核算污染物排放量的一种通用方法，该方法的核心理念就是质量守恒定律，即进入工艺流程的物料总量必等于产品总量与物料流失量总量之和。

物料衡算法的计算式为：

$$\sum G_{投入} = \sum G_{产品} + \sum G_{流失} \tag{6-1}$$

式中　$\sum G_{投入}$——进入工艺流程的物料总量；

　　　$\sum G_{产品}$——产品总量；

　　　$\sum G_{流失}$——物料流失总量。

（3）其他方法

　① 实测法。借助相同或类似工艺实测某些关键污染参数。

　② 实验法。借助实验手段来确定某些关键污染参数。

　③ 查阅参考资料分析法。查阅参考资料分析法是参考同类工程已有的环评书（表）等一系列相关资料进行工程分析。该法非常简单、易操作，但数据准确性难以核实，因此仅在低等级拟建项目工程分析中使用。

2. 污染型工程分析的工作内容

污染型工程分析基本工作内容详见表 6-1。

表 6-1　污染型工程分析基本工作内容

工程分析环节	具体工作内容
工程概况	工程一般特征简介；物料与能源消耗定额；项目组成
工艺流程及产污环节分析	工艺流程及污染物产生环节
污染源源强分析与核算	污染源分布及源强核算；物料平衡与水平衡；无组织排放源强统计及分析；非正常排放源强统计及分析；污染物排放总量建议指标
清洁生产分析	从资源消耗与产品产出、工艺与装备水平等方面分析
环保措施方案分析	环保措施方案的可行性；工艺相关技术经济指标的可行性；分析环保设施投资组成及其占总投资的比例
总图布置方案与外环境关系分析	保护目标与拟建项目的安全距离的合理性分析；避开自然条件的不利因素，优化工厂和车间的布局；提出有利于敏感点保护的处置措施

（二）生态影响型工程项目工程分析

1. 生态影响型工程分析的基本内容

生态影响型工程分析的基本内容详见表 6-2。

表 6-2　生态影响型工程分析的基本内容

工程分析环节	工作内容
工程概况	工程简介;工程特征表;项目组成;施工及营运的设计方案和布置示意图;比选方案;工程基本图件
初步论证	项目和法规、相关政策与规划的符合性;选址选线、施工与总图布置的合理性;清洁生产和循环经济可行性
影响源识别	工程行为识别包括土地征用量、地表植被破坏面积、库区淹没面积、移民数量等;污染源识别从"水气渣"等方面考虑,明确污染源位置、产生量等;改扩建项目需对原有工程影响源和源强进行识别
环境影响源识别	社会环境影响识别;生态影响识别;环境污染识别
环境保护方案分析	施工和营运方案合理性;工艺和设施的先进性和可靠性;环境保护措施的有效性;环保设施处理效率合理性与可靠性;环境保护投资合理性
其他分析	非正常工况分析;风险潜势初判;事故风险识别;源分析;防范与应急措施

2. 工程分析技术要点

生态影响型工程主要有交通运输、矿业采掘和农林水利三大类工程,它们占用或破坏的土地量大,造成直接或间接的生态影响范围、程度均很大,通常土壤环评等级为一级或二级。海洋工程和输变电工程虽占用土地量也很大,但从直接或间接的生态影响范围和程度上综合分析,其土壤环评等级多为二级。其他类建设项目综合考虑占用土地面积、生态影响范围及程度,其土壤环评等级多为三级。下面重点选取公路工程、油气开采工程、水电工程三个方面简述其工程分析技术要点。

（1）公路工程

公路工程分析技术要点详见表 6-3。

表 6-3　公路工程分析技术要点

工程时段	重点分析内容	详细内容
勘察设计期	选址选线;移民安置	项目区与目标保护区及各类规划的相对位置关系及可能存在的影响
施工期	生态破坏;水土流失	应重点考虑项目区、桥隧施工等可能带来的环境影响和生态破坏
运营期	管理服务区"三废";沿线车辆尾气排放;运输货物的可能种类	重点识别运输过程中事故可能产生的环境污染和汽车尾气扩散沉降

（2）油气开采工程

油气开采工程分析技术要点详见表 6-4。

表 6-4　油气开采工程分析技术要点

工程时段	重点分析内容	详细内容
勘察设计期	探井作业、选址选线、钻井工艺、井组布设等	探井作业是勘察设计期的主要影响源;作业时尽量避开环境敏感区
施工期	水土保持、表层保存、恢复利用、植被恢复等	钻井泥浆和落地油的处置、钻井套防渗等
运营期	以污染影响及事故风险分析和识别为主	含油废水、废弃泥浆等的产生点;须考虑泄漏爆炸等情形

（3）水电工程

水电工程分析技术要点详见表 6-5。

表 6-5　水电工程分析技术要点

工程时段	重点分析内容
勘察设计期	坝址选址选型；电站运行方案及流域规划的合理性；移民安置
施工期	识别可能引发的环境问题
运营期	水库淹没范围；注意敏感区；枢纽建筑布置等；地震、水库库岸侵蚀、下游河岸塌方等风险

二、土壤环境影响识别分类

由环境影响的概念可知，环境影响包含人类活动作用于环境和环境反作用于人类两个方面。环境影响从定义上就突出了人类活动作用于环境的理念，即识别与预测评价人

> 【环境影响】
> 是指人类活动引起了环境变化及环境变化对人类社会的反作用效应。

类活动对环境造成的变化，也强调环境的改变会反作用于人类，即识别、预测评价这些改变会对人类社会产生哪些效应。人类活动与环境的相互作用关系很复杂，为了保持人类健康的生活环境以及保障社会长期的可持续发展，我们需要同时研究人类活动对环境的作用和环境对人类的反作用。了解人类活动对环境的作用是探究环境对人类的反作用的基础和前提条件。识别与预测评价环境对人类的反作用的目的是制定出避免或缓解有害影响的保护措施，也能指导人类建设与开发活动有序地进行，最终保证人类守住生态红线、环境质量底线、资源利用上线。

（一）根据土壤环境影响结果识别划分

（1）土壤环境污染影响：在项目建设阶段、生产运行阶段或服务期满后阶段，某种有害物质被排放或残留于土壤环境中，从而导致土壤物化性质改变或生物性污染危害。工业建设项目大部分属于土壤环境污染影响型，其排放的有害物质包括重金属、有机污染物、废酸废碱等。

（2）土壤环境生态影响：建设项目无有害物质进入土壤，故该项目属于土壤环境非污染影响型，但是建设项目会对自然环境状况（地质、地貌、水文、气候和生物）有影响，因此会导致土壤的退化、侵蚀或盐碱化等生态危害。水利工程、交通工程、森林开采、矿产资源开发项目多属土壤环境生态影响型，此类项目危害的隐蔽性、不可逆性、长期性更值得关注。

（二）根据土壤环境影响时段识别划分

（1）建设阶段影响：主要指在项目建设施工期间施工活动对土壤的影响，主要包括土建、运输、装卸、贮存等过程对开挖、碾压、夯实、植被破坏引起的土壤侵蚀和水土流失、土地利用的变化、土地占用。

（2）运营阶段影响：指项目运营阶段的影响，主要包括污染型工程（冶炼、炼化、医药

等）运营生产全流程中排放的水、气、渣对土壤的污染及生态影响型为主的工程（水利、交通、矿山）引起的土壤退化、侵蚀、盐碱化。

（3）服务期满后的影响：指项目寿命期后停止运营仍会对土壤环境有影响，主要包括污染物的累积及迁移、改变了土壤理化性质及结构、打破了动物与其他生物的生态平衡、影响区域的水文及气候等。

（三）根据土壤环境影响方式识别划分

（1）直接影响：指人类活动的结果直接作用于被影响对象，因果关系非常简单。直接影响与人类活动在时空上是同时同地，一般比较容易分析和测定。例如受重金属污染的水灌溉土地后，农作物会因此减产；矿山的开采会直接导致地面塌陷、植被被破坏。

（2）间接影响：指人类活动的结果需通过中间过程作用于被影响的对象，因果关系不明显。间接影响在时间上表现延迟，在空间上较广泛，在一定范围内能合理预见，但相对不容易分析和测定。例如，以人类作为被影响对象，土壤作为媒介，多数污染物（有机物、重金属）都是先被动植物吸收，再通过食物链危害人体健康，这是非常典型的影响途径。在不同环境要素被影响的方式中，土壤污染的突出特点是间接影响，这也是土壤污染有别于水污染和大气污染的地方。

（四）根据土壤环境影响性质识别划分

按影响的性质，土壤环境影响分为可逆影响、不可逆影响、积累影响和协同影响。

（1）可逆影响：建设项目停止后，土壤能短时间内或逐步恢复到原来状态。严格意义上来讲，人类活动造成的影响是无法完全恢复的。但通常认为在土壤环境承载力范围内对土壤造成的影响是可逆影响，即土壤环境可恢复到项目建设之前的状态。例如，土壤上被破坏的植被重新恢复、土壤中污染物被微生物降解、土壤可逐步消除沙化等，这些均可恢复到原来状态，即属于可逆影响。

（2）不可逆影响：施加影响的建设项目一旦开始，土壤就基本不可能恢复到原有状态。一般情况下，施加的影响超出土壤环境承载力范围，则为不可逆影响。例如严重的土壤侵蚀，原来的土层和土壤坡面是无法再恢复的；被重金属污染的土地往往不能为微生物、植物、动物所用。一般上述情况难以自然恢复，故属于不可逆影响。

（3）积累影响：人类活动产生的一些污染物，需要长期作用于土壤，直至超过其在土壤中的临界值时才会显现出其对土壤的影响。当重金属在植物体内积累达到一定量时，通常情况下，植物会表现出生长缓慢甚至停滞、叶片泛黄或出现斑点、产量和质量大幅下降，这就是积累影响的表现之一。

（4）协同影响：指两种以上的污染物同时作用于土壤时所产生的影响大于每一种污染物单独影响的总和。例如，有研究表明在草甸棕壤中以引起＞10％蚯蚓死亡的重金属浓度为起点（Cu 400mg/kg，Zn 1400mg/kg，Pb 2300mg/kg，Cd 700mg/kg），用4种重金属复合污染对蚯蚓进行急性毒性试验，在此浓度下供试蚯蚓100％死亡。当上述土壤按比例稀释后，蚯蚓死亡率明显下降，显然，复合污染产生明显的协同作用。

（五）根据土壤环境影响程度识别划分

按影响程度，土壤环境影响划分为有利影响和不利影响两类。

1. 不利影响

不利影响常用负号（—）表示，按环境敏感度划分。环境敏感度是指在不损失或不降低环境质量的情况下，环境因子对外界压力（项目影响）的相对计量。环境不利影响可划分为以下5级：

（1）极端不利。建设项目的影响引起某个环境因子毁灭性的损失，此种损失是永久的，不可逆的。

（2）非常不利。建设项目的影响引起某个环境因子严重而长期的损害，其恢复的代价大且需要很长时间。

（3）中度不利。建设项目的影响引起某个环境因子的破坏，其恢复是可能的，但需要承受较大的代价且有较大难度，还要花费较长时间。

（4）轻度不利。建设项目的影响引起某个环境因子的轻微损害，其恢复可以实现，但需要一定的时间。

（5）微弱不利。建设项目的影响引起某个环境因子受到一点暂时的干扰，环境能较快地自我恢复或再生较容易实现。

2. 有利影响

有利影响常用正号（＋）表示，按对环境与生态产生的良性循环、提高的环境质量、产生的社会经济效益程度可分为5级，即微弱有利、轻度有利、中等有利、大有利、特有利。

对环境因子受影响的程度进行分级时，尽可能做到客观预测与划定。首先要进行环境本底调查，主要调查内容包含地质、地形、土壤、水文、气候植物及野生生物；其次明确建设项目目标及主要技术指标；最后预测因环境改变引起的环境因子对生态、人群健康、社会经济的影响，据此来划定影响程度等级。

（六）各类建设项目的土壤环境影响

1. 工业工程建设项目对土壤环境的影响

工业工程建设项目种类繁多，主要包含钢铁工业、有色金属冶炼工业、化学工业、石油化学工业、制浆和造纸工业等建设项目。不同种类的工业建设项目对土壤环境的影响存在较大的差异性，其主要源于生产过程相关的原材料、工艺流程、各类不同性质的废弃物，总体来说这些项目对土壤环境的影响重点来自工业"三废"的排放或泄漏。

（1）工业废气对土壤环境的影响。工业项目正式投产后，废气的排放主要源于矿石燃料燃烧产生的烟气、工艺本身排放的烟气、粉尘气溶胶。以有色金属冶炼为例，铅、锌、铜矿床中均含一部分硫化矿，在有色金属冶炼时，硫化矿中的低价硫被氧化成二氧化硫而排入大气，二氧化硫在空气中经过物化反应后，以酸雨形式进入土壤，可引起土壤酸化。随着土壤酸化加剧，土壤酸度逐渐增大，因此土壤水溶液中 H^+ 浓度升高，Ca^{2+}、Mg^{2+}、K^+ 从土壤胶体中被 H^+ 置换出来，随着雨水或土壤水分移动而流失。一般 pH 值低于6时，Ca^{2+}、Mg^{2+}、K^+ 从土壤胶体中被置换而淋溶流失，因此，此类酸化土壤易产生 Ca^{2+}、Mg^{2+}、K^+ 缺乏症。

（2）工业废水对土壤环境的影响。我国工业废水排放源主要来自石化、煤炭、造纸、冶金、纺织、制药、食品等行业，它具有类型复杂、处理难度大、危害大等特征。工业废水中含有很多有毒有害物质，主要包括重金属（镉、铅、汞等）、芳烃类有机物、酸碱盐类无机物、油脂、富营养化物质、放射性物质、固体悬浮物等等。这些污染物进入土壤后必然引起土壤环境质量恶化，而且影响程度远比在大气和水体中要严重。首先因为污染物在土壤中具有隐蔽性和滞后性；其次它们在土壤中的迁移扩散速度慢，因此累积量大且集中；最后土壤污染治理难度大、周期长，污染一般是不可逆的。

工业废水对土壤环境的影响是多层次的且具有持久性，尤其会直接或间接地反作用于人类。反作用主要表现为以下几个重要的方面。一是影响农作物的产量与品质。当粮食作物、蔬菜、果树通过根部吸收了工业废水中的有害物质，它们的产量和品质均会降低，直接导致经济损失，间接地通过食物链损害人体健康。二是居住环境受到威胁。受工业废水污染但未治理的土地被用于地产或商业开发，污染物可能借助口、鼻、皮肤等途径进入人体，轻则致病、致畸、致癌，重则致死。三是引起生态环境突变。被污染土壤的地上植被与土壤生物大量非正常死亡，土壤功能发生严重退化，地上和地下的生态圈失去平衡。此外还会影响地下水，可能引起饮用水水源污染。

（3）一般工业固体废物对土壤环境的影响。一般工业固体废物是指企业在工业生产过程中产生且不属于危险废物的工业固体废物。一般工业固体废物包括尾矿、粉煤灰、煤矸石、冶炼废渣、炉渣、脱硫石膏、废旧轮胎、橡胶、印刷废纸、服装和皮革边角废料等。

一般工业固体废物对土壤的影响主要包括以下几个方面。①固体废物需要占用大量的土地堆放，同时给土壤环境带来了安全隐患。②废石、尾矿、粉煤灰堆等工业固体废物在大风作用下，粉尘随风飘落到地面将土壤表面逐步覆盖，土壤的通水透气性能受到干扰，影响农作物的生长以致减产。此外，粉尘飞扬在很大程度上扩大了污染面积，而且有害物质的潜在风险不可控。③露天堆放的固体废物在无防渗措施的情况下，经过雨水与地表径流的冲刷淋洗，固体废物中有毒有害物质进入土壤生态系统，直接导致受纳土壤被污染，这些污染物也可能会改变土壤的结构。当土壤系统被破坏时，地表植物也会间接被动地吸收污染物导致"中毒"或停止生长，因此受污染的土壤会失去最基本的生态价值。

2. 水利工程建设项目对土壤环境的影响

我们对重大水利工程的经典评价往往是"功在当代，利在千秋"，从中可看出水利工程的价值是持久的，也被社会广泛认可。但是从专业角度出发，它也会带来一些潜在的环境风险，下面讨论水利工程对土壤环境的几点影响。

（1）占用土地资源。土方开挖后的存放、机械与建材停放、工人生活区等均会占用土地，工程结束后这类被占用的土地可恢复。水利工程一旦开始蓄放水工作，库区及下游两岸会出现严重的水土流失现象。

（2）诱发地质灾害。水利工程的建设期与运行期是诱发地质灾害的两个主要阶段。建设期主要是边坡与地下工程地质灾害；运行期主要是水库诱导地震、滑坡浪涌等地质灾害。水利工程诱发的地质灾害具有随机性、隐秘性、突发性、复杂性等特点，总而言之，它或多或少与库区水有着某种程度上的关联。

（3）引发土壤盐渍化。水利工程引起的土壤盐渍化主要发生在库区周边与河口地区，但是两者形成的原因不一样。库区周边土壤盐渍化的主要原因是水库开始蓄水后，原来的水面和水位分别变宽、加深，水库的表面积大于原有河流的水域表面积，更多的水面积暴露在太阳下，增加了水库的蒸发量，从而提高了库区水体盐浓度，水库周边或下游以此为灌溉用水的地区都会因灌溉高盐度水而受到影响；另外，库区水形成的巨大压力引起库区周边及下游的地下水水位提升，水盐会随着地下水水位的提升而上移，因此可能会导致土壤的次生盐渍化。河口地区土壤盐渍化的主要原因是在水库蓄水后，下泄水量减小地区海水入侵，使滨海地带的低洼地区直接被海水淹没，同时海水沿河上湖倒灌，深入内陆腹地，引起河道两侧的土壤发生盐渍化。

（4）促进土壤沼泽化。水利工程周围土壤沼泽化也与地下水水位上升有一定关系。在下游一些地势低洼的地方积水严重，导致原来地面植物在厌氧环境中使土壤逐渐沼泽化，也有可能是上游泥沙淤积覆盖住一些植被，为土壤沼泽化创造了条件。

（5）促使河口地区土壤肥力下降，海岸后退。水库运行后，尤其是在蓄水期，放水速度变得缓慢，从而导致上游泥沙淤积在库区而不向下游移动。正常情况下，上游水流携带的泥沙会顺势而下到达下游补充土壤肥力，由于水库把这种天然联系切断了，土壤的生态平衡也被打破，下游土壤质量逐渐恶化。此外，在河口地区由于没有泥沙的补充，河岸易受海水的侵蚀，岸线开始后退。

3. 矿业工程建设项目对土壤环境的影响

矿业工程一般理解为从地壳内部掘取矿物的生产建设工程，它对土壤环境的影响表现在以下几个方面。

（1）对土壤资源的破坏。在矿石开采项目中，露天采矿和地下采矿是矿物开采的两大主流方式，同时也是破坏土壤资源的两个主要方面。露天采矿需要去除覆盖在矿层之上的土壤与植被，同时被剥离的土壤还需占用一定的土地进行堆放，因此这不仅会导致土壤资源被永久破坏，还会占用甚至污染额外的土地。地下采矿对土壤资源破坏的主要形式为地面塌陷，它还能导致地表变形、裂缝，从而引发地面大面积沉降，对土地资源造成很严重的破坏。

（2）污染土壤环境。矿山开采爆破过程中将产生大量的矿尘，露天采矿产生的矿尘气体最远可飘向 10km 左右的区域。煤矿的粉尘中硫分在空气中氧化遇水能产生酸性降水；大多数金属矿含硫化物矿床层，其矿尘经氧化淋溶后形成硫酸；另外，Fe、Mn 在原岩中呈低价态，在表层风化条件下氧化为高价态引起介质变酸。同时，煤矿开采过程中产生大量的污水，主要包括矿井废水、酸性废水洗煤水、生活污水。使用被矿业工程污染的水体灌溉农田，易引起土壤的硫酸盐盐渍化，土壤生产力下降，农作物减产。

土壤的重金属污染是金属矿山开采的主要问题，金属矿山开采的土壤重金属污染途径有：固体废物的散播（如尾矿粉尘飞扬进入土壤）、废水流经土壤、灌溉引用矿山污染的水体、精矿在运输途中散落、降雨时尾矿进入土壤等。

（3）区域环境条件改变引发土壤退化和破坏。矿业工程建设的开采改变了矿区的地质、地貌、植被等环境条件，大大加剧了水土流失。据统计，矿山建设期水土流失最为严重，生产稳定后水土流失可减轻。在干旱、半干旱地区，煤矿建设还将促进土壤的沙漠化。

矿区开采完毕后，较深的塌陷可以通过长期的积水成为湖泊，浅层的塌陷在地表将形成裂缝，形成地下水漏斗，使地下水流失，加快了水分损失，对农作物的生长极为不利。

4. 农业工程建设项目对土壤环境的影响

传统农业是一种更依赖大自然的家庭式作业方式，所以其对土壤环境影响很小。现代农业则与工业化和机械化联系更为紧密，其劳动效率和农产品产量与质量大幅提高。当然，现代农业对土壤环境的影响也越来越大，下面重点介绍几个方面。

（1）农田开垦对土壤环境的影响。现代农业要想机械化，农田面积必须规模化，否则无法发挥机械的最大效益。农田要求成片且面积达到一定规模，因此山林、湿地、草原、滩地就会在一定程度上被改造成为农田，土地表面的植被、树木、草都被完全剔除，地表裸露于外，相应的生态系统就被彻底改变或者完全破坏，它们的调节功能和水土保持功能也会消失或退化。

（2）农业灌溉对土壤环境的影响。农业灌溉对土壤环境影响的三个过程包括灌溉水源地、灌溉水的输送、田间灌溉三个方面。灌溉若以地下水作为水源，长年过量抽取地下水会引起地下水水位下降、地面沉降，甚至是生态系统的改变；灌溉水的输送会引起水渠两侧的土壤返盐；田间灌溉可能会引起生物群落演替最终趋于单一、土壤速效养分减少、盐碱化等。

（3）农业种植对土壤环境的影响。种植过程对土壤环境的影响包括化肥不合理使用、农药残留污染、地膜残留污染。此外，单一作物破坏了土壤生态系统的多样性。钾肥施用量过多时，钾离子会因为置换作用导致土壤团粒结构被破坏，使土壤表现出板结现象；氮肥施加过多时，由于硝化作用会使土壤酸化；磷肥的原料磷矿石中含有镉等重金属，因此磷肥进入土壤后也会引起土壤镉含量的增加。残留农药不仅污染土壤，而且具有生物累积性，通过土壤—植物/动物—人类的食物网损害人体健康。地膜多残留于土壤表层，它对土壤的影响包括限制水分与水盐移动、阻碍土壤空气交换等。单一作物连续种植多年后，植物根系周围土壤中的致病菌大量累积，土壤微生物群落、微生态系统逐渐被破坏。

5. 交通工程建设项目对土壤环境的影响

交通工程建设项目包括陆地上的公路和桥梁建设、山区的隧道、城市的道路建设、江河航道的开辟、港口和码头的建设，另外还包括机场的建设等，其中对土壤产生直接影响的是陆地上的水泥公路建设。公路建设基本上都要征用农用土地，在山区建设公路有时还要砍伐部分的森林，占用土地是一切陆上交通工程建设项目对土壤环境的共同影响，并且这种影响是永久性的。在农村地区，农用土地被混凝土所覆盖，造成永久性的损失。城市中建设道路，也必须占用大量的土地资源。城郊的耕地一般为肥力较高的菜园、果园、高产农田，生产力高。中心城区土地价值更高，城市土地资源不足，用地紧张的情况极为普遍。交通建设占用城郊和城市土地的环境影响更为深刻。

交通工程建设项目建设期间，土地裸露加上运输与开挖引起的扰动使土壤易受到侵蚀，侵蚀程度相当于自然侵蚀或农业侵蚀的数倍。但当交通工程建设项目完毕后，其对土地的扰动停止，稳定后，土壤的侵蚀速度可以恢复到公路建设前的水平，与自然条件下或农业耕种前的侵蚀速度基本相当。公路建成投入使用后，机动车辆尾气会导致土壤的酸化，运输车辆的运输污染物可能散落于公路两侧，突发事故可能会引起瞬时和小面积的污染。

6. 能源工程建设项目对土壤环境的影响

能源工程建设项目包含的内容也非常广泛，例如煤炭、石油、天然气、电力、新能源等能源项目。新能源包括太阳能、生物质能、风能、地热能等，此外还有氢能、沼气、乙醇、甲醇等。这里重点介绍陆地石油开采过程及开采后给土壤环境带来的影响。

（1）开采过程对土壤的影响。钻井工作会破坏表层土壤，同时也会引起土壤与岩石层的松动，在外力作用下，开采区域的土壤会出现风蚀、沙化、流失现象；采油产生的含油废水处理不当进入土壤，首先会影响土壤通透性，其次被污染土壤产生的疏水性严重影响了水分和营养物质在土壤中的迁移；受污染土壤中微生物群落结构和数量均会被改变，因此就会直接导致土壤中微生态平衡被打破。

（2）石油开采后对土壤的影响。工程设施严重破坏了土壤原有构型并且改变了土壤的透气性和透水性；废弃的钻井泥浆、钻井岩屑及落地油等污染物，除去蒸发或地表径流流失以外，大部分残留于地表，集中污染 0～20cm 的土壤表层，油类物质渗入土壤大孔隙。在常年积油的洼地或输油的渠道上，石油污染的深度可达 40～60cm。

三、调查范围与评价工作等级的划分

（一）等级划分的工作内容

1. 等级划分

建设项目土壤环境影响评价工作等级原则上分为一级、二级、三级。一级评价是对环境影响进行全面、详细、深入的评价，二级评价是对环境影响进行较为详细、深入的评价，三级评价可只进行环境影响分析。

2. 工作步骤

（1）根据《环境影响评价技术导则 土壤环境（试行）》（HJ 964—2018）附录 A 中表 A.1 来识别建设项目所属行业的土壤环境影响评价项目类别。

（2）生态影响型敏感程度分级。建设项目所在地土壤环境敏感程度分为敏感、较敏感、不敏感，判别依据见表 6-6。同一建设项目涉及两个或两个以上场地或地区，应分别判定其敏感程度；产生两种或两种以上生态影响后果的，敏感程度按相对最高级别判定。

表 6-6　生态影响型敏感程度分级表

敏感程度	判别依据		
	盐化	酸化	碱化
敏感	建设项目所在地干燥度＞2.5 且常年地下水水位平均埋深＜1.5m 的地势平坦区域；或土壤含盐量＞4g/kg 的区域	$pH \leqslant 4.5$	$pH \geqslant 9.0$
较敏感	建设项目所在地干燥度＞2.5 且常年地下水水位平均埋深≥1.5m 的，或 1.8m＜干燥度≤2.5 且常年地下水水位平均埋深＜1.8m 的地势平坦区域；建设项目所在地干燥度＞2.5 或常年地下水水位平均埋深＜1.5m 的平原区；或 2g/kg＜土壤含盐量≤4g/kg 的区域	$4.5 < pH \leqslant 5.5$	$8.5 \leqslant pH < 9.0$
不敏感	其他	$5.5 < pH < 8.5$	

根据上述步骤（1）识别的土壤环境影响评价项目类别与步骤（2）敏感程度分级结果划分生态影响型项目评价工作等级，详见表 6-7。

表 6-7　生态影响型项目评价工作等级划分表

敏感程度	项目类别		
	Ⅰ类	Ⅱ类	Ⅲ类
敏感	一级	二级	三级
较敏感	一级	二级	三级
不敏感	二级	三级	—

注："—"表示可不开展土壤环境影响评价工作。

（3）污染影响型敏感程度分级。将建设项目占地规模分为大型（≥50hm^2）、中型（＞5～＜50hm^2）、小型（≤5hm^2），建设项目占地主要为永久占地。建设项目所在地周边的土壤环境敏感程度分为敏感、较敏感、不敏感，判别依据见表 6-8。

表 6-8   污染影响型敏感程度分级表

敏感程度	判别依据
敏感	建设项目周边存在耕地、园地、饮用水水源地或居民区、学校、医院、疗养院、养老院等土壤环境敏感目标
较敏感	建设项目周边存在其他土壤环境敏感目标
不敏感	其他情况

根据土壤环境影响评价项目类别、占地规模与敏感程度划分评价工作等级，详见表 6-9。

表 6-9   污染影响型评价工作等级划分表

敏感程度	占地规模								
	Ⅰ类			Ⅱ类			Ⅲ类		
	大	中	小	大	中	小	大	中	小
敏感	一级	一级	一级	二级	二级	二级	三级	三级	三级
较敏感	一级	一级	二级	二级	二级	三级	三级	三级	—
不敏感	一级	二级	二级	二级	三级	三级	三级	—	—

注："—"表示可不开展土壤环境影响评价工作。

注意：①建设项目同时涉及土壤环境生态影响型与污染影响型时，应分别判定评价工作等级，并按相应等级分别开展评价工作。②当同一建设项目涉及两个或两个以上场地时，各场地应分别判定评价工作等级，并按相应等级分别开展评价工作。③线性工程重点针对主要站场位置（入输油站、泵站、阀室、加油站、维修场所等）参照表 6-9 分段判定评价等级，并按相应等级分别开展评价工作。

（二）调查评价范围

（1）调查评价范围应包括建设项目可能影响的范围，能满足土壤环境影响预测和评价要求。改、扩建类建设项目的现状调查评价范围还应兼顾现有工程可能影响的范围。

（2）建设项目（除线性工程外）土壤环境影响现状调查评价范围可根据项目影响类型、污染途径、气象条件、地形地貌、水文地质条件等确定并说明，或参考表 6-10 确定。

（3）建设项目同时涉及土壤环境生态影响与污染影响时，应各自确定调查评价范围。

（4）危险品、化学品或石油等输送管线应以工程边界两侧向外延伸 0.2km 作为调查评价范围。

表 6-10   现状调查范围

评价工作等级	影响类型	调查范围	
		占地范围内	占地范围外
一级	生态影响型	全部	5km 范围内
	污染影响型		1km 范围内
二级	生态影响型		2km 范围内
	污染影响型		0.2km 范围内
三级	生态影响型		1km 范围内
	污染影响型		0.05km 范围内

第二节　土壤环境现状调查与评价

一、土壤环境现状调查

土壤环境现状调查的三个主要内容是土壤理化特性、土壤环境质量、土壤环境影响源。调查工作所采用的主要工作方式为资料收集、现场调查和现状监测。获取的基础数据可用于土壤现状评价与土壤环境影响预测评价两个环节。

（一）资料收集

资料收集的主要工作内容是初步了解建设项目占地范围内与现状调查及土壤环境影响评价相关的地理要素信息，收集场地相关的气象、水文、土地利用及土壤环境影响源等方面的信息。资料收集可在某种程度上给现状调查环节减轻负担，为后续评价工作提供支撑。资料收集类型主要分为以下四个方面。

1. 自然环境状况

自然环境状况需收集的内容详见表 6-11。

表 6-11　自然环境状况需收集的内容

收集内容	具体参数
气象资料	降雨量、蒸发量、风速风向等
地形地貌特征	区内地形地势、地貌分区类型等
水文条件	区内的地表径流等水文特征
水文地质资料	区内包气带特征及地下水水位埋深等

注：以上资料可通过国家地质资料数据中心及全国地质资料信息网进行查阅。

2. 土地利用现状图、土地利用规划图、土壤类型分布图等资料

收集该部分资料的目的在于掌握调查区的土地利用现状情况信息、后期的土地利用规划状况，分析建设项目所在周边的土壤环境敏感程度，为后期的监测布点提供依据。

3. 土地利用历史情况

收集土地利用变迁资料、土地使用权证明及变更记录、房屋拆除记录等信息，重点收集场地作为工业用地时期的生产及污染状况，用来评价场地污染的历史状况，识别土壤污染影响源。

4. 与建设项目土壤环境影响评价相关的其他资料

包括环境影响评价报告书（表）、场地环境监测报告、场地调查报告以及由政府机关和权威机构所保存或发布的环境资料，如区域环境保护规划、环境质量公告、生态和水源保护区规划报告、企业在政府部门相关环境备案和批复等。

（二）土壤理化特性调查

土壤理化特性调查是在所收集资料无法达到土壤现状调查相应的工作精度要求时所开展

的针对性现场调查工作。

1. 土壤理化特性调查指标

土壤理化特性调查指标主要包括土体构型、土壤结构、土壤质地、阳离子交换量、氧化还原电位、饱和导水率、土壤容重、孔隙度、有机质、全氮、有效磷、有效钾等。

（1）土体构型。土体构型的调查工作在野外以土壤剖面记录的形式完成，土壤剖面一般规格为长1.5m、宽0.8m、深1.2m，当揭露至基岩或见到地下水出露可停止深挖。剖面完成后，先按形态特征自上而下划分层次，逐层观察和记录其颜色、质地、结构、孔隙、紧实度、湿度、根系分布等特征，然后根据需要进行pH、盐酸反应、酚酞反应等速测项目，最后自下而上地分别观察、采集各层的土样，并将挖出的土按先心底土、后表土的顺序填回坑内。土壤剖面的采样规格可参照《土壤环境监测技术规范》（HJ/T 166—2004）中的具体规定执行，采样地点可选取背景样监测点位开展剖面调查工作。

（2）土壤结构。土壤结构的测定方法分为现场鉴别和筛分两种。进行野外现场鉴别时，可将土壤结构类型按形状分为块状、片状和柱状三大类；按其大小、发育程度和稳定性等，再分为团粒、团块、块状、棱块状、棱柱状、柱状和片状等。筛分法又分为人工筛分法和机械筛分法两种，是土壤团聚体组成测定的试验方法。试验步骤可参考国家市场监督管理总局和住建部联合发布的《土工试验方法标准》（GB/T 50123—2019）中的具体规定执行。

（3）土壤质地。土壤质地是根据机械分析数据，依据相应的土壤质地分类标准来确定的。每种质地的土壤各级颗粒含量都有一定的变化，土壤机械组成数据是研究土壤的最基本资料之一。土壤质地的确定可先进行野外确定，运用手指对土壤的感觉，采用搓条法进行粗估计。搓条法可初步划定土壤是砂土、砂壤土、轻壤土或中壤土等。土壤质地的精细判别依据是土壤颗粒大小。在进行精细判别前，先对大于0.1mm的土粒进行机械筛分。筛下小于0.1mm的土粒根据分析精度要求可采用密度计法、吸管法、激光粒度分析法等方法进行确定。试验步骤可参考国家市场监督管理总局和住建部联合发布的《土工试验方法标准》（GB/T 50123—2019）中的具体规定执行。

（4）阳离子交换量。土壤阳离子交换性能对于研究污染物的环境行为有重大意义，它能调节土壤溶液的浓度，保证土壤溶液成分的多样性，从而保证土壤溶液的"生理平衡"，同时还可以保持养分免于被雨水淋失。

阳离子交换量的大小可作为评价土壤保肥能力的指标。土壤阳离子交换量越高，说明土壤保肥性越强，意味着土壤保持和供应植物所需养分的能力越强；反之说明土壤保肥性能差。土壤阳离子交换量的测定在室内实验室完成，受多种因素影响。NaOAc法是目前国内广泛应用于石灰性土壤和盐碱土壤交换量测定的常规方法；中性乙酸铵是我国土壤和农化实验室所采用的常规分析方法，适用于酸性和中性土壤；氯化铵-乙酸铵交换法适用于碱性土壤的测定。常规的测试中可参考《土壤质量 用氯化钡溶液测定有效阳离子交换能力和盐基饱和水平》（ISO 11260—1994）和《土壤质量 pH值为8.1时用氯化钡缓冲溶液测定可交换阳离子和阳离子交换能力》（ISO 13536—1995）两种国际标准方法，它们适用于各种土壤类型。针对地方土壤环境的不同，可参考浙江省质量技术监督局发布的《土壤阳离子交换量的测定》（DB33/T 966—2015）或其他地方标准。

（5）氧化还原电位（E_h）。氧化还原电位的测定在土壤环境监测中用来反映土壤溶液中所有物质表现出来的宏观氧化还原性质。E_h值可以作为评价水质优劣程度的一个标准。土壤的氧化还原性质对植物的生长起着至关重要的作用，土壤中的各种生物化学过程都受 E_h 值的制约，各物质的反应活性、迁移、毒性及其能否被生物吸收利用，都与物质的氧化还原状态有关。土壤氧化还原电位越高，氧化性越强；氧化还原电位越低，氧化性越弱。通过氧化还原电位的测定来调查土壤溶液中氧化态和还原态物质的相对浓度。目前，国内测定氧化还原电位的方法有铂电极直接测定法和去极化法两种。在土壤环境调查过程中，氧化还原电位的测定采用现场测试法，具体测定标准可参考环境保护部发布的《土壤　氧化还原电位的测定　电位法》（HJ 746—2015）执行。

（6）土壤饱和导水率、土壤容重、土壤孔隙度。测定土壤饱和导水率需要选取原状土样进行室内环刀试验；测定土壤容重可采用环刀法、蜡封法、水银排除法、填沙法等，以环刀法应用最为广泛；土壤孔隙度一般不直接测定，而是由土粒密度和容重计算求得。以上三个指标均是计算土壤剖面中水通量的重要土壤参数，也是水文模型中的重要参数，它们的准确与否严重影响模型的精度。具体的测定方法可以参考 2004 年中国林业出版社出版的《土壤学实验指导》一书或是国家市场监督管理总局和住建部联合发布的《土工试验方法标准》（GB/T 50123—2019）。

（7）有机质、全氮、有效磷、有效钾。常用的有机质测定方法有高温氧化容量法、水合热氧化比色法。室内常用的全氮测试方法有开氏消煮法、氢氟酸修正开氏法和高锰酸钾-还原性铁修正法。测定有效磷常用的实验室方法有碳酸氢钠法和氢氧化钠熔融法。测定有效钾的常用实验室方法是乙酸铵提取法和四苯硼钠比浊法。

有机质、全氮、有效磷和有效钾是土壤营养物质，一般在农林类、水利类建设项目中需要考虑这几项指标情况，具体测定方法及操作步骤可参考 2004 年中国林业出版社出版的《土壤学实验指导》一书。此外，土壤环境理化特性的检测方法也可参考农业部 2006 年发布实施的土壤监测系列现行标准（NY/T 1121.1—2006～NY/T 1121.18—2006）中的相关测定标准。

2. 生态影响型项目须补充调查指标

生态影响型建设项目根据土壤环境影响类型、建设项目特征与评价需要，在调查以上土壤理化特性内容的基础上，还应补充调查植被特征、地下水水位埋深、溶解性总固体等内容。

（1）植被特征。植被特征与土壤环境的关系是生态学研究的重要领域。获取区域地表植被覆盖状况，对于揭示地表植被分布、动态变化趋势以及评价区域生态环境具有现实作用。植被恢复过程中，土壤养分和有机质等含量有所改善，而土壤养分的改善有助于植被的恢复。土壤状况不仅影响着植物群落的演替方向，更进一步决定着植物群落的类型、分布和动态。

不同植被群落下土壤性质存在显著差异。有研究表明，植被各项指标与土壤粉粒含量、黏粒含量、全氮含量以及有机质含量呈现正相关，与砂粒含量、土壤容重、pH 值、有效磷含量呈现负相关。

场地土壤的植被覆盖情况可通过遥感生态解译与地面调查相结合的方式进行调查分析。具体调查方法可参考《生态环境状况评价技术规范》（HJ 192—2015）、《环境影响评价技术导则　生态影响》（HJ 19—2011）、《生物多样性观测技术导则　陆生维管植物》（HJ 710.1—2014）以及《生物多样性观测技术导则　地衣和苔藓》（HJ 710.2—2014）等相关技术规范。

（2）地下水水位埋深。地下水水位埋深是指地下水面到地表的距离，是影响包气带水升降的重要因素，与土壤盐渍化成因密切相关。土壤盐渍化的根本防治措施是调控地下水水位，比如在地下水开采过程中，地下水埋深大于毛细带强烈上升高度，可以切断水盐沿毛细管上升的通道，从而可以有效地防止返盐和土壤积盐。同时，由于水位埋深加大，可以容纳灌水和降水的入渗，蒸发强度显著减弱，从而改变水盐运动方向和动态特征，使水盐向下运动，有利于包气带水土盐分淡化，防止潜水因蒸发而浓缩和使盐分向土壤表层累积，对从根本上防治土壤盐渍化有重要意义。地下水水位测量是水文地质勘察领域的基本技术手段，可通过地面调查、勘探等方法进行。

（3）溶解性总固体。溶解性总固体是指水流经围岩后单位体积水样中溶解无机矿物成分的总质量，包括溶解于水中的各种离子、分子、化合物的总量。地下水溶解性总固体是评价地下水含盐量、表征地下水无机污染物的重要指标，受降雨、蒸发、地形、土壤类型、土地利用类型、岩性及农业活动等因素的影响，其分布具有空间变异性。溶解性总固体指标值越高，地下水矿化程度越高，所含各种阴、阳离子总量越多，地下水经包气带蒸发遗留地表土壤的盐分越多，土壤盐渍化的程度越高。因此，地下水中溶解性总固体是判断土壤是否会发生盐碱化的重要指标之一。溶解性总固体的测定可选取现场仪器测定或室内试验称量法。具体测定方法及操作规程可参考《生活饮用水标准检验方法　感官性状和物理指标》（GB/T 5750.4—2006）。

3. 土壤污染源调查

土壤污染源可分为工业污染源、农业污染源和自然污染源三种类型，因为这些污染源类型完全不一样，所以调查的重点也不同。下面重点介绍工业污染源和农业污染源。

（1）工业污染源调查内容

① 企业概况，包括企业名称、位置、所有制性质、占地面积、职工总数及构成、工厂规模、投产时间、产品种类、产量、产值、生产水平、企业环保机构等。

② 生产工艺，包括工艺原理、工艺流程、工艺水平和设备水平、生产中的污染产生环节。

③ 原材料和能源消耗，包括原材料和燃料的种类、产地、成分、消耗量、单耗、资源利用率，电耗，供水量，供水类型，水的循环率和重复利用率，等等。

④ 生产布局，包括原料、燃料堆放场、车间、办公室、厂区、居住区、堆渣区、排污口、绿化带等的位置，并绘制布局图。

⑤ 管理状况，包括管理体制、编制、管理制度、管理水平。

⑥ 污染物排放的种类、数量、浓度、性质、排放方式、控制方法、事故排放情况。

⑦ 污染防治调查，包括废水、废气和固体废物处理及处置方法，方法来源，投资，运行费用，效果。

⑧ 污染危害调查，包括污染对人体、生物和生态系统工程影响的调查。

（2）农业污染源调查内容

① 农药使用，包括调查施用的农药品种、数量、使用方法、有效成分含量、时间、农作物品种、农药使用的年限。

② 化肥使用，包括施用化肥的品种、数量、方式、时间。

③ 农业废弃物，包括作物秸秆、牲畜粪便的产量及其处理和处置方式及综合利用情况等。

④ 水土流失情况。

4. 生态影响型项目土壤现状调查

（1）土壤沙化现状调查。由于植被破坏或草地过度放牧、开垦为农田，土壤变得干燥，土壤粒子分散、不凝聚，在风蚀作用下细颗粒含量逐步降低，且风沙颗粒逐渐堆积于土壤表层。土壤沙化泛指土壤或可利用的土地变成含沙很多的土壤或土地甚至变成沙漠的过程。

土壤沙化一般发生在干旱荒漠及半干旱和半湿润地区，半湿润地区主要发生在河流沿岸地带，调查内容见表 6-12。

表 6-12   土壤沙化调查内容

调查内容	具体参数
沙漠特征	沙漠面积、分布和流动状况
气候	降雨量、蒸发量、风向、风速等
河流水文	河流含沙量、泥沙沉积特点等
植被	植被类型、覆盖度等
农业、牧业生产情况	人均耕地和草地、粮食和牲畜产量等

（2）土壤盐渍化现状调查。土壤盐渍化主要发生在干旱、半干旱和半湿润地区，指易溶性盐分在土壤表层积累的现象或过程。主要分为：①现代盐渍化，在现代自然环境下，积盐过程是主要的成土过程；②残余盐渍化，土壤中某一部位含一定数量的盐分而形成积盐层，但积盐过程不再是目前环境条件下的主要成土过程；③潜在盐渍化，心底土存在积盐层，或者处于积盐的环境条件（如高矿化度地下水、强烈蒸发等），有可能发生盐分表聚的情况。土壤盐渍化主要调查内容见表 6-13。

表 6-13   土壤盐渍化调查内容

调查内容	具体参数
灌溉状况	水系、灌水方式、灌水量、水源及其盐分含量等
地下水情况	地下水水位(包括季节、年际变化趋势及常年平均水位)、地下水水质(包括矿化度及 CO_3^{2-}、HCO_3^-、SO_4^{2-}、Cl^-、Ca^{2+}、K^+、Na^+ 的含量及其季节、年际变化)
土壤含盐量	全盐量及 CO_3^{2-}、HCO_3^-、SO_4^{2-}、Cl^-、Ca^{2+}、K^+、Na^+ 的含量
农业生产情况	一般土壤和盐渍化土壤上作物产量的差异、土壤盐渍化程度与作物产量之间的变化关系

（3）土壤沼泽化现状调查。土壤沼泽化是指土壤长期处于地下水浸泡下，土壤剖面中下部某些层次发生 Fe、Mn 还原而生成青灰色斑纹层或青泥层（也称潜育层）或者有机质层转化为腐泥层或泥炭层的现象或过程。

土壤沼泽化一般发生在地势低洼、排水不畅、地下水水位较高地区，主要调查内容见表 6-14。

表 6-14   土壤沼泽化调查内容

调查内容	具体参数
地形	平原、盆地、山间洼地等地貌类型及其特征
地下水	地下水水位及其季节、年度变化，常年平均水位
排水系统	排水渠道、抽水站网
土地利用	水稻及其他水生作物田块特点及面积和作物产量、旱地面积和作物产量

（4）土壤侵蚀现状调查。土壤侵蚀是指土壤及其母质或其他地面组成物质在水力、风力、重力等外营力及地震等内动力作用下，被剥蚀破坏、分离、搬运和沉积的过程。土壤侵蚀主要发生在我国黄河中上游黄土高原地区、长江中上游丘陵地区和东北平原微有起伏的漫岗地形区。主要调查内容见表6-15。

表6-15　土壤侵蚀调查内容

调查内容	具体参数
地形	地貌类型、地势起伏特征（包括坡度、坡长、坡形等）
地质	岩性及其特点
气候	降雨量、季节分配特点、降雨强度、降雪量
植被	植被类型、覆盖度
耕作栽培方式	筑埂作垄、修壕挖沟等，或顺坡种植、密植或稀植、间种套作等

（5）土壤破坏现状调查。土壤破坏是指土壤资源被非农、林、牧业长期占用，或土壤极端退化而失去土壤肥力的现象。土壤破坏现状调查内容除自然灾害因素之外，还涉及土地利用问题，因此调查内容主要包括区域各土地利用类型现状、变化趋势、各类型面积消长的关系及人均占有量等。具体内容包括：①耕地、林地、园地和草地当前的面积，各利用类型过去总面积和多年平均减少的面积，自然灾害破坏的土壤面积以及变化趋势。②城镇工矿和交通建设占用的土地面积，近年增加的面积以及变化趋势。③人口、职业以及各土地利用类型人均占有面积。

二、土壤环境污染监测

土壤环境污染监测主要包括：采样点的选择、土壤样品的收集、土壤样品的制备和土壤样品的分析等内容。

（一）布点

布点是监测工作的关键步骤，一般按网格法布点。具体做法是在地形图上按一定面积分成若干方格，每一方格至少有一个样点，具体取样位置要考虑方格内的主要土壤类型和成土母质，尽可能具有代表性。这种方法布点较多，分布均匀，有利于今后的数据整理工作，但工作量相对较大。在土壤类型较复杂的地区，可根据土壤类型布点，也可根据不同的污染发生类型布点，如污水灌溉区可根据污水灌溉面积大小、污水灌溉年限长短、不同土壤类型和作物类型布置样点。

（二）采样

取样地点应代表所在的整个田块的土壤，不要取田边、路边或肥堆旁土壤。表层取样时，应多点取样均匀混合，使土样有代表性。土壤剖面取样时，只单点分层取样即可。表层取样要根据田块具体情况选择取样点，一般采用以下几种形式。①对角线取样。该法适用于污水灌溉的田块，由田块的进水口向对角引斜线，在对角线上取3~5个点。②梅花型取样。此法适用于面积较小、地势平坦、土壤较均匀的田块，一般采5~10个样点。③棋盘式取样。该法适用于中等面积、地势平坦、地形较方正但土壤不均匀的水型污染土壤的田块，一般取 10 个以上样点。④蛇形取样和随机取样。此法适用于面积较大、地势不平坦、土壤不够均匀的田块，采样点较多。⑤扇形采样。该法适用于在工厂周围的大气型污染的田块。

（三）样品制备

土样运回实验室，摊在塑料薄膜或搪瓷盘内，风干后，去除杂物，用木棍在木板上碾细，过 10 目尼龙筛。将过筛样品用四分法取 10g 左右，用玻璃研钵研磨，再过 100 目尼龙筛，然后分装，备用。

（四）样品分析

按照已选定分析项目和方法，对制备好的土样进行分析，注意分析过程的质量控制和数据处理的统一性。

三、土壤现状评价标准与模式

（一）污染影响型建设项目土壤现状评价

1. 评价因子的选择

评价因子的选择一般是根据监测调查掌握的土壤中现有污染物和拟建项目将要排放的主要污染物，按毒性大小与排放量多少采用等标污染负荷比法进行筛选。

评价因子的选择是否合理，关系到评价结论的科学性和可靠程度。选择评价因子时，要综合考虑评价目的和评价区域的土壤污染物的类型等因素。一般选取的基本因子如下。

（1）重金属污染物，如 Hg、Cd、Cr、Pb、As、Mn、Cu、Ni、Zn 等。

（2）农药类等有机毒物，化学农药种类繁多，主要为有机氯和有机磷农药两大类。此外还有酚、石油类等有机污染物。

（3）污染化合物，如氯化物、溶解盐类、全氮量、硝态氮量及全磷量等。

（4）酸碱度，土壤 pH 等。

（5）有害微生物，包括肠寄生虫卵、肠细菌等。

2. 评价标准

（1）以国家土壤相关标准作为评价标准。如《土壤环境质量　建设用地土壤污染风险管控标准（试行）》（GB 36600—2018）、《土壤环境质量　农用地土壤污染风险管控标准（试行）》（GB 15618—2018）等相关国家标准。

（2）以区域土壤背景值作为评价标准

① 土壤环境背景值的概念。在环境科学领域中，土壤环境背景值是指基于土壤环境背景含量的统计值。通常以土壤环境背景含量的某一分位值表示。其中，土壤环境背景含量是指在一定时间条件下，仅受地球化学过程和非点源输入影响的土壤中元素或化合物的含量。土壤背景值是指在一定时空中土壤未受到或较少受到人类社会活动及现代工业化污染破坏，保持原有状态的土壤中化学元素或化合物的含量。从概念可知，土壤环境背景值在某种程度上反映了社会发展的历史，科技水平与土壤中元素含量存在较大的相关性。由于最近几十年人类频繁的生产活动和大规模的开发，某种意义上来讲绝对不受人类活动影响的土壤几乎不存在了，只能寻找到受影响尽可能小的土壤，所以土壤环境背景值在时空上是相对概念。

② 土壤背景值的计算公式见式(6-2)、式(6-3)。

$$X_i = \overline{X}_i + S \tag{6-2}$$

$$S = \sqrt{\frac{1}{N-1} \sum_{j=1}^{N} (X_{ij} - \overline{X}_i)^2} \tag{6-3}$$

式中　X_i——土壤中 i 物质的背景值；

　　　$\overline{X}_i$——土壤中 i 物质的平均含量；

　　　S——土壤中 i 物质的标准差；

　　　N——统计样品数；

　　　X_{ij}——第 j 个样品中 i 物质的实测含量。

（3）以土壤临界含量作为评价标准。土壤中污染物临界含量是指植物中的化学元素的含量达到卫生标准的限值，或使植物显著减产时土壤中该化学元素的含量。当土壤中污染物达临界含量时，将严重影响人群健康，土壤已严重污染。

3. 评价模式

土壤环境质量评价涉及监测项目、评价标准和评价方法。土壤调查的目的和现实的经济技术条件决定了监测项目的数量。评价标准通常采用国家土壤环境质量标准、土壤背景值或专业土壤质量标准。国内常用的土壤环境质量评价技术方法主要有单污染指数法、累积指数法、污染分担率评价法和内梅罗污染指数评价法。

（1）单污染指数法。单污染指数是最简单的一种评价方法，是将污染物实测值与质量标准比较得到的一个指数，指数小则污染轻，指数大则污染重。该评价方法能比较客观、明了地反映土壤中某污染物的影响程度。其计算式如下：

$$P_i = \frac{C_i}{C_0} \tag{6-4}$$

式中　P_i——污染物指数；

　　　C_i——污染物实测值，mg/kg；

　　　C_0——污染物质量标准，mg/kg。

（2）累积指数法。当区域内土壤环境质量作为一个整体与外区域进行比较，或者与历史资料进行比较时，经常采用综合污染指数来评价，可客观反映区域土壤的实际质量状况。由于地区土壤背景差异较大，特别是矿藏丰富的地区，在矿藏出露的区域，一般背景值都较高，采用累积指数更能反映土壤人为污染程度。累积指数计算式如下：

$$P_i = \frac{C_i}{b_0} \tag{6-5}$$

式中　P_i——污染累积指数；

　　　C_i——污染物实测值，mg/kg；

　　　b_0——污染物背景值，mg/kg。

（3）污染分担率评价法。在评价项目较多，需要找出主要污染物时，可采用污染分担率的评价方法，计算式如下：

$$Y = \frac{P_i}{\sum_{i=1}^{n} P_i} \times 100\% \tag{6-6}$$

式中 Y——污染分担率，%；

P_i——污染物指数。

（4）内梅罗污染指数评价法。内梅罗污染指数反映了各污染物对土壤的作用，同时突出了高浓度污染物对土壤环境质量的影响。计算式如下：

$$P_n = \sqrt{\frac{\overline{P_i}^2 + P_{i\max}^2}{2}} \tag{6-7}$$

式中 P_n——内梅罗污染指数；

$\overline{P_i}$——平均单项污染指数；

$P_{i\max}$——最大单项污染指数。

根据内梅罗污染指数判断土壤污染等级的评价标准见表 6-16。

表 6-16   根据土壤内梅罗污染指数判断土壤污染等级的评价标准

等级	内梅罗污染指数	污染等级	等级	内梅罗污染指数	污染等级
Ⅰ	$P_n \leq 0.7$	清洁（安全）	Ⅳ	$2.0 < P_n \leq 3.0$	中度污染
Ⅱ	$0.7 < P_n \leq 1.0$	尚清洁（警戒限）	Ⅴ	$P_n > 3.0$	重污染
Ⅲ	$1.0 < P_n \leq 2.0$	轻度污染			

（二）生态型建设项目土壤环境现状评价

1. 评价因子的选择

（1）土壤沙化评价因子筛选：一般选取植被覆盖度、流沙占耕地面积比例、土壤质地以及能反映沙化的景观特征等。

（2）土壤盐渍化评价因子筛选：一般选取表层土壤全盐量或 CO_3^{2-}、HCO_3^-、SO_4^{2-}、Cl^-、Ca^{2+}、K^+、Na^+ 等可溶性盐的主要离子含量。

（3）土壤沼泽化评价因子：一般选取土壤剖面中潜育层出现的高度。

（4）土壤侵蚀评价因子：一般选取土壤侵蚀量，或以未侵蚀土壤为对照，选取已侵蚀土壤剖面的发生层厚度等。

（5）土壤破坏评价因子：可选取区域耕地、林地、园地和草地在一定时段（1～5 年或多年平均）内被建设项目占用或被自然灾害破坏的土壤面积或平均破坏率。

2. 评价标准

（1）土壤沙化评价标准。可根据评价区的有关调查研究，或咨询有关专家、技术人员的意见拟定，并参考景观特征等参数拟定土壤沙化标准（表 6-17）。

表 6-17   沙化标准

土壤沙化标准		综合景观特征	土壤沙化程度
植被覆盖度	流沙面积比例		
>60%	<5%	绝大部分土地未出现流沙,流沙分布呈斑点状	潜在沙化
30%～60%	5%～25%	出现小片流沙、坑丛沙堆和风蚀坑	轻度沙化
10%～30%	25%～50%	流沙面积大，坑丛沙堆密集，吹蚀强烈	中度沙化
<10%	>50%	密集的流动沙丘占绝对优势	强度沙化

（2）土壤盐渍化评价标准。一般根据土壤全盐量或各离子组成的总量拟定标准，在以氯化物为主的滨海地区，也可以 Cl⁻ 含量拟定标准。如以全盐量为依据，其标准见表 6-18。

表 6-18　土壤盐渍化标准

土壤盐渍化程度	非盐渍化	轻盐渍化	中盐渍化	重盐渍化
土壤盐渍化标准（土壤含盐量）	<2%	2%～5%	5%～10%	>10%

（3）土壤沼泽化评价标准。根据土壤沼泽化程度拟定评价标准，见表 6-19。

表 6-19　土壤沼泽化标准

土壤沼泽化程度	非沼泽化	轻沼泽化	中沼泽化	重沼泽化
土壤沼泽化标准（土壤潜育层距地面高度）	<60cm	60～40cm	40～30cm	<30cm

（4）土壤侵蚀评价标准。根据黄土地区被侵蚀的土壤剖面保留的发生层厚度拟定评价标准，见表 6-20。

表 6-20　土壤侵蚀标准

土壤侵蚀程度	无明显侵蚀	轻度侵蚀	中度侵蚀	强度侵蚀
土壤侵蚀标准（土壤发生层保留厚度）	土壤坡面保存完整	A 层保存厚度 50%	A 层全部流失或保存厚度<50%	B 层全部流失或保存厚度<50%

（5）土壤破坏评价标准。按评价区内耕地、林地、园地和草地损失的土壤面积拟定。具体数据应根据当地具体情况，咨询有关部门、专家确定。如按乡、区或县的行政范围尺度设定，土壤破坏标准见表 6-21。

表 6-21　土壤破坏标准

土壤破坏程度	未破坏	轻度破坏	中度破坏	强度破坏
土壤破坏标准（土壤损失面积）	未损失	≤3.5hm²	>3.5hm²～≤20hm²	≥20hm²

3. 评价方法

（1）沙化评价方法：评价指数计算，一般采用分级评分法，如潜在沙化评价为 1、轻度沙化为 0.75、中度沙化为 0.50、强度沙化为 0.25。指数值越大，沙化程度越轻。也可采用百分制或 10 分制。若对多种土壤退化趋势进行综合评价，评分制必须统一。

（2）盐渍化评价方法：评价指数计算，采用分级评分法，与土壤沙化评价指数计算相同。

（3）土壤沼泽化评价方法：评价指数计算，采用分级评分法，与土壤沙化评价指数计算相同。

（4）土壤侵蚀评价方法：评价指数计算，采用分级评分法，与土壤沙化评价指数计算相同。

（5）土壤破坏评价方法：评价土壤损失面积指数计算，采用分级评分表，与土壤沙化评价指数计算相同。

第三节　土壤环境影响预测与评价

一、污染物在土壤中迁移转化机理

由于每个区域土壤理化性质及污染物自身特性都存在差异，污染物在土壤中的迁移转化规律就变得很复杂。对流、水动力弥散、吸附与解吸、生物降解是影响土壤中污染物迁移转化的主要原理。此外，挥发、根吸收也能降低污染物在土壤中的浓度。

（一）多孔介质

多孔介质无处不在：土壤属于一种特殊天然多孔介质；人体肝脏是一种生物多孔介质；混凝土是一种工程材料多孔介质。此外，它在力学、化工、冶金、航空航天、油气等领域均有涉及。多孔介质是由连通的多孔固体骨架及其孔隙构成的。为了更好地理解多孔介质的概念，可以从下面三个要点去解释。①首先，其整体结构特征是多孔介质，是固、液、气三相物质，固相即为固体骨架，孔隙空间由液相或气相或液气两相同时占据。假设孔隙空间由液相单一相占据；此时多孔介质为饱和状态，假设孔隙空间含气相，则为非饱和状态。②其次，它的单元结构特点是固体骨架存在于每个组成单元。③孔隙空间至少有一部分是连通的。

土壤是天然多孔介质，它是污染物迁移转化的媒介。多孔介质有两个重要的结构性质，具体如下：①孔隙大小、形态及分布完全没有规律，所以流动阻力的研究难度很大；②固体骨架比表面积很大，这是影响土壤中污染物流动性的重要因素之一。

（二）对流

在土壤这种天然多孔介质中，流体中的污染物随流体运动而发生迁移的过程为对流。当土壤在饱和状态下且流体速度较快时，流体中污染物的迁移过程可看作对流；在非饱和状态下，对流作用未必是污染物运动的主要影响因素。

只要土壤中存在流体流动就会有对流效应。在通透性好、流速大的土壤中，对流是污染物移动的主导动力。对流通量可用式（6-8）计算：

$$F_a = \mu n c \tag{6-8}$$

式中　F_a——对流通量，单位时间内通过土体单位横截面积的污染物质量；

μ——平均孔隙流速；

n——当土壤非饱和时为体积含水率，当土壤饱和时为有效孔隙度；

c——污染物浓度。

（三）扩散

1. 分子扩散

土壤流体中溶质由高浓度处向低浓度处运动的现象被称为分子扩散，其最终趋势是各处溶质浓度达到平衡。分子扩散以浓度差为迁移动力，这是自然界中最常见的物质传递现象。

土壤污染物分子扩散现象可用菲克第一定律表示，其公式为：

$$J_d = -D_d \frac{dc}{dx} \tag{6-9}$$

式中　J_d——扩散通量，指单位时间通过单位横截面积的物质质量；

　　　D_d——分子扩散系数；

　　　$\frac{dc}{dx}$——浓度梯度。

污染物在多孔介质和纯溶液中的分子扩散速度存在很大的差异，由于污染物溶质受到多孔介质骨架的限制，迁移过程往往需要经过弯曲、狭长的孔隙通道，这就造成污染物在多孔介质中的扩散速度比纯溶液中要慢。

2. 机械弥散

机械弥散现象指的是土壤中溶液在孔隙与骨架的影响下，孔隙里溶液的微观速度方向与大小不一致的情况。机械弥散现象的三个原因如下：①溶质通过截面积较大的孔隙时流速较快，反之则慢；②溶液与孔隙的固体内表面之间存在摩擦阻力，孔隙中心流速大于两侧流速；③孔隙弯曲程度影响不同孔隙或孔隙不同处的微观流速。

污染物的机械弥散通量也可用菲克第一定律表示，其公式为：

$$J_h = -D_h \frac{dc}{dx} \tag{6-10}$$

式中　J_h——污染物的机械弥散通量；

　　　D_h——机械弥散系数。

3. 水动力弥散

通常将分子扩散和机械弥散叠加起来称为水动力弥散，这两种现象是同时存在于污染物迁移过程中的。水动力弥散通量常用式(6-11) 表示：

$$J = J_d + J_h = -D \frac{dc}{dx} \tag{6-11}$$

式中　D——水动力弥散系数，表示为分子扩散系数和机械弥散系数之和，$D = D_d + D_h$。

在自然界的大多数情况下，当对流速度很大时，只要考虑机械弥散的作用；当对流速度很小时，只要考虑分子扩散就够了。

（四）生物降解

土壤中含有大量可降解有机污染物的微生物，当有机污染物进入土壤后被分解成三部分：被矿化、形成微生物组织、不能被利用的残余部分。微生物降解作用与吸附作用有相同处也有不同处，相同处是它们都可以使流体中污染物浓度降低，不同处是吸附作用会影响污染物的迁移，而微生物降解作用不会。

在微生物降解过程中，当土壤中有机物浓度较低时，微生物代谢达到平衡状态后，可用下列一级动力学方程来表示有机污染物浓度与时间的关系：

$$\frac{dc}{dt} = -k_1 c \tag{6-12}$$

式中 k_1——一级反应速率常数；

c——流体中有机污染物浓度。

（五）挥发

挥发是指土壤中溶解或非水相污染物从液相向气相转移的现象，它是土壤非饱和带中污染物与气相或固相发生物质交换的主要方式，用式（6-13）来表示挥发作用下污染物在土壤溶液中浓度与气相中浓度的关系。

$$c_g = Hc\left(\frac{1}{r} + K_d\right)$$ (6-13)

式中 c、c_g——土壤溶液中污染物浓度、气相中污染物浓度；

H——亨利系数；

K_d——吸附分配系数；

r——土壤中土壤与水的质量比。

（六）吸附与解吸

吸附过程指的是孔隙中液体与土壤固相骨架表面相互接触时，在固相表面力或污染物分子力的作用下，液体中污染物被固相表面吸附而脱离液相，从而使液相中污染物浓度降低且发生污染物迁移的过程。解吸则与吸附正好相反，是污染物脱离固相表面进入液相的过程。吸附包括很多种，例如离子交换吸附、表面吸附和化学吸附等。

当温度相同时，吸附速度大于土壤孔隙流体速度，土壤固相吸附量与孔隙流体中污染物变化量的关系曲线称为等温平衡吸附，等温平衡吸附有个假设条件是必须保障流体中污染物与固相充分接触。等温平衡吸附主要有四种，分别是 Henry 等温吸附、Freundlich 等温吸附、Langmuir 等温吸附、Temkin 等温吸附。

二、土壤退化趋势预测

开发建设项目对土壤退化的影响主要有土壤盐碱化、土壤酸化、土壤侵蚀与沉积等，影响土壤退化的因素比较复杂，土壤退化的预测工作尚处于探索阶段。

（一）土壤盐碱化预测

土壤盐碱化包括原生盐碱化和次生盐碱化，原生盐碱化与当地气候等因素有关，而次生盐碱化是由人为因素造成的。这里重点介绍次生盐碱化，次生盐碱化主要指的是在农业生产过程中重灌溉轻排水造成地下水水位升高，水盐受到毛细和蒸腾的双重作用而聚集到地表，从而形成的盐碱化。

表 6-22 所示为灌溉水质与次生盐碱化的关系。

表 6-22　灌溉水质与次生盐碱化的关系

土壤溶液电导率＝10mS/m	土壤溶液电导率＞5mS/m
低钠水（SAR[①] 值 0～10）可用于灌溉各种土壤而不发生盐碱化	低钠水（SAR 值 0～6）可用于灌溉各种土壤而不发生盐碱化

土壤溶液电导率＝10mS/m	土壤溶液电导率＞5mS/m
中钠水（SAR 值 10～18）对具有高阳离子交换量的细质土壤会造成盐碱化	中钠水（SAR 值 6～10）对具有高阳离子交换量的细质土壤会造成盐碱化
高钠水（SAR 值 18～26）对大多数土壤都可产生有害的交换性钠,造成盐碱化	高钠水（SAR 值 10～18）对大多数土壤都可产生有害的交换性钠,造成盐碱化
极高钠水（SAR 值 26～30）一般不适用于灌溉	极高钠水（SAR 值＞18）一般不适用于灌溉

①SAR：钠吸附比（sodium adsorption ratio），指溶液中 Na^+ 浓度与 Ca^{2+}、Mg^{2+} 浓度之和的平方根的比值。是评估灌溉水质的化学指标之一，用以指示灌溉水对土壤和植物产生钠危害（或称碱危害）的程度。

当然，造成土壤次生盐碱化的因素不只是灌溉水质，还包括蒸发量、水盐量、土壤质地等多方面因素，所以其评价难度很大。

（二）土壤酸化预测

从农业种植角度看，土壤酸化是由于土壤中通过静电作用吸附在其固相表面的盐基阳离子被带走了，从而引起土壤酸性增强。土壤酸碱性可按土壤溶液的 pH 分级，见表 6-23。

表 6-23　土壤酸碱性分级

pH 值	酸碱性分级	pH 值	酸碱性分级
＜4.5	极强酸性	7.0～7.5	弱碱性
4.5～5.5	强酸性	7.5～8.5	碱性
5.5～6.0	酸性	8.5～9.5	强碱性
6.0～6.5	弱酸性	＞9.5	极强碱性
6.5～7.0	中性		

目前主流的土壤酸化预测方法包括以下几种。

（1）借助模型确定酸沉降临界负荷：①动态模型包括 MAGIC 模型、ILWAS 模型、SMART 模型、SAFE 模型等；②稳态模型包括 PROFILE 模型、MACAL 模型和 Arp 模型。

（2）借助绘制的酸缓冲曲线计算酸缓冲能力，粗略地预测土壤酸化趋势。

（3）通过酸定量回滴实验确定酸害容量，然后利用酸害容量与酸害容量年降低率预测土壤酸化年限。

（4）先计算出土壤酸化速率，再利用酸化时间与临界 pH、酸碱缓冲容量、酸化速率的关系预测酸化时间。

（三）土壤侵蚀和沉积预测

土壤侵蚀一般是指在风、水和重力作用下，土壤被剥蚀、迁移或沉积的过程。土壤侵蚀方程如式（6-14）所示：

$$A = R \times K \times L \times S \times C \times P \tag{6-14}$$

式中　A——土壤侵蚀量，$t/(hm^2 \cdot a)$；

　　　R——降雨侵蚀力指标；

K——土壤可侵蚀性系数，t/(hm^2·a)；

L——坡长系数；

S——坡度系数；

C——作物管理系数；

P——实际侵蚀控制系数。

三、土壤环境容量分析

（一）土壤环境容量的解释

土壤环境容量简单来说指的是区域内土壤中能容纳的污染物负荷上限。土壤环境容量的研究比水、气环境容量更加复杂，影响土壤环境容量的因素包括土壤理化性质、污染物种类与特性、区域相关标准与要求、污染物迁移转化路径等。土壤环境容量通常与土壤生态息息相关，例如植物生理与生态效应、农产品产量、植物器官中的残留现象等方面。当前，土壤环境容量的研究主要集中于临界值、背景值、模型、迁移转化系数等方向，而临界值与迁移转化系数又是确定土壤环境容量的核心基础。

环境容量的影响因素很多，一般分为静态环境容量和动态环境容量。静态环境容量是根据环境标准值与环境背景值经过计算而推导出来的，这种静态观点虽然体现了生态效应和环境要求的土壤最大容量，但没有考虑污染物进入土壤后受到的吸附与解吸作用、微生物降解作用、根吸收作用等。动态环境容量是根据物质平衡线性模型，通过逐年递推方式而计算出来的，这种动态观点更接近实际状态，它综合反映了污染物输入、迁移转化、输出的全过程。很显然，静态环境容量计算简单、参数易得，但不够精确。与静态环境容量模型相比，动态环境容量模型考虑的因素更全，但在实操过程中会遇到如下困难：参数获取难、计算复杂、需要调研和模拟实验等。

（二）土壤环境容量的确定

1. 影响因素

土壤环境容量影响因素主要包括以下几个方面。①土壤类型。不同土壤类型的土壤酸碱度、土壤质地、孔隙度、有机质等都有可能不一样，这些因素会直接影响到土壤自净与缓冲功能、土壤渗透性、土壤离子交换过程，进而引起土壤环境容量的差异。通常同类型土壤具有相似的土壤环境容量，反之则不同。②污染物种类及特性。不同污染物具有不同的特性，它们是影响土壤迁移转化过程的内因；土壤中污染物的化学行为、形态、最终归宿均与土壤环境质量基准、土壤环境容量有着密切关系。③土壤生态系统。由于植物或微生物对污染物的敏感性不同，所以某些污染物的土壤环境容量随之不同；植物和微生物可以单独或联合作用于进入土壤的有毒物质，在一定程度上提高了土壤对污染物的适应性。④区域环境质量标准或要求。包括：食品卫生质量标准；敏感目标如水源地、居民区；土地利用类型如建设用地、农用地以及一类、二类用地。⑤环境背景值。假设某地区土壤中目标污染物背景值本来就超标或非常高，很显然目标污染物环境容量为零或接近零，此时需要先对土壤进行修复或风险管控。

2. 土壤环境基准含量的确定

土壤环境基准含量（或土壤临界含量）指将土壤生态系统作为整体采用各种生态效应的

综合临界指标，以确定土壤环境对污染物的容纳量。土壤临界含量在很大程度上决定着土壤的容纳能力，因而是建立土壤环境容量模型用于计算土壤环境容量、制定环境标准的依据，是土壤环境容量研究中的重要步骤。

（三）土壤环境容量计算公式

1. 土壤静容量的确定

土壤静容量计算公式如下：

$$Q = (C_R - B) \times 2250 \tag{6-15}$$

式中　　Q——土壤环境容量，g/hm^2；

$\quad\quad C_R$——土壤临界含量，mg/kg；

$\quad\quad B$——区域土壤背景值，mg/kg；

$\quad\quad 2250$——每公顷土地耕作层土壤质量，t/hm^2。

由上式可以看出，评价区域的 B 值确定以后，土壤环境容量便与土壤临界含量密切相关，因而判定适宜的土壤临界含量至关重要。计算土壤环境容量，再结合土壤污染物输入量，可以反映土壤污染程度，说明土壤达到严重污染的时间，并可以从总量控制方面找出有效防治对策。

2. 土壤动容量的确定

与土壤静容量相比，土壤动容量考虑了土壤的自净作用，更贴近实际也更实用。目前土壤动容量相关研究中已建立了很多物质平衡模型，下面以重金属的动态容量为例进行介绍。

土壤动容量计算公式如下：

$$W_{(n)} = W_{(n-1)} + W_{in(n)} - W_{out(n)} \quad\quad (n \geqslant 1) \tag{6-16}$$

式中　　$W_{(n)}$——某区域耕作层中，n 年后预期的某种重金属元素的总量；

$\quad\quad W_{in(n)}$——区域土壤第 n 年内该元素的纳入量；

$\quad\quad W_{out(n)}$——区域土壤第 n 年内该元素的输出量。

（四）土壤自净能力

土壤环境之所以对环境污染物具有一定的容纳能力，可容纳各种途径来源的污染物，具有一定的环境容量，主要是因为土壤的环境特性与功能。

土壤自净是指土壤本身通过吸附、分解、迁移、转化，使土壤中污染物浓度得以降低的过程。土壤之所以具有净化功能，主要是因为以下三个因素：①土壤中含有各种各样的微生物和土壤动物，使得外界进入土壤的各种物质都能被分解转化；②土壤中存在复杂的有机和无机胶体体系，可通过吸附、解吸、代换等过程，对外界进入土壤中的各种物质起到蓄积作用，使污染物形态发生变化；③土壤是绿色植物生长的基地，植物的吸收对土壤中的污染物起着转化和转移作用。

污染物在土壤中的积累和净化是同时进行的，两者在一定时期处于相对平衡状态。当输入土壤中的污染物的数量和速率超过土壤的净化能力，将打破相对平衡，造成土壤污染并引发一系列与之相关的环境问题。当输入土壤污染物的数量和速率尚未超过土壤的净化能力，虽然土壤中已含有一定数量的污染物，但其对环境的影响一般是可以接受的。

四、土壤环境影响评价

（一）土壤污染途径

土壤污染途径包括大气沉降、地面漫流、垂直入渗及其他。

1. 大气沉降

大气沉降主要是指建设项目施工及运营过程中，由于无组织或有组织向大气排放污染物，污染物沉降于地面后进入土壤的过程。

大气沉降引起的土壤重金属污染与重工业发达程度等因素有直接关系，越靠近城市，污染程度越重。大气沉降类水平影响范围视污染物随大气扩散、沉降的范围而定，垂向上为污染物的累积过程，在不受外力因素影响条件下污染深度较浅，因此大气沉降大多数仅对表层土壤环境造成影响。

2. 地面漫流

地面漫流重点考虑由于建设项目所在地的坡度较大，建设项目产生的废水随地面径流而流动，导致废水对厂界外土壤环境造成的大面积污染，例如矿山、独立渣场等建设项目。这一类建设项目污染土壤环境的面积较大，但一般影响的深度相对入渗途径来说较浅，除了地势最低洼处，大多仅对表层土壤环境造成影响。矿山、库、坝、渣场等建设项目极易通过地面漫流污染土壤环境，可将建设项目所在地的下游区域以及距离建设项目较近的沟渠、河流、湖、库之间区域作为土壤环境影响重点关注区域。

3. 垂直入渗

垂直入渗主要是指厂区各类原料及产污设施，在"跑冒滴漏"过程中或防渗设施老化破损情况下，经泄漏点对土壤环境产生影响的过程。垂直入渗类影响普遍存在于大多数产污企业中，污染物的影响主要表现在垂向上污染物的扩散，而垂向上污染物能抵达的深度与包气带渗透性能等因素有关。

4. 其他

其他类影响指的是污染物通过上述三种污染途径以外的途径造成土壤影响的过程，如运输过程中的随机散落、风险事故爆炸过程中污染物散落等过程。该类污染过程主要表现为污染源呈点源分布且位置随机，污染物落地后与表层土壤混合，在不受外力条件影响下影响范围不大，垂向扩散深度不深。

（二）影响源强计算方法

土壤环境污染影响型建设项目的影响源强按土壤污染途径可分为大气沉降类、地面漫流类及垂直入渗类三类，具体方法参照《污染源源强核算技术指南》。常用方法如下。

1. 大气沉降

利用大气预测模型计算出通过大气沉降落入单位面积（m²）土壤环境的沉降量，具体方法参照《污染源源强核算技术指南》中大气预测部分。

2. 地面漫流

（1）在田间设定径流小区，在产生径流时收集径流液，测定径流液中排出物质的量，或者根据当地常年监测径流数据分析估算。

土壤中某种物质经径流排出量的计算需依据当地土壤质地和降水强度等要素决定。通过查阅资料获得流域土壤蓄水能力，降水低于一定强度时，流域不产生径流；而降水超过一定强度时，流域土壤处于饱和状态，则产生径流。因此，可根据降水强度、蒸发量和流域水能力等指标，粗略计算径流量，见式（6-17）：

$$W_M = P - R - E + P_a \tag{6-17}$$

式中　W_M——流域蓄水能力（可查阅相关资料获取），mm；

　　　P——降水量（或灌溉量），mm；

　　　R——径流量，mm；

　　　E——蒸发量，mm；

　　　P_a——前期影响雨量（与土壤含水率有关，可使用土壤含水率换算），mm。

（2）可根据常规地面漫流产流量估算汇水面积中某种污染物的含量。

3. 垂直入渗

（1）主要采用室内土柱模拟测定法计算垂直入渗。采用土柱实验进行模拟计算，模拟降雨进行淋溶。土柱采用原状土装填，在土柱底端用烧杯或其他器皿盛装淋溶物，记录一定时间内从土柱中淋溶排出的溶液体积，从而计算测定单位时间内土壤中某种物质经淋溶排出的量。

（2）类比物料中某种污染物可溶于水中浓度的测定结果。对于土壤环境生态影响型建设项目的影响源情况，须通过开展调查工作，搜集并获取建设项目所在地蒸发量与降雨量、地下水水位埋深、地下水溶解性总固体、土壤质地、土壤 pH 及土壤本底的盐分含量等。通过搜集过程无法获得相关资料时，需要通过实验室测定获取相关数据。

（三）预测评价范围

预测评价范围一般与现状调查评价范围一致。

水平调查范围指建设项目对土壤环境的横向影响范围。污染影响型的水平调查范围多指污染物通过大气沉降或地面漫流影响途径的迁移扩散范围；生态影响型的水平调查范围多指由于地下水水位变化区域或酸性、碱性废水地面漫流途径引起的土壤盐碱化、酸化等横向影响调查范围，同时兼顾土壤环境敏感目标的分布情况。

垂向调查范围指建设项目对土壤环境的纵向影响范围，纵向影响范围与影响途径有关。一方面，生态影响型建设项目对土壤环境的影响多集中在表层及亚表层，由于经大气沉降、地面漫流等影响途径导致的土壤污染主要集中在表层，故对表土层进行调查；另一方面，由于土壤污染物迁移、运移不局限于生长植物的疏松表层，还可能影响土壤更深层的相关自然地理要素的综合体，故需要结合土体发生层分布情况预测污染物迁移状况，同时要考虑地下水水位埋深和建设项目可能影响的深度。

对于大气沉降影响途径及地面漫流影响途径的预测评价工作，应重点考虑建设项目对占地范围外土壤环境敏感目标的累积影响，并根据建设项目特征兼顾对占地范围内的影响。

(四) 影响预测与评价方法

土壤环境影响预测与评价方法应根据建设项目土壤环境影响类型与评价工作等级进行。

1. 面源污染影响预测方法

（1）适用范围

该方法适用于某种物质以可概化为面源的形式进入土壤环境的影响预测，包括大气沉降、地面漫流以及土壤盐化、酸化、碱化等。

（2）一般方法和步骤

① 可通过工程分析计算土壤中某种物质的输入量；涉及大气沉降影响的，可参照 HJ 2.2—2018。

② 土壤中某种物质的输出量主要包括淋溶或径流排出、土壤缓冲消耗两部分。植物吸收量通常较小，不予考虑；涉及大气沉降影响的，可不考虑输出量。

③ 分析比较输入量和输出量，计算土壤中某种物质的增量。

④ 将土壤中某种物质的增量与土壤现状值进行叠加后，进行土壤环境影响预测。

（3）预测方法

① 单位质量土壤中某种物质的增量可用式(6-18)计算：

$$\Delta S = n(I_s - L_s - R_s)/(\rho_b A D) \tag{6-18}$$

式中　ΔS——单位质量表层土壤中某种物质的增量，g/kg；表层土壤中游离酸或游离碱浓度增量，mmol/kg。

　　I_s——预测评价范围内单位年份表层土壤中某种物质的输入量，g；预测评价范围内单位年份表层土壤中游离酸、游离碱输入量，mmol。

　　L_s——预测评价范围内单位年份表层土壤中某种物质经淋溶排出的量，g；预测评价范围内单位年份表层土壤中经淋溶排出的游离酸、游离碱的量，mmol。

　　R_s——预测评价范围内单位年份表层土壤中某种物质经径流排出的量，g；预测评价范围内单位年份表层土壤中经径流排出的游离酸、游离碱的量，mmol。

　　ρ_b——表层土壤容重，kg/m³。

　　A——预测评价范围，m²。

　　D——表层土壤深度，一般取 0.2m，可根据实际情况适当调整。

　　n——持续年份，a。

② 单位质量土壤中某种物质的预测值可根据其增量叠加现状值进行计算，见式(6-19)：

$$S = S_b + \Delta S \tag{6-19}$$

式中　S_b——单位质量土壤中某种物质的现状值，g/kg；

　　S——单位质量土壤中某种物质的预测值，g/kg。

③ 酸性物质或碱性物质排放后表层土壤 pH 的预测值可根据表层土壤游离酸或游离碱浓度的增量进行计算，见式(6-20)：

$$pH = pH_b \pm \Delta S/BC_{pH} \tag{6-20}$$

式中　pH_b——土壤 pH 现状值；

　　BC_{pH}——缓冲容量，mmol/(kg·pH)；

　　pH——土壤 pH 预测值。

④ 缓冲容量（BC$_{pH}$）测定方法：采集项目区土壤样品，加入不同量游离酸或游离碱后分别进行 pH 测定，绘制游离酸或游离碱浓度和 pH 之间的关系曲线，关系曲线斜率即为缓冲容量。

对于大气沉降影响途径的预测，可根据 HJ 2.2—2018 得出每平方米的大气沉降量，并通过对预测情景进行设置，预测最不利状况下污染物通过大气沉降对建设项目周边存在的土壤环境敏感目标处的影响。

2. 点源污染影响预测方法

（1）适用范围

该方法适用于某种污染物以点源形式垂直进入土壤环境的影响预测，重点预测污染物可能影响到的深度。

（2）预测方法

① 一维非饱和溶质垂向运移控制方程见式（6-21）：

$$\frac{\partial(\theta c)}{\partial t}=\frac{\partial}{\partial z}\left(\theta D\,\frac{\partial c}{\partial z}\right)-\frac{\partial}{\partial z}(qc) \tag{6-21}$$

式中 c——污染物在介质中的浓度，mg/L；

D——弥散系数，m^2/d；

q——渗流速率，m/d；

z——沿 z 轴的距离，m；

t——时间变量，d；

θ——土壤含水率，%。

② 初始条件见式（6-22）：

$$c(z,t)=0 \quad (t=0,L\leqslant z<0) \tag{6-22}$$

③ 边界条件分为以下两类。

第一类为 Dirichlet 边界条件，其中式（6-23）适用于连续点源情景，式（6-24）适用于非连续点源情景。

$$c(z,t)=c_0 \quad (r>0,z=0) \tag{6-23}$$

$$c(z,t)=\begin{cases} c_0, & 0<t\leqslant t_0 \\ 0, & t>t_0 \end{cases} \tag{6-24}$$

第二类为 Neumann 零梯度边界，见式（6-25）：

$$-\theta D\,\frac{\partial c}{\partial z}=0 \quad (t>0,z=L) \tag{6-25}$$

对于入渗途径的土壤环境影响情况，可结合建设项目所在地的土壤质地与地下水水位埋深情况，重点预测污染物穿透所在地的土壤质地及地下水潜水面情况。

3. 土壤盐化综合评分预测方法

（1）土壤盐化综合评分表见表 6-24。

（2）土壤盐化综合评分法。根据土壤盐化综合评分表选取各项影响因素的分值与权重，采用式（6-26）计算土壤盐化综合评分值（S_a），对照表 6-25 得出土壤盐化综合评分预测结果。

$$S_a=\sum_{i=1}^{n}W_{xi}I_{xi} \tag{6-26}$$

式中　n——影响因素指标数目；

　　I_{xi}——影响因素 i 指标评分；

　　W_{xi}——影响因素 i 指标权重。

表 6-24　土壤盐化综合评分表

影响因素	分值				权重
	0 分	2 分	4 分	6 分	
地下水水位埋深（GWD）/m	GWD≥2.5	1.5≤GWD<2.5	1.0≤GWD<1.5	GWD<1.0	0.35
干燥度（蒸降比值）（EPR）	EPR<1.2	1.2≤EPR<2.5	2.5≤EPR<6	EPR≥6	0.25
土壤本底含盐量（SSC）/(g/kg)	SSC<1	1≤SSC<2	2≤SSC<4	SSC≥4	0.15
地下水溶解性总固体（TDS）/(g/L)	TDS<1	1≤TDS<2	2≤TDS<5	TDS≥5	0.15
土壤质地	黏土	砂土	壤土	砂壤土、粉土、砂粉土	0.10

表 6-25　土壤盐化预测表

土壤盐化综合评分值（S_a）	$S_a<1$	$1≤S_a<2$	$2≤S_a<3$	$3≤S_a<4.5$	$S_a≥4.5$
土壤盐化综合评分预测结果	未盐化	轻度盐化	中度盐化	重度盐化	极重度盐化

第四节　土壤环境影响评价案例

一、工业工程建设项目的土壤环评案例

（一）工业工程建设项目的土壤环评技术路线

工业工程建设项目的土壤环评技术路线如图 6-1 所示。

（二）以某炼化一体化项目为例

1. 某炼化一体化项目概况

本项目为炼油、芳烃、乙烯一体化的设计方案，主要包括主体工程、环保工程、储运工程、公用工程、相应配套设施及依托工程。其中原油加工规模为 $a×10^4$ t/a，芳烃生产规模为 $b×10^4$ t/a，乙烯加工规模为 $c×10^4$ t/a。项目设计范围为用地红线范围内，用地红线范围内占地约 430hm²，工程占地（厂区围墙内）425hm²。

2. 土壤环境现状调查与评价

（1）土壤评价等级判定步骤

① 行业分类：根据《环境影响评价技术导则　土壤环境（试行）》（HJ 964—2018）附录 A 中表 A.1（土壤环境影响评价项目类别）的划分要求，项目属于污染影响型里面的石油、化工类，属于Ⅰ类项目。

② 敏感程度分级：根据《环境影响评价技术导则　土壤环境（试行）》（HJ 964—2018）中表 3（污染影响型敏感程度分级表），项目周边不存在耕地、饮用水水源地或居民区、学

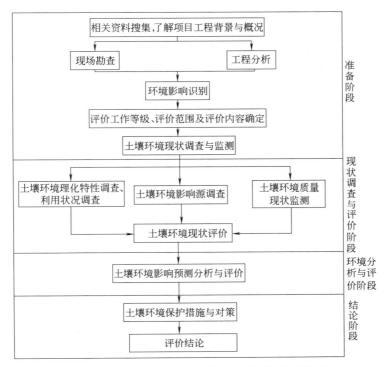

图 6-1 工业工程建设项目的土壤环评技术路线图

校、医院等土壤敏感目标，也无其他土壤敏感目标，因此该项目土壤敏感程度为不敏感。

③ 占地规模分级：项目占地规模大于 50hm²，占地规模为大型。

④ 等级判定：按照《环境影响评价技术导则 土壤环境（试行）》（HJ 964—2018）中表 4（污染影响型评价工作等级划分表）判定该项目为一级评价。

（2）调查评价范围

根据《环境影响评价技术导则 土壤环境（试行）》（HJ 964—2018）中表 5（现状调查范围）要求，一级污染型土壤环境影响评价与调查范围为占地范围内全部及厂区外 1km 范围内。

（3）土壤监测与布点

项目场地内土壤类型以吹填砂为主，土壤类型单一，按照土壤环境现状监测布点要求，污染影响型建设项目占地范围超过 100hm² 的，每增加 20hm²，增加一个监测点，本项目建设面积约 430hm²，项目占地范围内应设置土壤监测点共计 17 个点，场外布置土壤监测点共计 6 个点。其中，根据项目装置分布情况，项目占地范围内 17 个土壤监测点共设置 5 个表层样点、12 个柱状点，项目占地范围外（项目场地 1km 范围内）的 6 个监测点为土壤表层样点。

① 取样深度：柱状样点为 0～0.5m、0.5～1.5m、1.5～3m，3m 以下每 3m 取一个样。涉及入渗途径影响的，主要产污装置区采样深度需至装置底部与土壤接触面以下，根据可能影响的深度适当调整。

② 取样方法：表层样监测点及土壤剖面的土壤监测取样方法一般参照 HJ/T 166—2004 执行，柱状样监测点和污染影响型改、扩建项目的土壤监测取样方法还可参照 HJ 25.1—2019、HJ 25.2—2019 执行。

③ 取样频率：1次。

④ 监测因子（共计64项）：建设用地土壤污染风险筛选值与管控值（基本项目），即《土壤环境质量　建设用地土壤污染风险管控标准（试行）》（GB 36600—2018）中规定的45项；项目特征因子，即总铬、锌、钒、总石油烃、硫化物、二氢苊、苊、芴、菲、蒽、荧蒽、芘，共计12项；土壤理化性质因子，即pH值、阳离子交换量、氧化还原电位、饱和导水率、土壤容重、孔隙度，共计6项；大气沉降特征因子，即二噁英，于两个主风向预测的最大落地浓度点地表处布置2个表层取样点，在厂区内产生二噁英的装置旁布置1个表层取样点。

⑤ 运输、化验、样品分析方法等需按照GB 36600—2018进行。

（4）土壤环境现状评价标准

该项目属于《土壤环境质量　建设用地土壤污染风险管控标准（试行）》（GB 36600—2018）中规定的第二类建设用地，因此依照《土壤环境质量　建设用地土壤污染风险管控标准（试行）》（GB 36600—2018）第二类用地土壤风险筛选值及管控值，对照样品的检测报告，详细分析该厂区现状条件。

本次参与评价的土壤污染物共48项。特别提示：由于总铬、锌、阳离子交换量、氧化还原电位、硫化物、二氢苊、苊、芴、菲、蒽、荧蒽、芘等没有标准值，留作背景值参考。

（5）土壤监测结果及质量评价结果

① 监测结果。参与监测的64项指标中，pH值、阳离子交换量、氧化还原电位、土壤入渗率、土壤容重、孔隙度6项为土壤理化性质指标；二噁英类在三个监测点中有不同程度检出；剩余57项指标中，总石油烃、硫化物、砷、镉、铜、铅、汞、镍、铬、锌、钒、氯甲烷、二氯甲烷、四氯乙烯、氯苯15项指标有不同程度检出，其他共计42项均未检出。

② 评价结果。参与评价的48项指标中，二噁英类在三个监测点中有不同程度检出，但均小于土壤污染风险筛选值；总石油烃、砷、镉、铜、铅、汞、镍、铬、锌、钒、氯甲烷、二氯甲烷、四氯乙烯、氯苯14项土壤污染指标有不同程度检出，但均小于土壤污染风险筛选值；剩余33项参与评价的土壤污染指标均未检出。即参与评价的指标对建设用地土壤污染风险可以忽略。

综上所述，项目及周边区域土壤污染风险可以忽略，项目及周边土壤现状的环境质量较好。

3. 土壤环境影响预测与评价

（1）污染预测方法

拟建项目土壤环境影响类型为污染影响型，影响途径主要为运营期项目场地污染物以垂直入渗方式进入土壤环境，因此采用一维非饱和溶质运移模型进行土壤污染预测。①一维非饱和溶质垂向运移控制方程见式（6-21）。②初始条件见式（6-22）。③边界条件：第一类Dirichlet边界条件中连续点源见式（6-23），非连续点源见式（6-24）；第二类Neumann零梯度边界条件见式（6-25）。

（2）模型概化

① 边界条件。模型上边界概化为稳定的污染物定水头补给边界，下边界为自由排泄边界。

② 土壤概化。结合前期岩土工程勘察及水文地质勘察成果，确定调查评价区内包气带主要岩性为人工吹填的粉砂和细砂，受吹填方式影响和控制，岩性分布不均且无规律可循。

对于项目厂区而言，包气带为粉砂，包气带平均厚度为 2.21m。因此将土壤概化为一层，厚 2.21m，渗透系数取平均值为 7.78m/d，孔隙度为 0.17，土壤含水率为 25%，弥散系数为 2m，土壤容重为 1.33kg/m³。

（3）污染情景设定

① 正常状况。正常状况下，装置区、罐区用钢筋混凝土进行表面硬化处理；原料、物料及污水输送管线经过防腐防渗处理，以及采取源头、分区等防控措施之后，不应有石油类或其他物料暴露而发生渗漏至地下的情景。因此，本次土壤污染预测情景主要针对非正常状况及风险事故状况进行设定。

② 非正常状况。本项目厂区设置 1 座全厂事故水池、2 座雨水监控池及 2 座区域雨水及事故水提升设施。非正常状况下，生产区的雨水与事故水经过雨水排放系统收集，输送到炼油一区雨水及事故水提升池进行储存，储存容积不够时可通过事故水提升泵提升至全厂事故水池，不存在雨水与事故水在地表随意漫流的情况。

非正常状况下，该项目事故泄漏物料对厂区外部的土壤污染小，然而事故污染物可能通过大气沉降造成土壤污染，但根据分析事故属短期且泄漏污染物总量小，所以通过大气沉降对厂界外土壤造成污染的可能性很小。

综上所述，装置区或罐区等可视场所，即便有物料或污水等泄漏，建设单位必定会采取措施，阻止污染物通过渗漏渗入土壤。所以，只有储罐、污水储存池等这些半地下非可视部位发生小面积渗漏时，才可能导致少量物料通过渗漏进入土壤。

a.苯泄漏。项目发生风险事故时，苯罐区苯罐连接管道泄漏，泄漏污染物直接落在地面上，进入包气带。设定事故处理时间为 1d。

苯源强：假设泄漏的苯有 1% 随消防水流入未防渗地面上，泄漏量为 34.8kg。

b.油品罐爆炸。油品储罐区发生事故状况下，参考同类型油品储罐情况，确定以柴油油罐（单罐体积 20000m³，装满系数 0.9）为例进行介绍，单个柴油罐发生爆炸，柴油绝大部分燃烧挥发，0.001% 左右随消防水流入未防渗地面上，进入包气带。设定事故处理时间为 1d。

在非正常状况和风险事故状况下，土壤污染预测源强见表 6-26。

表 6-26 土壤污染预测源强

情景设定	渗漏点	特征污染物	浓度/(mg/L)	渗漏
非正常	苯罐区	苯	8.7×10^5	连续
风险	柴油储罐	石油类	8.4×10^5	爆炸

（4）土壤污染预测

拟建项目土壤环境影响类型为污染影响型，影响途径主要为运营期项目场地污染物以点源形式垂直进入土壤环境。预测时段按项目运行期 20 年考虑。

① 苯罐渗漏污染预测。苯罐区苯罐连接管道泄漏，苯持续渗入土壤并逐渐向下运移，初始浓度为 8.7×10^5 mg/L。模拟结果显示：在非正常状况下，模拟期 20 年内土壤表层（0.1m）苯浓度随着时间推移不断升高，最大值为 8.67×10^5 mg/L，在第四年苯进入深层土壤（2.0m），最大值为 6.89×10^5 mg/L，高于《地下水质量标准》（GB/T 14848—2017）Ⅱ类水标准中的苯的浓度（10μg/L），对表层土壤环境影响较重。

由土壤模拟结果可知，在 1460d 以内，土壤中污染物苯随时间不断向下迁移，且峰值数据不断降低，但由于污染物持续泄漏，在第 1460d 苯已穿透包气带进入含水层，污染物随着时间延长进入地下水中的浓度逐渐升高，最终会对地下水产生较重影响。

② 柴油储罐围堰渗漏污染预测。柴油储罐围堰消防水中石油类瞬时渗入土壤，初始浓度为 $8.4 \times 10^5 mg/L$。模拟显示：在风险事故状况下，模拟期 20 年内土壤表层（0.1m）石油类浓度随着时间推移先升高后降低，第 2 天出现最大值，为 $1.41 \times 10^5 mg/L$，随着深度增加，石油类出现峰值时间逐渐推后，污染物最高浓度逐渐降低，但高于《地表水环境质量标准》（GB 3838—2002）Ⅲ类水标准中的石油类的浓度（0.05mg/L），在风险事故发生后，若不能及时清除包气带内污染，对深层土壤和地下水环境影响较重。

由土壤模拟结果可知，污染物石油类在土壤中随时间不断向下迁移，且峰值数据不断降低，说明迁移过程中污染物浓度不断降低，但整个模拟期内，污染物迁移已穿透包气带进入含水层，最终会对地下水产生影响。

（5）预测结果评价

① 在非正常状况下，苯罐发生意外连续渗漏的情况下，在第 1460d 苯已穿透包气带进入含水层，污染物随着时间延长进入地下水中的浓度逐渐升高，最终会对地下水产生影响。

② 在风险状况下，柴油储罐发生瞬时渗漏的情况下，污染物石油类在土壤中随时间不断向下迁移，且峰值数据不断降低，说明迁移过程中污染物浓度不断降低，但整个模拟期内，污染物迁移已穿透包气带进入含水层，最终会对地下水产生影响。

③ 项目场地土壤为砂土，厚度在 2.21m 左右，分布连续稳定，其渗透系数为 7.78m/d，渗透性较强，污染物易向下部运移。拟建项目应严格按石油化工工程防渗技术规范要求做好分区防渗，并对各类储罐做好渗漏检测工作，发生事故后及时清理污染土壤，可减弱污染事件对土壤的影响，进一步保护项目场地的土壤环境。

二、水利工程建设项目的土壤环评案例

（一）水利工程建设项目的土壤环评技术路线图

水利工程建设项目的土壤环评技术路线图在内容上与工业工程建设项目的土壤环评技术路线图（图 6-1）大体一致。

（二）以某水电站工程项目为例

1. 某水电站工程项目概况

该水电站主要由枢纽工程、施工辅助工程、建设征地及移民安置工程、环境保护工程四部分组成。该工程属于生态影响型项目，其运行期基本不产生污染物，主要环境影响是施工期污染和工程占地及运行期对水环境、水生生态、陆生生态等的影响，施工期影响是短时的、可控的，运行期影响是长期的、累积的。根据分析，确定本次评价的重点是：水环境的变化分析、对水生生态（主要是鱼类）的影响、对陆生生态（特别是大径阶甘蒙柽柳）的影响。

2. 土壤环境现状调查与评价

（1）土壤评价等级判定步骤

① 行业分类：根据《环境影响评价技术导则　土壤环境（试行）》（HJ 964—2018）附录 A 中表 A.1（土壤环境影响评价项目类别）的划分要求，项目属于生态影响型里面的水利类，属于Ⅱ类项目。

② 敏感程度分级：根据《环境影响评价技术导则 土壤环境（试行）》（HJ 964—2018）中表 1（生态影响型敏感程度分级表），按水库淹没区土壤环境质量现状监测结果，所有监测点位含盐量＜2g/kg，pH 值在 6.47～8.44，土壤属于未盐化土质和无酸化、无碱化土质；项目区平均降水量为 403mm，多年平均蒸发量为 1378.5mm，干燥度为 3.42（大于 2.5）；故敏感程度为较敏感。

③ 等级判定：按照《环境影响评价技术导则 土壤环境（试行）》（HJ 964—2018）中表 2（生态影响型评价工作等级划分表）判定该项目为二级评价。

（2）调查评价范围

根据《环境影响评价技术导则 土壤环境（试行）》（HJ 964—2018）中表 5（现状调查范围）要求，土壤环境评价范围主要为工程枢纽占地区、水库淹没区和移民安置区等受工程影响区域。

（3）土壤监测与布点

① 土壤理化特性。对工程水库淹没区 A 村的土壤进行了调查，选择有代表性的样地挖掘土壤剖面，共设置 6 处土壤剖面，分别进行了土壤密度、持水性能及通气状况等测定，结果表明不同区域土壤物理性质存在明显差异；另外，对土壤 pH 值、有机质含量、速效养分、含盐量等也进行了测定。

② 土壤环境质量现状。为了解工程所在区域土壤环境质量现状，共布设 7 个土壤监测点，其中占地范围内 3 个表层样，占地范围外 4 个表层样。占地内 3 个监测点中，1 个位于坝址，其余 2 个为占地范围内两块农用地；占地外 4 个监测点包括 3 个农用地监测点和 1 个移民安置点。

坝址区建设用地和移民安置点建设用地执行《土壤环境质量 建设用地土壤污染风险管控标准（试行）》（GB 36600—2018）中的 45 个基本项目，项目评价区的农用地执行《土壤环境质量 农用地土壤污染风险管控标准（试行）》（GB 15618—2018）中的 8 个基本项目。

（4）土壤环境现状评价标准

枢纽建设区及移民安置区执行《土壤环境质量 建设用地土壤污染风险管控标准（试行）》（GB 36600—2018）；水库淹没区执行《土壤环境质量 农用地土壤污染风险管控标准（试行）》（GB 15618—2018）。

（5）土壤现状调查结果

① 土壤理化性质调查结果。工程区位于干旱、半干旱荒漠和荒漠地区，根据《环境影响评价技术导则 土壤环境（试行）》（HJ 964—2018）中的土壤盐化分级标准，A 村 6 处土壤剖面及工程区 7 个土壤监测点含盐量全部＜2g/kg，属于未盐化土质。所有监测点位 pH 值在 6.47～8.44，属于《环境影响评价技术导则 土壤环境（试行）》（HJ 964—2018）中无酸化、无碱化土质。

② 土壤质量监测结果。由监测结果可以看出，坝址和移民安置点建设用地土壤环境质量分别满足《土壤环境质量 建设用地土壤污染风险管控标准（试行）》（GB 36600—2018）中的第二类、第一类用地筛选值，占地范围内外的农用地土壤环境质量均满足《土壤环境质量 农用地土壤污染风险管控标准（试行）》（GB 15618—2018）中当 pH＞7.5 时的风险筛选值，工程区域土壤环境质量良好。

3. 土壤环境影响预测与评价内容

本建设项目对土壤环境的主要影响来自项目运行期，因此下面重点对运行期土壤环境影响进行分析。

（1）运行期土壤环境影响预测

工程运行期主要污染物为业主营地生活污水和厂房油污水，经处理达标后回用，不会引起土壤的盐化、酸化、碱化。

运行期水库蓄水后可能造成周边土壤的盐化现象，对水库蓄水可能引起的盐化影响采用《环境影响评价技术导则　土壤环境（试行）》（HJ 964—2018）中的"附录 F 土壤盐化综合评分预测方法"进行预测评价。

① 土壤盐化综合评分法见式(6-26)。

② 土壤盐化影响因素赋值。根据《环境影响评价技术导则　土壤环境（试行）》（HJ 964—2018）附录 F 中"表 F.1 土壤盐化影响因素赋值表"，该水电站地下水埋深在 2.5m 以上，土壤盐化影响赋值为 0 分；经计算，工程区干燥度为 3.42，土壤盐化赋值 4 分；经测定，土壤本底含盐量低于 2g/kg，赋值 2 分；工程区地下水溶解性总固体含量低于 1，赋值 0 分；土壤质地为砂土，赋值 2 分。根据因素权重，最终该水电站工程区土壤盐化预测值为 1.5，为轻度盐化。

类比同类型水库淹没情景，土壤环境改变结构，该水电站库区形成后土壤密度增大，总孔隙度、毛管孔隙度和非毛管孔隙度降低，最大持水量、毛管持水量、田间持水量降低；土壤机械组成发生明显变化，土壤大颗粒成分显著减少，细颗粒成分明显增加，土壤由粗变细；土壤 pH 有向中性发展的趋势。工程建设前，土质干燥，建设后湿度增大，抑制土壤有机质的矿化过程，有利于土壤有机质的积累，同时，土壤有机质的增加又有利于植物的生长，进而减轻库周水土流失，土壤养分得到均衡发展。

（2）评价结论

施工期土壤影响主要表现在施工作业开挖、爆破、弃渣对表层土壤的扰动，施工结束后，立即进行施工迹地表土及植被恢复，可减缓施工活动对土壤产生的影响。根据土壤环境质量现状监测，工程区土壤非盐化、非酸化和碱化。运行期水库淹没后，湿度增加，抑制土壤有机质的矿化过程，有利于土壤有机质的积累，土壤养分可以均衡发展。

三、矿业工程建设项目的土壤环评案例

（一）矿业工程建设项目的土壤环评技术路线图

矿业工程建设项目的土壤环评技术路线图在内容上与工业工程建设项目的土壤环评技术路线图（图 6-1）大体一致。

（二）以某煤矿项目为例

1. 某煤矿项目概况

本项目为煤炭开采项目，属采掘类评价项目，环境影响以生态及地下水影响为主。项目位于农村区域，地表无其他特殊环境敏感目标，区域水土流失较为严重，生态环境相对脆弱，区域环境较敏感。项目开发带来的主要环境问题为：煤炭开采后沉陷对井田范围内建构筑物、草地灌木林地、农业、土壤、地表水系、生态系统等的影响；项目生产期处理后矿井水综合利用问题；项目生产期掘进矸石充填等问题。

2. 土壤环境现状调查与评价

（1）土壤评价等级判定步骤

① 行业分类：根据《环境影响评价技术导则　土壤环境（试行）》（HJ 964—2018）附录 A 中表 A.1（土壤环境影响评价项目类别）的划分要求，该项目属于采矿业类中煤矿采选项目，属于Ⅱ类项目；按影响类型分，建设项目工业场地占地属于污染影响型，开采井田区属于生态影响型，即该项目为生态影响型和污染影响型两种类型兼有的项目。

② 敏感程度分级：根据《环境影响评价技术导则　土壤环境（试行）》（HJ 964—2018）中表 1（生态影响型敏感程度分级表）和表 3（污染影响型敏感程度分级表），生态影响型井田区域干燥度为 10，干燥度大于 2.5，且常年地下水水位平均埋深大于 1.5m，土壤含盐量小于 2g/kg，属于较敏感区；污染影响型工业场地占地面积 21hm²，占地面积在 50hm² 以下，占地规模为中型，且周边土壤环境不敏感。

③ 等级判定：按照《环境影响评价技术导则　土壤环境（试行）》（HJ 964—2018）中表 4（污染影响型评价工作等级划分表）和表 2（生态影响型评价工作等级划分表）判定该项目，生态影响型井田区域评价等级为二级，污染影响型工业场地评价等级为三级。

（2）调查评价范围

根据基于各环境要素受影响程度及评价等级、保护目标的敏感程度，可将评价范围适当缩小或延伸的原则，确定各环境要素的评价范围。

生态影响型井田区调查评价范围为井田范围外扩 2km，污染影响型工业场地调查评价范围为工业场地占地范围及外扩 0.05km。

（3）土壤环境监测与布点

① 土壤环境质量现状监测点位。依据评价等级、土壤类型及土地利用现状，本次评价共布设了 7 个土壤监测点，其中污染影响型布设 3 个监测点（工业场地范围内 1 个柱状样和 2 个表层样），生态影响型布设 4 个监测点（井田开采区 4 个表层样）。1 号监测点位于矿井水处理站西北侧，2 号监测点位于工业场地西北角，3 号监测点位于翻矸场，4 号监测点位于沙地，5 号监测点位于灌木林地，6 号监测点位于其他草地，7 号监测点位于旱地。共采样两次。

② 监测因子。1、2、3 号监测点监测项目包括《土壤环境质量　建设用地土壤污染风险管控标准（试行）》（GB 36600—2018）中规定的建设用地土壤污染风险筛选值与管控值（基本项目）45 项和 pH。1 号监测点同时测了全盐。

4、5、6、7 号监测点监测项目包括铜、砷、铅、铬（六价）、镉、镍、汞、锌、pH。

③ 监测方法。1 号监测点取柱状样，取样深度分别为 0～0.5m、0.5～1.5m、1.5～3.0m；2、3、4、5、6、7 号监测点取表层样，取样深度为 0～0.2m，采用梅花布点法多点采样，均匀混合；分析方法按照《土壤环境监测技术规范》（HJ/T 166—2004）中的相关要求执行。

④ 评价标准。选用《土壤环境质量　建设用地土壤污染风险管控标准（试行）》（GB 36600—2018）和《土壤环境质量　农用地土壤污染风险管控标准（试行）》（GB 15618—2018）中的筛选值进行评价。

⑤ 监测结果。项目区土壤环境质量监测结果为：1、2、3 号监测点土壤监测因子均能达到《土壤环境质量　建设用地土壤污染风险管控标准（试行）》（GB 36600—2018）中第二类用地基本项目风险筛选值，4、5、6、7 号监测点土壤监测因子均能达到《土壤环境质量

农用地土壤污染风险管控标准（试行）》（GB 15618—2018）中基本项目风险筛选值标准，土壤污染风险低，项目区土壤环境现状良好，未受污染。

3. 土壤环境影响预测与评价

（1）土壤环境影响识别

该项目对土壤环境的主要影响来自项目运营期，因此下面重点对运营期土壤环境影响进行分析。该煤矿工业场地属于污染影响型，产生的污染物对土壤环境影响途径为大气沉降与垂直入渗两种方式。煤矿开采会形成采煤沉陷区，故井田开采区属于生态影响型，其主要环境问题为土壤盐化。污染影响型土壤环境影响源及影响因子识别详见表6-27。

表 6-27　污染影响型土壤环境影响源及影响因子识别表

时段	污染源	污染途径	影响因子	特征因子
施工期	施工扬尘	大气沉降	pH、硫化物、氮化物、硫酸盐、硝酸盐	pH
	施工废水	垂直入渗	pH、铜、砷、铅、铬(六价)、镉、镍、汞、锌	铜、砷、铅、铬（六价）、镉、镍、汞、锌
运营期	底面生产系统	大气沉降	pH、硫化物、氮化物、硫酸盐、硝酸盐	pH
	生活污水处理站、矿井水预处理站	垂直入渗	pH、COD、BOD$_5$、氨氮、镉、汞、锌等	镉、汞、锌

（2）运营期土壤环境影响评价

① 开采区土壤环境影响分析与评价。根据实地调研和监测结果，评价区土壤未酸化、未碱化、未盐化。项目区土壤类型层开采不会造成土壤盐化，同时，本项目开采区不排放酸碱污染物，不会导致土壤酸化或碱化。煤矿开采主要对土壤结构、含水率、孔隙度等理化性质产生影响，矿方应加强沉陷区的生态整治，及时对沉陷区的裂缝进行充填，恢复植被，防止水土流失。本次评价仅采用定向描述进行简单分析，不进行进一步预测评价。

② 工业场地土壤环境影响分析与评价

a. 土壤环境影响因素分析。本项目运营期主要污染源来自煤开采、洗选、加工、储运等生产过程中产生的废水、废气和固体废物等污染物，会对土壤环境产生负面影响。

b. 土壤环境质量影响分析。本项目工业场地各功能区均采取"源头控制""分区防控"的防渗措施，可以有效保证污染物不会进入土壤环境，防止污染土壤。项目产生的固体废物均在室内堆放，满足"防风、防雨、防晒"的要求，且贮存地面采取防渗措施，分区分类存放，同时设有隔断及导排设施，经收集后均进行妥善处理，不直接排入土壤环境。危废暂存库按《危险废物贮存污染控制标准》（GB 18597—2001）要求进行设计建造。危险废物分类收集后委托有资质的危险废物处置单位处置。整个过程基本上可以杜绝危险废物接触土壤，且建设项目场地地面会做硬化处理，对土壤环境不会造成影响。

运营期产生的大量废水、固体废物和危险废物等污染物均得到妥善的处理，严格执行各项环保措施，各种污染物对土壤环境的影响均处于可接受范围内。

四、农业工程建设项目的土壤环评案例

(一) 农业工程建设项目土壤环评技术路线图

农业工程建设项目土壤环评技术路线图在内容上与工业工程建设项目的土壤环评技术路线图（图6-1）大体一致。

(二) 以某公司农业建设项目为例

1. 某公司种植基地、有机肥、营养土建设项目概况

项目总种植面积6000亩（1亩=666.67m²），配套建设年生产300000t有机肥料、营养土项目，有机肥料加工区29000m²，总建筑面积6400m²。经核实，有机肥、营养土配套项目建设地点范围不属于饮用水保护区、基本农田保护区、生态公益林。

该项目中6000亩农田用于田圃及种植辣椒、果蔬、花卉、中药等。

本项目拟利用畜禽粪便作为主要原料，以落叶、玉米秸秆、稻秆等植物废物为膨胀剂和调理剂，添加适当的嗜热菌进行好氧发酵堆肥，一部分堆肥成品用作营养土出售，一部分成品添加钾矿粉、磷矿粉制成高效的有机肥。

2. 土壤环境质量现状调查

（1）土壤评价等级判定步骤

① 行业分类：根据《环境影响评价技术导则　土壤环境（试行）》（HJ 964—2018）附录A中表A.1（土壤环境影响评价项目类别）的划分要求，该项目属于环境和公共设施管理业中的一般工业固体废物处置及综合利用项目（Ⅲ类项目），为污染影响型项目。

② 敏感程度分级：根据《环境影响评价技术导则　土壤环境（试行）》（HJ 964—2018）中表3（污染影响型敏感程度分级表），项目100m周边存在农田及散户等敏感目标，因此该项目土壤敏感程度为敏感。

③ 占地规模分级：项目中有机肥料加工区占地29000m²，故占地规模为小型。

④ 等级判定：按照《环境影响评价技术导则　土壤环境（试行）》（HJ 964—2018）中表4（污染影响型评价工作等级划分表）判定该项目为三级评价。

（2）调查评价范围

根据《环境影响评价技术导则　土壤环境（试行）》（HJ 964—2018）中表5（现状调查范围）要求，三级污染影响型土壤环境影响评价与调查范围为占地范围内全部及厂区外0.05km范围内。

（3）土壤监测与布点

该项目共设3个采样点，2个采样点在项目占地范围内，1个采样点在项目占地范围外，这3个采样点均为表层土壤监测点，取样深度为0～0.5m。根据《环境影响评价技术导则　土壤环境（试行）》（HJ 964—2018）中现状监测因子要求，厂区每种土壤类型相对未受人为污染的区域和可能受影响最重的区域布设监测点，需监测基本因子45项，其他监测点可仅监测特征因子。

（4）土壤环境现状评价标准

该项目属于《土壤环境质量　建设用地土壤污染风险管控标准（试行）》（GB 36600—

2018）中规定的第二类建设用地，因此依照《土壤环境质量 建设用地土壤污染风险管控标准（试行）》（GB 36600—2018）第二类用地土壤风险筛选值作为土壤现状评价标准。

（5）土壤监测结果

由监测结果可知，本项目选址土壤环境质量现状满足《土壤环境质量 建设用地土壤污染风险管控标准（试行）》（GB 36600—2018）表1中第二类用地筛选值要求，说明本项目选址土壤环境质量良好。

（6）环境质量评价标准

有机肥、营养土项目用地原为高速公路搅拌场，建设用地类型为综合用地，土壤环境质量标准执行《土壤环境质量 建设用地土壤污染风险管控标准（试行）》（GB 36600—2018）表1中第二类用地筛选值。

3. 土壤环境影响预测与评价

（1）土壤环境影响途径

该项目对土壤环境的主要影响来自项目运营期，因此下面重点对运营期土壤环境影响进行分析。项目产生的污染物对土壤环境影响途径为大气沉降与垂直入渗两种方式。污染影响型建设项目土壤环境影响源及影响因子识别详见表6-28。

表6-28　污染影响型建设项目土壤环境影响源及影响因子识别表

污染源	工艺流程/节点	污染途径	全部污染物指标①	特征因子	备注②
生产车间	渗滤液/废气处理设施	大气沉降	氨气、总悬浮颗粒物（TSP）、硫化氢	氨气、硫化氢	间断、正常
堆肥车间/污水处理站	渗滤液/污水处理设施	垂直入渗	石油类、总磷、氨氮、COD	石油类	间断、正常
危废临时贮存场所	危废暂存	垂直入渗	废机油类	总石油烃	间断、正常

① 根据工程分析结果填写。

② 应描述污染源特征，如连续、间断、正常、事故等；涉及大气沉降途径的，应识别建设项目周边的土壤环境敏感目标。

（2）影响分析

① 废液渗漏对土壤影响。堆肥区、污水处理站、危废暂存间防渗要求：操作条件下的单位面积渗透量不大于厚度1.5m、渗透系数≤10cm/s防渗层的渗透量，防渗能力与《危险废物贮存污染控制标准》（GB 18597—2001）（2013年6月8日修订）第6.2.1条等效。

本项目表面处理区、污水处理站、危废暂存间均严格按照《危险废物贮存污染控制标准》（GB 18597—2001）（2013年6月8日修订）中有关规范设计，按要求做好防渗措施，并在四周设置围堰，正常情况下发生污染物对土壤环境影响的概率很小。

② 废气对附近土壤的累积影响。项目废气排放的主要污染物包括颗粒物、氨气和硫化氢等，根据工程分析可知，项目废气污染物沉降对周围土壤环境影响不大。由于本建设项目废气污染排放量较少，通过大气干、湿沉降的方式进入周围土壤的量也相对较少，本次新建项目只进行定性描述。本次新建项目建成后，废气污染物沉降对土壤环境质量污染影响较小。

③ 结论。本次新建项目对土壤的污染途径主要来自废液及废气排放，厂区危险废物暂存间按有关规范设计、建设，可将废液渗漏对土壤的影响降至最低；本次新建项目排放废气量较小，废气污染物沉降对土壤环境质量污染影响较小。

五、交通工程建设项目的土壤环评案例

（一）交通工程建设项目的土壤环评技术路线图

交通工程建设项目的土壤环评技术路线图在内容上与工业工程建设项目的土壤环评技术路线图（图 6-1）大体一致。

（二）以某高速铁路项目为例

1. 概述

项目为高速铁路，旅客列车最高设计行车速度为 350km/h，电力牵引。建设过程包括桥梁、隧道、车站、轨道及相应配套设施的建设，总线路跨度大，施工总工期较长。根据项目的环境影响和沿线环境特点，本次评价的重点为生态环境影响评价、地表水环境影响评价、地下水环境影响评价、声环境影响评价和振动环境影响评价。

2. 土壤环境现状调查与评价

（1）土壤评价等级判定步骤

① 行业分类：根据《环境影响评价技术导则 土壤环境（试行）》（HJ 964—2018）附录 A 中表 A.1（土壤环境影响评价项目类别）的划分要求，项目中客车整备所与动车所属于污染影响型里面的交通运输仓储邮政业的Ⅲ类项目，其他区域属于Ⅳ类项目。

② 敏感程度分级：根据《环境影响评价技术导则 土壤环境（试行）》（HJ 964—2018）中表 3（污染影响型敏感程度分级表），项目客车整备所与动车所周边有居民区、养老院、学校、特殊用地敏感目标，因此该项目土壤敏感程度为敏感。

③ 占地规模分级：项目中客车整备所与动车所占地面积在 5~50hm²，占地规模为中型。

④ 等级判定：按照《环境影响评价技术导则 土壤环境（试行）》（HJ 964—2018）中表 4（污染影响型评价工作等级划分表）判定该项目客车整备所与动车所所在区域为三级评价。

（2）调查评价范围

根据《环境影响评价技术导则 土壤环境（试行）》（HJ 964—2018）中表 5（现状调查范围）要求，三级污染影响型土壤环境影响评价与调查范围为占地范围内全部及占地范围外 0.05km 范围内。

（3）土壤监测布点

① 监测点位。客车整备所和动车所两个区域共设 6 个采样点，每个区域 3 个采样点，这 6 个采样点均为表层土壤监测点，取样深度为 0~0.5m。其中两个区域各设一个采样点监测基本项目、特征项目、其他因子，其他采样点监测特征项目、其他因子。

② 监测因子。监测因子包括基本因子和特征因子。基本因子为 GB 15618—2018、GB 36600—2018 中规定的基本项目，特征因子为砷、镉、铬（六价）、铜、铅、汞、镍、石油烃。

（4）土壤环境现状评价标准

该项目客车整备所与动车所所在区域属于《土壤环境质量 建设用地土壤污染风险管控标准（试行）》（GB 36600—2018）中规定的第二类建设用地，因此本项目选择《土壤环境

质量　建设用地土壤污染风险管控标准（试行）》（GB 36600—2018）第二类用地土壤风险筛选值作为土壤现状评价标准。表层样监测点及土壤剖面的土壤监测取样方法按照《土壤环境监测技术规范》（HJ/T 166—2004）进行监测。

（5）评价方法

采用标准指数法进行监测区域土壤环境质量现状评价，其指数计算公式如下：

$$P_i = \frac{c_i}{c_{oi}} \tag{6-27}$$

式中　P_i——评价因子 i 的标准指数；

　　　c_i——评价因子 i 的实测浓度，mg/m^3；

　　　c_{oi}——评价因子的评价标准，mg/m^3。

（6）土壤监测结果

监测结果显示：客车整备所、动车所所在区域土壤环境质量较好，所有监测因子均能满足《土壤环境质量　建设用地土壤污染风险管控标准（试行）》（GB 36600—2018）第二类用地筛选值限值。

3. 土壤环境影响评价

本工程对土壤环境的影响主要来自客车整备所、动车所设置的维修场所。客车整备所主要承担枢纽内所有动车组和普通客车的整备、存车以及临修工作；动车所承担到站的始发、终到动车组一级和二级的检修、临修和存放作业。

根据客车整备所、动车所的功能定位，对土壤环境的影响主要为车辆检修及洗车环节产生的含油污水、废渣，其主要特征污染物为污水中的石油类。含石油类的废水、废渣进入土壤后，污染物在土壤中迁移、残留和沉积会破坏土壤结构，影响土壤的通透性，改变土壤有机质的组成和结构，降低土壤质量。土壤性质的改变会直接影响土壤中物质的行为，破坏土壤的生产功能。在一定环境条件下，石油烃不易被土壤吸收的部分将渗入地下并污染地下水。

评价建议对维修场所所在区域进行地面硬化，同时对维修场所可绿化区域种植吸附能力较强的植物，以降低工程建设对区域土壤环境的影响。

第七章

土壤污染的物理和物理化学修复技术

污染土壤修复技术主要涵盖物理类、化学类或生物类的方法，是指通过一种方法或多种方法联合，对土壤中的污染物进行迁移、吸附、吸收、降解和转化，使其浓度降低到相应的标准，或将有毒有害污染物无害化的过程。按照修复原理，通常可以分为物理修复技术、化学修复技术和生物修复技术以及物理化学修复技术。本章着重介绍物理和物理化学修复技术，旨在让读者了解相关修复技术的原理、技术设备、工程应用等知识。

第一节　土壤污染的热脱附技术

一、技术原理

热脱附技术按处理位置可分为原位热脱附技术、异位热脱附技术。异位热脱附技术可按处理温度分为高温（500～800℃）热脱附、低温（90～320℃）热脱附，也可以根据热源与修复土壤接触方式分为直接热脱附技术与间接热脱附技术。原位热脱附技术可按照加热方式分为电阻加热、热传导加热以及蒸汽加热。目前国内热传导加热（燃气加热或电加热）和电阻加热的应用规模较大，蒸汽加热的应用案例较少，而电阻加热法在美国运用较为广泛。

【热脱附技术】
是通过将待修复土壤区块的温度升高至目标污染物的沸点以上，经过热传导或者热辐射，使得待处理的污染土壤区块内的污染物都能得以解吸挥发，然后利用泵真空抽取达到有机污染物与土壤分离的目的。此外，该技术可以通过调控温度以及物料停留时间促使污染物选择性气化脱附去除。

二、适用对象及工艺流程

热脱附技术目前主要的适用范围是挥发性有机物（VOCs）及半挥发性有机物（SVOCs），

如多环芳烃、苯系物、多氯联苯等等。但该技术不适用于受到除汞外的无机污染的土壤区块，对于目标污染物为腐蚀性有机物，以及活性氧化剂和还原剂含量较高的土壤也不建议使用该技术。

前面提到原位热脱附技术可按照加热方式进行分类，但由于技术原理一样，总体的工艺流程大致相同。首先加热车间（电供热则布设变电站，燃气供热则布设燃气厂）对污染区块进行供热，同时按照一定间隔距离布设污染气体收集口，通过真空泵抽真空，达到污染物与待修复土壤分离的目的（图7-1）。所抽取的污染废气再通过管网输送到尾气处理车间进行相应处理，处理达标后再排放。

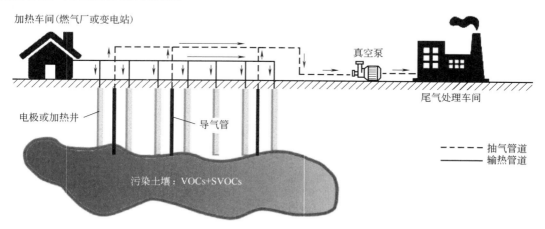

图 7-1　热脱附技术工艺流程示意图

（一）原位热脱附技术

原位热脱附技术一般包括两个阶段：第一阶段，利用加热车间对电极或者加热井进行直接或间接加热，当土壤的温度升高至目标污染物的沸点以上时，污染物就会变成气态从土壤中解吸，然后利用真空泵进行真空抽取；第二阶段，对抽取的尾气进行诸如除尘、焚烧和淋洗等处理，使其能达标排放。

原位热脱附技术中，电阻加热与蒸汽加热的应用温度域为100℃左右，用于去除油类以及挥发性有机物等污染物；热传导加热则适用于高于100℃的温度域，用于去除半挥发性有机物、农药等污染物。对于加热方式的选择可参考图7-2。

另外，热传导加热也可根据供能能源进行分类，分为燃气加热和电加热，两者技术对比如表7-1所示。

表 7-1　电加热与燃气加热技术对比

类别	电加热	燃气加热
能量来源	电	天然气、煤气、丙烷等
能量提供方式	变电站	燃烧井
能量利用率/%	25~75	30~70
费用/[元/(kW·h)]	0.8~1.8	0.4~0.6
井间距/m	1.5~4	1.5~3
井深度/m	—	<35

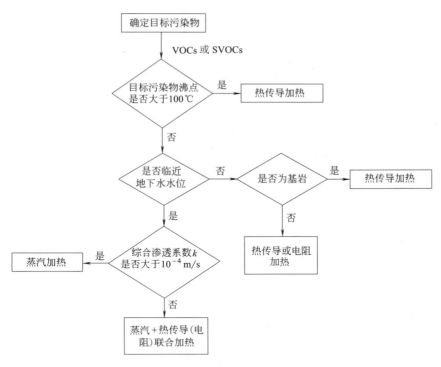

图 7-2　热脱附加热方式选择逻辑

1. 电阻加热

变电站为电极加热系统供电，然后电阻将电能转换成热能来加热土壤，使土壤中水分逐渐转化成水蒸气并在污染区块进行热扩散，促使土壤中目标污染物挥发汽化脱附，然后通过真空抽提使目标污染物随着水蒸气

【电阻加热技术】
是在污染土壤区块中布设电极组成电极加热系统，利用该电极系统向修复区块进行加热。

从土壤体系分离。电阻加热的热脱附处理系统主要包括电力控制系统、电极加热系统、尾气抽取系统和尾气后处理系统等等。

2. 蒸汽加热

蒸汽加热技术如图 7-3 所示。蒸汽加热技术一般由蒸汽注入井和抽提井组成，注入的蒸汽先对注入井周边土壤进行加热，随着蒸汽的冷凝，热量以辐射状向四周扩散，脱

【蒸汽加热技术】
是通过向土壤内注入高温蒸汽，依靠高温蒸汽来实现目标污染物与土壤的分离。

附下来的挥发性有机污染物与热蒸汽和地下水构成气水混合物，由抽提井收集处理。另外建议在系统运行的中后期，将水平抽提设备布设在地下 0.5m 的位置，以防蒸汽逸出地表造成污染。该技术一般适用于渗透系数 $k > 10^{-4}$ m/s 的土壤。

3. 热传导加热

热传导加热技术的加热装置主要有热处理井与热处理毯。在目标污染物埋深较深且浓度较大的情况下，会考虑布设热处理井进行加热。首先变电站输送电能到布设在土壤下的金属

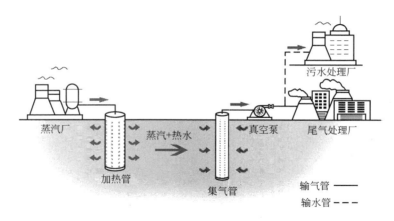

图 7-3　蒸汽加热技术示意图

套管对其进行加热，然后通过热辐射的作用加热周围土壤，使目标污染物温度升高从而汽化脱附，与土壤组分分离。而对于目标污染物埋深较浅的土壤，可在土壤表层铺设热处理毯，然后进行热传导来达到污染物与土壤分离的目的。

该技术能够将土壤升温至 500～800℃，但由于是通过热辐射来进行热传导升温，因此加热效果仅在加热井附近的区域较好，距离较远的土壤升温速度较慢。另外也需要考虑地下水降温对系统加热的影响。

（二）异位热脱附技术

异位热脱附技术的技术原理与原位热脱附技术大致相同，两者区别主要在于工艺流程以及构筑物，异位热脱附技术的工艺流程如图 7-4 所示。

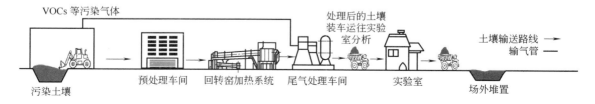

图 7-4　异位热脱附技术工艺流程示意图

一般异位热脱附技术修复包括以下几个步骤。

（1）污染土壤的挖掘运输：挖掘污染土壤时需要注意挥发性有机物逸散到空气中的风险；另外对于地下水水位较高的场地，需要考虑土壤含水率是否符合处理要求，必要时可以进行一定的降水操作。

（2）污染土壤预处理：在将污染土壤送入回转窑前需进行筛分、磁选以及调节土壤含水率的操作，以方便后续操作。

（3）污染土壤热脱附处理：通过调节运行参数（如温度、物料停留时间等）来实现目标污染物的分离甚至是去除，产生的尾气通过管道输送至尾气处理车间进行统一处理。

（4）尾气处理：加热系统产生的尾气通入尾气处理系统进行处理，通过焚烧、淋洗等方法将废气处理至达标后排放至大气。

异位热脱附技术可以根据处理温度分为高温热脱附和低温热脱附。

1. 高温热脱附技术

高温热脱附只是促使目标污染物汽化，是物理分离过程，并不会分解有机物，工作人员可以通过调控运行温度和物料停留时间，使目标污染物只会汽化挥发但不会被氧化。同时，该技术经常结合焚烧、固化稳定化使

> **【高温热脱附】**
> 主要将污染土壤加热至500℃左右，将土壤内的水分及有机物汽化，然后通过管道输送到尾气处理系统。

用，该技术能将特定目标污染物的最终浓度水平降至5mg/kg以下。

高温热脱附对于有机污染物有广谱有效性，主要用于去除半挥发性有机物如多环芳烃、多氯联苯等，当然对于挥发性有机物和石油烃类污染物也可达到一定的分离效果，但经济效益会有所降低。

2. 低温热脱附技术

低温热脱附技术与高温热脱附技术一样，也是物理分离过程，不会分解有机物，且尾气处理系统里燃烧室单元的污染物去除效率很高，一般为95%及以上，运行温度域一般为90～320℃。该技术主要处理非卤化的挥发性有机物和石油烃类污染物，对于半挥发性有机物也具有一定的分离效果。其热处理器主要分为旋转干燥器和螺旋加热器两种。

三、设备及日常运行维修

（一）原位热脱附系统

原位热脱附系统组成主要包括加热系统、抽提系统、废气废水处理系统以及监测系统。而对于原位热脱附技术，上述提及的三种工艺主要区别在于加热系统：电阻加热的加热系统是变电站与电极站组合的系统，蒸汽加热的加热系统由加热车间与加热井组成，而热传导加热系统则是由变电站与加热井组成的，三者的应用温度域有较大的差异，且对于不同地层的适用性也有一定差异。

下面对原位工艺系统的设备以及布设要求进行介绍。

1. 加热井及抽提井的布设

加热井或是抽提井的布设间距决定了布设的数量，根据《污染土壤修复工程技术规范　原位热脱附》（HJ 1165—2021）标准，确定热传导加热以及电阻加热的加热井间距为2～6m，而蒸汽注入井间距为6～15m。

根据加热井和抽提井的布设方式，抽提井可与加热井布设在相同或邻近点位，也可布设在以加热井为顶点构成的正六边形或正三角形的中心位置。加热井和抽提井的数量比例一般在1:1～4:1之间，按正三角形和正N边形进行布设，即加热井位于正三角形或正N边形的顶点（N为加热井布设数量），而在图形中心设置抽提井。对于热传导加热和电阻加热，正三角形布设方式最为常见；对于蒸汽加热，也有采用正方形设置的。

另外，由于加热具有扩散局限性，即在垂直及横向四周存在热量分布不均及不足的现象，因而很多国家对于加热范围所覆盖的修复区域在纵向及横向都有要求，像美国就要求横向覆盖范围需往外延伸1.5m，而纵向以目标深度为中心上下分别延伸0.6m，以确保修复

区域的边界也能达到修复效果。

2. 地下加热系统的构造及安装

加热井的安装可采用先成孔再置入的方式或直推置入的方式。当加热井和抽提井协同设置时，一般采用先成孔再置入的方法。具体的成孔钻进方法有螺旋钻进、冲击钻进、清水/泥浆回转钻进等，其中螺旋钻进是最常用的方法。

3. 抽提系统

抽提井的布设在"1. 加热井及抽提井的布设"中已有说明，对于蒸汽加热方式，仍需对抽提速率、真空压力等进行要求。美国工农兵手册推荐抽提速率为蒸汽注入速率的 $1 \sim 3$ 倍，而真空压力设置为 $0.5atm$（$1atm = 101325Pa$）；当前我国《污染土壤修复工程技术规范 原位热脱附》建议真空压力为 $0.2 \sim 0.6atm$。

4. 水平阻隔

为了避免施工过程污染物向修复区块四周扩散以及污染地下水，要求在施工前建立好水平阻隔设施。水平阻隔设施主要用于以下方面。

（1）防渗。防止污染物蒸气逸散至地表造成二次污染，同时避免雨水等地表水大量入渗，影响升温效果。

（2）保温。降低地下热量损失，同时保证地表温度处于安全范围，避免造成烫伤事故。

（3）对于电加热（热传导加热和电阻加热），水平阻隔层还起到绝缘防护作用，避免地表电压过高引发人员触电危险。

（4）为了降低地下水入渗对修复区域热修复效果的影响，也需要进行一定的阻隔，如利用止水帷幕等阻隔材料。

5. 日常监测与运行维护

日常监测的重要参数包括施工操作设备和地下温度、压力、重要位置的尾气温度及污染物含量、反映能源消耗的相关指标（燃气流量、电流、蒸汽流量/压力等）。在环境二次污染防控监测方面，《污染土壤修复工程技术规范 原位热脱附》对尾气及场地周边大气的监测指标和方法进行了规定，并对修复过程中土壤和地下水热取样的过程提出了具体要求。

该技术规范在运行维护阶段的操作规程和巡检制度，以及相关从业人员的技能资格认证方面也有着一定的要求。细节方面，该技术规范要求在日常运行时建立相关记录制度，规定了记录的格式等。

（二）异位热脱附系统

异位热脱附技术可根据运行温度域分为高温热脱附与低温热脱附，也可以根据热源与污染土壤接触方式，分为直接热脱附与间接热脱附。

间接热脱附的工艺流程可分为吸附和二次燃烧，其中吸附主要用于低有机污染物含量的非凝气处理，当用于处理高有机污染物含量或有机物种类过多的土壤以及受到石油烃污染的土壤时，效果不佳。另外，吸附后会产生大量废弃的吸附剂，这些吸附剂往往都被视为危险废物进行统一处理。二次燃烧则是针对上述高有机污染物含量的情况，将高浓度的有机污染物彻底分解，余热也可以进行回收再利用。

异位热脱附系统可分为预处理系统、热处理系统、尾气处理系统以及检测系统。下面将对工艺设计要求进行介绍。

1. 暂存和预处理

一般异位土壤修复处理工程都要求布设一定容量的污染土壤暂存车间和预处理车间。车间的设计应充分考虑到预设挖土量、其余操作设备安置等方面。车间规划应具有暂存、预处理等功能。

在污染土壤暂存以及预处理阶段，土壤内的一部分挥发性有机物会解吸挥发逸散到空气中，造成污染。因此，在暂存和预处理功能车间应布设机械通风装置，以及一定的过滤和吸附装置对尾气进行处理，待处理达标后再进行外排或引入运行的烟气处理设施进行处理。土壤污染物在暂存以及预处理过程中产生渗滤液，有可能下渗污染周围土壤以及地下水，因而需要对地面进行一定的防渗处理。污染土壤预处理车间的卸车区和暂存区需配置电动抓斗、铲车等装卸设备，预处理区需配置筛选、破碎、脱水、输送等设备。

一般在进行热处理前需要根据修复土壤区块的特性进行一定的预处理，如过筛、破碎等，对于筛后破碎的物体（如碎石粒、植物残枝）也需要进行危害性测试，从而进行更有效的管理。

2. 进料

《污染土壤修复工程技术规范　异位热脱附》中对进料的技术要求进行了说明。进料的方法以及进料的频率需要根据污染土壤的特性和处理规模的要求来进行调控，以满足热脱附系统正常运行的要求。另外，需要为进料单元布设密闭罩以避免土壤、粉尘以及污染物扩散污染周围环境，并且需要使用自动计量进料设备。

3. 热处理

异位热脱附技术可根据修复土壤与热源接触方式分为直接热脱附与间接热脱附。直接热脱附的热处理设备一般为回转滚筒干燥机，而间接热脱附的热处理设备除了回转滚筒干燥机外，还有螺旋推进式热解炉。热脱附所使用的热源通常为天然气，少数用电。

为保证热处理设备安全、高效运行，《污染土壤修复工程技术规范　异位热脱附》对土壤热处理设备的设计进行了规定，例如燃料、进料量以及搅拌速率应满足一定范围内可调，且装置必须具有良好的耐高温性能，炉腔内需安装防板结装置以免高温情况下发生板结现象。在处理过程中，通过调控反应温度以及停留时间，以达到相应的处理要求。另外，由于反应温度难以直接测量，实际操作中一般通过观察控制热处理设备的出料温度，然后根据工程经验换算成反应温度。

出料一般温度较高且干燥，因此在后续应进行一定降温、防尘处理，例如先喷淋进行降温抑尘，然后运输至相应区域进行堆放，且需要设置相应的标识牌。

4. 废气废水处理

一般直接热脱附工艺产生的烟气携带大量粉尘，因此需进入旋风除尘器内进行除尘处理，以达到后续工艺处理以及设备运行的要求。相关工程实例以及经验表明，在烟气处理过程中可能会产生二噁英，且旋风除尘器、袋式除尘器灰斗等设备的积尘中所含有的二噁英含量可能为《土壤环境质量　建设用地土壤污染风险管控标准（试行）》（GB 36600—2018）筛选值的 10 倍以上，因此经除尘设备产生的积尘需进行收集，然后投入进料设备进行再次燃烧。

另外，为了确保烟气中的半挥发性有机物及几乎不挥发的有机污染物能充分燃烧，要求烟气需在850℃条件下停留不低于2s，倘若会产生二噁英，则需将烟气置于1100℃以上停留大于2s。

二噁英一般在230～550℃温度域内产生，若不产生二噁英，则可以使用换热器，否则必须进行瞬冷处理，使烟气在1s内由550℃降低到230℃以下。

后续可以利用活性炭等吸附技术对瞬冷后的烟气进行二噁英控制。一般会先喷入石灰粉再喷活性炭粉，这样可以降低烟尘的含水率以及去除烟尘中部分酸性物质。倘若使用袋式除尘器，则需要根据所产生的污染物选择适合的喷淋液，利用除雾器进行喷淋。

间接热脱附与直接热脱附的烟气处理过程不同，因为前者烟气产生量较少，所以可以直接进行水冷、风冷等冷凝方法处理，或者使用配备了气液分离装置的冷凝器，冷凝器可采用一级或多级的形式。后续的烟气吸附工艺可以参照《吸附法工业有机废气治理工程技术规范》（HJ 2026—2013）的要求进行设计。

另外，对于烟气排放的相关构筑物也有设计规定。排气筒的设计应满足《大气污染物综合排放标准》（GB 16297—1996）中的相关要求（部分要求可参考后续更新的标准）。在排气筒内需布设取样口以及在线监测装置。若间接热脱附所产生的尾气满足国家和地方标准的要求，则可直接排放，否则需配备合格的烟气处理装置，处理达标后再进行排放。

对工程产生的废水进行回用时，也必须满足相应的回用水标准；对无法回用的废水也应根据国家和地方的相应标准进行适当处理，合格后再进行排放。

对于前述的热处理、冷凝、气液分离等过程所产生的有机物可进行有选择性的回收，其余的应视为危险废物进行管理，后端工程废水处理过程所产生的污泥也应视为危险废物进行管理、处理和处置。

5. 日常监测与运行维护

《污染土壤修复工程技术规范　异位热脱附》对相关工作人员的专业技能培训、技术人员配置以及日常运维应达到的技术管理指标等都有详细规定。要求技术部门、运行操作部门以及维护部门制定严格的巡检制度，并且对设备装置都应制定操作流程，定期组织相关人员进行培训。技术部门以及日常运维部门要求各司其职，兢兢业业。另外，关于热脱附工程的运行情况、设备装置维护以及生产等活动都需进行记录，记录的内容在相应的标准中也有要求，格式可从中参考。此外，也需要制定一定的事故应急措施，当出现紧急事故时，应按照应急措施有序有章进行处理，尽可能地降低事故影响，以确保人员安全以及避免环境破坏，其次考虑财产损失等，事故处理过程也应做好记录，事后及时组织分析原因并总结教训，防止同类事故再次发生。

四、技术前景分析

热脱附技术在国外应用十分广泛，尤其是美国。美国在1982—2004年间，有大约70个超级基金项目采用了异位热脱附技术，其中电阻加热技术应用最为广泛，处理的目标污染物主要为挥发性有机物，尤其是石油烃和氯代有机物。表7-2列出了美国部分修复工程案例。

表 7-2　美国 1980—2012 年部分修复工程案例

序号	场地名称	采用技术	项目规模	工程规模	目标污染物	修复深度/m
1	氯化溶剂生产设施——印第安纳州波特兰	TCH（热传导加热）	修复工程	—	四氯乙烯、二氯乙烯、三氯乙烯	−5.8
2	海军设施森特维尔海滩——加利福尼亚费尔代尔	TCH（热传导加热）	修复工程	土壤方量 510m³，地下水埋深至 18.3m	多氯联苯（PCBs）、二噁英	−4.57
3	工业乳胶超级基金场地——美国新泽西州	TCH（热传导加热）	修复工程	土壤方量 41045m³	有机氯农药、PCBs、多环芳烃(PAHs)	—
4	华盛顿某超级基金场地	TCH（热传导加热）	修复工程	土壤方量 10391m³	农药、氯丹、DDT、DDE	—
5	艾利丹尼森——伊利诺伊州沃基根	ERH（电阻加热）	修复工程	土壤方量 12034m³	二氯甲烷	−7.62

我国关于热脱附修复技术的研究起步较晚，2012 年才开始应用于场地修复，但经过十几年的摸索，该技术得到迅速发展。苏州溶剂厂修复工程运用了原位电阻加热技术，这是我国首例原位热脱附修复技术的应用案例，也是单体治理项目体量最大的修复案例。

我国 2012—2019 年间已完成或正在开展的热脱附修复工程有 200 多个，其中电阻加热技术以及热传导（以燃气或电作为热源）加热技术的应用范围更广，而蒸汽加热技术在国内仍未被大规模使用。目前，该技术主要用于处理挥发性有机物、半挥发性有机物。表 7-3 罗列了国内部分热脱附修复工程案例。

表 7-3　我国部分热脱附修复工程案例

序号	场地名称	采用技术	项目规模	工程规模	目标污染物	修复深度/m
1	苏州某化工厂地块	ERH（电阻加热）	修复工程	土壤方量 272214m³，地下水 70065m³	苯、氯苯	−18
2	南京某化工厂地块	TCH（电加热）	修复工程	土壤方量 36767m³，地下水 53665m³	挥发性有机物、半挥发性有机物	−7
3	宁波某化工厂地块	TCH（燃气）	修复工程	土壤方量 6504m³，地下水 94635m³	PAHs、半挥发性有机物	−7.5
4	苏州某化工厂地块	ERH（电阻加热）	修复工程	土壤方量 25939m³	甲基丙烯酸甲酯	−7.2
5	上海某化工厂地块	TCH（燃气）	中试	土壤方量 300m³，地下水 150m³	挥发性有机物、半挥发性有机物、总石油烃（TPH）	−14

原位、异位热脱附的修复周期一般为几周到几年。

原位热脱附技术主要依靠温度来去除有机污染物，成本主要来源于产热的能耗。原位热脱附技术的修复费用一般为 1000～2000 元/m³。价格波动主要来源于土壤的含水率，如果含水率较高，则需要进行一定的预处理来降低含水率。据估算，低含水率的修复价格大概为 1000 元/m³，倘若含水率达到 30%～40% 及 40% 以上，修复价格大概为 2000 元/m³。

异位热脱附国内处理成本约为 600～2000 元/t。国外对于中小型场地（20000t 以下，约为 26800m³ 以下）处理成本约为 100～300 美元/m³，对于大型场地（大于 20000t，约为大于 26800m³）的处理成本约为 50 美元/m³。

热脱附技术与表面活性剂淋洗、原位化学氧化等技术相比具有独特的优势，因为热脱附技术的修复效果几乎不受高密度非水相液体污染源的地质分层和传质阻力的影响。但我国在该技术领域处于起步阶段，目前对于国外设备甚至是技术规范的依赖度仍很高，且国外设备引进费用较高，因此我国需要大力研发具有独立自主知识产权的原位热脱附技术装备，迫切需要积累相关的设计、日常运作、设备维护及相应管理等方面的经验。

第二节　土壤污染的阻隔填埋技术

一、技术原理

土壤阻隔填埋技术就是对污染土壤或经过一定处理的土壤进行挖掘，然后将其运输至填埋场内（异位处理），或在原位通过铺设水平、垂直阻隔层来防止污染物向阻隔系统外迁移扩散，避免人体直接接触污染物，同时避免污染物通过降水渗滤作用迁移污染地下水，从而避免对人体以及周围环境造成危害。

二、适用对象及工艺流程

土壤阻隔填埋技术主要应用对象为受到重金属、有机物及两者复合污染的土壤，而对于富含水溶性较强的污染物或具有较高渗透性，尤其是地质活动频繁、地下水水位较高的区块的污染土壤，均不建议使用该技术。

该技术主要功能在于阻隔，而无法对污染物进行降解处理，因而一直被视为风险管控的一种手段，而不是一种修复技术。但由于该技术可以降低目标污染物的环境暴露风险及迁移性，因而应用范围也较为广泛，一般在修复工期短或暂时搁置的情况下采用。另外，土壤阻隔填埋技术一般会作为其他修复技术（如固化稳定化技术）的后续处理处置方法。

土壤阻隔填埋技术可根据操作地点分为原位阻隔填埋技术和异位阻隔填埋技术，两者实施要求以及操作过程也略有不同。原位阻隔填埋技术工艺流程如图7-5所示，首先需要对操作区域进行界定，然后在确定的区域边界处设置阻隔系统，再在污染土壤的表层布设覆盖层来降低污染物在地表的污染暴露风险。另外，在日常维护阶段需配备相关人员进行定期检查，查看高密度聚乙烯膜破损情况以及覆盖层植被生长情况等，如果修复区域下的地下水水位较高，也需定期检查地下水上下游的水质情况。

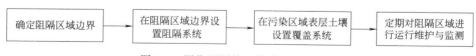

图 7-5　原位阻隔填埋技术工艺流程图

如图7-6所示，异位阻隔填埋工艺可按以下步骤进行：首先要对污染土壤进行开挖，然后对开挖土壤进行一定的预处理，以达到后续工艺技术要求；然后在选定的场址建设填埋场防渗系统以及地下水导排系统；之后将污染土壤填入，封场并建设相应的排水系统以及废气收集系统；在运营维护阶段需要定期检测地下水水质，以免渗滤液渗漏造成污染外迁。

与原位技术不同的是，异位阻隔技术需要根据操作土壤的理化性质以及目标污染物设置必要的运行维护措施，比如该土壤区块的目标污染物为有机物，需要设置废气收集系统以及渗滤液收集系统，而如果是受到重金属污染的土壤区块，则可不设置废气收集系统。同时，为了尽快恢复修复区域土地的生态利用价值，在封场过后会对该区块进行种植植被等生态修复操作，同时也能防止雨水下渗以及地表径流渗入阻隔系统增加渗滤液产生量。

图 7-6　异位阻隔填埋技术实施步骤

阻隔技术按照布设位置也可以分为覆盖阻隔技术、垂直阻隔技术以及水平阻隔技术。

一般可以通过提高坡度来抑制地表径流渗滤到地下，产生渗滤液。一般覆盖阻隔系统可按功能分为表层、保护层、排水层、阻挡层、集气层以及基础层六层，如图 7-7 所示。但并不是所有污染场地都必须具备以上土层，比如在较为干旱的污染土壤区块可不设排水层。

> 【覆盖阻隔技术】
> 主要是为了避免目标污染物在地面或者污染土壤表面逸散从而污染周围环境而设置覆盖阻隔系统。

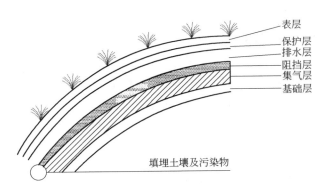

图 7-7　土壤覆盖阻隔系统示意图

根据垂直阻隔墙的使用材料，阻隔墙可以分为泥浆墙、灌浆墙、板桩墙、搅拌桩墙、土工膜墙以及渗透反应墙。该技术施工方法主要有三种：地基土改性法、打入法和开挖法。

> 【垂直阻隔技术】
> 通过布设垂直于地面的阻隔墙，来防止目标污染物甚至是渗滤液水平迁移导致的周遭土壤环境的污染。

（1）地基土改性法。地基土改性法实质就是将地基土压密或者充填地基土，从而通过降低渗透性来达到阻隔的目的。压密的方法主要有注浆法、喷射法以及混合法。注浆法顾名思义就是布设孔位，然后往钻孔处注射防渗材料，从而填充地层孔隙。喷射法即通过高压喷射等方法使浆液与地基土混合，凝固形成具有低渗透性的固结体，一般能达到 10^{-6} cm/s 的渗透系数以及将近 20MPa 的强度。混合法就是将原土挖出与水泥等材料混合再填入切槽中，该法适用于挖掘深度较浅的区块。

（2）打入法。所谓打入法是将防渗墙体用冲击锤或振动器夯击到所设深度，或者夯击出槽后注入防渗浆体从而构筑成墙。例如板桩墙就是将板桩垂直夯入地层，然后利用板桩锁将板桩固牢，板桩重叠的空隙处需进行密封处理，防止渗漏。

（3）开挖法。开挖法是将划分阻隔区域的原土挖出，形成沟槽，然后向沟槽里注入泥浆，再灌注墙体材料，使得多余的泥浆溢出以达到较好的防渗作用。

水平阻隔技术则是用于控制修复地块底部污染物扩散的技术。该技术通过在污染修复区块底部布设一个连续的像天然黏土层的低渗透性隔层，以降低目标污染物的渗透性，抑制其迁移扩散污染底部土壤以及地下水，如图 7-8 所示。

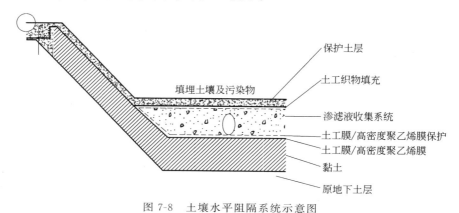

图 7-8　土壤水平阻隔系统示意图

三、设备及日常运行维护

填埋阻隔常用的设备有：冲击钻、推土机、挖掘机、压实机、焊膜机等。阻隔填埋技术在运行维护阶段相较于施工阶段所运用的设备会少一些。采用异位阻隔填埋工艺对土壤进行预处理时，需要运用到破碎设备、筛分设备、土壤改良机等设备。

（一）原位阻隔填埋技术

为了节省修复费用，可以根据污染区块实际的污染情况并结合风险评估结果来对场地修复系统布设进行选择，比如只在污染区块边界建设阻隔系统或在顶部建设覆盖层等。

原位土壤阻隔填埋系统主要涉及三种功能：阻隔、覆盖以及监测。土壤阻隔系统的构建主要利用高密度聚乙烯膜、泥浆墙等防渗阻隔材料，在污染区域边界处建设防渗阻隔层，抑制目标污染物迁移扩散至周围环境，

【原位阻隔填埋技术】
就是通过在污染土壤区块边界设置阻隔系统，并在该区块表层布设隔离层，从而实现污染区块全方位阻隔，避免人体直接接触，或者避免污染物随着降水下渗、地下水径流等途径造成人体健康、环境功能受到影响。

从而起到阻隔、控制污染危害的作用。土壤覆盖系统可按功能分为黏土层、人工合成材料衬层、砂层、覆盖层等，一个有效的阻隔层可能需要一层或多层材料组合。布设在阻隔区域上

下游的监测井用于日常监测。

该技术涉及的技术参数包括阻隔材料的性能、阻隔埋深、土壤覆盖层厚度等，这些对于阻隔效果有十分重要的影响。一些技术参数的基本要求如下。

（1）阻隔材料：一般阻隔材料的渗透系数要求不高于 10^{-7} cm/s，且具有良好的抗腐蚀、抗老化的性能，使用寿命必须达 100 年以上，且对环境友好。另外，整个阻隔系统需确保处于连续、均匀、无渗漏的状态，不足处利用阻隔材料进行填充补漏。

（2）阻隔埋深：阻隔系统的埋深要考虑、涵盖到不透水层或弱透水层，以达到更好的阻隔效果。

（3）土壤覆盖厚度：黏土层厚度一般要求不低于 300mm，且其饱和渗透系数经机械压实后应不大于 10^{-7} cm/s；《垃圾填埋场用高密度聚乙烯土工膜》（CJ/T 234—2006）对人工合成材料衬层做了规定，可参照该标准。

（二）异位阻隔填埋技术

异位土壤阻隔填埋系统要求涵盖预处理、阻隔、渗滤液收集、排水以及监测等功能，对应的设计为预处理系统、阻隔系统、渗滤液收集系统、排水系统以及监测系统。所有的防渗系统都会运用黏土、高密度聚乙烯膜等防渗阻隔材料。根据修复区块的地质情况以及土壤理化性质，可选择性地布设地下水收集系统与气体抽取系统或者地表生态覆盖系统。

【异位阻隔填埋技术】
对污染土壤或经过一定处理的土壤进行挖掘，并运输至指定阻隔区域，该区域主要由高密度聚乙烯膜等防渗阻隔材料组成，这能使污染土壤与四周环境形成两个独立的系统，实现隔离，从而防止污染物在两个系统内迁移转化，影响人类社会以及生态系统。

该技术涉及的技术参数包括填埋场的防渗阻隔效果及填埋的抗压强度、污染土壤的浸出浓度、土壤含水率等，其中一些技术参数的具体要求如下。

（1）阻隔防渗效果：与原位阻隔材料要求相似，阻隔防渗材料的渗透系数要求不高于 10^{-7} cm/s。

（2）抗压强度：该指标针对的是高风险需要进行固化稳定化处理的土壤，为了安全，要求固化体必须达到一定的抗压强度，以免被破坏发生泄漏。

（3）浸出浓度：该指标针对的对象为经过固化稳定化处理的高风险污染土壤，要求其浸出浓度要小于相关标准值，《危险废物鉴别标准　浸出毒性鉴别》（GB 5085.3—2007）对相关内容进行了规定，具体可参考该标准。

（4）土壤含水率：土壤含水率要求低于 20%，含水率过高会增加渗滤液的产生量，污染周围环境。

四、技术前景分析

土壤阻隔填埋技术在 1982 年被美国环保局首次提出，并开始广泛运用于污染物的风险管控。经过四十多年的发展，发展出了生物反应器和"隔水漏斗＋导水门"等新兴的技术类型，可以看出该技术已经相对成熟了。

我国阻隔填埋技术在 2007 年第一次应用于重金属污染土壤，但是阻隔填埋以控制污染风险为目标，一直未在我国大规模推广，一般作为固化稳定化等修复技术的后续处理处置方法。土-膨润土泥浆墙和高密度聚乙烯膜柔性防渗墙是目前应用较为广泛的阻隔技术，渗透系数能小于 1.0×10^{-12} cm/s，使用寿命甚至长达一百年。部分国内案例可参考表 7-4。

表 7-4　我国部分阻隔填埋技术应用案例

序号	场地名称	修复技术	工程规模	目标污染物
1	北京某化工厂	水泥窑焚烧固化＋阻隔填埋	65000m³	四丁基锡、邻苯二甲酸二辛酯、DDT、重金属
2	南方某热电厂	原位化学氧化＋异位固化稳定化＋原位热脱附＋阻隔填埋	18483m³	邻甲苯胺、1,2-二氯乙烷、苯并[a]芘、2,6-二硝基甲苯、2,4-二硝基甲苯

阻隔填埋法处理速度较快，一般不到半年就能完成。

该技术的处理成本取决于工程规模以及土壤理化性质、目标污染物状况等因素，通常原位土壤阻隔覆盖技术应用成本（包括挖掘成本）为 500~800 元/m³，异位土壤阻隔填埋技术应用成本（包括挖掘及运输成本）为 300~800 元/m³。

现有的阻隔填埋技术种类较多，目前应该对该技术进行详细梳理，尤其是要对施工要求、用料标准甚至是验收要求进行规范化整理。另外，我国目前在污染阻隔方面的学术研究已取得一定的成果，但需要下大气力实现产业转化，并推广运用。

第三节　土壤污染的气相抽提技术

一、气相抽提技术

土壤污染的气相抽提修复技术也被称为"土壤通风"或"真空抽提"，是一种在 20 世纪 80 年代中后期开始应用的土壤原位修复技术，其主要原理是利用物理的方法去除地下土壤中的挥发性有机物。

（一）气相抽提技术的原理

气相抽提技术对石油类污染土壤及地下水的治理颇为有效且运用广泛，因此该技术正逐渐发展为一种标准的环境修复技术，被世界各国倡导利用。近年来，气相抽提技术的应用前景变得更为广阔，逐渐开始涉及生物修复与土壤和地下水修复等多学科交叉的领域。一般来说，气相抽提系统包括抽提井、真空泵、气液分离装置、气体收集管道、气体净化与处理设备以及附属设备，很多情况下在污染土壤中仍需安装若干个空气注射井，向污染场地中注入新鲜空气，以便增大抽提系统的压力梯度和空气流速。

气相抽提技术的运行机理是利用物理方法去除不饱和土壤中挥发性有机污染物，即用引风机或真空泵产生负压，从而驱使空气流过污染土壤的孔隙，在空气快速流过土壤孔隙的过程中会夹带挥发性有机污染物向抽取系统流动，这些污染物被抽提到地面后，气液分离装置会对其进行气液分离，分离后的液体在经过油水分离器处理后被集中收集处理，分离后的气体也会被收集处置。通常情况下还会在抽提井的附近设置一个空气井，在抽提的同时注入新鲜空气，一方面可以提升污染物的去除效率，另一方面也可以促进有机物的分解氧化。起初，气相抽提技术主要用于汽油、柴油等非水相液体污染物的去除，现在也陆续应用于挥发性农药污染或充分分散后的有机污染物等的处理。

（二）影响气相抽提技术效果的因素

气相抽提技术适用于有较好渗透性以及较好均匀性的不饱和污染土壤，因此通常还会在污染场地表面覆盖一层不透水的表面层，此举可尽量减少抽提过程中气流的短路和渗透。除此之外，影响气相抽提技术修复效果的因素还有以下几个方面。

（1）土壤的渗透性：土壤的渗透性是影响土壤中空气流动速度及气相运动的主要因素，在一定范围内，土壤的渗透性越高，气相运动速度就越快，单位时间内抽提的混合物的量就越大。

（2）土壤湿度及地下水深度：土壤的含水率越高，土壤的渗透性越差，越不利于气相抽提，但土壤的湿度过低也同样不利于污染物的去除，尤其当抽提速率过快时，土壤的湿度降低反而会弱化抽提系统的净化效果。

（3）土壤的结构和分层：土壤的结构和分层会影响气流的流通路径，如有裂缝、夹层等，这些结构附近土壤中的气体将难以得到抽提，影响整体抽提效果。因此在工程实施前有必要排除这些影响。

（4）气相抽提流量：一般情况下，气相抽提的速率正比于气相抽提流量，土壤中气相渗流速率也与抽提系统的压力梯度成正比。

（5）环境温度：气相抽提技术通常适用于易挥发的污染物，而有机物的蒸气压主要又与环境温度相关，因此环境温度也能影响系统的抽提效果，影响程度由温度对污染物蒸气压的影响决定。

综上，在气相抽提技术的实际应用中，要把这些影响因素考虑在内，在设计过程中注意规避或利用这些影响因素来提升抽提效果。

二、气相抽提技术的工艺流程

（一）前期技术准备

气相抽提技术在应用前，通常需要开展可行性测试，对气相抽提技术的适用性进行评价，对修复效果进行预估，并提供设计参数。设计参数包括：土壤性质（渗透性、孔隙率、有机质等），土壤气压，地下水水位，污染物在土壤、水、气相中的浓度，生物降解参数（微生物种类、氮磷浓度、O_2、CO_2、CH_4 等），地下水水文地球化学参数（氧化还原电位、pH、电导率、溶解氧、无机离子浓度等），非水相液体（NAPL）厚度和污染面积，汽/液抽提流量，井头真空度，真空影响半径，非水相液体回收量，污染物回收量。

（二）主要实施过程

（1）建立监测井，监测井所用材料和抽提井基本相同，用于监测修复区域的真空度以及前期的土壤调查，需覆盖整个修复区域，根据污染物的分布情况设计监测井的数量和位置。

（2）建立地下水抽提井，井间距应在抽提井影响半径范围内。对于存在高密度非水相液体（DNAPL）的场地，抽提井的深度应到达隔水层顶部。抽提井的建立还要考虑到井的底端与地下水水位线的间距，在抽提过程中，地下水水位线会在抽提的作用下上升，因此抽提井井底与水位线的初始间距应保持在 1m 以上。

（3）保持抽提管路良好的密闭性，包括抽提井井口、连接管路、管路接口等。抽提开始后，需持续观测流量，调节真空度及抽提管位置，使系统稳定运行。

（4）应对尾气排放口的挥发性有机物进行监测，如浓度明显增大应停止抽提，调整尾气处理装置，强化尾气中污染物的吸收和收集。

（5）观察维护油水分离器，确保油水分离的效果，并对分离后的水、油分别进行收集、处理、处置，以免造成二次污染。

（6）经过多相分离后，对于含有污染物的气相、液相及有机相等流体，应结合常规的环境工程处理方法进行相应的处理处置。其中，气相中污染物的处理方法目前主要有热氧化法、催化氧化法、吸附法、浓缩法和生物过滤及膜法过滤等。污水中的污染物处理目前主要采用反渗透和超滤、活性污泥和物化法等技术，并根据相应的排放标准选择配套的水处理设备。

（三）抽提系统的布置

如图 7-9 所示，多个抽提井之间的相互作用并不是直接的线性叠加，通过测量压强可模拟出抽提井的实际影响范围，一般来说单个抽提井的影响半径在 3～5m 之间，需要根据单个抽提井的影响范围结合污染区域面积来布置抽提井的位置，使叠加后的影响范围覆盖全部污染区域即可。

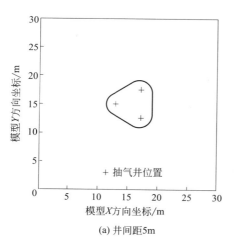
(a) 井间距5m

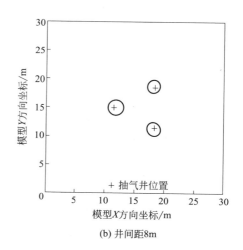
(b) 井间距8m

图 7-9　抽提井影响范围间的相互作用

抽提系统为气相抽提系统中最关键的部分，抽提体系目前常见的有三种：竖井、沟壕或水平井、开挖土堆。其中竖井的应用最为广泛，具有影响半径大、流场均匀和易于复合等特点，适用于处理污染至地表以下较深部位的污染场地。工程应用中，根据污染源性质及现场状况可确定抽提装置的数目、尺寸、形状及分布。

三、气相抽提技术工程应用设备

典型的气相抽提系统一般包括以下几个部分：抽提井、真空泵、气-液分离装置、气体收集管道、气体净化处理设备和附属设备等。工程应用中根据污染源性质及场地状况，如土壤空气渗透率、气相抽提范围半径、抽提气体的浓度和成分、所需空气流量等，确定抽提装置的数目、尺寸、形状及分布，并对气相抽提流量及真空度等条件加以控制，同时设计数量合适的监测井。一般气相抽提技术系统如图7-10所示。

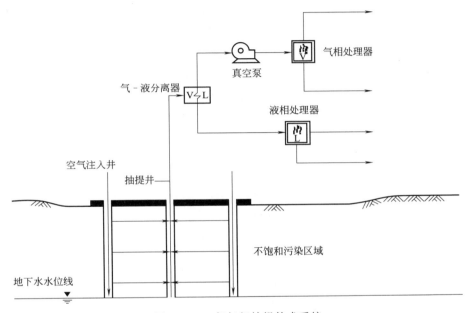

图 7-10 一般气相抽提技术系统

气相抽提系统中包括真空泵、输送管道等设备，其作用是抽提污染区域的气体和液体（包括土壤气体、非水相液体）到地面处理系统。

多相分离系统中包括气-液分离器、非水相液体-水分离器等，用于对抽提出的污染物进行分离处理。

污染物处理系统中包括气相、液相处理设备等，用于处理分离后的污染物，使其达到排放标准或排入集中处理装置。

四、气相抽提技术的运行与维护

（一）抽提系统的运行

气相抽提系统在完成设计、组建、安装之后，需要持续运行一段时间，使得系统达到稳态流。其中所需要的时间主要取决于土壤的构成及空气的渗透性，通常来说这个时间在数小时到几天之间。土壤中挥发性有机物的抽提速率可通过尾气或流动中的取样来测量，为单位时间的质量流量。挥发性有机物的抽提速率会随着系统的运行而逐渐降低，不间断的作业会使得系统的去除速率随作业时间的增长而下降，因此需要根据场地情况采取间隔通风的方式来运行修复系统，在提升去除速率的同时还能节约运行成本，整体修复会更高效。在抽提过程中，为维持土壤中的空气量，通常还会通过空气井持续向土壤中注入空气。

（二）抽提系统运行参数

评估气相抽提技术适用性的关键技术参数主要分为水文地质条件、污染物条件两个方面。

为有效地评估气相抽提技术对地下环境的影响以及修复效果和系统的运行状况，需要在系统运行的过程中持续对以下参数进行监测。

（1）系统的物理及机械参数：监测井和抽提井内的真空度、抽提井内的地下水降深、抽提地下水体积、单井流量、风机进口流量、抽提井附近地下水水位变化等。

（2）化学指标：气相污染物浓度、气/水排放口污染物浓度、抽提地下水污染物浓度、非水相液体组成变化等。

（3）生物相关指标：溶解性气体、氮和磷浓度、pH值、氧化还原电位、微生物数量等。

（4）应对废水/尾气处理设施的效果进行定期监测以避免二次污染，同时需做好应急预案，确保一旦出现二次污染能够及时采取相应的措施。

抽提系统运行过程中的各项技术参数是调整抽提系统以及评价修复效果的依据，因而在整个修复过程中都需要对系统的各项参数进行监测，一部分参数可以在现场直接获取监测结果，一部分参数需要采样分析获得监测结果。

1. 直接监控方法

直接监控方法能够在现场直接获取监测的结果，可直观表示抽提系统运行状态，但一般只能间接反映抽提修复效果。此类监测数据包括抽提流量、井内真空度、地下水水位变化、挥发性有机物浓度、抽提流体流态、非水相液体分布变化等参数。

监控抽提流量常用的设备有转子流量计、差压流量计等，测量真空度可以使用真空仪表，同时使用数字化传感器可实现监测数据在线监测记录传输。使用水位计可以监控地下水水位变化，可实现在线连续监测。使用湿度传感器可以监测土壤含水率的变化。使用快速检测仪器可以监测现场抽提废气挥发性有机物浓度和常规水质参数，常用的仪器有光离子化检测器、现场小型化气质联用仪等。单井抽提流体流态可以通过单井抽提管路设置的透明视窗来判断。地下非水相液体分布变化的直接监测可通过地球物理调查技术来实现。

2. 间接监控方法

间接监控方法主要通过采样分析来获取监测结果，这些结果通常可以直接反映系统运行效果。可以利用气体采样器、土壤采样器和水质采样器等仪器采样，从而测得土壤、土壤气和地下水中有机污染物的浓度，使用气质联用仪、红外测油仪等仪器对采集的样品进行定量分析检测。采样过程需严格按照 GB/T 36198—2018、HJ 1019—2019 等国家相关标准要求来执行，对于污染处理单元排放的废水废气，除监测场地特征污染物外，还需满足 GB/T 31962—2015、GB 16297—1996 等相关国家标准和地方标准要求。回收的非水相液体污染物作为危险废物处理，需按照 HJ 298—2019 进行危险废物鉴别，按要求处置。

五、气相抽提技术的发展前景

土壤气相抽提技术具有易于运行、操作等优点，同时在环境修复领域对于易挥发性有机物的去除能达到很好的修复效果，目前已被发达国家广泛应用于土壤及地下水修复领域的实际工程中，并和其他修复技术（如空气喷射、双相抽提、直接钻进、风力及水力压裂以及热强化等修复技术）相结合及互补，形成了气相抽提增强技术，并日益成熟和完善。

目前，多相抽提技术作为一种能同时修复土壤和地下水的技术被广泛研究，在抽提土壤中气体的系统中增加一个潜水泵，同时抽提渗流带、毛细带、饱和带土壤和地下水的气态、水溶态和非水溶性液态污染物，并对抽提出的混合物进行相应的后续处理。多相抽提技术同样应用于中、低渗透性地层中，适用于处理易挥发、易流动的非水相液体污染，如石油类污染、有机溶剂污染等。

气相抽提技术作为一种高效率、低费用、操作性强的土壤修复技术，在我国有着广阔的应用前景，同时还可以根据修复场地的具体情况结合其他修复技术联合使用，但仍有许多方向值得继续研究，如优化工程设计、研发气相抽提工程应用的技术和设备、探索气相抽提的强化技术等。

第四节　土壤污染的电动修复技术

一、电动修复技术

（一）电动修复技术原理

电动修复技术修复污染土壤方面展现出的技术潜力使该技术受到了国内外研究者的广泛关注，其基本方法是在土壤或液相系统中插入电极，通以直流电，形成稳定的电场，使土壤中的污染物在电场、电化学等作用下发生迁移富集于电极区，从而达到去除土壤污染物的目的。

【电动修复】
也被称为电修复、电动力修复土壤工艺和土壤电化学污染治理，是 20 世纪 80 年代末兴起的一项技术，该技术早期应用于土木工程中，用于水坝和地基的脱水、夯实，目前移用到土壤修复方面。

该方法在修复土壤方面具有以下优点：能够适用于低渗透性土壤，且可以不向土壤中加入有害环境的物质，对于收集的重金属污染物可以回收利用，修复成本低且修复彻底，直接作用于污染土壤，省去了开挖土壤等工作，修复周期相对较短。同时，电动修复技术还具有试剂用量少、安装方便、操作简单、能耗低和修复彻底等优点，因此具有其他修复技术不可替代的优势。

土壤中的污染物在电场中受到电迁移、电渗流、电泳和自由扩散等作用的影响，在土壤中发生定向运动。电迁移是指带电粒子在土壤溶液中朝与其自身所带电荷电性相反的电极方向运动；电渗流是指土壤孔隙表面带有的负电荷在与孔隙水中的离子形成双电层后，由扩散双电层引起的孔隙水从阴极向阳极流动；电泳是指土壤溶液中带电胶体微粒（细小土壤颗粒、腐殖质和微生物细胞等）在电场作用下迁移；自由扩散是指物质从高浓度的一边通过有孔介质到达低浓度的一边。水溶液中离子的扩散量与该离子的浓度梯度及其在溶液中的扩散系数呈正相关。在这几种作用中，电迁移和电渗流直接影响着土壤电动修复的效果，如图 7-11 所示。

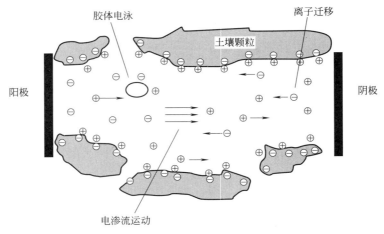

图 7-11　电动修复示意图

通入直流电后，在阳极、阴极发生反应，分别产生大量的 H^+ 和 OH^-，导致电极附近的 pH 会随着电极反应的进行发生变化。在电场作用下，H^+ 和 OH^- 又将以电迁移、电渗流、扩散和水平对流等方式分别向阴、阳两极移动，直到两者相遇且中和，在相遇的区域产生 pH 突变，该区域将整个操作区间划分为酸性区域和碱性区域。其中，H^+ 迁移速度是 OH^- 的 1.7 倍。在酸性区域内，金属离子的溶解度增大，有利于土壤中重金属离子的解吸，但 pH 降低会使得双电层的 zeta 电位降低，弱化电渗流的影响；而在碱性区域，重金属离子容易与 OH^- 结合产生沉淀，从而限制污染物的去除效率。另外，假设被吸附到固相中的污染物浓度与液相中的浓度存在平衡关系，那么在污染物浓度低的情况下，吸附等温线是线性相关的。由于焦耳热的作用，土壤的电动修复过程会导致土壤温度升高，该影响将会提高离子的迁移速度，相应加快电迁移和电渗流的速度，有利于阳离子污染物的去除，但不利于阴离子污染物的去除。电渗流与水力流的比较如图 7-12 所示。因此，通常采用向阴阳极注入酸性溶液的方法来调节电解液的 pH，从而提升电动修复效率，但该方法一般不适用于碳酸盐含量高的土壤，也有引起土壤酸化的风险。添加螯合剂或络合剂也能够使之与重金属形成

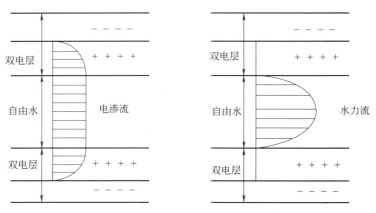

图 7-12　电渗流与水力流的比较

稳态且在较宽 pH 范围内可溶的配位化合物，通过增强土壤中金属的迁移性可以达到高效去除的目的。

（二）影响电动修复效果的因素

土壤是一个十分复杂的体系，许多因素都会影响电动修复的效果，总体来说包含以下几个方面：土壤的性质，如含水率、结构、渗透性等；污染物的种类、性质及污染物的 zeta 电位等；电动修复系统的参数，如电压、电解液性质等。

土壤的渗透性影响着土壤中离子的迁移速率，土壤渗透性过差也会导致电动修复的效率不高。该技术对土壤的含水率也有要求，一般要求在 $10\%\sim20\%$ 之间。电动修复技术主要针对的是重金属污染物，重金属污染物在不同的 pH 条件下会有不同的存在形式，例如，在酸性条件下，金属 Zn 以阳离子形态 Zn^{2+} 存在，但在碱性条件下以金属酸根离子 ZnO_2^{2-} 形态存在，在 H^+ 和 OH^- 中和的区域，Zn^{2+} 的溶解度最小，以 $Zn(OH)_2$ 的形式沉淀。高 pH 条件下阴离子向阳极移动，并且阴极区的 pH 上升还会有沉淀生成。沉淀降低了孔隙流中离子的浓度，即降低该区域的电导率，结果增加了电场梯度，增加了处理费用。同时 pH 变化影响土壤表面 zeta 电位，这种情况就需要增大电压，从而使得修复成本提高。

zeta 电位是指从胶体与介质相对运动的界面到溶液内部之间的电位差，显然，zeta 电位决定着胶体在电场中的运动。在电场强度和介质条件固定的情况下，zeta 电位绝对值的大小决定着胶粒的电泳速度，zeta 电位绝对值越大，胶粒的电泳速率越快。

二、电动强化修复技术的选择

电动修复技术的使用比较受限，对土壤的通透性、含水率以及污染物的种类有一定的要求，对于适用条件下的污染状况，可以使用电动修复技术实现污染土壤的修复。由于土壤体系的复杂多变以及污染物性质各异，为使电动修复技术能够达到预期的修复效果，在实际工程应用中会通过一些手段来强化电动修复技术，目前常用的强化技术包括强化重金属迁移能力、优化电极配置等。

（一）重金属迁移能力强化技术

在污染土壤的电动修复中，pH 值对沉淀/溶解、吸附/解吸或离子交换等不同物理化学过程的影响很大。调节污染土壤 pH 值可提高污染物的活性和迁移能力，从而提高污染物的去除效率，因此调控土壤 pH 值是电动修复强化技术之一。调节 pH 值的方法主要包括添加电解质、循环电解液和使用离子交换膜。

在电动修复过程中，通常用酸性或碱性的电解液调控 pH 值，以减弱聚焦效应的影响。比如，向阴极添加有机酸作为电解质，如柠檬酸、乙酸、草酸等，可有效抑制阴极液体的碱化；也可用酸碱溶液对土壤和电解液进行预处理。然而，电解液在同时修复多种重金属污染的土壤方面效果不佳，这是因为电解质中 pH 值的改变会引发阻塞现象。在实际工程应用中需要通过逐步调整电解质 pH 值的方法，增强电动修复重金属污染土壤的效果。

循环电解液可以克服两电极附近土壤 pH 值变化对电动修复的不利影响。该方法原理是使电解液在修复体系中循环流动，可直接中和 H^+ 和 OH^-，从而降低阴极附近的 pH 值，并可减少其进入土壤中的量。该方法无须添加外源化学物质，被称为循环增强电动学。循环增强电动学因其具有高成本效益的独特优势，目前在实验研究中的效果非常可观，但还缺乏应用的实例。

为防止阳极室产生的 H^+ 和阴极室产生的 OH^- 进入土壤而使土壤酸碱化，在阴、阳极室分别放置阳、阴离子交换膜，可有效控制土壤 pH 值。离子交换膜是一种含有离子基团并对离子具有选择性透过能力的高分子膜。阳离子交换膜一般紧贴阴极槽，可将阴极区域产生的 OH^- 阻隔在阴极槽内，使其无法进入土壤；阴离子交换膜则紧贴阳极槽，可将阳极生成的 H^+ 阻隔在阳极槽内，使阳极区土壤 pH 值不至于过低。将电动修复的土壤保持在一定酸碱度下，可提高重金属的去除效率。该方法可将 Ni 和 Cu 的去除率提高 3～10 倍，并能消除金属累积效应，可将高度修复后酸化土壤的面积占比从 80% 降至 20%。

重金属种类和赋存状态是其在土壤中溶解性和迁移性的重要影响因素，可通过氧化还原、螯合和表面活性调控，以及后两种技术联用这四种方式改变重金属的形态，从而提高其迁移性和溶解性，进而提升电动修复的效果。大多数重金属主要以金属氧化态和碳酸盐结合态的形式存在，向土壤中加入螯合剂能够增加溶解态重金属的量。螯合剂是一种具有多基团的有机或无机配位体，能够与重金属螯合生成溶解性络合物，可使土壤中的重金属得到活化，进而提高其有效态的量及迁移性。用于修复重金属污染土壤的螯合剂分为天然和人工合成两种，前者包括草酸、柠檬酸、苹果酸、酒石酸、丙二酸、S,S-乙二胺二琥珀酸（S,S-EDDS）以及氨三乙酸（NTA），后者包括乙二胺四乙酸（EDTA）、乙二醇双（2-氨基乙醚）四乙酸（EGTA）、二乙烯三胺五乙酸（DTPA）、乙二胺二邻羟苯基乙酸（EDDHA）、环己烷二胺四乙酸（CDTA）等。

表面活性剂具有亲疏水性基团，可改变土壤表面的湿润性和重金属在土壤中的形态，能够提高重金属的溶解性和迁移性。表面活性剂分子可通过羧基络合被土壤吸附的重金属离子并形成胶束，降低表面张力，从而使重金属从土壤胶粒上脱附。多种生物表面活性剂和阴极电解液调节剂相结合可提高污泥中重金属的去除率，同时，添加螯合剂和生物表面活性剂也可有效增强重金属的电动修复效果。

（二）电极配置优化

电极提供电子传递所需的活性界面，电极材料的反应活性会影响阴、阳两极水解反应的进行。因此，优化电极材料可提高重金属电动修复效率，主要有两种方法：一是改变电极材料，二是在电极表层附着活性材料。相比不锈钢电极和钛电极，石墨电极能够提供电子传递所需的活性界面，因而去除效率会有一定的提高，可提高 H^+ 含量，从而促进铅离子的脱附与去除。FeO 作为活性材料可对重金属离子进行还原稳定，实现重金属污染物的吸附与固定。可渗透反应层能够截留电解反应产生的 OH^- 从而避免重金属离子过早沉积，同时，适度控制土壤酸性迁移带的形成能够减缓土壤酸化，可显著提高重金属的去除率。

电动修复过程中，土壤 pH 值、重金属去除速度与电场分布之间有密切关系，而电极构型与形状决定电场的强度、面积和分布，因此电极的空间构型和形状对修复效果影响较大。通过电极操作改变电极空间布局进而改变电场分布，可加快重金属的定向积累与分离。常见电极构型分为一维和二维，如图 7-13 所示。其中，T1 和 T2 是一维电极结构，阳极和阴极具有一一对应关系；T3、T4 和 T5 是二维电极结构，阴极位于中心，阳极排列在阴极周围，分别呈三角形、正方形和六边形结构。从电场强度的有效性看，正方形（T1）和正六边形（T5）分别是一维、二维排布中最优的电极构型。

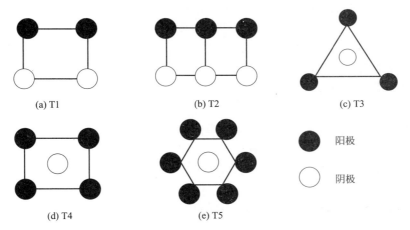

(a) T1	(b) T2	(c) T3

(d) T4	(e) T5

● 阳极
○ 阴极

图 7-13　电极构型示意图

在电动修复过程中，周期性切换电极的极性，使水电解产生的 OH^-、H^+ 轮流在两极生成，从而保持土壤 pH 值处于中性范围，可防止阴极区域的土壤形成过多的重金属沉淀，以此减小聚焦效应对电动修复的限制，从而提高重金属的去除率。利用交换电极法去除土壤中的 Pb，在 96h、48h 的时间间隔下 Pb 的去除率分别为 77.1% 和 87.7%，远高于常规电动修复 61.8% 的去除率，并使土壤 pH 值维持在 5～9。采用交换电极法可消除传统电动修复的聚焦效应，且不用添加化学试剂。

三、电动修复技术的工程应用

电动修复技术的应用，首先应根据场地情况和污染物种类确定修复方案，并进行中试，之后需设计电极井的布置，明确电解液添加剂的种类。电极井的布置方式比较灵活，正方形和正六边形布置方式效率较高，可以节约用电成本，但并不适合所有的场地。为保障修复的效果，设计电极井的布置方案时需要保证通电区域覆盖所有污染区域。

在实际工程应用中，通常都会结合电动修复加强技术来使用，目前应用最多的方法是通过添加酸性溶剂来调节电解液 pH，使用较多的添加剂为柠檬酸。相较于其他添加剂，柠檬酸既可以调节电解液的 pH，又可以作为螯合剂与重金属盐形成配合物，提升重金属的迁移能力，同时柠檬酸更不易引起土壤酸化。

根据设计方案建井安装之后，需要对修复系统进行试运行，保证各系统运行的可靠性。试运行期间，对于含水率不高的土壤，试运行电流需要达到 500mA；对于含水率较高的土壤，如湖底淤泥、湿地等修复场地，试运行的电流需要达到 5A。试运行的时间通常为 180h 左右，待系统趋于稳定后可以开始土壤的修复。

通常来说修复系统主要包括：电极井系统、在线监控系统（pH/电压/电流/电导率）、电解液循环系统、废气收集处理系统、酸碱投加系统等。

（1）电极井系统：筛管、电极阴极、电极阳极等，PET-CNT（聚对苯二甲酸乙二酯-碳纳米管）电极、石墨电极和 Pt/Ti 电极都是较好的选择。在这三种电极中，综合对比电极成本、能量消耗和去除效率，PET-CNT 电极是最好的选择。

（2）在线监控系统：多参数水质分析仪，可显示电解液 pH 和电导率。

（3）电解液循环系统：包括阴极电解液储液箱、阳极电解液储液箱、耐酸碱液位计、耐酸碱泵等。

（4）废气收集处理系统：抽气泵、废气处理箱。

（5）酸碱投加系统：药剂桶以及配套的电磁隔膜泵和液位计等。

另外还有系统配套的管路、阀门等。

如果修复场地适合使用电动修复技术进行修复，还需根据污染物的种类以及污染场地的情况确定使用何种电动修复加强技术。采用不同修复强化技术所需要增加的设备系统和添加剂也会有所差别。从已经使用电动修复技术的工程案例来看，都会使用一种或几种强化技术来达到预期的修复效果，目前使用最多的方式是用柠檬酸溶液作为电解液。

四、电动修复技术的运行和监测数据

在电动修复系统运行之后，保障系统的稳定运行和监测运行数据是影响修复效果的关键。在修复过程中，修复系统的各项数值是在不断变化的，包括电解液的 pH、电导率、电流，需要根据监测的数据实时调整电动修复系统。

（一）电动修复系统的运行

随着电动修复的不断进行，电极的阴阳极的 pH 会不断发生变化，目前最常用的电动修复强化技术通常是向电解液中添加酸性溶剂。该方法需要根据 pH 的变化不断向修复系统添加酸性添加剂，保证系统阳极的 pH 稳定在 2 左右，阴极的 pH 稳定在 12 左右，但对于不同的污染物，需要控制的 pH 还会有所区别，可根据污染土样的实验数据来确定。为了达到保护设备配件和顺利修复的要求，技术人员需根据修复进度分别向循环电解液中加入酸碱药剂，使循环系统 pH 保持在设定范围内，同时采用球阀调节各电极井流量，保证电解液正常循环。

在修复开始的一段时间内，电解液的电导率会不断提升，当土壤中的重金属离子被聚集在阴阳极之后，电解液的电导率又会下降，因此电解液的电流也会先上升后下降，最终趋于稳定。技术人员可以通过电导率在线监测系统持续监控电解液循环的电导率数值，在达到一定程度后将电解液作为废液排放。

（二）电动修复系统的监测数据

修复系统电流通过供电系统集装箱内的电源输出，由电流控制面板调节电流，使其满足系统和供电电压要求，同时需要技术人员定期调节电解液流量，保证修复区域中电极井内的电解液达到平衡状态。

废水处理设备可监测循环电解液的电导率。当电解液富集大量污染物离子，并且电导率超过一定数值后，技术人员将循环电解液排放至废液收集桶，重新替换清洁的电解液继续修复。电解废液外运之前，技术人员检测废液中污染物离子浓度，并推算出移除污染物的总量和修复效率。

每两周，技术人员会取场地内土壤样品和地下水样品送独立实验室进行检测，以确保修复工作按计划进行。每块区域内设置多个采样点，采样点位于阴阳电极之间。采集样品时，供电设备会停止向电极供电，以确保人员安全。当电极反应会产生气体污染物时，应设置废气收集装置，并定期进行管理，以免造成二次污染。

过程监测是确保电动修复系统运行效果满足要求的必要手段，修复实施期间定期取样，检测土壤和地下水中污染物离子浓度，前期每两周一次，后期每一周一次，每个污染区域内布设一个土壤取样点和一个地下水取样点，取样点深度间隔1m取样。地下水取样井是常设井，实施过程中每日取样检测pH和电导率，另取水样到实验室检测污染物离子浓度。

五、电动修复技术的发展前景

电动修复土壤作为一种新兴修复技术，在土壤修复领域得到了广泛的关注，这得益于其在重金属污染土壤修复领域的高效性，对于低渗透性土壤尤其是修复地况复杂的污染土壤的适用性，以及其对于饱和土壤和非饱和土壤的广泛适用性，都是该技术具有的独特优势。除此之外，该技术还具有对土壤破坏小、不易造成二次污染等优势。但该技术仍有许多方面值得进一步研究和改进，从作用机理到应用模型都亟待进一步探索。

在机理方面，由于土壤体系的复杂性，我们仍需探讨：在电场的作用下，污染土壤与土壤颗粒的物理化学作用，进一步优化电动修复技术；施加电场后的修复区域和修复效果间的相互影响，包括土壤中的碳酸盐类、金属矿物、碎石沙砾、腐殖酸类的影响，对土壤中微生物活性及迁移性的影响等；如何将多种强化修复技术真正应用到实际修复场地中，如螯合剂的添加、酸碱试剂的添加等。

在模型方面，污染物受到电渗析、电迁移、电泳等电动力学效应的作用，对复杂多孔异质土壤体系的迁移扩散运动及其与修复效率之间的关系很难定量描述，建立一个能够反映多种关系并存的模型，对指导在电动力学作用下去除污染物具有重要意义。同时，作为一种土壤修复技术，电动力学修复方法也存在着某些不足，例如：该方法对污染物的选择性较低，对非目标污染物也会产生同样的作用，当目标污染物含量低于土壤中会受到电场影响的非污染物物质时，会降低修复效率，增加修复成本；为强化修复效果，采用添加化学试剂等方法有可能造成土壤酸化等。总之，需要发展更多的组合技术解决当前技术的不足。

第五节　土壤污染的固化稳定化技术

固化稳定化土壤修复技术指运用物理和化学的方法将土壤中的有害污染物固定下来，阻止其在环境中迁移、扩散等，从而降低污染物的毒害。与其他修复技术相比，固化稳定化技术有费用低、修复时间短、可处理多种复合重金属污染、易操作、适用范围较广等优势。

一、固化稳定化技术原理

固化和稳定化具有不同的含义。固化技术是将污染物封入惰性材料中，或在污染物外面加上低渗透性材料，通过减少污染物的淋洗面积从而达到限制污染物迁移的目的；稳定化是指通过向土壤中加入稳定剂，将污染物转化为不易溶解、迁移能力和毒害更小的形式来实现无害化，以降低对生态系统的危害。在实际修复应用中，固化和稳定化过程同时存在，通过固化剂和稳定剂对被处理物质的吸附、络合、螯合和沉淀等作用，在使污染物固定在固体块中的同时起到化学性质稳定的作用。

除了加入固化剂和稳定剂使污染土壤固化稳定外，土壤的玻璃化技术也能使污染土壤达到固化、稳定化的处理效果。其技术原理是利用电、微波等加热方式将污染土壤温度上升至1000℃以上，污染区块的有机物被焚烧或热解，而无机质会熔化形成均匀的熔融态，然后冷却形成玻璃状的固体。放射性污染物或重金属等其他污染物会被固定在玻璃状固体中，且这种玻璃状固体结构坚固，具有良好的化学惰性以及非扩散性，在较长时间内污染物浸出浓度都较低，具体的浸出浓度取决于元素种类。因此，玻璃化技术能较好地处理处置受到放射性或者重金属污染的土壤。

二、固化稳定化修复材料选择

土壤固化稳定化修复材料是影响固化稳定化效果的主要因素，固化稳定化材料通常分为黏结材料和添加剂材料。黏结材料主要包括水泥类和火山灰类材料（粉煤灰、炉渣等），能够将污染物固化在固化体内部；添加剂材料包括活性炭、碳酸盐、混凝土添加剂（缓凝剂、防水剂等）、铁铝化合物等，能够进一步提高固化稳定化技术对污染物的固化和稳定化效果。

黏结材料是最常见的土壤固化稳定化修复材料，主要包括硅酸盐水泥、粉煤灰、炉渣、沥青、窑灰等，而且在实际工程中，多种黏结材料经常被同时用于固化稳定化过程中。一般来说，经常使用的固化稳定化材料中的黏结材料主要有以下几种。

1. 硅酸盐水泥

水泥能够与重金属污染物形成不溶性氢氧化物、碳酸盐和硅酸盐，进而降低污染物的流动性，达到稳定污染物的目的。另外，水泥能够形成一个固化封装体，达到固化污染物的目的。虽然填充剂和火山灰可能在固化稳定化过程中用量最多，但是水泥的应用最为广泛，尤其是硅酸盐水泥。硅酸盐水泥也经常与其他黏结材料混合使用，如水玻璃、粉煤灰等。在水泥的应用过程中经常添加一些添加剂，主要目的是控制固化体成形，提高固化体的耐久性，提高固化体的物理性能，固定金属和有机污染物。除水泥外，采用的较多的黏结材料还有石灰和窑灰。

2. 水泥-粉煤灰

硅酸盐水泥和粉煤灰在混凝土中使用了许多年，围绕这一应用衍生出了很多技术。粉煤灰不仅能够提高混凝土的性能，而且在固化稳定化应用过程中，粉煤灰的使用还能够提高经济性，主要是因为粉煤灰通常能够取代 25%～30% 的硅酸盐水泥。在硅酸盐水泥-粉煤灰的应用过程中，粉煤灰充当填充剂和火山灰。使用硅酸盐水泥-粉煤灰的不足之处是粉煤灰的大量引入导致固化体的体积增大。在固化稳定化过程中，粉煤灰和水泥的质量比为 2∶4，总质量增加量为 50%～150%，总体积增加量为 25%～75%。

3. 石灰-粉煤灰

石灰、粉煤灰和水三者之间反应的最初产物是一种非结晶的凝胶，最终演变为硅酸钙水合物。通常情况下，上述反应的速率比水泥和粉煤灰对应的速率慢，且不会生成理化性质一样的产物。与水泥-粉煤灰一样，石灰-粉煤灰中采用的粉煤灰主要来源于火力发电厂的副产物，粉煤灰的组成和反应特性与燃煤的组成和电厂的运行情况有关。石灰-粉煤灰由于作为黏结材料能够固化稳定多种有机污染物和无机污泥，因此常被用于含油废物和其他有机污染物（有机物含量大于20%）的固定稳定化。

4. 窑灰

在过去的几十年间，美国有上百个土壤固化稳定化修复项目采用了石灰窑灰和水泥窑灰。窑灰通常作为吸附剂或膨胀剂广泛应用在危险废物处置中，石灰窑灰通常作为酸性废物的中和剂使用。窑灰的特殊功效主要归因于其含有大量的氧化钙，氧化钙提高了窑灰的碱度，同时其水合过程能去除水分。通常情况下，窑灰和粉煤灰固化稳定化的产物具有脆性，甚至产物为颗粒产品，如果修复后土壤拟运至垃圾填埋场，那么窑灰是一种很好的选择。

5. 其他材料

除上述黏结材料外，还有一些黏结材料用于土壤固化稳定化修复过程中，常见的黏结材料有以下几种。①石膏：半水合硫酸钙（$CaSO_4 \cdot 1/2H_2O$）作为主要作用成分，在专利和文献中报道较多，但在实际的土壤固化稳定化修复过程中应用较少。②炉渣：高炉渣既可以单独使用，也可以作为添加剂加入水泥中用于污染物的固定稳定化过程，还能用于还原高价态的金属污染物。③乳化沥青：沥青固化过程在常温下进行，避免了沥青过热和挥发性污染物释放引发的二次污染问题。当乳化沥青的结构遭到破坏或者乳化沥青失掉其中的水分形成一个连续的沥青相后，该疏水性有机相通过沉淀作用，围绕固体废物形成一个连续的固体壳，进而生成固态的、低渗出性的、能够满足填埋场理化性质要求的固化产物。沥青已成功应用于石油污染土壤的治理中。

固化稳定化添加剂的种类还有很多，常用的添加剂有活性炭、碳酸盐、混凝土添加剂（缓凝剂、防水剂等）、铁铝化合物、中和剂、氧化剂、有机黏土、磷酸盐、还原剂、橡胶颗粒、硅粉、炉渣、溶解性硅酸盐、吸收剂（粉煤灰、黏土、矿物）、有机和无机硫化物、表面活性剂、有机溶剂等。添加剂的作用可分为三种：金属稳定化、有机成分固定化、提高耐久性。其中，金属稳定化药剂具有多种功能：pH控制与缓冲、形成新产物、氧化/还原和吸附。酸、碱和盐（如石灰、苛性钠、硫酸亚铁）可用于控制系统的pH值。缓冲剂（如碳酸钙和氧化镁）能够将pH控制在期望的范围。碳酸盐、硫化物、磷酸盐和铁化合物可以通过共沉淀等方式将污染物转化为难溶形态。硫酸亚铁、金属铁、次氯酸钠和高锰酸钾可以降低或提高金属的价态。

三、固化稳定化修复方式

（一）异位土壤固化稳定化修复

异位土壤固化稳定化修复需要用到搅拌机、材料存储和输送设备以及辅助设备等，实际的操作设备视实际的处理和处置方案而定。基本上所有的异位固化稳定化都会用到混合设备，在混合体系中，通过泵、机械输送机或其他手段把受污染土壤运至进料槽中，然后固体废物再被运至混合器中，在混合器中受污染土壤与固化稳定化材料混合，最后进行固化养护操作。上述混合体系既可以进行批次混合，也可以进行连续混合。最早的批次土壤固化稳定化修复混合设备采用的是混凝土搅拌机，但是这种搅拌机存在一定的限制，对于黏性土壤的处理效果较差。异位固化稳定化操作常用的修复设备如图 7-14 所示，该设备为常用的一体化土壤固化稳定化修复设备。

图 7-14　一体化土壤固化稳定化修复设备

（二）原位固化稳定化修复

早期的原位固化稳定化主要针对液态或半液态的废物，随着修复难度的加大以及经验的积累，原位固化稳定化技术和设备不断更新，应用范围越来越广。常见的原位操作方式分为两种：基于农业耕作设备的区块法和钻井/螺旋钻法。

1. 基于农业耕作设备的区块法

对于很多污染场地，受污染土壤的深度很浅，通常只有 1.5m 或更浅，而且污染面积大，比较适合采用区块法进行原位修复。区块法首先将药剂撒到待处理土壤表面，然后采用铲斗机或翻耙机等设备将土壤与药剂混合。另外，还可以将注射器、耙形设备或高能混合器安装在铲斗机的反铲臂或翻耙机上，进而提高药剂的分散程度。但是该方法的有效性很难控制，而且主要用于固定化。常见的设备为拖拉机悬挂磁盘耙。

2. 钻井/螺旋钻法

大型钻探施工设备的出现使固化稳定化材料的原位注入、土壤深层混合成为了可能。首先利用钻机配套的注入设备将药剂注入受污染土壤中，然后施以大扭动力进行混合搅拌，最后形成巨大的、排列整齐的柱状固化体。该方法混合效果好，而且混合深度比较深，能够达到 30m。深层原位混合需要使用大型的、带螺旋叶片的、直径 1.5～2.5m 的旋转螺旋钻机进行，能够利用螺旋叶片将泥浆状的固化稳定化材料注入地下，混合完成后，螺旋钻撤出，固化稳定的土壤留在原地。

（三）污染土壤的玻璃化处理

玻璃化技术可应用于受到有机物、重金属以及放射性核素甚至是其他无机物污染的土壤，但一般用于处理受到重金属以及放射性污染物污染的土壤，如果该污染区块目标污染物主要为有机物，则可以考虑其他修复技术，否则修复成本颇高。

玻璃化技术对于修复土壤的理化性质也有一定的要求，有机物含量高于7％或含水率高于10％的土壤不适合采用玻璃化技术，当然污染深度（要求低于6m）也是一个重要的制约因素。另外，出于施工安全考虑，对于易燃、易爆性有机物或挥发性有机物含量高的污染土壤也不能采用该技术。而且需要强调的是，玻璃化后的土壤不能用于农业。

根据加热方式，玻璃化技术可以分为电玻璃化技术、热玻璃化技术以及等离子体玻璃化技术。电玻璃化技术是以一定间距布设石墨电极，然后变电站输送高压电使石墨电极产生热量，以达到玻璃化所需温度；热玻璃化技术则是利用外部热源（如微波辐射或天然气加热）对有耐火材料衬里的旋转窑加热；等离子体玻璃化技术是在等离子体气化炉中利用等离子炬提供高温环境，然后高能等离子体会气化、热解有机物，将金属等无机成分熔化成熔融态，随后从炉底流出冷却成玻璃废渣。

当然，玻璃化技术也可以根据操作地点分为原位玻璃化与异位玻璃化。原位玻璃化主要运用电玻璃化技术或者等离子体玻璃化技术，而异位玻璃化则以热玻璃化技术和等离子体玻璃化技术为主。异位技术相比原位技术要更容易控制污染深度造成的影响，但是由于运输途中可能存在污染物逸散，造成暴露风险增加，所以原位玻璃化技术应用更为广泛。

四、固化稳定化效果评估

（一）固化稳定化技术评估方法

由于技术自身的特点，固化稳定化技术修复效果的评价标准与其他大多数修复技术不同，而国内还缺乏对该项技术修复效果的评价标准，加之在污染场地环境安全性维护方面经验不足，固化稳定化技术在国内的推广应用一直受到限制。在近年来国内修复领域的学术交流活动中，一些业主和修复企业的代表表示，希望固化稳定化技术能获得国家和行业认可。对此，一些修复企业和专家表示，修复界在国内固化稳定化探索性修复经验和部分浸出方法的研究方面已经取得了一些积极的成果，但还有一些问题亟待解决：第一，尚未形成判别修复是否合格的明确标准；第二，修复后如何最终处置或再利用，处置或利用方式以什么为依据；第三，对修复后的场地如何进行长期环境安全性评估，由谁负责进行长期监测等。对这些问题，尽管部分企业和研究单位借鉴国外研究经验开展了一定的研究，但总体还处于初步发展阶段，还需进行系统、深入的专题研究，同时与美国、欧盟等经验丰富的国家和地区进行深入的交流合作，进一步促进系统的固化稳定化效果评估体系的形成。

目前在我国经常采用浸出毒性评估方法来评估固化稳定化技术修复效果，主要有两种测试方式，包括美国的TCLP和SPLP毒性浸出测试法、我国的固体废物浸出毒性浸出方法，即硫酸硝酸法或醋酸缓冲溶液法，尤以硫酸硝酸法最为常用。但是此种评估方式存在一些缺陷，无法评估固化稳定前后土壤物理特性变化，即不能反映固化稳定前后土壤重金属赋存形态及有效态的变化。我国现有的硫酸硝酸法、醋酸缓冲溶液法毒性浸出测试提取时间仅为18h，短时间内的提取结果并不能完全反映经历较长时间后的土壤污染物的稳定性。

（二）TCLP和SPLP毒性浸出测试法

典型的固化稳定化评价指标分为物理和化学两类，物理类包括无侧限抗压强度和水力传导系数，化学类为毒性浸出试验。无侧限抗压强度系指在无侧限的条件下，施加轴向压力直至试样破坏，确定土体的抗压强度，可按 ASTM D1633 的试验规范进行。在一般情况下，固化稳定化处理后的无侧限抗压强度要求大于 50psi（1psi＝6894.757Pa），而用于建筑材料水泥（混有砾石、石块和砂）的无侧限抗压强度至少要求达到 4000psi。养护时间越长，采用固化稳定化处理过的土体无侧限抗压强度越高。

水力传导系数表征土壤对水分流动的传导能力，在数量上等于单位水力梯度下，单位时间内通过单位土壤断面的水流量。经固化稳定化处理后的土壤水力传导系数要求不大于 1×10^{-6} cm/s，可按 ASTM D5084 的试验规范进行测量。

最常用的化学测试是毒性特征浸出试验，用来检测在批处理试验中固体、水体和不同废弃物中重金属元素的迁移性和溶出性，应用最广泛。毒性特征浸出试验模拟了工业固体废物与城市垃圾共同处置填埋条件下，向地下水中渗滤废物组分的过程，主要目标是保护地下水。

该方法采用醋酸作为浸提剂，土水比为 1∶20，浸提时间为 18h，与我国《固体废物　浸出毒性浸出方法　醋酸缓冲溶液法》（HJ/T 300—2007）相当，相关评价数值参考该标准即可。

由于主要针对填埋废弃物，美国环保局推出了合成沉淀浸出试验，用以模拟废弃物在酸雨条件下的暴露和迁移特征，主要目的是保护地表水和地下水。该方法采用硫酸、硝酸配成弱酸溶液，形成无缓冲能力的浸出体系，提取时间也是 18h，和我国的《固体废物　浸出毒性浸出方法　硫酸硝酸法》（HJ/T 299—2007）大体相当。我国《危险废物鉴别标准　浸出毒性鉴别》（GB 5085.3—2007）中采用的浸出方法是与美国 SPLP 类似的硫酸硝酸法。一般来说，针对浸出毒性的评价标准参考我国《危险废物鉴别标准　浸出毒性鉴别》（GB 5085.3—2007）。

现有的测试方法不能反映出污染区域在固化稳定化处理前后土壤重金属赋存形态及有效态的变化，与现有方法相比，柱浸出测试更符合实际条件下污染物的释放和浸出行为，但我国目前还没有相应的测试方法和评价标准。

（三）固化稳定化后土壤的处理

目前，对污染土壤和底泥固化稳定化处理后最终处置或再利用的情景主要分为以下几种：现场回填、原地封存或阻隔；用作工程渣土、路基材料、卫生填埋场覆盖用土、绿化用土、河堤护岸材料等。但对于固化稳定化处理后土壤的利用仍存在一定的风险，当环境条件改变时，如长期的酸雨淋溶作用、地下水的浸泡、极端温度的影响等，土壤中的重金属仍存在重新进入环境的可能性，为规避这种风险，对于处理后的土壤依旧多采用集中填埋集中监管的方式。

第八章

土壤污染的化学修复技术

　　土壤污染的化学修复技术是利用各种化学原理治理土壤污染的土壤修复技术。该类土壤修复技术是指在土壤修复的过程中，通过添加淋洗剂、浸提剂和氧化剂等化学物质来与土壤中相应的污染物发生化学反应，改变土壤中污染物的溶解扩散能力和污染物的物化相互作用，这样可以达到降低污染物毒性或使污染物无法或难以扩散移动的目的，从而降低污染物的危害程度。具体来说，根据污染物的不同性质，化学修复技术主要通过吸附、聚合、配合、氧化还原、催化氧化和光催化等过程达成土壤修复的目的。

　　目前，化学修复技术主要包括化学淋洗技术、溶剂浸提技术、化学氧化技术与光催化降解技术等。与其他类别的技术相比较，化学修复技术通常具备快速便捷、对污染物的类型和浓度要求较低的优点。同时，化学修复技术因为发展起始时间较早，目前的技术也相对成熟。不过因为不断有新材料和新试剂出现，化学修复技术同时也是一种在不断变革、不断创新的修复技术。

第一节　土壤污染物的化学淋洗技术

一、土壤化学淋洗技术的原理

　　土壤淋洗的作用机制在于两点：首先是淋洗剂的化学作用可以脱附、溶解、配合土壤颗粒中的污染物；其次，从物理角度，利用淋洗过程中淋洗剂的物理冲力可以冲刷土壤孔隙中存在的可吸附污染物。

　　在化学淋洗过程中，使用的淋洗剂主要是包含化学冲洗助剂的流体体系，这些溶液

> 【土壤污染物的化学淋洗技术】
> 是指借助能促进土壤环境中污染物溶解或迁移作用的液体淋洗剂，使吸附、配合或固定在土壤颗粒表层上的污染物脱附、溶解、解配而最终被去除的技术。

具备一定的增容乳化作用，改变了土壤污染物的性质，有利于土壤污染物的分离。淋洗剂可以是清水、化学试剂溶液（如酸、碱和盐溶液等）或部分气体等能把污染物从土壤中淋洗出来的流体。

　　土壤淋洗修复技术具有如下优点。首先，该技术对于大部分污染物都具有一定的效果，

如对有机物中的多环芳烃、氰化物及无机物中的重金属等常见土壤污染物都有作用。其次，化学淋洗的操作过程也比较灵活，可原位处理也可异位处理，异位修复又可进行现场修复或离场修复。目前的土壤修复治理过程也可以采用复合技术，因此淋洗技术依靠淋洗剂的灵活性可以作为其他修复方法的前期处理技术。但是该技术也存在一些局限性：首先，对土壤的渗透性要求较高，一旦土壤质地黏重、渗透性差，则难以发挥作用；其次，土壤淋洗剂的价格昂贵，用于大面积修复时成本较高；最后，淋洗剂本身在进行原位处理时有可能残留并导致二次污染。

所以，化学淋洗技术的主要影响因素和适用范围如下。

化学淋洗技术的主要影响因素有以下几类：首先是被污染土壤的质地，其次是污染物的类型，最后是淋洗剂的选择。

从化学淋洗技术的原理出发，如果被污染土壤的结构容易被渗透，具备较多孔隙，则适合使用淋洗技术进行修复，比如沙地、砂砾土、冲积土或滨海土等都较易通过淋洗技术达成修复的目的，这是因为这些土壤不易与污染物形成强烈的吸附作用，淋洗的难度较低。相反，当黏粒的含量高于20%时，处理的效果便开始受到影响，高于40%时不宜使用淋洗技术进行修复。

而对于污染物的类型，除了可以与土壤形成强烈吸附作用的污染物（如呋喃类化合物）以及与水不互溶的液态污染物和易挥发有机物外，原位和异位淋洗技术都有较广的适用范围。

对于淋洗剂来说，重金属等无机污染物主要使用无机淋洗剂或螯合剂进行去除，有机污染物则可以使用表面活性剂。但是，在原位淋洗的过程中应注意淋洗剂是否会影响土壤的使用目的以及是否会产生二次污染。

二、土壤化学淋洗技术的工艺流程

前文提到过，土壤化学淋洗技术可以根据土壤修复的需求选择原位修复或者异位修复的方式。但原位和异位所使用的工艺流程有着较大区别，所以接下来将按照土壤淋洗技术的原位和异位进行区分，分别介绍化学淋洗技术的工艺流程和主要设备。

（一）原位化学淋洗工艺流程

原位化学淋洗修复技术主要是通过外接机械喷淋设备提供机械外力或者依靠淋洗液自身重力的作用向土壤中渗透，从而可以使淋洗剂与污染物相互接触发生化学作用。当

【原位化学淋洗技术】
是指在被污染土壤原先所处的位置进行就地淋洗修复。

淋洗剂与污染物形成可迁移的物质后，再利用抽提井将含有污染物的溶液抽提出土壤，收集、储藏或作其他处理后，将淋洗液再次用于处理被污染土壤。

因此，该技术的工艺流程主要分为以下三个步骤：首先，把淋洗液通过喷淋系统喷入要淋洗的污染土壤中；其次，根据地下水的流向在污染区域的地下水下游将含污染物的淋洗液及部分地下水抽出；最后，通过泵系统将经过抽提井抽出的含污染物的淋洗液输送至液相处理系统进行分离处理和淋洗液再利用。图8-1是原位化学淋洗技术的示意图。

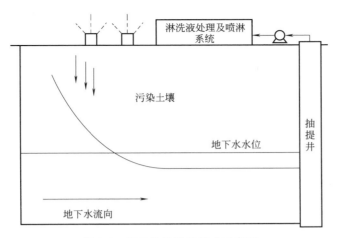

图 8-1　原位化学淋洗技术示意图

（二）异位化学淋洗工艺流程

被污染的土壤与淋洗液在淋洗反应器中混合后，通过机械外力的辅助搅拌使二者发生化学作用，当大部分土壤污染物转移至淋洗液中后，再将处理过的土壤分离出淋洗反应器，用以回填或深度处理，而淋洗废液经过纯化处理后回用或经过处理后排放。

> **【异位化学淋洗技术】**
> 将受污染土壤挖掘取出后再投入其他反应容器中进行淋洗修复。

该技术在处理污染土壤时，通常要先进行土壤的粒度分级再分别加以处理。原因是根据土壤的粒径不同，污染物吸附在土壤颗粒上的强度也有差异。例如，黏性土和粉砂等土壤粒径小的土壤对大部分污染物都有较强的吸附能力，然而这类土壤在常规土壤中占比较小，同时其自身与其他大粒径的土壤颗粒也存在吸附作用。因此，该操作的目的就是将污染土壤中的细小颗粒分离开来，避免淋洗的效果受到影响，同时其他污染程度轻的土壤也可以不必进行深度淋洗，可通过简单淋洗后回填或异地处置，降低了淋洗的难度。

因此，该技术的工艺流程主要分为以下四个步骤：首先是异位化学淋洗的准备阶段，包括污染土壤的挖掘工程以及将污染土壤中含有的生活垃圾、砾石和植物残骸等不易吸附污染物的固体剔除破碎；其次进行土壤的粒径筛分，将被污染土壤分为细粒土和粗粒土分别处理；再次，将土壤与淋洗液在淋洗反应器中混合搅拌，充分洗脱后等待静置固液分离；最后是淋洗液的处理再利用以及修复土壤的回填安全利用或再次循环淋洗。

异位化学淋洗技术的工艺流程见图 8-2。

三、土壤化学淋洗技术的主要设备

化学淋洗的主要设备仍然按照原位和异位分别介绍。

（一）原位化学淋洗主要设备

根据原位化学淋洗技术的工艺流程需求，该技术涉及的主要工程设备及装置如下。

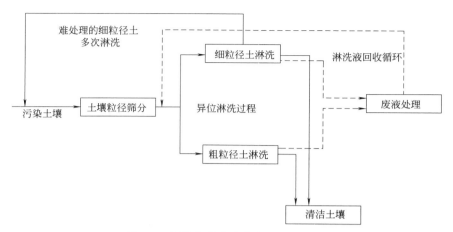

图 8-2　异位化学淋洗技术工艺流程图

（1）土壤淋洗装置：主体装置包括淋洗液喷淋器；配套装置包括加压泵、喷淋管和淋洗喷头。

（2）淋洗后抽提装置：主体装置包括抽提井；配套装置包括真空泵、耐腐蚀管道、水位感应器。

（3）淋洗液循环处理装置：主体装置包括洗脱液反应池和电动搅拌机；配套装置有搅拌电机、泥浆泵和污水切割泵。

（二）异位化学淋洗主要设备

根据异位化学淋洗技术的工艺流程需求，该技术涉及的主要工程设备及装置如下。

（1）土壤筛分装置：主体装置包括一体式淋洗筛分机、滚筒筛和筛分筒；配套装置包括驱动电机和泥浆提升泵。

（2）土壤搅拌淋洗装置：主体装置包括搅拌淋洗反应器、离心机和废液收集池；配套装置有搅拌电机、泥浆泵、污水切割泵和土壤旋出装置。

（3）淋洗液循环处理装置：主体装置包括洗脱液反应池、土壤沉淀池和电动搅拌机；配套装置有搅拌电机、泥浆泵和污水切割泵。

另外，异位淋洗技术同时需要一般工程装置，如机械粉碎机、机械传动装置等。

四、化学淋洗剂的选择

淋洗剂在化学淋洗技术修复土壤的过程中起决定性作用，选取合适、高效、经济的淋洗剂是整个过程的技术关键。目前较常用的化学淋洗剂包含无机和有机两大类：无机淋洗剂主要由常见的酸碱盐组成，有机淋洗剂则以螯合剂和表面活性剂为代表。无机淋洗剂常用于处理重金属等无机污染物，有机淋洗剂则多用于去除疏水性有机物或与重金属形成可迁移的配合物。

（一）无机淋洗剂

水以及常见的酸、碱和盐等无机溶液是常用的无机淋洗剂。这些淋洗剂主要针对土壤中重金属和放射性核素等污染物。其作用机理是通过酸解、离子交换和配合的方式对重金属等污染物与土壤表面官能团形成的配合物进行破坏，从而使污染物从土壤中脱离溶出。

目前常用的无机淋洗剂主要有 HCl、HNO_3、H_2SO_4、H_3PO_4、NaOH、$CaCl_2$、$NaNO_3$、NH_4NO_3、$FeCl_3$ 等。无机酸通过与土壤中的重金属污染物发生置换反应来使重金属与土壤脱离吸附；无机盐或碱主要通过置换和配合作用来提高淋洗效果。这些淋洗剂由于对重金属的效果明显，成本低廉，等待起作用的时间短，成为了早期土壤修复使用的重要化学淋洗剂。在过去的诸多研究中，无机淋洗剂的效果都得到了证实。例如，在 1990 年就有学者利用 0.1mol/L 的 HCl 溶液对铜、镍、铅、锌等金属做了淋洗研究，均得到了 75％以上的去除率。Tampouris 利用 HCl 与 $CaCl_2$ 的混合溶液作为淋洗剂用以修复重金属污染的土壤，研究发现该淋洗剂对于铅的去除率达到了 94％，效果显著。

然而大多数研究所使用的无机淋洗剂浓度都较高，这同时也带来了负面作用。例如，浓度较高的酸性溶液会破坏土壤的物化结构，影响土壤的生态功能，因此无机淋洗剂在当前的实际应用中有一定局限。

（二）螯合剂

为了避免使用无机酸碱等易破坏土壤结构与功能的淋洗剂，较多种类的螯合剂成为无机淋洗剂的一大替代品。螯合剂的作用机理是相较于土壤颗粒，螯合剂可以与重金属等离子之间产生更强的螯合作用，使得土壤颗粒与污染物分离。

在目前实际应用中，螯合类淋洗剂主要分为人工合成螯合剂与天然螯合剂两类。人工合成螯合剂主要以氨基多羧酸类为代表；天然螯合剂则多为小分子有机酸。

1. 人工合成螯合剂

人工合成的氨基多羧酸类螯合剂可以与金属产生较强的螯合作用，因而被广泛应用于化学淋洗修复重金属污染的土壤。例如乙二胺四乙酸（EDTA）、二乙烯三胺五乙酸（DTPA）、羟乙基乙二胺三乙酸（HEDTA）、乙二醇双（2-氨基乙醚）四乙酸（EGTA）、N-(2-乙酰胺基)-2-亚氨基二乙酸（ADA）、2,6-吡啶二羧酸（DPA）、亚氨基二琥珀酸（IDHA）等都对重金属污染的土壤有较好的修复效果。

除此之外，人工螯合剂在淋洗修复过程中对 pH 值的要求不高，同时对于不溶性的重金属化合物以及被土壤吸附的重金属都有明显效果，是土壤淋洗中比较高效的一类淋洗剂。但人工螯合剂的缺点也是存在的，首先是这类物质相较于无机酸成本要高很多，其次是人工螯合剂的生物降解性较差，在淋洗过程中容易因残留造成二次污染。

2. 天然螯合剂

天然螯合剂以小分子有机酸为主，其中柠檬酸、草酸、苹果酸、胡敏酸和富里酸等具有一定的螯合能力，可以通过与金属离子形成可溶性的络合物促进重金属污染物的解吸，从而使土壤污染物被淋洗出土壤。与人工合成螯合剂不同，小分子有机酸的生物降解性良好，不易产生难以处理的二次污染。

可欣等采用土柱淋洗法，利用 0.4mol/L 的酒石酸研究化学淋洗修复重金属污染土壤，通过 5 次淋洗去除了 91.3％ 的金属 Cd，效果明显。

然而只比较去除重金属的效果，天然螯合剂仍然无法代替人工合成螯合剂。魏世强等选取了具有代表性的人工合成螯合剂与天然螯合剂，研究了两种螯合剂对紫色土 Cd 的溶出效应和吸附、解吸行为的影响。结果表明，人工螯合剂的效果要明显优于其他的小分子有机酸。

（三）表面活性剂

根据表面活性剂的双重特性，其作用机理也可以分为对无机污染物和对有机污染物两种。针对重金属等无机污染物，通过改变土壤颗粒的表面性质，可以促使重金属增溶或形成配合物转移至淋洗液中，使重金属在土壤中溶出；而针对有机污染物，其亲油特性可以强化增溶和增流作用，从而提升有机物在水相中的溶解度和流动性，进而影响有机物在淋洗土壤过程中的挥发以及在土壤颗粒上的吸附作用。因此，表面活性剂的性质也决定了它可以适用于无机和有机两类土壤污染的化学淋洗修复。

> 【表面活性剂】
> 是一类具备特殊吸附性质的物质，它具备亲水亲油的双重特性，可以显著降低溶剂的表面张力和液-液界面张力。

在当前的淋洗修复应用中，常用的表面活性剂主要有两类，包括化学表面活性剂和生物表面活性剂。

1. 化学表面活性剂

目前常用的化学表面活性剂主要有十二烷基苯磺酸钠（SDBS）、十二烷基硫酸钠（SDS）、吐温 80（Tween-80，聚山梨酯-80）和曲拉通 X-100（Triton X-100，辛基酚聚氧乙烯醚）等。这些物质主要用于有机污染物的去除。黄昭露等利用不同的化学表面活性剂对存在中度柴油污染的土壤区域进行淋洗实验，研究不同表面活性剂的效果。结果表明，常见的化学表面活性剂中，十二烷基硫酸钠具有最好的修复效果，而且提高表面活性剂的浓度对于淋洗效果有促进作用。

不过，化学表面活性剂与人工合成螯合剂有着相似的弊端——生物降解性差，残留容易改变土壤的理化性质。

2. 生物表面活性剂

生物表面活性剂是由动植物或微生物产生的具有表面活性的代谢产物。对于重金属等无机物污染，生物表面活性剂较化学表面活性剂有着更好的修复效果。当前被发现可以在化学淋洗修复中应用的生物表面活性剂有鼠李糖脂、环糊精和皂苷等。

研究表明，鼠李糖脂对 Pb 和 Cd 有着良好的去除效果，去除率均可以达到 80％以上。除此之外，生物表面活性剂的突出优点在于作为天然的代谢产物，其具备良好的生物降解性，不易造成修复后的二次污染；其次根据生物表面活性剂的结构类型不同，特殊官能团不同，针对的污染物也有差异，专一性较强。因此，在只考虑淋洗效果时，生物表面活性剂明显是一个更好的选择。不过之所以还没有广泛地生产使用，是因为生物表面活性剂在生产中分离纯化过程较复杂，导致其产量低下，成本昂贵。

（四）化学淋洗剂对比

表 8-1 对前文介绍的各种淋洗剂进行了总结对比。

表 8-1　常用化学淋洗剂对比表

化学淋洗剂种类		淋洗剂示例	适用污染物	优势	局限性
无机淋洗剂		水及常见的无机酸、碱和盐等化合物，如 HCl、HNO₃、H₂SO₄、H₃PO₄、NaOH、CaCl₂、NaNO₃、NH₄NO₃、FeCl₃	重金属或放射性核素的污染	处理效果好；淋洗过程较快；成本低廉	一般使用的无机淋洗剂所需浓度较高，在淋洗的过程中容易破坏土壤的原本物化结构以及生态功能
螯合剂	人工合成螯合剂	乙二胺四乙酸（EDTA）、二乙烯三胺五乙酸（DTPA）、羟乙基乙二胺三乙酸（HED-TA）	重金属污染	适用范围广，对多种形态的重金属都有良好的去除效果；使用时对 pH 值的要求不高	成本昂贵；生物降解性差，容易因残留而导致二次污染
	天然螯合剂	柠檬酸、苹果酸、草酸、酒石酸		成本较低（相较于人工合成螯合剂）；生物降解性好，环境友好，不易产生二次污染	处理效果不如无机淋洗剂和人工合成螯合剂好
表面活性剂	化学表面活性剂	十二烷基苯磺酸钠（SDBS）、十二烷基硫酸钠（SDS）、吐温 80（Tween-80）和曲拉通 X-100（Triton X-100）	有机污染物污染	成本低廉（相较于生物表面活性剂）	生物降解性差，残留容易改变土壤的理化性质
	生物表面活性剂	环糊精、皂苷、鼠李糖脂	重金属污染	生物刺激性较低；生物降解性好，环境友好，不易产生二次污染	生产中分离纯化过程复杂导致了产量低，成本昂贵

五、土壤化学淋洗技术的发展前景

化学淋洗技术目前存在的主要问题就是多数高效的淋洗剂自身都存在一定二次污染的风险，并不属于环境友好型的试剂。这是因为在土壤修复技术兴起的早期，学者们关注的都是污染物的最大去除效率。常用的化学淋洗剂，如无机酸、人工合成螯合剂等，因其修复周期短、效果显著而受到众多推崇。常规淋洗剂的二次污染问题严重地限制了化学淋洗技术的使用。例如，在土壤敏感度较高的区域，淋洗可能去除了原污染物，但是淋洗剂本身对土壤性质的改变也会导致被修复的土壤失去本来的使用价值。近年来随着环境保护和可持续发展理念深入人心，在追求高污染物去除率的同时，淋洗剂也在逐步向绿色、环境友好的方向发展。

因此，未来化学淋洗技术的一大发展趋势就是使用环境友好型的淋洗剂，降低淋洗之后对土壤环境的影响。天然螯合剂（小分子有机酸）和生物表面活性剂因为其次生生态风险远小于人工合成螯合剂以及化学表面活性剂，逐渐替代人工合成螯合剂和化学表面活性剂成为土壤淋洗剂研究的主流方向。

而如何解决天然螯合剂的去除效率问题以及生物表面活性剂的生产成本和产量问题，也是当前化学淋洗技术的关键突破口。

除此之外，淋洗技术与其他技术复合修复土壤也是未来的热门研究领域。当前环境土壤污染复杂性日益突出，甚至会呈现无机污染物与有机污染物复合污染的情况。因此，多种技术联用作为短期内克服单一手段弊端的最有效方法，在未来会有更好的发展前景。

第二节 土壤污染物的溶剂浸提技术

一、土壤溶剂浸提技术的原理

由于实质上也是利用了污染物更易溶解在外加化学溶剂中的性质，这类技术广义上也属于液固相萃取的范畴。面对土壤中难溶于水的有机污染物，化学淋洗技术往往不易得到良好的效果，而溶剂浸提技术则是针对有机污染物的一种高效的异位修复手段。将污染土壤挖掘出来后，放置在多个密闭的提取箱内，通过向其中添加常用的有机溶剂或混合溶剂来将污染物萃取至土壤外。

> **【溶剂浸提技术】**
>
> 是在 20 世纪开始迅速发展的一种土壤修复技术，其本质上是一种分离技术。其作用机理是利用溶质在两种互不相溶或部分互溶的溶剂之间分配性质的不同，实现液体混合物的分离或提纯。

另外，由于溶剂浸提的过程不会使污染物的结构发生根本改变，因此污染物在被浓缩收集并与溶剂相分离后，还可以经过回收处理等过程实现价值化和资源化。而使用后的溶剂根据性质也可以部分通过蒸馏等操作完成回收纯化，具备一定的循环利用修复土壤的性能。

溶剂浸提技术的具体操作过程与异位化学淋洗技术有一定的相似度，核心的区别在于溶剂浸提使用的溶剂与淋洗剂的化学性质不同。同时，两种技术针对的污染物以及污染物分离富集后的去向不同。溶剂浸提不同于淋洗，淋洗后污水经处理达标后排放，而溶剂浸提回收的污染物可以进行深层次的处理利用。

除此之外，溶剂浸提技术仍然具备异位淋洗技术的大多数特点：操作过程可以根据土壤修复的需求灵活更改，可选择现场异位修复或离场异位修复；周期短，效果明显，同时在浸提溶剂的性质满足要求时可以作为其他修复技术的前处理技术；对土壤的渗透性、通透性和水分含量要求较高；常规的浸提溶剂（如有机溶剂和混合有机溶剂）通常会有一定的次生环境风险。

所以溶剂浸提技术的主要影响因素和适用范围如下。

溶剂浸提技术的主要影响因素有以下两类：被污染土壤的质地和不同溶剂的选择。

从溶剂浸提技术的原理出发，与淋洗技术相似，修复过程都需要通过液相物质与土壤产生相互作用，因此土壤的质地如果不易渗透则不适合使用浸提技术。当黏粒的含量高于15%时，即不适宜使用该技术进行土壤修复。另外，土壤中的水分也会对溶剂的提取效率产生影响，因此，土壤的湿度过大时，需要在浸提修复之前先进行风干操作。对于去除沙质土壤的有机污染物，该技术具有明显的优势。

对于不同溶剂来说，主要分为不溶于水的低极性有机物和不溶于水的高极性有机物作为溶质的情况。前者一般选择低沸点的碳氢化合物，如己烷、戊烷、丙酮、乙醚等；后者可选用醇类、醚类、酮类、酯类或者混合溶剂。因此，对于极性不同的有机污染物，溶剂可以灵活运用。另外，溶剂浸提技术的温度要求较低，通常在低温、常温下都可以正常进行。同时分离所需能耗也比较少，适合对温度有特定要求的土壤或含有热敏污染物的土壤。

二、土壤溶剂浸提技术的工艺流程

溶剂浸提技术与异位淋洗技术有一定的相似性，工艺流程也是如此。首先溶剂萃取技术与其他异位处理技术一样，需要对被污染土壤进行挖掘和预处理等操作，然后放置在多个密闭的提取箱内，通过向其中添加常用的有机溶剂或混合溶剂来将污染物萃取至土壤外，最后通过离心、沉降等操作使含有污染物的浸提溶剂与被污染土壤分离，同时浸提溶剂将通过纯化手段投入循环使用。

因此，溶剂浸提技术的完整工艺流程主要包括以下四个步骤：首先是对被污染土壤的一般预处理工程，包括对被污染土壤的挖掘工程以及将污染土壤中含有的生活垃圾、砾石和植物残骸等不易吸附污染物的固体剔除破碎；其次，将经过预处理的土壤投入多个密闭的提取设备内，等待浸提溶剂与土壤中的污染物充分反应并使污染物溶解于溶剂之中；再次，利用沉降池、离心机等设备使固液两相分离；最后通过一定分离手段，使萃取剂与污染物分离，萃取剂循环使用，污染物经过浓缩后或者回收有价值的组分，或者进行下一步无害化处理，而处理后的土壤在测试达标后进行回填或用于其他用途。以上过程如图 8-3 所示。

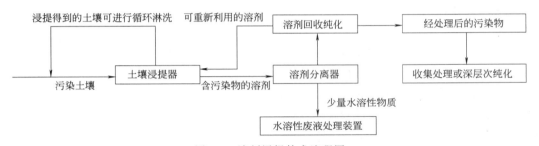

图 8-3 溶剂浸提技术流程图

三、土壤溶剂浸提技术的主要设备

根据土壤溶剂浸提技术的工艺流程需求，该技术涉及的主要工程设备及装置如下。

（1）土壤浸提装置：主体装置包括密闭提取箱、干粉进料搅拌器和储泥罐螺旋出料器；配套装置包括驱动电机、电控系统、真空泵、磁力泵和泥浆提升泵。

（2）溶剂闪蒸装置：主体装置包括溶剂储存罐、闪蒸器、加热器、冷却器、冷凝系统；配套装置有溶剂泵、磁力泵和电控系统。

（3）固相干燥装置：主体装置包括土壤沉降池和电动搅拌机；配套装置有搅拌电机、泥浆泵、真空泵、溶剂泵、电控系统。

另外，溶剂浸提技术同时需要一般工程装置，如机械粉碎机、机械传动装置等。

四、浸提剂的选择

与淋洗技术相似，溶剂浸提技术修复土壤的决定性因素就是浸提溶剂的选择。由于通常情况下，有机污染物的成分复杂，且多种污染物同时存在于土壤中，因此选择高效、经济且毒性低、绿色环保的溶剂或混合溶剂就成为技术的关键点。近年来，国内外主要应用的浸提剂以有机溶剂、混合有机溶剂为主。而为提高溶剂的绿色环保性和生物可降解性,满足可持续发展的需求,一些新兴的溶剂例如超临界流体也成为研究的热点。

(一) 有机溶剂

溶剂浸提技术通常用于去除土壤中的有机污染物,例如多氯联苯(PCBs)、多环芳烃(PAHs)、挥发性有机化合物(VOCs)、卤代有机溶剂和石油产品等。因此根据相似相溶的原理,很多常用的有机溶剂,如醇类(甲醇、乙醇等)、丙酮等,都可以很好地去除土壤中的有机污染物。

2010 年,Jonsson 等就曾研究过利用乙醇作为溶剂,通过溶剂浸提技术来修复被氯代芳香化合物污染的土壤,结果发现乙醇的效果良好,该技术对于这类有机物在土壤中的去除十分有效。但多数有机溶剂都存在毒性,在处理过程中会产生安全风险。同时一旦溶剂残留于土壤中,也会出现二次污染的问题。

(二) 超临界流体

超临界流体的特点是,当处于超临界状态下时,该流体同时具备气体与液体的双重性质。也就是说既具有与气体相当的高扩散

> 【超临界流体】
> 是指处于临界温度与临界压力以上的流体。

系数和低黏度,又具有与液体相近的密度和对物质良好的溶解能力。这些特殊的性质使得超临界流体可以成为良好的溶剂,用以浸提土壤中的污染物。目前较为常见的超临界流体以二氧化碳为代表。Baig 等人就采用常规的超临界二氧化碳来浸提石油污染区域中的有机污染物。结果表明,即使针对挥发性较强的 VOCs,超临界流体依然有着良好的效果,在较高含水率的情况下,依然可以达到 80% 的污染物去除率。

但是超临界流体的整体处理系统成本高昂,部分技术仍然不适用于实际应用推广。

(三) 浸提剂对比

表 8-2 对前文介绍的各种浸提剂进行了总结对比。

表 8-2　常用浸提剂对比表

种类	示例	适用污染物	优势	局限性
有机溶剂	三乙胺、丙酮、甲醇、乙醇和正己烷	多氯联苯(PCBs)、多环芳烃(PAHs)、挥发性有机化合物(VOCs)、卤代有机溶剂和石油产品等难溶于水的有机污染物	成本低廉;针对相应的有机污染物处理效果较好;不破坏污染物,可以回收利用	多数有机溶剂都存在毒性,在处理过程中会产生安全风险;一旦溶剂残留于土壤中,也会出现二次污染的问题
超临界流体	超临界二氧化碳		处理效率高;无毒害和二次污染问题	整体处理系统成本高昂;部分技术仍然不适用于实际应用

五、土壤溶剂浸提技术的发展前景

首先,作为化学修复技术,共同的发展趋势都是向着绿色、环保、可持续发展的方向进行研究。常用的有机溶剂作为溶剂浸提技术的主要试剂,有一个弊端就是有机试剂的毒性较

大，不仅对处理后土壤的使用产生了限制，还对工艺中防止泄漏等有更多的要求。因此，未来溶剂浸提技术的突破口就在于研发出成本合理且环境友好的浸提溶剂，防止二次污染的出现。所以，当前溶剂浸提技术的关键仍然是经济、高效和环保溶剂的选择，目前大部分研究也都是围绕这个需求展开的。然而，由于当前土壤污染物组成复杂，性质各异，仅仅依靠单一的溶剂很难得到理想的效果，所以如何得到经济、高效、绿色的多元复配溶剂以及不同溶剂之间的相互作用还有待于进一步研究。

其次，溶剂浸提技术的工业应用进展仍然落后于实验室研发。例如，实验室研究阶段中使用超临界流体二氧化碳可以实现很多污染物的去除，同时二氧化碳也不会产生次生生态风险，然而在中试等后续阶段，就会出现成本、自动化等多种问题，难以解决。另外，一些萃取的强化技术如超声、微波等强化方法研究尚不成熟，如何实现其工业放大，实现广泛的工业应用还有一系列的技术问题和设备问题需要解决。

最后，溶剂浸提技术虽然有诸多优点，但也有其不足和适用范围限制。根据土壤污染修复的实际需求，如何有效地与其他土壤修复技术相结合，最大限度地发挥各种方法的优势，提高土壤中污染物的去除效率，将是今后的研究热点。

第三节　土壤污染物的化学氧化技术

一、土壤化学氧化技术的原理

化学氧化技术早在 20 世纪初就已经应用于水体污染的修复工作，属于由水环境处理技术向土壤修复技术的技术延伸。

化学氧化技术的原理就是利用强氧化性氧化剂或自由基物质，使污染物氧化分解，降低或消除污染物的毒性与移动性，从而使

> 【化学氧化技术】
> 是利用化学氧化剂本身的强氧化性或其自身分解生成的强氧化性自由基物质，通过将污染物的内部结构氧化破坏，降解污染物，来达到修复土壤的目的。

土壤中污染物的生物有效性等降低，达到土壤修复的目的。目前，化学氧化技术修复土壤以原位操作为主。这个过程主要是利用机械外力将选用的化学氧化剂以固体、液体或气体的方式注入目标污染土壤区域，通过地下水的流动、重力、浮力和渗透的多重作用，使氧化剂扩散于污染区域，从而与污染物接触并发生氧化反应。

由于技术中使用的氧化剂氧化性能较强，且对于目标没有选择性，可以针对复杂的难降解的有机污染物，因此该技术是治理土壤石油烃污染和有机氯污染物等生物难降解污染物的热门技术。除此之外，化学氧化技术的一大特点是可以对土壤及地下水的污染区域同时起效。在氧化剂注入地下区域时，地下水中的污染物也会被氧化，再经过抽提后除去氧化剂残留即可完成两个区域的修复工作。然而，依赖化学试剂进入被污染土壤进行化学反应的化学氧化技术仍然受制于土壤的质地和成分等因素。最后，化学氧化技术在原位处理过程中多数会释放大量热能，这部分反应产生的高温会严重影响土壤微生物等的正常生长，因此使用时有一定的生态风险。

所以化学氧化技术的主要影响因素和适用范围如下。

化学氧化技术的主要影响因素有以下几类：首先是被污染土壤的质地，其次是被污染土壤的 pH 值、还原性金属含量等，最后是污染物的类型。

化学氧化技术需要使用机械外力将氧化剂打入被污染土壤，氧化剂在污染区域的扩散与土壤的渗透性就存在直接联系。因此，化学氧化技术适用于渗透性较好、土壤结构孔隙较大的土壤，一旦土壤的渗透性较差，该技术的去除效率将会大大降低。

pH 值的变化可能会影响氧化剂的效能，因此被污染土壤的 pH 值也限制了部分氧化剂的使用范围。例如，碱性土壤就不利于高锰酸钾的氧化过程，其氧化电位受 pH 值的影响巨大。同理，还原性金属也会对氧化剂氧化污染物产生干扰，同时也会损失土壤本来的金属含量，因此化学氧化技术也不适用于还原性金属含量高的土壤。

化学氧化技术一般适用于生物难降解的有机污染物，例如石油烃、有机溶剂、多环芳烃（如萘）、有机农药以及非水溶态氯化物等。而其他容易降解的污染物一般不推荐使用化学氧化技术，因为化学氧化技术存在的缺点就是氧化剂使用后可能生成有毒副产物，产生比较严重的二次污染以及次生生态风险。比较明显的就是使土壤微生物量减少或影响重金属存在形态，最终导致土壤原本的功能丧失，或无法达到土壤修复的原本目的，一般可以作为紧急处理技术使用。

二、土壤化学氧化技术的工艺流程

依照前文介绍的化学氧化技术原理，该技术在原位实施过程中的主要工艺流程如下。首先，需要通过氧化剂注入井将氧化剂以固体、液体或气体的方式注入目标污染土壤区域，利用地下水的流动、重力、浮力和渗透的多重作用使氧化剂发生扩散。其次，利用抽提井将含有地下水和土壤的溶液抽提出土壤，通过检测设备对污染物浓度、pH、氧化还原电位等参数进行测定后，确认反应是否完全以及是否需要继续进行氧化操作。

因此，化学氧化技术的完整工艺流程主要包括以下三个步骤。首先是对被污染土壤的一般预处理工程，主要包括确定注入井的设置数量和位置，建立原位化学氧化处理系统。其次是依据前期实施方案确定的氧化剂对污染物的降解效果，选择适用的药剂，再结合中试确定注入浓度、注入量和注入速率，实时监测药剂注入过程中的温度和压力变化。药剂注入前需要通过药剂搅拌系统进行充分混合。最后就是实时监测分析过程，分为对被污染土壤和地下水原位化学氧化/还原的修复过程监测以及修复后的监测，主要包括对污染物浓度、pH 值和氧化还原电位等参数进行监测，如果污染物浓度仍未达标或出现反弹上升，可能需要进行氧化剂的补充注入，继续原位修复的操作。图 8-4 为化学氧化技术的示意图。

三、土壤化学氧化技术的主要设备

根据原位化学氧化技术的工艺流程需求，该技术涉及的主要工程设备及装置如下。

（1）原位氧化装置：主体装置包括注入井和抽提井；配套装置包括氧化剂储罐、高压注浆泵、高压喷射钻杆、氧化剂搅拌装置、流量计、空气压缩机和压力表等。

（2）实时监测装置：主体装置包括污染物浓度实时监测系统；配套装置包括监测井、流量计、压力表等。

同时，化学氧化技术还需要一般工程设备如旋喷钻机等。

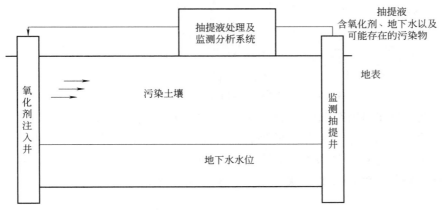

图 8-4　化学氧化技术示意图

四、化学氧化剂的选择

化学氧化技术还可以分为普通氧化技术与高级氧化技术，这主要取决于氧化污染物的过程中使用的氧化剂的不同。常规的化学计量氧化剂都可以实现对污染物的氧化降解，目前常用的普通氧化剂有过氧化氢、高锰酸钾、二氧化氯等。而高级氧化技术主要使用的氧化剂有芬顿试剂、过硫酸盐和臭氧等。

【高级氧化技术】
是相对于普通的化学氧化而言的，其主要特点是通过在氧化体系中产生具有强氧化性的自由基物质，如羟基自由基等，来矿化降解污染物。

（一）高锰酸钾

高锰酸钾作为常用的化学计量氧化剂，是最早用于化学氧化法修复土壤的氧化剂之一。这主要是因为高锰酸钾在较宽的 pH 值范围内都具备良好的氧化性，相较于其他的氧化剂适用范围很广。高锰酸钾的反应机理如下。

$$pH=3.5\sim12: MnO_4^- + 2H_2O + 3e^- \longrightarrow MnO_2 + 4OH^- \qquad (8\text{-}1)$$

$$pH<3.5: MnO_4^- + 8H^+ + 5e^- \longrightarrow Mn^{2+} + 4H_2O \qquad (8\text{-}2)$$

$$pH>12: MnO_4^- + e^- \longrightarrow MnO_4^{2-} \qquad (8\text{-}3)$$

在高锰酸钾氧化污染物的过程中，主要依靠各基团与氧离子作用使污染物（主要是有机物）中含氢的化学键断裂而达到降解目的。不过高锰酸钾的局限性也比较明显：高锰酸钾在使用过后会产生难溶物二氧化锰，二氧化锰有一定毒性，且难溶物质积累后也会对土壤性质造成一定改变，例如土壤渗透性和 pH 值会随着二氧化锰的含量而发生变化。这样产生的二次污染就背离了土壤修复的初衷。

（二）芬顿试剂

芬顿试剂主要是通过芬顿氧化起作用的氧化剂。芬顿氧化技术的起源是在 19 世纪末期，法国化学家 Fenton 发现 H_2O_2 与 Fe^{2+} 的混合溶液具有很强的氧化效应。目前，芬顿氧化技术已经成为高级氧化技术中的重要组成部分。芬顿氧化的机理如下：

$$Fe^{2+} + H_2O_2 \longrightarrow Fe^{3+} + OH^- + \cdot OH \qquad (8-4)$$

$$Fe^{3+} + H_2O_2 \longrightarrow Fe^{2+} + H^+ + HOO \cdot \qquad (8-5)$$

$$Fe^{2+} + \cdot OH \longrightarrow Fe^{3+} + OH^- \qquad (8-6)$$

$$Fe^{3+} + HOO \cdot \longrightarrow Fe^{2+} + H^+ + O_2 \qquad (8-7)$$

$$H_2O_2 + \cdot OH \longrightarrow H_2O + HOO \cdot \qquad (8-8)$$

芬顿试剂产生了具有强氧化性的羟基自由基·OH，可以将很多难降解的污染物矿化为水和二氧化碳，对污染物去除效果明显。不过传统的芬顿试剂对于土壤的 pH 值范围要求较高，同时原位处理的效果不佳，后期又出现了很多类芬顿试剂。Villa 利用类芬顿的化学氧化技术修复柴油污染的土壤，柴油降解率最高可以达到 80%，证明了高级氧化剂的效果。

（三）过硫酸盐

过硫酸盐是一种强氧化剂，它的反应机理主要是在经过活化作用后，过硫酸盐自身—O—O—键断开，产生活性极强的硫酸根自由基。这种自由基物质与羟基自由基类似，可以将污染物矿化为水与二氧化碳。而活化过硫酸盐的方式目前有均相与非均相两种，通常包括金属离子或固态金属离子，如 Fe^{2+}、Cu^{2+}、Co^{2+}、Ag^+ 和 Mn^{2+} 等。在土壤修复中，由于铁离子不会对环境产生明显的负面作用，因此二价铁活化过硫酸盐是比较常用的方法，其反应过程如下：

$$Fe^{2+} + S_2O_8^{2-} \longrightarrow SO_4^- \cdot + Fe^{3+} + SO_4^{2-} \qquad (8-9)$$

实验证明，过硫酸盐相较于芬顿试剂，其催化形成的硫酸根自由基可以在体系中存在更长时间，利于活性物质充分与污染物发生反应，因此能更加有效地氧化有机污染物。然而，过硫酸盐在氧化完成后会产生大量的 SO_4^{2-}，同时导致土壤 pH 值下降，存在一定的二次污染风险。

（四）化学氧化剂对比

表 8-3 对前文介绍的各种化学氧化剂进行了总结对比。

表 8-3　常用化学氧化剂对比表

种类	示例	适用污染物	优势	局限性
常规化学氧化剂	高锰酸钾	难降解的有机污染物	存留时间久；能耗和成本低	副反应多，损失土壤有机成分的同时增大氧化剂的用量；高锰酸钾的还原产物 MnO_2 是土壤的成分之一，但是 MnO_2 会降低土壤的渗透性和影响植物的生长。另外，高锰酸钾处理后土壤的 pH 显著升高呈碱性，且高锰酸钾会改变土壤中重金属的价态，从而影响重金属的环境行为和赋存形态
芬顿试剂			氧化效果好；二次污染风险低	对土壤 pH 值的要求较高；使用过程剧烈放热，对土壤结构产生影响
过硫酸盐	过硫酸钠、过硫酸钾		水溶性好；传质效果好；适用 pH 值的范围广	容易导致硫酸根离子浓度上升；导致土壤 pH 值下降

五、土壤化学氧化技术的发展前景

当前，制约化学氧化技术发展的最主要因素就是氧化处理后的土壤生态健康问题。大部分研究结果表明，使用化学氧化修复方法会降低微生物含量，而具体降低的程度则和使用氧化剂的氧化能力有关，这间接意味着土壤的生态功能有降低的风险。同时不同氧化剂对于土壤性质的影响，例如对于土壤无机矿物质和土壤的理化性质的影响，目前研究仍不全面。不过有研究表明，在添加过氧化氢等氧化剂对土壤进行氧化处理后，变性土（主要为高化学肥力黏土）有机质和膨胀黏土含量急剧下降。这种土壤的阳离子交换能力降低较多，削弱了土壤对水和养分的保留能力，导致土壤的肥力严重下降。

因此，未来化学氧化技术的发展方向就在于解决氧化剂的次生生态风险问题。其中，目前较为热门的是通过一些有机无毒螯合剂与氧化剂组成混合试剂来调节氧化剂所需要的苛刻pH 值。研究表明，在类芬顿体系中加入环糊精、乙二胺四乙酸（EDTA）、没食子酸等有机螯合剂，使其在 pH 为 6.0～9.0 时仍能降解污染物。不过目前这种添加有机酸螯合剂来混合氧化剂的方式会降低化学氧化的修复效率。未来如果能解决这个问题，原位化学氧化将在土壤修复领域大放光彩。

除此之外，本着可持续发展和节能减排的原则，氧化现场产生的大量氧化热也可以进一步研究利用。

第四节　土壤污染物的化学还原技术

一、土壤化学还原技术的原理

实际上氧化还原反应是伴随发生的，而之所以将化学氧化技术与化学还原技术分开介绍，主要是因为这两种技术虽然在工艺流程和主要设备上极其相似，但是在技术原理、使用的化学药剂以及针对的土壤污染物方面还是有着诸多不同。

化学还原技术的原理就是利用具有强还原性的还原剂通过吸附、沉淀和离子交换等

> 【化学还原技术】
>
> 是利用化学还原剂的强还原性，与多价态重金属污染物发生还原反应而使其转化为低价态、难溶解、低毒性、低可迁移性和低生物有效性的状态，从而达到土壤修复的目的。

作用，与重金属污染物发生反应，使其转化为难溶物或低毒性物质，达到土壤修复的目的。还原剂可以是固态、液态和气态。

化学还原技术修复土壤也以原位操作为主。与化学氧化相似，这个过程主要是利用注入井等装置的机械外力将选用的化学还原剂以固体、液体或气体的方式注入目标污染土壤区域，通过地下水的流动、重力、浮力和渗透的多重作用，使还原剂扩散于污染区域，从而与污染物接触并发生氧化还原反应。

因为还原剂的效果较强，该方法的效果比较良好，同时根据工艺过程，该方法对于地下

水的污染也有一定的修复效果。化学还原技术虽然高效快速，但是针对的污染物范围有限，必须是对还原性物质敏感的污染物。

所以化学还原技术的主要影响因素和适用范围如下。

化学还原技术的主要影响因素有以下几类：首先是被污染土壤的质地，其次是被污染土壤的 pH 值，最后是其他氧化性物质的含量。

与氧化技术同理，需要使用机械外力将还原剂打入被污染土壤，还原剂在污染区域的扩散最大的影响因素就是土壤的渗透性。换言之，土壤的质地多孔易渗透，那么还原效果就会比较明显；如果孔隙较小，质地黏重，则容易造成还原剂扩散差，对于污染覆盖到整体的污染区域，土壤修复的效果也会大幅降低。

pH 值的变化可能会影响还原剂的效能。大多数还原剂在酸性条件下的还原性比较强，因此一旦被污染土壤是碱性条件，则需要重新考虑该技术是否可以使用。

由于还原剂不具备选择性，因此也会对土壤中其他具有氧化性的物质产生影响。土壤中如果其他氧化性物质较多，则会对该技术产生干扰，同时也会损失土壤本来的组成成分。

化学还原技术一般适用于对还原性物质敏感的重金属污染物。例如，以铬、铀和钍为代表的重金属元素污染的土壤，比较适合使用化学还原技术加以处理修复。其中，铬污染目前广泛使用化学还原技术来进行修复。土壤中常见铬的价态有两种，为三价铬和六价铬。其中三价铬是人体的必需微量元素，而六价铬则是具有高迁移性和溶解性的有毒金属，其毒性是三价铬的 100 倍。针对六价铬的土壤污染，化学还原技术往往可以取得良好的效果。

二、土壤化学还原技术的工艺流程

依照化学还原技术原理，该技术在原位实施过程中，主要的工艺流程如下。首先，通过注入井将还原剂等物质注入被污染土壤，利用地下水的流动、重力、浮力和渗透的多重作用使其发生扩散作用，并与高价态重金属进行反应。其次，利用抽提井将含有地下水和土壤的溶液抽提出土壤，通过检测设备对污染物浓度、pH、氧化还原电位等参数进行测定后，确认反应是否完全以及是否需要继续进行还原操作。

因此，化学还原技术的完整工艺流程主要包括以下三个步骤：首先是对被污染土壤的一般预处理工程，主要包括确定注入井和抽提井的设置数量和位置，同时依照后期实时监测系统的各设置规划设计监测井；其次是药剂注入过程，此前需依据前期实施方案确定的还原剂对污染物的降解效果，选择适用的药剂；最后根据修复后一段时间内的实时监测分析判断是否需要继续化学还原操作。

图 8-5 是化学还原技术的示意图。

三、土壤化学还原技术的主要设备

根据原位化学还原技术的工艺流程需求，该技术涉及的主要工程设备及装置如下。

（1）原位还原装置：主体装置包括注入井和抽提井；配套装置包括还原剂储罐、高压注浆泵、高压喷射钻杆、还原剂搅拌装置、流量计、空气压缩机和压力表等。

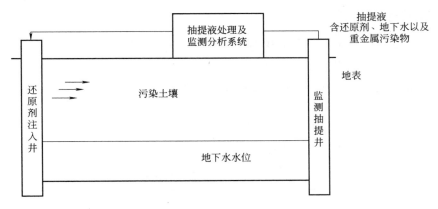

图 8-5　化学还原技术示意图

（2）实时监测装置：主体装置包括污染物浓度实时监测系统；配套装置包括监测井、流量计和压力表等。

同时，化学还原技术还需要一般工程设备如旋喷钻机等。

四、化学还原剂的选择

当前常用于修复土壤的还原剂主要包含铁系还原剂和硫系还原剂。这两种元素所组成的化学物质有着比较明显的还原性能。以下将对铁系还原剂和硫系还原剂分别进行介绍。

（一）铁系还原剂

铁系还原剂主要包括零价铁单质以及各种二价的亚铁盐。这些物质的还原性很强，反应速率高，同时还原效率受 pH 的影响较大。

1. 零价铁还原剂

零价铁主要指纳米铁。首先，其自身具备超高的比表面积，可以有效吸附重金属离子。其次，在还原过程中，零价铁被还原为二价铁后仍然具备还原性，可依据需要对高价态重金属起效。最后，零价铁产生的产物三价铁离子与部分重金属可发生共沉淀作用，生成难溶的氢氧化物沉淀，降低重金属的可迁移性。因此，零价铁还原剂可以通过还原和吸附的双重作用降低土壤中高价态重金属的毒性以及生物有效性。

然而，零价铁的局限在于其颗粒间存在范德瓦耳斯力、电偶极和磁偶极等相互作用力，导致纳米零价铁极易发生团聚，在氧化过程中可能形成致密钝化膜而导致效果不佳。

2. 亚铁盐还原剂

亚铁盐还原剂主要包括难溶性亚铁盐（如硫化亚铁）、可溶性亚铁盐（如硫酸亚铁和氯化亚铁）。这类物质都是通过还原与共沉淀作用促使高价态重金属转化为低价态、难溶的低毒物质。亚铁盐还原剂的成本较低，不过亚铁盐的溶解性能受到土壤 pH 值的影响较大。碱性土壤不利于亚铁盐的还原反应，同时使用过量的亚铁盐还原剂也会导致氯离子过量从而危害植物，或者硫酸根离子过量从而影响土壤原本的 pH 值等问题。

（二）硫系还原剂

硫系还原剂主要包括各种含硫的化合物，例如硫代硫酸钠、焦亚硫酸钠、硫化钠和多硫化钙等。不同价态的硫元素还原能力也各不相同。不过这些材料都具有的弊端就是土壤 pH 值对还原效果影响很大，对酸性土壤有较好的修复效果，对碱性土壤则修复效果大打折扣。

（三）还原剂对比

表 8-4 对各种还原剂进行了总结对比。

表 8-4　常用化学还原剂对比表

种类	示例	适用污染物	优势	局限性
铁系还原剂	纳米零价铁	对还原性物质敏感的高价态重金属污染物，如铬、铀和钍	环境友好、来源广泛和成本低廉	易发生团聚，在氧化过程中可能形成致密钝化膜而导致效果不佳
	亚铁盐（硫化亚铁、硫酸亚铁和氯化亚铁）		来源广泛、成本低廉	碱性土壤不利于还原剂溶解；存在二次污染问题
硫系还原剂	硫代硫酸钠、焦亚硫酸钠、硫化钠和多硫化钙		针对酸性土壤有良好的修复效果	对土壤的 pH 值有严格要求

五、土壤化学还原技术的发展前景

化学还原技术可以有效针对铬等还原敏感的重金属污染物。然而还原剂不具备选择性，意味着大量使用仍会造成土壤结构破坏、生物活性降低和土壤肥力退化等问题。

因此，从环境友好和可持续发展的角度出发，未来化学还原技术仍需研究高效、环保、可控的还原剂。目前研究的热点有利用有机酸作为还原剂修复重金属污染土壤。不过目前有机酸的还原效率还远不如铁系、硫系等常规无机还原剂。在未来可以尝试研究还原剂的联用，例如有机酸搭配无机化合物还原重金属等。

应对修复后的场地进行风险评估，增加监测措施，实时监测修复后土壤的长期稳定性。避免无限制地使用还原剂造成二次污染，也防止土壤重金属再次恢复到高毒性的价态。

此外，仍要重视不同技术的联合修复。目前土壤污染趋于复杂，不同技术总有不可避免的局限性，而联用技术则可以避免这些问题。例如化学还原-微生物联合修复法，一方面克服微生物技术在高浓度重金属污染土壤领域的限制，缩短了整体的修复周期；另一方面节约了部分化学还原剂的成本，同时用生物替代后期修复可避免还原剂大量使用对土壤带来的二次污染。

第五节　土壤污染物的化学钝化技术

一、土壤化学钝化技术的原理

化学钝化技术的作用机理就是通过不同方式向污染土壤中施入各种钝化剂等化学物质，

利用钝化剂与重金属发生的氧化还原、沉淀、离子交换、吸附、配合、螯合、抑制、腐殖化或拮抗等作用，改变重金属污染物的形态与活性，使其转化为难溶同时毒性、生物有效性和可迁移性较低的形态，从而实现土壤修复，降低重金属的生态风险。

【化学钝化技术】
是一类针对土壤重金属污染的原位土壤修复技术。该技术通过各种化学钝化剂和改良剂的添加，来控制被污染土壤的 pH 值和其他化学组成，使其发生定向改变，从而使被污染土壤中的重金属形态发生变化，转化为生物有效性和可迁移性较低的形态，达到土壤修复的目的。

目前，常用的化学钝化剂根据化学性质可分为两类：无机钝化剂和有机钝化剂。无机钝化剂包括碱性物质和多种盐类，有机钝化剂则包括腐殖酸、有机肥等。

化学钝化技术的一大优势在于其具有良好的经济效益，低廉的药剂成本以及无须配备专门的处理场地、土壤预处理工程使该技术性价比较高。同时，化学钝化技术适合多种土壤环境，操作较为简单，不需要特殊设备。从短期效率来看，化学钝化技术的修复见效快，比较适合当前我国受重金属污染问题困扰较深的农田修复，是一种国内广泛使用的土壤修复技术。但是需要注意的是，化学钝化技术只改变了重金属的存在形态，并没有在总量上削减重金属的含量。长远来看，一旦土壤的理化环境发生变化，重金属的生物有效性和可迁移性存在提高的可能，容易再次出现生态风险。

影响钝化剂修复土壤重金属污染效果的因素有很多，主要包括土壤本身的性质、土壤 pH 值、重金属之间的相互作用和钝化剂的类型等。

二、土壤化学钝化技术的工艺流程

化学钝化技术操作简单，常用于被污染土壤深度 1.5m 以内的大面积区域，例如农田修复等，因此较为常用的一种方式是基于农业耕作设备的区块法。其主要过程如下：首先将钝化剂均匀撒到等待修复的土壤区域；然后，利用铲斗车或翻耙机等设备翻整土壤，从而使得钝化剂与土壤可以充分接触发生反应；最后通过长期的动态监测保证重金属的生物有效性保持在合理范围内，防止重金属再次转化为可迁移态。

三、化学钝化剂的选择

（一）无机钝化剂

无机钝化剂主要包括碱性物质及磷酸盐、碳酸盐和硅酸盐。

1. 碱性钝化剂

碱性钝化剂主要指常见的无机碱，目前市面上常用的有氢氧化钙（熟石灰）、氢氧化铝和氢氧化镁等。碱性钝化剂的作用机理就是通过碱提供的氢氧根离子调节土壤的 pH 值，当土壤的 pH 值升高到一定程度时，重金属会由原来的可移动态转化为稳态、生物有效性低的氢氧化物沉淀，达到重金属钝化的目的。

碱性钝化剂成本低，修复周期短，在技术兴起的早期被广泛运用。不过该类钝化剂存在的局限性是一旦长期使土壤保持在一个较高的 pH 值下，土壤容易发生板结等问题。另外，一旦土壤的 pH 再度降低，重金属形成的氢氧化物会再度溶出释放至土壤，形成重金属污染。

2. 磷酸盐钝化剂

磷酸盐钝化剂主要包括羟基磷灰石、氟磷灰石、磷酸氢钙、磷酸氢钾、磷酸氢铵、磷酸氢钠、过磷酸钙、重过磷酸钙、磷矿粉等多种含磷钝化剂。这类钝化剂的作用机理是磷酸盐可以诱导重金属发生吸附和沉淀，使重金属在土壤及区域内生物所处系统内的形态发生改变，生物有效性和毒性大幅降低。

磷酸盐钝化剂对酸性土壤的重金属污染修复效果很好，但是该类钝化剂一旦过量使用，可能会产生可溶性磷，就会威胁到附近地表水及地下水的生态安全，引起水体富营养化、植物生长受影响等问题。

3. 碳酸盐钝化剂

碳酸盐钝化剂主要包括碳酸钙（石灰石）、碳酸钙镁等。这类钝化剂的作用机理是通过离子交换和吸附的方式，使重金属与钝化剂发生反应或拮抗作用，生成重金属的碳酸盐或氢氧化物沉淀，从而降低重金属的毒性和可移动性。

碳酸盐钝化剂是当前应用最为广泛的钝化剂之一，其对多种重金属都有一定作用。但是当石灰石等钝化剂投放量过大时，可能会使土壤中的三价铬氧化为有毒的六价铬（pH＞7时），引入新的重金属污染，因此在使用碳酸盐钝化剂时应注意被污染土壤的元素组成，并科学合理地规划钝化剂的使用量。

4. 硅酸盐钝化剂

硅酸盐钝化剂主要包括硅酸钠、硅酸钙以及硅酸盐类黏土矿物（包括沸石、海泡石、坡缕石、膨润土、蒙脱石、滑石、云母、高岭石、石棉等）。硅酸盐钝化重金属污染物的作用机理是通过吸附和配合作用，形成金属硅酸盐难溶物，从而降低重金属的毒性和生物有效性。除此之外，硅酸盐投入后有利于提高区域内植物的叶绿素含量，激发抗氧化酶的活性，或在植物体内阻隔金属离子或阻止重金属从植物根部向叶片迁移等，缓解重金属污染对植物的毒害，也间接地降低了重金属的风险。硅酸盐钝化剂的另一大特点就是环境友好，不易产生二次污染风险。

（二）有机钝化剂

有机钝化剂主要包括腐殖酸、有机肥和生物炭等材料。有机钝化剂修复重金属污染的作用机理主要是提高土壤的阳离子交换量，通过配合作用、生物作用、固定作用、截流作用等，影响重金属的溶解或解离动力学过程，改变重金属在土壤固-液相间的平衡，使重金属生成难溶的有机配合物，从而降低重金属的生物有效性和可移动性。

有机钝化剂由于具有原料来源广泛、价格低廉、利于提高土壤肥力等优势，被广泛应用于修复重金属污染的土壤。但是有机钝化剂的一大局限性就是随时间的延长，有机质矿化分解会导致重金属再度溶出，影响周围的生物生长，因此，有机钝化剂的施用存在一定风险，如选择和施用不当将产生次生生态风险或二次污染。

（三）化学钝化剂对比

表 8-5 对各种钝化剂进行了总结对比。

表 8-5　常用化学钝化剂对比表

种类	示例	适用污染物	优势	局限性
无机钝化剂	碱性钝化剂（氢氧化钙、氢氧化铝）	重金属污染物	成本低，修复周期短	土壤易发生板结，易随时间的推移失效
	磷酸盐钝化剂（羟基磷灰石、氟磷灰石）		酸性土壤修复效果好	易产生可溶性磷，污染周围水体
	碳酸盐钝化剂（碳酸钙、碳酸钙镁）		对多种重金属都有效果	容易导致高价铬污染
	硅酸盐钝化剂（硅酸钠、硅酸钙以及硅酸盐类黏土矿物）		降低重金属对植物的危害	—
有机钝化剂	腐殖酸、有机肥和生物炭		原料来源广泛，价格低廉，利于提高土壤肥力	易随时间的推移失效

四、土壤化学钝化技术的发展前景

从短期来看，化学钝化技术因其效率高、操作便捷和成本低的特点，被广泛应用于中轻度重金属污染的土壤修复工作中。然而长远来看，这项技术仍存在不足，主要表现在钝化剂的添加会改变土壤的理化性质以及未能从根本上消除重金属而需要长期进行监管监测等。

因此，该技术的发展趋势就是完善钝化剂的应用风险评估和钝化效果的长期稳定性评价。例如，碱性钝化剂如果长期投放于土壤进行修复，那么土壤 pH 值过高会产生土壤板结等问题。针对不同重金属及钝化剂的次生生态风险进行合理有效的风险评估，是未来利用钝化技术顺利开展重金属污染土壤修复的首要条件。除此之外，修复后的动态监测也是保证重金属的生物有效性发生反弹时及时预警并再次进行修复处理的关键。

除了在工艺技术的上下游段进行合理科学的系统化管理之外，技术本身也有可以优化的研究方向。例如，多种钝化剂的联用效果目前尚不明确，针对多种重金属污染的土壤，不同钝化剂是否会产生促进或拮抗作用也值得思考。另外，与其他技术复合使用也是钝化技术的一大发展趋势。单一的技术不可避免地会存在局限，面对未来趋于复杂化的土壤污染，使用联合修复技术，在短期内转换重金属形态的同时利用其他技术削减重金属总量是安全可行的方案之一。

第六节　土壤污染物的光催化降解技术

一、土壤光催化降解技术的原理

1972 年，A. Fujishima 和 K. Honda 等人报道了二氧化钛单晶可以在紫外光照射下催化水分解生成氢气的反应。自此开始，光催化工程的相关技术得以飞速发展。除此之外，相较于其他高级氧化技术，光催化降解技术因为利用清洁且丰富的太阳能来催动化学反应，在能源节约方面也有重要意义，这让光催化技术成为一种高效、通用且具备经济性的环境治理方法。光催化降解技术与化学氧化还原技术类似，最早应用于水体污染物的降解去除。近年来通过技术延伸，在土壤修复领域渐渐出现光催化降解技术的研究。

光催化降解技术主要是用光催化剂——半导体材料。半导体材料具有的能带结构通常由一个充满电子的低能价带和一个空的高能导带构成，价带和导带之间的区域称为禁带。

【光催化降解技术】

广义上属于高级氧化技术的一种，本质上都是利用多种活性自由基物质。例如发生在水中的光催化反应通常会产生氧化性极强的羟基自由基，该物质对大部分有机污染物都具有强大的降解能力，因此可以将大部分有机物直接矿化为二氧化碳、水。

当半导体材料吸收的光能大于或等于半导体禁带宽度时，电子由半导体的价带跃迁到导带上产生高活性电子 e⁻，从而在原来的价带上会形成一个空穴 h⁺。产生的空穴因为有极强的得电子能力，所以会产生强氧化性。光催化降解技术主要受被污染土壤的透射性影响。这主要是因为光催化降解的效果与光强有直接联系，一旦土壤的透射性较差，则只能对浅层土壤中的污染物产生效果。这导致光催化降解技术利用于土壤修复仍然有着较大局限，同时光的来源问题也严重影响了光催化降解的效果，目前商用的光催化剂如二氧化钛、铁氧化物和石墨相氮化碳通常在普通的全光谱照射下难以激发光催化降解的效果。除此之外，应用此类方法修复污染土壤只能消除土壤表层的污染物，更深层的污染物不宜用此方法降解。另外，用于光催化反应的光催化剂也不便于回收，只能留在土壤中，存在二次污染的可能性。

因此该技术目前多停留在实验室研究阶段。图 8-6 为水相条件下光催化降解技术的原理示意图。

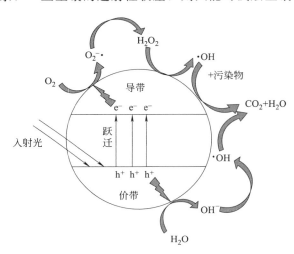

图 8-6　光催化降解技术原理图

二、土壤光催化降解技术的工艺流程

光催化降解技术目前仍以实验室阶段的小试和中试为主，下面介绍实验室内光催化降解技术应用于土壤污染修复中的工艺流程。该技术受修复土壤深度影响较大，因此原位使用光催化降解技术几乎是不可能实现的。首先与其他异位处理技术一样，在进行光催化降解之前，需要对被污染土壤进行挖掘和预处理等操作，将污染土壤中含有的生活垃圾、砾石和植物残骸等不易吸附污染物的固体剔除破碎；其次将固体光催化剂与被污染土壤粉碎混合后，平铺于大型光反应器（玻璃培养皿等容器）中并外加光照进行光催化反应，同时设置风扇或循环水等保证反应器温度的装置；最后定期维持土壤的含水率不低于 60%，并取出适量土壤进行污染物的检测处理，直到污染物浓度达标后停止反应。

三、土壤光催化降解技术的主要设备

根据光催化降解技术的工艺流程需求，该技术涉及的主要工程设备及装置如下。

（1）光催化反应装置：主体装置包括光催化反应器、控温系统；配套装置包括氙灯、电控系统、冷凝水储罐、冷凝水喷淋管和排风扇。

（2）固体混合装置：主体装置包括固体搅拌机；配套装置有驱动电机和电控系统。

四、光催化剂的选择

目前光催化修复土壤的研究仍以实验室研究为主，常用的用于光催化降解的光催化剂以金属氧化物和碳材料为主，其中二氧化钛和石墨相氮化碳最具代表性。

（一）金属氧化物

多数金属氧化物是典型的半导体材料，具备良好的光催化活性。其中，二氧化钛是一种最常见的半导体光催化材料，因其化学性质稳定、不会对环境产生毒害、来源广泛以及成本低廉等特点，经常被作为光催化剂用以降解土壤中的难降解污染物，如有机农药和石油烃等。不过这类材料也存在无法回收利用、光生载流子容易复合以及可见光响应低的局限性。

（二）碳材料半导体

除去金属氧化物，碳材料中的石墨相氮化碳也有不错的光催化活性。石墨相氮化碳是一种新型的非金属半导体光催化材料，具备金属氧化物的良好化学稳定性，而且成本低廉，此外其性能易于调控，可以具备良好的可见光响应而不会产生金属浸出的问题，是一种很有前途的催化材料和能源应用型光催化剂。然而，氮化碳材料较低的比表面积和低量子效率限制了其目前的应用。

（三）光催化剂对比

表 8-6 对各种光催化剂进行了总结对比。

表 8-6　常用光催化剂对比表

种类	示例	适用污染物	优势	局限性
金属氧化物	二氧化钛	难降解的有机污染物	化学性质稳定、环境友好、来源广泛和成本低廉	无法回收利用、存在金属浸出问题、光生载流子容易复合、可见光响应低
碳材料半导体	石墨相氮化碳		化学性质稳定、环境友好、来源广泛、成本低廉、性能可调控、具备可见光响应能力	无法回收利用、光生载流子容易复合、较低的比表面积、低量子效率

五、土壤光催化降解技术的发展前景

利用光催化降解技术修复污染土壤目前仍处于起步和发展阶段。相较于其他化学修复技术，该技术仍然不成熟，存在着诸多影响其实际应用的因素。例如光催化剂的活性受限、无法原位操作、光源的能耗问题、容器内的温度要求以及光催化剂难以回收利用等因素都让光催化降解在实际应用中成本高昂。

因此在未来，该技术的主要发展趋势就是解决光生载流子容易复合以及在可见光谱的响应度不足的问题。比较常用的方法是利用不同材料构建复合型光催化剂，该方法原理简单且有效，有广泛的适用性。通过保留其中一种材料的高比表面积、可调孔隙度等优点，来弥补其可见光响应差和光生电子空穴分离效率低的缺点。

另外，归根结底，土壤修复技术的目的是实际应用，但是目前光催化降解技术的发展还是以实验室环境的模拟土壤为主，真实环境下的光催化降解技术是否如实验室中那么高效快捷，还需要更深入的研究。

尽管存在一些局限性，光催化技术在多个领域研究热度的快速上升，尤其是在环境治理方面的研究热度，仍然体现了光催化工程的发展空间和潜力。在不断探索与研究下，相信该技术可以为土壤修复提供新的思路与途径，为实现土地可持续利用提供支撑。

第九章

污染土壤的生物修复技术

近年来，伴随着我国工业化、农业化进程不断加快，土壤污染成为一个日益严重的问题。土壤污染既能引起环境污染和健康危害，同时也限制了经济发展和城市建设，土壤污染场地的修复成为目前急需解决的问题。现阶段土壤修复的技术主要包括土壤淋洗、热脱附、多相抽提、稳定化、阻隔填埋、水泥窑协同处置、氧化-还原等，但是大部分技术都将土壤视为固废处理，技术成本非常高且修复后的土壤已丧失了生态功能，同时这些技术也会带来一些次生环境问题。因此最近几年生物修复技术被研究者所重视，它是一项新兴绿色手段，具有技术成本低、环境影响小、不会造成二次污染、可现场修复、不破坏植物生长所需要的土壤环境、操作简便等优势。

第一节 污染土壤的植物修复技术

一、植物提取修复技术

（一）诱导性植物提取

1. 基本概念

诱导性植物提取是向被重金属污染的土壤中施入添加物，添加物起到活化重金属的作用，高生物量植物从土壤中提取活化态的重金属，从而完成重金属从土壤到植物体内的转移过程。诱导性植物提取分为两个过程：第一个过程是土壤中重金属由不可吸收态变成植物可吸收态，这是重金属能不能被提取

> **【植物提取】**
> 主要是利用植物的积累能力，将重金属和有机污染物转移到地上器官中，然后集中收割植物地上部分，从而达到从土壤中提取污染物的目的。

进入植物体内的关键步骤；第二个过程是被植物吸收的重金属向可被收割的地上器官或组织的运输和储存。

与超积累植物相比，高生物量植物没有从土壤中大量吸收并累积重金属于植物体内的能力，但是它在土壤中的生物量非常可观，且具备一定累积重金属的能力，其良好的修复效果已经得到实际验证，而且商业化前景广阔。目前高生物量植物中具备重金属污染土壤修复能力的种类包括：甜高粱、柳枝稷、芒草、麻类作物、油菜、向日葵、香根草、守宫木、木薯、玉米、香兰草等。例如，木薯生物量高达 $12t/hm^2$，可对土壤中锌、铜、镉、铅进行提取；守宫木生物量超 $10t/hm^2$，可对锌、铜、镉、铅进行提取；芒草生物量超 $40t/hm^2$，可对锌、铜、镉、铅、砷、镍进行提取。虽然高生物量植物在实验中表现出了提取重金属的潜能，但受技术约束，当前暂时没有大规模的实际应用报道。

2. 重金属元素生物有效性

重金属进入土壤后会进行一系列的迁移转化活动，最终重金属会以多种形式存在于土壤固相、液相、沉淀中。很显然，以土壤固相和沉淀态形式存在的重金属是不能被植物吸收的，液相态的重金属才有可能被吸收，因此要想从土壤中提取重金属，必须使金属元素保持生物有效态。重金属生物有效性与土壤 pH、配位离子、有机质、根分泌物、氧化还原电位等多方面因素有关，接下来以铅为例进行介绍。

Tessier 法将土壤中铅的形态分为 6 种：水溶态、交换态、碳酸盐态、铁锰氧化物态、有机质硫化物态及残渣态。残渣态和有机质硫化物态是植物利用非有效态，即难被植物利用；水溶态铅、交换态铅、部分碳酸盐态铅和铁锰氧化物态铅才具有生物有效性，即可被植物正常利用。生物有效态铅的含量与土壤 pH 密切相关，pH 升高会引起有效态铅的含量下降，当土壤呈酸性时，水溶性铅含量升高，同时其流动性增大。

3. 螯合剂诱导修复机理

诱导性植物提取所用的高生物量植物是非超积累植物，为了增强重金属生物有效性和提高生物量，往往会添加酸碱物质、螯合剂、表面活性剂、无机盐类。由于螯合剂的相关研究相对较多，下面重点介绍螯合剂的修复机理。

重金属的生物有效性是诱导性植物提取的关键要素之一，实际上大多数重金属进入土壤后是被牢牢地固定在土壤固相骨架上的，为了使重金属向土壤液相中转移，需向土壤中添加螯合剂，以此来强化植物对溶液中重金属的吸收。螯合剂的主要作用是改变重金属在固相与溶液之间的分配格局，对于极难移动的铅、铜有较好的效果。被植物吸收的重金属螯合物被向上转运的原理有两种解释：①伴随蒸腾作用，重金属-螯合剂以整体形式被向上运输；②重金属与螯合剂分离后伴随蒸腾作用被单独向上转运。

（二）持续性植物提取

1. 超积累植物特征

持续性植物提取是植物在整个生长过程中超量吸收重金属并累积于植物（超积累植物）体内的一种去除土壤重金属的方法。超积累植物具有以下特征：①在重金属环境中和其体内累积大量重金属后，依旧能正常生长与代谢；②重金属积累能力远超普通植物；③积累的重金属大部分在地上器官或组织中。目前国内外发现的典型超积累植物详见表 9-1。

表 9-1　国内外已发现的典型超积累植物及其地上部积累量

重金属	植物名称	浓度/(mg/kg)	重金属	植物名称	浓度/(mg/kg)
Pb	羊茅	11750	Mn	人参木	23500
	普通荞麦	10000		土荆芥	20990
	白莲蒿	2857		杠板归	18342
	圆锥南芥	2484		短毛蓼	16649
	羽叶鬼针草	2164		福木	13100
	兴安毛连菜	2148		木荷	9975
	圆叶无心菜	2105		垂序商陆	5160～8000
	白背枫	1835～4335		水蓼	3675
	小鳞苔草	1834			
	肾蕨	1020			
	马蔺	1109			
Cd	壶瓶碎米荠	189～3800	Cu	荸荠	1538
	球果蓼菜	1301		海州香薷	1500
	金边吊兰	865		蓖麻	1290
	蜀葵	573		鸭跖草	1034
	龙葵	228		密毛蕨	567
	香瓜草	147			
	风花菜	120			
	三叶鬼针草	119			
	商陆	100			
Zn	长柔毛委陵菜	26700	Cr	狼尾草	18672
	圆锥南芥	20800		李氏禾	2977
	叶芽阿拉伯芥	26400～71000		假稻	2292
	东南景天	5000		扁穗牛鞭草	821
			As	澳大利亚粉叶蕨	16413
				蜈蚣草	2350～5018
				大虎杖	1900
				凤尾草	>1000
				斜羽凤尾蕨	>1000
				大叶井口边草	694

2. 超积累植物去除土壤中重金属的全过程

（1）活化过程

植物去除土壤重金属的第一步是从土壤中吸收重金属，然而土壤中的重金属大部分是非生物活化态，所以普通植物无法在自然状态下利用这些重金属，但是超积累植物的根部可能具备一些特殊功能，可以活化土壤中的重金属，从而能够吸收土壤中的重金属。当超积累植物处于高浓度重金属环境中时，它不但可以正常生长代谢，而且体内能贮存大量重金属；当它处于低浓度重金属环境中时，其体内贮存的重金属量远超普通植物。这些现象反映出超积累植物具有超积累特性的内在原因可能是它可以通过多种方式改变根际环境而作用于土壤中的重金属，提高其在土壤水相中的溶解度，最终将其吸收。

超积累植物的根部活化土壤重金属的可能途径包括以下几种。①植物根分泌质子酸。根系周围 pH 下降，难溶重金属在土壤溶液中溶解度增大，利于被植物吸收利用，但这并不是所有重金属解吸的机理。②植物根分泌有机酸。有机酸和质子酸一样具有增大土壤重金属溶解度的作用，此外它还能络合含重金属的固体物质，以此来增大重金属溶解度。③植物根分泌金属螯合分子。金属螯合分子促进结合态铜、锌、铁等的溶解。④根细胞质膜上的专一性金属还原酶能促进高价金属离子还原，从而使重金属溶解性增大。⑤超积累植物根系周围可能生活着一些微生物，它们通过自身代谢影响土壤中的重金属。

（2）吸收与转运过程

① 根的选择性吸收。无论是超积累植物还是普通植物，土壤中重金属进入植物体内的第一步是通过根的吸收。和普通植物吸收各种营养物质一样，超积累植物吸收重金属也是通过质外体和共质体途径，但超积累植物并不是无选择性地从土壤中吸收重金属，而是仅仅大量吸收一种或几种重金属，表现出很强的选择性。这种机制可能的解释是土壤重金属跨根细胞进入根细胞共质体或木质部导管时，这个过程可能有专一性运输蛋白或通道调控蛋白参与，所以其他非选择重金属是无法被转运的。

② 根系中的转运。营养物质被植物根系吸收后，可以借助质外体途径和共质体途径被运输。这两种途径运输的物质抵达内皮层时，由于致密的内质层细胞以及木质化和栓质化的凯氏带阻挡，营养物质不能以质外体途径穿过内皮层，必须依靠内皮层细胞质膜的选择性运输才能进入原生质，然后通过共质体途径进入中柱。被根系吸收的土壤重金属的运输也是如此，重金属在根的共质体中转运大致分为三个步骤：抵达根部内皮层；穿过内皮层进入中柱；装载到木质部。被根吸收的重金属穿过根细胞膜抵达细胞质并与其中的有机酸等各种物质作用，接着借助液泡膜上的通道蛋白到达液泡中。与普通植物液泡相比，超积累植物液泡上的一些特殊运输体将重金属装载到木质部导管。

导管中重金属的运输动力来自根压和蒸腾作用，但阳离子在木质部的装载机理很难解释清楚。木质部细胞壁的阳离子交换量较高，限制了重金属离子的向上运输。与普通植物不同，超积累植物木质部的柠檬酸等物质可与金属离子络合，这种重金属络合物是重金属离子在木质部中转运的重要形态。重金属向其他组织或器官的运输可能与自身代谢等因素相关，目前相关研究还不成熟。

（3）累积过程

目前对超积累植物累积大量重金属过程的研究，其实主要是在探究植物体对重金属的解毒机制，下面将介绍区室化分布、络合作用两种解毒原理。

区室化分布指的是植物将重金属或有机污染物存储在特定细胞中或细胞特定部分，以此来达到解毒的目的。其实区室化分布是在对普通植物进行研究时被发现的，超积累植物和普通植物的区室化分布解毒机理很相似，只是超积累植物的功能更强大。从细胞层面来看，植物地上部分中重金属主要存在于植物非生理功能区，如液泡、细胞壁。从组织层面来看，重金属主要存在于表皮和亚表皮细胞中。由于区室化分布作用目前只在少数植物中被发现，因此在其他植物中是否存在还有待确定。

植物中络合作用解毒机制主要与有机酸、金属硫蛋白、植物螯合肽、谷胱甘肽有关。有机酸的解毒机理包括：与重金属进行螯合反应转变成低毒或无毒的螯合物；参与重金属的区域化分布；可提高重金属离子的运输效率。目前，有机酸在超积累金属领域有了较大进步，但是关于超积累植物中能螯合镉、镍、锰等重金属元素的有机酸尚没有定论。金属硫蛋白的解毒机理是：金属硫蛋白上的巯基与细胞内重金属离子螯合成金属硫醇盐复合物，细胞内游离重金属浓度被降低，从而达到解毒的目的。

二、植物挥发修复技术

利用植物挥发修复技术进行研究和实际应用的报道很少，现有的研究主要集中在汞和硒两种重金属。因为这两种重金属具有挥发性，所以其应用也相对较多。

土壤中细菌可通过自身新陈代谢，利用酶的作用将甲基汞和离子汞转化成气态单质汞。当前关于利用植物挥发修复汞污染的研究主要是采用分子生物学手段将细菌的汞还原酶等基因导入植物中来进行对汞污染土地的修复。美国一位学者将汞还原酶基因和有机汞裂解酶成功导入鼠耳芥，该转基因植物表现出非常强的耐汞性和汞吸收能力。气态单质汞毒性要比离子汞、有机汞低很多，但是汞又是一种参与全球大气环流的气体污染物，所以想要通过植物挥发实现修复可能存在很大的挑战性，需要解决很多新污染难题。

【植物挥发修复技术】
利用植物将土壤中的一些可挥发性污染物吸收到植物体内，然后将其转化为毒性较小的气态物质排放到大气中，从而使污染的土壤得到修复。

从植物挥发修复技术修复硒的研究中发现，一些植物利用自身新陈代谢作用将硒污染土壤中的硒变成二甲基硒、二甲基二硒两种挥发态，例如大麻槿可以将三价硒转化成挥发态硒，实际上根际微生物在植物挥发修复中也具有关键作用。植物挥发修复硒污染土壤虽然具有较好的效果，但是最终并未对气态重金属进行无害处理，因此存在较大的安全隐患。

三、植物稳定修复技术

耐性或超积累植物在该项技术中具有三方面作用：①耐性植物根系发达，相对易于存活，地表植被恢复后就会使土壤免受风蚀和水蚀的破坏以及阻止淋溶作用带来的下渗或扩散污染；②植物根际可通过分泌物和微生物来影响重金属的存在形态，使土壤中重金属不易运移；③耐性植物正常生长和代谢有助于区域生态系统的逐步恢复，长远来看是有助于土壤污染修复的。植物稳定的核心是植物利用多种方式降低重金属的活跃度或生物有效性，所以污染物保持稳态而不扩大污染影响。

【植物稳定修复技术】
主要利用耐性植物根系分泌物质来吸收、沉淀和富集根际圈污染物，使其失去生物有效性，从而降低污染物的毒害作用。

此技术可用于复垦废弃矿山、尾矿库、放射性区域的植被重建等，与其他植物修复技术相比，植物稳定技术的不足之处就是不能从污染区域把污染物彻底去除。土壤环境或区域环境发生改变时，土壤中重金属再次被激活，所以植物稳定技术有待持续研究。

四、根际圈生物降解修复

1. 植物根的生理生态作用

植物根的生理生态作用主要包括以下内容。①植物根可从土壤中吸收自身生长与代谢所需的水分和各种营养物质，与此同时还兼顾植物稳定的功能。②植物根可向土壤中分泌有机酸、酶、糖等物质，这些物质既可以增大某些污染物在土壤水溶液中的溶解度，有利于植物吸收，也可以固定某些污染物，使其呈现生物非有效态。③植物根际分泌物可以改变土壤的酸碱度、氧化还原电位、理化性质等，从而引起重金属离子的吸附、解吸等迁移转化行为。④植物根与微生物、动物、土壤保持相互作用，使根系微生态系统始终处于动态平衡。⑤植物根系一直向下延伸，一定程度上利于土壤通风和水溶液流动，可加快物质交换。

2. 植物根分泌物的修复作用

根分泌物已鉴定的约有 200 多种，可按作用性质、分子量大小、代谢途径等方式划分，常见植物根分泌物详见表 9-2。

【根际圈】

是指由植物根系与土壤微生物之间相互作用所形成的独特圈带，它以植物根系为中心，聚集了大量的细菌、真菌等微生物和蚯蚓、线虫等土壤动物，形成了一个特殊的生物群落，构成了污染土壤中极为独特的生态修复单元。

【根际圈生物降解修复】

利用植物根际圈菌根真菌、专性或非专性细菌等微生物的降解作用来转化污染物，减少或完全消除其生物毒性，从而达到修复污染土壤的目的。

【根分泌物】

是植物根系在新陈代谢过程中释放到周围环境（包括土壤、大气和水体）中的各种物质的总称，是植物与土壤、水、大气进行物质、能量和信息交换的重要介质之一。

表 9-2   常见的植物根分泌物

类别	根分泌物
无机物	CO_2、H_2O、HCO_3^-、H^+
糖类	果糖、葡萄糖、蔗糖、木糖、麦芽糖、鼠李糖、阿拉伯糖、棉子糖
氨基酸	亮氨酸、异亮氨酸、缬氨酸、谷氨酰胺、天门冬酰胺、色氨酸、谷氨酸、天冬氨酸、胱氨酸、半胱氨酸、甘氨酸、苯丙氨酸、苏氨酸、赖氨酸、脯氨酸、蛋氨酸(甲硫氨酸)、丝氨酸、精氨酸
有机酸	柠檬酸、酒石酸、草酸、苹果酸、乌头酸、丁酸、戊酸、琥珀酸、延胡索酸、丙二酸、乙醇酸、乙醛酸、乙酸、丙酸、甲酸、棕榈酸、硬脂酸、油酸、亚油酸
酶	转化酶、水解酶、磷酸酶、蛋白酶、淀粉酶、DNA 酶、RNA 酶、多聚半乳糖醛酸酶、吲哚乙酸酶、硝酸还原酶、蔗糖酶、脲酶
生理活性物质	激素、维生素、苯丙烷类、萜类、乙酰配基类、甾体类生物碱类、生物素
其他化合物	类黄酮、异类黄酮、胆固醇、菜豆醇、豆甾醇、谷甾醇、吡哆酸

根分泌物对有机或无机污染物的作用过程可解释为：①根分泌物和根际微生物两种作用方式促使土壤有机污染物毒性降低；②改变土壤中无机污染物的溶解度和生物有效性，从而

促进转移和吸收。通常情况下植物根系周围的生物量非常大，往往会以一个微型生态系统存在，可能是由于根系周围生物所需营养物质非常丰富并且环境条件适合生长。根分泌物对微生物有一定活化作用，微生物会作用于根系周围的污染物，使一部分污染物变成自身能量或细胞物质；根分泌物本身既能促进重金属形态改变，使其毒性降低或稳定，也可以与污染物发生螯合、氧化还原反应，将其分解、转移。

3. 菌根真菌的修复作用

菌根真菌在植物修复过程中起着非常重要的作用，可分为内生菌根真菌和外生菌根真菌。内生菌根植物植表菌丝对重金属的直接作用包括吸收、屏障、络合等，它也能利用内生菌根真菌分泌物使重金属以重金属螯合物形式贮存在菌根而不向上转运。内生菌根植物植表菌丝对重金属还有间接作用，真菌与植物根共生存在后，能逐步改变根分泌物和土壤环境，进而影响重金属的价态变化、生物有效性。外生菌根真菌与内生菌根真菌在重金属吸收方面作用原理类似，但是在屏障作用方面，外生菌根真菌的菌套阻挡作用更为明显，这种保护机制暂时还无法明确解释。此外，外生菌根真菌自身细胞就能累积、代谢重金属并表现出胞外沉淀作用。外生菌根真菌对有机污染物的作用包括吸收、降解、矿化，尤其是其降解、矿化作用对大部分有机物甚至持久性有机污染物（POPs）也有效果。目前已发现多种外生菌根真菌可以降解不同的多氯联苯，其降解效果与土壤环境、菌株等有关。

4. 菌根细菌的修复作用

根际圈中菌根细菌数量、种类最多，其中促生根际菌的研究更多，因为这类细菌具备促进植物生长、防治病害、增加植物生物量等多方面功能。这些功能存在很强的内在联系，首先促生根际菌通过各种方式可满足植物氮素、矿物质元素需求，还能产生激素、合成酶，这些都能促进植物生长从而增加生物量，自然会加大植物从土壤中吸收污染物的量。细菌对污染物的吸附也是土壤修复的重要环节，有的细菌将污染物吸附在其荚膜上，有的细菌可将污染物吸附后转入体内对其进行沉淀作用。此外，细菌还能通过自身其他分泌物或采用间接方式来改变污染物的存在形式及生物有效性，从而完成土壤修复。

第二节　污染土壤的微生物和动物修复技术

一、无机污染土壤的微生物修复技术

（一）土壤中重金属微生物修复方法

微生物修复被污染土壤时的关键是投加高效菌剂，菌剂往往是由多种微生物组成的，根据来源可将微生物划分为土著微生物、外源微生物以及基因工程微生物。土著微生物是组成菌剂的最佳选择，当土著微生物进入重金属修复场地后，经过环境适应和长时间驯化，土著微生物中可能会出现一批适应重金属污染的菌。如果土著微生物无法在污染土壤中代谢和繁

殖，外源微生物则成为第二选择。经过修复工程的实践，基因工程微生物的适应性和修复效果更好，但是目前基因工程微生物存在的隐患还未知，无法规模化应用。

真菌、细菌、放线菌是土壤修复所用微生物中最常见的三类菌，由于它们属于不同种类，所以对重金属环境的适应性和修复效果存在很大的差异，一般放线菌的重金属耐受性最好，真菌最差。接下来主要对真菌和细菌进行介绍。

与细菌相比，真菌的优势包括与污染物接触的面积大、代谢快和生理特性强等。目前从重金属污染土壤中筛选到很多株真菌和细菌，并且有些已经在实践中得到验证并在一定范围内使用，详见表9-3与表9-4。

表 9-3　可修复重金属污染的真菌

菌种名称	重金属	菌种名称	重金属
丛枝菌根真菌	Fe	哈茨木霉菌株	Cu
大杯蕈	Cu、Cd	球囊霉菌株	Zn、Cd
非共生内生真菌 PDRI-7	Pb	AMF	Zn
黑曲霉	Cu、Cd、Pb、Zn	木霉菌株（WT2）	Pb
耐性真菌 Q7	Pb、Cd		

资料来源：杨海，等.重金属污染土壤微生物修复技术研究进展［J］.应用化工，2019（6）：1417-1422。

表 9-4　可修复重金属污染的细菌

菌种名称	重金属	菌种名称	重金属
产碱菌	Cr	内生细菌	Cd、Cr
耐性细菌	Pb、Cd	食酸戴尔福特菌	Cd
根际促生菌	Cd	产氮假单胞菌	Cu、Zn、Ni
巨大芽孢杆菌 JL35、鞘氨醇单细胞菌 YM22	Cu	链霉菌	Cr
芽孢杆菌、假单胞菌	Ni	海洋解木糖赖氨酸芽孢杆菌	Cd、Cr、Cu
铜绿假胞杆菌	Cr、Pb		

资料来源：杨海，等.重金属污染土壤微生物修复技术研究进展［J］.应用化工，2019（6）：1417-1422。

（二）微生物对重金属的修复原理

1. 微生物对重金属的吸附与累积

微生物可借助细胞表面电荷吸附或在吸收自身代谢所需物质时主动吸收重金属，以此把重金属集中在细胞表面或贮存在体内。微生物对重金属的吸附与累积方式主要分为以下三种：胞外吸附、胞外沉淀、胞内积累。

胞外吸附是微生物胞外聚合物或其细胞表面特殊基团通过螯合、共价、静电、离子交换等机制与土壤中重金属发生作用的过程。部分细菌细胞表面带有大量负电荷，对金属阳离子有很好的吸附作用；有些细菌可分泌如多聚糖、有机酸、糖蛋白这样的胞外聚合物，通常胞外聚合物与污染物发生螯合从而使污染物被吸附。

胞外沉淀是微生物通过代谢过程向细胞外排出的物质与重金属反应的过程，胞外聚合物可以稳定土壤中重金属离子，使其暂时不表现出毒性或降低其移动性。例如，脱硫弧菌可产生硫化物而形成硫化物沉淀；硫酸盐还原菌可通过间接作用与二价汞形成硫化汞沉淀，从而降低汞离子的毒性。

胞内积累是微生物可以像植物一样，通过代谢过程中的吸收、吞食等机制从土壤水相中向细胞内富集重金属的过程。在重金属进入细菌体内后，细胞内的物质可通过改变重金属价态或螯合等多种方式使重金属低毒化或无毒化。此外，细菌还有区域化作用，即将重金属转移至不同地方，从而完成重金属累积。

2. 微生物对重金属的氧化-还原

微生物可通过一种或多种途径直接对土壤中重金属进行氧化或还原，金属价态的改变会直接影响重金属在土壤中的存在形式、迁移规律、生物有效性。

一些重金属是具有多价态的，不同价态的重金属化合物在土壤水相中表现出的溶解度、酸碱度、毒理性等性质均有差异。一般情况下，高价态重金属污染物在土壤孔隙溶液中流动性差，低价态重金属污染物则迁移速度快。

以微生物对四价铬的作用机理为例，通常利用微生物还原法对铬污染土壤进行修复。微生物还原四价铬的路径很多，关于其中机理有两种解释：①直接还原，是指微生物借助自身酶促还原反应直接将四价铬转变成三价铬；②间接还原，是指微生物间接利用代谢产物的性质将四价铬转变成三价铬。

微生物直接还原法就是微生物的酶促机制，能还原四价铬的酶被统称为四价铬还原酶。四价铬还原酶来源于两个方面：微生物细胞膜上的还原酶和细胞质中的可溶性还原酶。通常情况下，细胞质中可溶性还原酶完成电子向四价铬的转移工作；但在厌氧条件下，细胞膜上的还原酶能使四价铬作为电子受体。

微生物间接还原法是利用微生物代谢产物还原六价铬，目前报道较多的是由硫酸盐还原菌还原硫酸根产生二价硫离子，由异化型铁还原菌还原三价铁产生二价铁离子，二价硫离子和二价铁离子作为还原剂将六价铬还原成四价铬。

3. 微生物对重金属的溶解

重金属进入土壤环境后，只有一部分以离子态存在于土壤孔隙水溶液中，大部分都是非离子态，非离子态的重金属主要形式包括：重金属与土壤固相骨架牢固结合、螯合态物、沉淀物。微生物对非离子态的重金属主要是依靠自身产生的低分子有机酸直接或间接使结合态的重金属重新恢复离子态。除了细菌外，真菌也可以利用代谢产物有机酸等促进溶解重金属。根际圈是微生物分布最集中的地方，微生物和植物根系既相互合作，也独立作用于土壤中重金属，微生物从体内排出的多种有机酸可影响土壤微环境 pH，微生物周围的重金属形态和价态因此而改变，最终对植物和微生物都没有毒性。

二、有机污染土壤的微生物修复技术

（一）石油烃污染土壤的微生物修复

土壤中能降解石油烃的微生物非常多，有 100 多个属，200 多种微生物，土壤中常见的降解石油烃类化合物的细菌和真菌详见表 9-5。

表 9-5　土壤中常见的降解石油烃类化合物的细菌和真菌

真菌		细菌	
枝顶孢属	拟青霉属	分枝杆菌属	无色杆菌属
曲霉菌属	青霉菌属	细杆菌属	不动杆菌属
白僵菌属	茎点霉属	诺卡氏菌属	产碱杆菌属
葡萄孢属	红酵母属	变形杆菌属	节细菌属
假丝酵母菌属	酵母属	假单胞菌属	放线菌属
金孢子菌属	齿梗孢属	沙雷氏菌属	芽孢杆菌属
枝孢属	穗霉属	短杆菌属	色杆菌属
旋孢腔菌属	弯颈霉属	链霉菌属	棒状杆菌属
柱孢属	腐质霉属	弧菌属	纤维菌属
德巴利酵母属	被孢霉属	欧文氏菌属	
镰刀菌属	木霉属	黄杆菌属	
地丝菌属	念珠菌属	微球菌属	
胶枝霉属			

资料来源：王悦明，等.石油污染土壤微生物修复技术研究进展 [J].环境工程，2014，32（8）：157-161。

一般情况下，石油类物质按如下方式被降解：石油产品＋微生物＋O_2＋营养物质 $\longrightarrow$ CO_2＋H_2O＋副产物＋微生物细胞生物量。微生物对石油烃各组分的代谢途径和机理存在差异。各组分的降解机理详见表 9-6。

表 9-6　微生物对石油烃类各组分的降解机理

石油烃类组分	降解机理
正构烷烃	正构烷烃→醇→醛→脂肪酸＋乙酰辅酶 A
环烷烃	环烷烃→环醇→环酮
芳香烃	芳香烃→二醇→邻苯二酚→三羧酸循环的中间产物

资料来源：王华金.石油污染土壤微生物修复效果的生物指示研究 [D].广州：华南理工大学，2013。

正构烷烃在氧化酶的作用下被氧化为脂肪酸和乙酰辅酶 A，最后乙酰辅酶 A 再进入三羧酸循环（TCA 循环），被完全氧化生成 CO_2 和 H_2O。正构烷烃氧化途径一般分为以下三种：单末端氧化、次末端氧化和双末端氧化。支链烷烃的代谢途径和正构烷烃大致相同，但是与正构烷烃相比，支链烷烃的生物可利用性要低一些。

环烷烃被氧化为环酮后，在另一种氧化酶的氧化作用下开环，随后进行深度降解。

芳香烃在有氧条件下被转化为三羧酸循环的中间产物，进入三羧酸循环，最终被完全氧化生成二氧化碳和水。同样，在厌氧或缺氧的条件下，芳香烃也能被微生物所利用。其代谢途径大致为：厌氧微生物首先将苯环还原，然后通过水解作用将环打开生成羧酸，最后通过氧化途径将其矿化为 CH_4 和 CO_2。

（二）多环芳烃污染土壤的微生物修复

微生物修复土壤多环芳烃（PAHs）的主要途径包括好氧降解和厌氧降解。

1. 好氧降解

好氧降解指的是微生物在有氧条件下利用自身新陈代谢作用降解土壤中多环芳烃的过程。好氧细菌产生的双加氧酶与多环芳烃（以菲为例）上的苯环作用，向苯环中引入两个氧原子，接着氧化得到顺式二氢二羟基化菲，然后进行脱氢反应生成单纯二羟基化的中间体，之后被转化成其他中间体，最终变成 H_2O 和 CO_2。好氧细菌降解多环芳烃（菲）的一般途径如图 9-1 所示。

真菌对多环芳烃的降解机理包括木质素降解酶体系、单加氧酶降解体系，如图 9-2 所示。木质素降解酶体系主要包括木质素过氧化物酶、锰过氧化物酶和漆酶，它们不是专一性酶，故对底物不具备特异性，因此这些酶可与多种有机物反应。

【多环芳烃】
(polycyclic aromatic hydrocarbons，PAHs) 是一类有两个或两个以上苯环结构的化合物，具有疏水性及低水溶性，易吸附于固体颗粒上，能长期存在于环境中，是一种持久性有机污染物。

真菌向体外释放木质素降解酶，可将 PAHs 氧化成醌，接下来依次进行加氢脱水等反应使 PAHs 得到降解。真菌单加氧酶的作用原理是：细胞色素 P-450 单加氧酶与多环芳烃苯环反应，向苯环中引入氧原子使其变成芳香环氧化物，水解酶参与催化形成反式二氢二羟基化中间体；催化加氧反应后的产物不稳定，继而变成酚衍生物，并与硫酸盐等反应物结合重排，之后更易被进一步降解。

综上所述，细菌和真菌都是在降解反应的第一步向苯环上引入氧原子，这一步是多环芳烃降解的关键步骤。

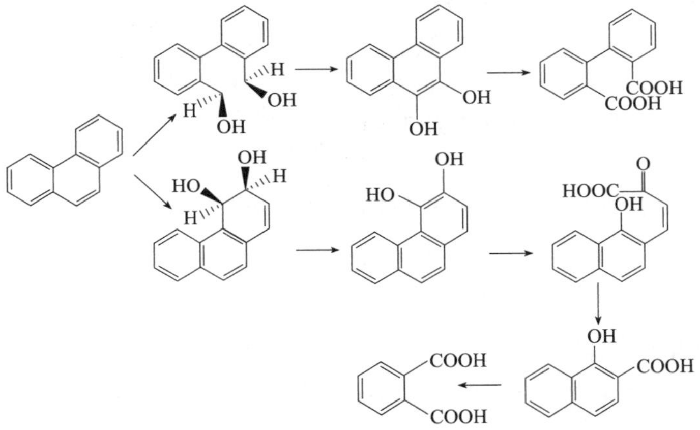

图 9-1　好氧细菌降解多环芳烃（菲）的一般途径

（侯梅芳，等. 微生物修复土壤多环芳烃污染的研究进展 [J]. 生态环境学报，2014，23（7）：1233-1238）

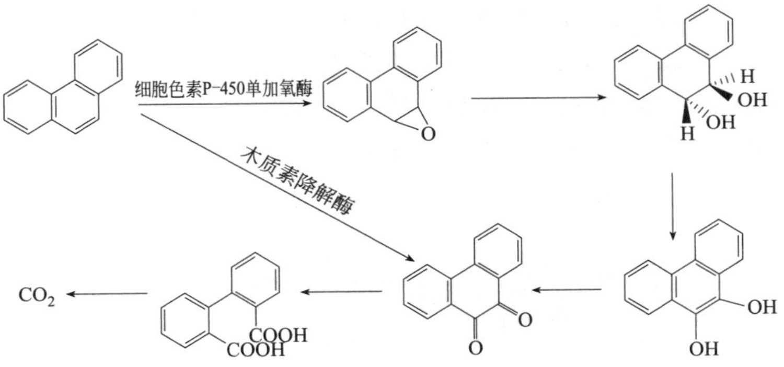

图 9-2　好氧真菌降解多环芳烃（菲）的一般途径

（侯梅芳，等. 微生物修复土壤多环芳烃污染的研究进展 [J]. 生态环境学报，2014，23（7）：1233-1238）

2. 厌氧降解

厌氧微生物把硝酸盐、铁锰离子等作为电子受体对有机污染物进行降解，最终产物是 CO_2、CH_4 这类小分子物质。PAHs 的厌氧降解过程往往比好氧过程慢，而且当土壤环境中多环芳烃浓度较高时，其厌氧降解明显被限制了。研究显示，萘和菲的厌氧反应第一步是启动羧化反应，苯环上的氢原子由羧基取代，分别形成 2-萘甲酸和菲羧酸。萘的厌氧降解路径如图 9-3 所示。

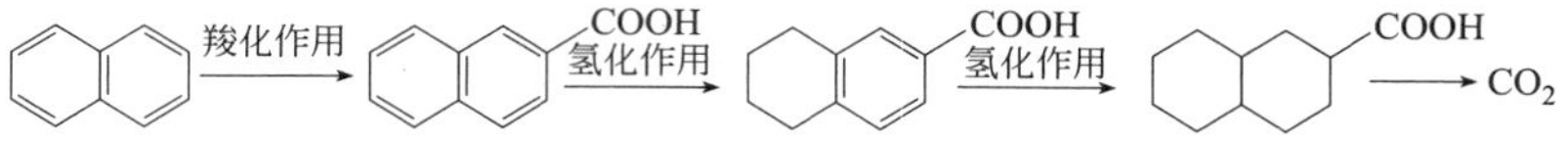

图 9-3 萘的厌氧降解路径

(侯梅芳，等.微生物修复土壤多环芳烃污染的研究进展 [J].生态环境学报，2014，23（7）：1233-1238)

（三）多氯联苯（PCBs）污染土壤的微生物修复

微生物代谢土壤中多氯联苯的方式为好氧降解和厌氧脱氯。厌氧脱氯是一个能量输出过程，高氯代 PCBs 作为电子受体被还原成低氯代 PCBs；好氧降解通常被限制在低氯代 PCBs（氯原子数<5），通过氧化反应生成氯苯甲酸，开环甚至完全矿化。尽管还原脱氯并未降低 PCBs 的浓度，但这一过程却降低了其类二噁英毒性，从而使其更易于被好氧菌降解。

【多氯联苯】

（polychlorinated biphenyls，PCBs）是人工合成的氯代芳香烃类持久性有机污染物，分子通式为 $C_{12}H_{10-n}Cl_n$。PCBs 是高疏水性化合物，具有亲脂性和生物蓄积性，能通过食物链危害动物和人体健康。

1. 好氧降解

好氧降解通常有两条途径：一是以 PCBs 为唯一碳源和能源，对其进行降解乃至矿化；二是从其他有机物中获得碳源和能源，进而对 PCBs 进行降解，即共代谢。其中，共代谢是多氯联苯最常见的降解途径。

PCBs 能被降解芳香烃的微生物降解，降解过程主要受到四种联苯降解酶的控制，即联苯双加氧酶（BphA）、二氢二醇脱氧酶（BphB）、2,3-二羟基双加氧酶（BphC）和水解酶（BphD）。好氧过程能将低氯代 PCBs 氧化为氧代苯甲酸，但很难降解高氯含量的 PCBs。低氯代 PCBs 的降解过程主要是通过一个四步邻位开环生成五碳化合物及氯代苯甲酸，如图 9-4 所示，好氧微生物利用 BphA 对 PCBs 加氧，加氧位置一般在 2、3 位，有时也在 3、4 位，催化形成二氢二醇 PCBs；BphB 将其催化为 2,3-二羟基 PCBs；BphC 又将其催化为 2-

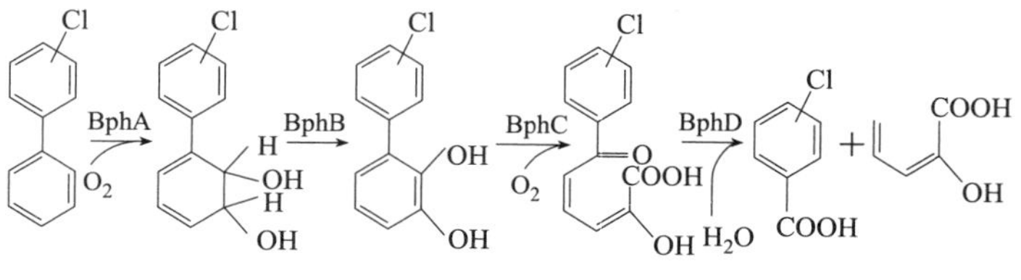

图 9-4 苯氧化微生物好氧降解 PCBs 途径

(侯梅芳，等.微生物修复土壤多环芳烃污染的研究进展 [J].生态环境学报，2014，23（7）：1233-1238)

羟基-6-氧-6-氯苯基-2,4-己二烯酸；BphD 则通过开环方式催化形成氢代苯甲酸和 2-羟基-2,4 双烯戊酸。通常，氯代苯甲酸会作为最终代谢产物进行累积，可被其他细菌降解，2-羟基-2,4 双烯戊酸可为细菌的生长与繁殖提供有效碳源，最终被氧化成 CO_2。

2. 厌氧脱氯

PCBs 中氯原子数大于等于 5 时就不易被好氧降解，在厌氧微生物作用下，PCBs 作为电子受体，PCBs 间位和对位上的氯原子优先被氢取代，但邻位上氯原子不易被取代。依据 PCBs 同系物经厌氧脱氯的损失和产物组成，将 PCBs 的厌氧脱氯类型分为八类，并将其命名为 M、Q、H′、H、P、N、LP 和 T，而其他特殊厌氧脱氯过程可认为是这八类的组合。其中，厌氧脱氯过程 N、M、H 的产物上的氯原子取代位 2,4-、2,4,6- 取代模式 PCBs 上两侧无氯原子排布的对位氯和 2,3-、2,3,4-、2,3,5- 取代模式 PCBs 上的间位氯，恰是过程 LP 的目标反应位点，二者联合可提高脱氯效果，使微生物修复发挥最大功效。

三、污染土壤的动物修复技术

土壤动物主要指生命历史某一时期接触土壤表面或生活在土壤中的动物。一般根据体宽将其分成四类：小型（平均体宽＜0.1mm），如原生动物和线虫等；中型（平均体宽介于 0.1～2.0mm 之间），如跳虫和螨类；大型（平均体宽＞2.0mm），如蚯蚓和多足类；巨型（平均体宽＞2cm），如鼹鼠等。它们在土壤中的活动、生长、繁殖，尤其是对土壤中有机污染物的机械破碎和分解，直接或间接影响土壤的物质组成和分布。同时，

> **【污染土壤的动物修复技术】**
> 到目前为止，业界对动物修复没有统一的定义，大致可表述为：利用土壤动物与肠道微生物相结合，在自然或人工条件下，在污染土壤中通过生长、繁殖、穿插等活动过程对污染物进行破碎、分解、消化和富集，从而使污染物浓度降低或消除的一种生物修复技术。

大量肠道微生物也转移到土壤中，土壤动物与土著微生物一起分解污染物或转化其形态，使污染物浓度降低或消失。

尽管土壤动物种类繁多，但现有的动物修复研究主要集中于蚯蚓修复，即利用蚯蚓去除土壤中的污染物或者利用蚯蚓帮助降解不可回收化合物。蚯蚓属环节动物门寡毛纲陆生动物，主要包括三种生态类型：内栖型、深栖型和表栖型。

1. 蚯蚓对土壤重金属的修复作用

（1）酶类作用。蚯蚓分泌的酶主要有过氧化氢酶、谷胱甘肽还原酶等，蚯蚓进入重金属污染土壤中时就会分泌各种酶，以此来保护自己。这种保护机制很复杂，可能是重金属在其体内泡囊中被某些物质稳定和转移，同时体内的各种酶蛋白与重金属螯合，可降低重金属毒性并将其储存在体内。

（2）自身活动。蚯蚓通过在土壤中蠕动不断扰动土壤，一方面使土壤中的空气流动，加快气体交换，氧气的增加有利于微生物的代谢；另一方面可加速土壤水相流动，从而促进物质交换。蚯蚓代谢排出的黏液进入土壤，可螯合土壤中的重金属，也有助于微生物代谢、繁殖和植物生长。

（3）蚯蚓粪。蚯蚓粪中不但有丰富的微生物群落，还有很多诸如维生素的活性物质，可

用于重金属修复。蚯蚓粪本身即是团粒结构的土壤，它的通透性和含水率非常高。当其混入土壤后，土壤的结构和一些性质也会发生改变，土壤的吸附能力和肥力大大增强，此时植物和微生物具有了更好的生长代谢环境。研究显示，蚯蚓粪里的有机质等物质可吸附和螯合重金属，使重金属的毒性和生物有效性降低，因此蚯蚓粪可用于修复重金属污染土壤。

2. 蚯蚓修复土壤 PCBs 的机理

蚯蚓对土壤多环芳烃的降解机理包括以下几个方面。①蚯蚓在土壤中的活动其实是不断松动土壤，使土壤中的空气流动和促进气体交换，氧气的增加有利于有氧微生物的代谢，间接促进了多环芳烃的降解。②蚯蚓的排泄物中有机质含量较高，而且含有微生物所需的一些生长因子，所以能同时促进微生物和植物的生长，两者均能加快多环芳烃的降解。③蚯蚓可以直接吸收一定量的多环芳烃，但累积量有限。

第三节　污染土壤的联合生物修复技术

一、重金属污染土壤的联合修复

（一）植物-微生物联合修复

微生物强化植物修复重金属污染土壤主要有两种形式：一是通过自身代谢产物活化沉淀态重金属，增强植物对有效态重金属的吸收富集，增大植物体内重金属的浓度，减少土壤中重金属的含量；二是提高植物对重金属的耐受性和植物自身的生物量，进一步促进植物吸收有效态重金属，从而达到强化植物修复的目的。

1. 改变重金属状态的机理

微生物通过络合、氧化还原等多种方式改变重金属的状态，降低重金属的毒害作用，提高植物对重金属的有效吸收。当土壤中铁含量低时，大部分根际微生物分泌铁载体吸收土壤中的铁。铁载体通过螯合反应形成铁的复合物，同时也可螯合铜、镉、铝、锌等重金属形成稳定的复合物，提高植物对重金属吸收的生物有效性。Delvasto 等的研究表明，链霉菌产生的铁载体增强了向日葵对镉的吸收能力。根际促生菌产生的有机酸（如草酸、酒石酸、琥珀酸等）与重金属离子结合改变重金属存在状态，利于植物对有效态重金属离子的转运和吸收。有机酸、乙酸和苹果酸能够刺激玉米根吸收镉，稳定常数低的有机酸能够促进大量的镉转运至玉米地上部分，促进镉的积累。

2. 分泌营养物质促进生长的机制

在长期遭受重金属污染的土壤中，抗性微生物可帮助植物获取必需的营养成分，如氮、磷、铁等，这些营养成分可直接促进植物生长，同时也能在重金属胁迫条件下增加植物生物量。例如，在重金属胁迫下，根际微生物分泌的植物生长素（如吲哚乙酸、赤霉素、细胞分裂素、脱落酸等）能促进植物细胞分裂、种子发芽，刺激植物根系快速生长，使根系吸收面积增加，从而提高了重金属离子累积量。比如，在根际土壤中分离筛选出的超积累植物龙葵根际的 AY1、BGJ4、AR1 菌株能产生吲哚乙酸，促进油菜幼苗根部的生长。在植物生长发育过程中，磷是必需的营养元素之一，但是土壤中 90% 以上的磷是不能被植物直接吸收的，以难溶的金属螯合物形态存在。这时土壤中一些促生菌能分泌有机酸将难溶性磷转化成能被植物吸收的有效态磷。在重金属、干旱、盐碱等外界因素的胁迫下，一些根际微生物能够间接诱导植物的抗性系统表达，引起抗性基因的反应上调来减缓逆境对植物的伤害和胁迫。植物组织内含有丙二醛（MDA），MDA 的量是评价植物受逆境伤害程度的重要指标之一。MDA 过量会引起细胞膜结构的破坏和组织渗透压的不平衡，同时还会改变细胞液的 pH 值。在植物根际微生物作用下，植物体内的过氧化氢酶和过氧化物酶引起抗性基因的表达上调，减缓了 MDA 对植物细胞的毒害作用。

（二）植物-微生物-动物联合修复

植物-微生物-动物联合修复是植物、微生物与动物之间的共同作用。植物根系的生长为动物（如蚯蚓）创造了良好的环境，蚯蚓一方面通过蠕动、汲取食物来改善土壤结构、水分、养分、肥力和通气状况，促进植物根系生长，另一方面通过分泌液和蚯蚓粪来提高土壤微生物的活性和数量。蚯蚓的自身活动对植物生长和重金属富集有促进作用。土壤中微生物能借助蚯蚓分泌的有机酸活化金属离子，增加植物根系对重金属的富集量。蚯蚓分泌的有机酸能提高土壤 Cu、Cd、Pb 的生物有效性，提高重金属的累积效率。在蚯蚓活动和根瘤菌的作用下，植物根系的生长大大提高了土著微生物活性，加快了微生物的繁殖与活动，同时也改善了植物根系微环境，改变了土壤重金属的存在形态。有研究表明，蚯蚓分泌液中还富含多种活性基团及有机物，能改变根际土壤理化性状，缓解植物根系缺氧症状，促进植物对养分的吸收以及超积累植物对重金属的吸收和清除。Zhang 等的研究表明，在添加蚯蚓分泌液的情况下，植物体中重金属 Cd 浓度升高 14.4%～28.9%，Cd 富集量增加 14.5%～173.2%。

（三）动物-植物联合修复

在动物-植物联合修复重金属污染土壤过程中，蚯蚓在一定程度上能够提高重金属生物有效性和提高植物的生物量。

1. 植物根系的生长促进了蚯蚓对土壤重金属的富集

植物根系的生长为蚯蚓创造了良好的生存环境，反过来蚯蚓的蠕动和取食行为可改善土壤结构、肥力、水分、养分、通气状况等因素，从而促进植物根系生长。与此同时，蚯蚓通过被动扩散和摄食活动富集重金属，定期收集成蚓、蚓粪，再进行灰化处理，即可去除土壤中的重金属。另外，蚯蚓通过体外分泌物和蚓粪提高土壤微生物的数量和活性，间接促进微生物对重金属的富集。

2. 蚯蚓活动对植物生长及重金属富集具有促进作用

蚯蚓体内含有各种微生物，能提高土壤中活性微生物量，蚯蚓分泌的有机酸能提高污染土壤中重金属的有效态含量，促进植物吸收重金属离子。在蚯蚓不断的活动和根瘤菌作用下，植物根系的生长提高了微生物的活性，使微生物加快繁殖与活动，促进植物根系的生长，改变重金属在土壤中存在的形态。土壤中水溶态重金属含量会因蚯蚓活动而增加，蚯蚓黏液中含有 $NO_3^- \text{-N}$、$NH_4^+ \text{-N}$、DOC（溶解有机碳）、K 和 P 等可被植物利用的营养成分，促进了植物生长及对重金属的富集。

二、有机物污染土壤的联合修复

污染土壤的有机物在本章提到了有石油烃、多环芳烃、多氯联苯，在联合修复过程中，石油烃、多环芳烃、多氯联苯污染土壤的原理基本相同。植物修复有机污染土壤与微生物密切相关，植物为微生物提供了生存场所，植物巨大的根系表面积使植物根区周围的氧气增加，使根区的好氧降解作用能够正常进行。植物根系代谢活动会释放根分泌物、脱落物，可为微生物提供大量的碳源和氮源，促进根际各种菌群的繁殖生长，增强植物和细菌的联合降解作用。在有些情况下，植物根系分泌物可作为微生物天然的共代谢底物促进污染物的降解。根区形成的有机碳能阻止有机化合物向地下水转移，也能增强微生物对污染物的矿化作用。此外，植物根系可以伸展到不同层次的土壤中，故无须混合土壤即可使降解菌分散在土壤中。微生物能够使污染物转换成植物可吸收利用的形态，减轻污染物对植物的毒害，提高植物的耐受性，促进植物对污染物的吸收转化。

植物和微生物之间互相作用对难降解有机物的去除具有重要意义。根据根际微生物环境吸收降解有机物的特性，可以通过微生物的基因工程法得到高效降解菌根植于植物根际，此种高效降解菌可以是一种、多种或者是菌群构建出的针对某一种或几种污染物有高效净化作用的植物根系微生物复合系统。

1. 植物-专性降解菌的联合修复

在利用植物修复污染土壤的同时，向土壤中接种具有较强降解能力的专性降解菌，可促进有机污染物的降解。因此，在利用植物进行污染土壤修复的同时，向土壤中接种专性降解细菌或真菌，可以增加微生物的数量，提高植物修复有机污染的效果。在种植植物的土壤中接入外来菌时，针对不同土壤条件和污染状况确定适宜的接种量及施肥量是必要的，真菌和细菌的接种量在不同污染水平上与矿物油和有机污染物降解率存在最佳配比关系。引入高效降解菌或根际协同菌群可以提高植物的修复效率，但要达到预期效果，还需对微生物-微生物、植物-微生物之间的相互关系进行深入了解，以便能及时进行有效调控。

2. 植物-菌根真菌的联合修复

菌根真菌能与高等植物的营养根系形成高度平衡的联合共生体。菌根生物修复的机理主要包括以下几个方面。①菌根真菌在污染物的诱导下产生独特的酶，直接降解污染物。②形成纵横交错的外延菌丝网，增加根系与污染土壤的接触面积，从而提高了修复效率。③促进植物的营养吸收，改善微环境，提高植物生物量和抗逆性，从而促进了植物对污染物的吸收和降解。④有利于土壤中多种菌落的形成，共同降解污染物。菌根可以为微生物提供微生态环境和分泌物，使菌根根际维持较高的微生物种群密度和生理活性，同时菌根根际分泌物也可作为降解的共代谢底物。菌根修复的关键在于筛选有较强降解能力的菌根真菌和适宜的共生植物，使二者互相匹配，形成有效的菌根。

与其他生物修复技术相比，菌根生物修复具有以下优点：菌根表面延伸的菌丝体可增大根系的吸收面积；大部分菌根真菌具有很强的酸溶和酶解能力，可为植物吸收、传递营养物质，合成植物激素，促进植物生长；改善根际微生态环境，增强植物抗病能力，提高植物在逆境（如干旱、有毒物质污染等）条件下的生存能力。

有研究推测，植物-微生物联合修复机理主要有如下四点：①植物根系具有渗透功能，有助于微生物在土壤中的扩散，也能改善土壤的通气情况，有利于好氧微生物降解有机污染物；②植物根的分泌物和脱落物等为根系微生物提供营养，增强了微生物的活性；③植物分泌的一些物质或腐烂物可以作为微生物共代谢过程的底物，如植物体内的苯酚可能会刺激有机污染物降解菌的生长；④植物的生长状态受微生物活动的影响，植物对土壤有机污染物的吸收和降解得到促进。

三、土壤污染的联合生物修复案例

（一）镉污染土壤植物-微生物联合修复

据统计，全世界每年向环境中释放多达 30000t 镉，随着我国工业的发展，工矿企业排放的烟尘、废气、废水中含有的镉进入水体和土壤，造成局部地区镉严重污染。镉是难降解、易被植物吸收的毒性很强的重金属。食用超量的镉能造成肾脏、骨骼及免疫系统的损伤，还会诱发癌症。随着工业快速发展，对于镉污染的防治迫在眉睫。以下为镉污染土壤修复案例。

引用杨肖娥等人修复镉污染土壤专利中的案例，利用油菜-东南景天间套作强化提取修复镉中轻度污染农田，具体操作方案如下。

以点 A、点 B、点 C 某重金属污染农田作为修复目标，修复实验结果详见表 9-7。

（1）第一年的 9 月底，对待修复的镉含量为 0.3～0.9mg/kg 中轻度污染农田土壤进行除草、施用基肥（施用 N：P：K 质量比为 15：15：15 的复合基肥，施用量为 50kg/亩）、翻耕、整地和起垄，将育苗后的油菜（绿生 1 号）移栽至待修复土壤中，相邻两行油菜之间的行距为 35cm，株距为 20cm，每 3 行种植的油菜形成一个油菜带，进行栽培管理。

（2）在油菜抽薹期和开花期时向油菜根部区域的土壤中加入重金属活化剂，重金属活化剂为巨大芽孢杆菌，1L 巨大芽孢杆菌发酵液兑水至 30L，抽薹期施用量为 2L/亩，开花期施用量为 3L/亩。

（3）在第二年 3 月初，将东南景天幼苗（育苗采用扦插方法，置于温室穴盘中进行繁殖）移栽至待修复的镉中轻度污染农田土壤中，相邻两行东南景天之间行距为 9cm，株距为 9cm，每 5 行种植的东南景天形成一个东南景天带，油菜和东南景天之间的行距为 40cm，进行油菜和东南景天的间套作栽培管理。

（4）在东南景天苗期和快速生长期向东南景天的叶片上喷强化修复剂乙酸钙不动杆菌，1L 乙酸钙不动杆菌发酵液兑水至 30L，苗期施用量为 1L/亩，快速生长期每月喷施一次强化修复剂乙酸钙不动杆菌，每次施用量为 2L/亩，适宜在阳光不强的早晨、傍晚喷施强化修复剂，均匀喷于叶片的正反面。

（5）在第二年的 5 月中旬，收获油菜植株和东南景天植株。对收回的油菜和东南景天进行资源化利用。

表 9-7　油菜-东南景天间套作修复实验结果

修复农田编号	种植模式	pH	修复前土壤 Cd 含量/(mg/kg)	修复后土壤 Cd 含量/(mg/kg)	修复效率/%
点 A		5.98	0.501	0.405	19.2
点 B	油菜-东南景天间套作	4.90	0.844	0.680	19.4
点 C		7.10	0.367	0.298	18.8

由此可见，油菜和东南景天间套作修复模式对点 A、点 B、点 C 镉中轻度污染修复效果都比较明显。往复修复三次就可达到农用地土壤污染风险筛选值。此方案在保证油菜可食部位重金属含量不超标（三个试点的油菜籽粒镉含量分别为 0.102mg/kg、0.126mg/kg、0.053mg/kg，均低于国家食品卫生安全标准规定的标准 0.2mg/kg），在保障作物安全生产的同时又完成了土壤的植物修复。

（二）铬污染土壤的植物-微生物联合修复

工业土地的铬污染主要来源于含铬废水的排放，例如镀铬、防锈剂、清罐剂等行业及铬渣露天堆放。工业生产过程中排放大量未进行净化处理或处理不达标的含铬废水，废水会将铬渗入土壤和地下水中造成污染。工业用地主要的污染源是铬渣的露天堆积，铬渣经过雨水冲刷大量渗入土壤中，造成土壤严重污染。

铬的常见化合价为三价和六价，在土壤环境中三价铬常以 Cr^{3+} 阳离子的形式存在，90%以上可被吸附固定，从而可以稳定存在而不形成污染。而六价铬因带有较高的正电荷、具有较小的离子半径，与氧结合力极强，所以在水溶液中通常以 CrO_4^{2-}、$Cr_2O_7^{2-}$ 的阴离子化学形态存在。与三价铬相比，六价铬迁移性强、毒性强，土壤中多以游离态存在，仅8.5%～36.2%能被土壤胶体吸附，毒性大约是三价铬的 100 倍。因此，铬污染土壤修复方法的首要思路是改变铬的价态，将六价铬还原成三价铬，既可降低毒性，又可从活化态转变为稳定态，从而降低铬在土壤中的生物可利用性和在环境中的迁移性。

一般情况下，植物地上部分富集的铬含量大于 1000mg/kg。国外报道的仅有 *Sutera fodina* Wild 和 *Dicoma niccolifera* Wild 两种铬超积累植物，铬积累量最高分别可达 2400mg/kg 和 1500mg/kg。近几年来，国内发现的超积累植物主要有蒲公英、高羊茅、双穗雀稗和李氏禾。李氏禾繁殖能力强，属多年生禾本科植物，对铬富集效果明显，叶片中铬含量平均可达 1786.9mg/kg。还有研究表明，黑麦幼苗、野苋菜对铬也有富集作用。

这些超积累植物虽然对铬有很强的富集能力，但是要先把土壤中的六价铬转化为三价铬降低土壤毒性才能种植植物。可以通过微生物对铬进行吸收、降解和还原，以达到修复的目的。

针对铬渣堆场周边的浅层污染土壤，依据待修复区区域规划，保障农林业生产与植物正常生长的总铬限值要求和《土壤环境质量　农用地土壤污染风险管控标准（试行）》（GB 15618—2018）中土壤无机污染物标准要求，采用微生物-植物联合修复技术可将铬污染土壤修复至六价铬含量≤50mg/kg，总铬含量≤300mg/kg。

引用齐水莲《微生物-植物联合修复铬污染土壤的性能研究》论文中的案例，研究采用秸秆、BYM 菌、污泥三种物料对土壤中六价铬进行转化。其中，BYM 菌是由放线菌和真菌、细菌三大类几十种菌以及酶组成的有益生物的活性功能团，属于微生物复合菌种。最佳的物料混合比例为：BYM 菌 1%、污泥 30%、秸秆 1%。这种配比可使六价铬的转化率提高到 95%，土壤中六价铬剩余量为 40mg/kg 左右，能实现六价铬的修复目标。六价铬转化后在铬污染场地周围种植香附子，经过 150 天的修复，修复田土壤中总铬含量从 1000mg/kg 左右下降至 461mg/kg，修复效率为 53.9%。

（三）铜污染土壤的动物-植物-微生物联合修复

土壤 Cu 污染的来源是多方面的，但主要来自以下几个方面。一是铜矿开采、冶炼过程中产生的尾砂、矿石和废渣，这些物质不仅需要占用大量的土地进行堆积，而且对堆积地及其周边环境产生严重的破坏。二是工业"三废"的不达标排放，例如炼铜、电镀等企业生产过程中排放的含铜废水，在未经处理或处理未达标情况下进入土壤，造成土壤发生严重的Cu污染。三是农药、化肥等铜制剂的大量使用，如常见的含铜农药配剂里，铜化合物的成分通常占到8%～75%，主要以氧氯化铜、氢氧化铜、硫酸铜、四氨合铜和氧化铜等形式存在，长期不合理的使用也会带来土壤Cu的严重污染。

我国目前用于Cu污染土壤修复的植物资源非常有限，常见的超积累植物有鸭跖草、海州香薷、蓖麻等。植物修复中根系是土壤Cu进入植物体内的第一道屏障，超积累植物能够利用发达的根系和稠密的根毛主动吸收，例如通过分泌有机酸（如草酸、柠檬酸、酒石酸和琥珀酸等）改变根际pH，增强土壤Cu的溶解性，促进对Cu的吸收利用。此外，还可以通过活化根际土壤Cu改变其形态。例如根细胞壁富含果胶质、半纤维素、纤维素和木质素等大分子，并含有羟基、醛基、羧基、胺基或磷酸基等配位基团，它们能与Cu^{2+}配位结合，在细胞壁沉淀下来。质膜是植物控制金属离子进入原生质体的一道关卡，Cu^{2+}在原生质体-土壤溶液界面的排出、主动结合以及原生质向外的溢泌，有利于降低植物对Cu^{2+}的净吸收量，提高植物对Cu的耐受性。螯合是植物解除Cu毒性的另一条重要途径，植物体内的有机配位体与Cu^{2+}形成的生理惰性复合物可以在细胞内的特定区域（如液泡）内长期储存，从而避免细胞的生理伤害。例如低分子的有机酸（草酸、组氨酸）、巯基化合物（如谷胱甘肽）、植物络合素（PCs）和金属硫蛋白（MTs）是植物体内的主要螯合剂，它们通过与金属离子螯合，提高重金属的生物有效性，增加向植物组织的运输量。

引用包红旭等人修复Cu污染土壤专利中的案例，采用植物-微生物-动物联合修复方法修复老旧工业区铜污染土壤，其中微生物复合菌剂制备方法详见表9-8。

表9-8　污染土壤情况及修复铜污染所用微生物复合菌剂的制备方法

污染土壤情况	微生物复合菌剂的制备
pH=7.32 有机质含量2.3%～3.7% 铜含量3.09×10^3mg/kg 黏粒含量2.1%	按照牛肉膏5g、蛋白胨10g、NaCl 5g和蒸馏水1L的比例配制混匀，调pH至7，灭菌后得到培养基。将保存在斜面培养基上的丛枝假单胞菌和施氏假单胞菌按1%的接种量分别接种于培养基中，在温度为37℃、转速为200r/min的条件下活化培养48h。按质量比3:1的比例取活化后的丛枝菌根和施氏假单胞菌，混合后再次加入制备的培养基中，在温度为37℃、转速为200r/min的条件下扩大培养48h，得发酵液。将灭菌冷却后的麸皮和发酵液按质量比20:1混合均匀，自然风干，得微生物复合菌剂

(1) 向铜污染土壤中投放赤子爱胜蚓，定期浇水，保持土壤的含水率为40%±2%，蚯蚓的投放量为90～110条/m³。

(2) 向表层20cm左右的土壤中，按照5kg/m³的剂量掺入微生物复合菌剂，旋耕混拌均匀。

(3) 混播高羊茅和早熟禾种子，定时浇水，保持土壤的含水率为40%±2%。高羊茅种子的播种量为25～30g/m²，早熟禾种子的播种量为10～12g/m²。播种高羊茅和早熟禾种子时，播深1～2cm，行距1～2cm，种子上方覆盖1～1.5cm厚的细土。7～14d即可萌发，约30d后高羊茅和早熟禾成坪，成坪一个月后可收获。

经检测，与对照组相比，联合修复对重金属铜的去除率最高为69.54%，未加蚯蚓为47.75%，单一植物修复为28.78%；联合修复对重金属铜的富集效果也最好，为830mg/kg，未加蚯蚓为490mg/kg，单一植物修复为150mg/kg。修复Cu污染实验结果详见表9-9。

表 9-9　修复 Cu 污染实验结果

修复模式	修复前 pH	修复前土壤 Cu 含量/(mg/kg)	植物富集 Cu 含量/(mg/kg)	修复效率/%
植物-微生物修复			490	47.75
单一植物修复	7.32	3.09×10^3	150	28.78
植物-微生物-动物修复			830	69.54

(四)利用砷酸还原菌联合蜈蚣草吸收砷

引用杨倩《微生物提高植物修复砷污染土壤的效果和机理研究》论文中的案例：修复实验位于某大田砷污染修复基地，原先该基地周边有一个砷采矿和冶炼生产区，在该地区有多年的土法炼砷纪录，土壤是石灰性土壤，含砷量为 83.6mg/kg。

选取渗漏池面积为 1m×1m，深度为 60cm，取土混匀回填后在表层 20cm 土层施用复合肥 500g/m²，每个渗漏池种植 8 株蜈蚣草，施加 4L 菌液（浓度为 1×10^7 CFU/mL）。设置两个对照组，分别为种蜈蚣草不施菌和不种草不施菌。一个月后取土样，三个月后收获蜈蚣草地上部分，进行根际土壤测试。

土壤中砷的形态主要有 +3 价和 +5 价两种。蜈蚣草能够吸收这两种价态的砷。有研究表明，+5 价砷和 PO_4^{3-} 是化学类似物，在根系吸收中共用同一个载体，植物对 As（+3 价）的吸收高于 As（+5 价）。砷酸还原菌能将 As（+5 价）还原为 As（+3 价），增加了土壤中 As（+3 价）含量，促进了蜈蚣草对砷的吸收。在田间实验中，施加砷酸还原菌的植物干重和砷累积量分别增长了约 50% 和 213%，蜈蚣草对砷污染土壤的修复效率提高了 34%~103%。同时，施用砷酸还原菌后根际土壤微生物量增长了 65%~300%，说明施菌可提高土壤中砷的生物有效性，从而提高植物对砷的吸收。

(五)苜蓿-根瘤菌（*R. petrolearium* SL-1）联合修复 PAHs

引用张肖霞等人修复 PAHs 污染土壤专利中的案例：唐山市某发电厂附近农田表层 20cm 内土样中 PAHs 含量情况详见表 9-10。

表 9-10　农田表层 20cm 内土样中 PAHs 含量情况

检测物	多环芳烃环数	含量/(μg/kg)	检测物	多环芳烃环数	含量/(μg/kg)
萘（Nap）	2	56.3	苯并[a]蒽（BaA）	4	199.5
苊烯（Acy）	3	13.8	䓛（Chr）	4	264.4
苊（Ace）	3	6.5	苯并[b]荧蒽（BbF）	5	504.5
芴（Fl）	3	21.4	苯并[k]荧蒽（BkF）	5	103.4
菲（Phe）	3	31.4	苯并[a]芘（BaP）	5	179.2
蒽（An）	3	245.7	二苯并[a,h]蒽（DBA）	5	89.5
荧蒽（Flu）	4	284.7	苯并[g,h,i]苝（BgP）	6	377.2
芘（Pyr）	4	199.6	茚并[1,2,3-c,d]芘（InP）	6	241.3

资料来源：张晓霞，等.苜蓿和菌剂构成的降解多环芳烃的成套产品及其应用：201610298130.7 [P].2016-05-06.

实验设置 4 个处理：①不种苜蓿，不接根瘤菌（CK）；②不种苜蓿，接根瘤菌（菌）；③种植苜蓿，不接根瘤菌（苜蓿）；④种植苜蓿，接根瘤菌（苜蓿＋菌）。将菌悬液与无菌蛭石混匀，使菌剂中 SL-1 含量为 $1.0×10^{10}$ CFU/g。将研究区划分为 12 个小区，小区面积为 $12m^2$（$6m×2m$）。菌处理区：制备的上述菌剂按照每小区 300g 的量拌入土壤中。苜蓿处理区：按 1000 粒/m^2 的播种量播种种子。以上各处理区定期除杂草以确保无其他植物生长。分别于处理 60d 以五点采样法进行采样。种植 60d 后田间实验土壤中 PAHs 含量及降解率详见表 9-11。

表 9-11　土壤中 PAHs 含量和降解率

底物	环数	CK	菌		苜蓿		苜蓿＋菌	
		含量/(μg/kg)	含量/(μg/kg)	降解率/%	含量/(μg/kg)	降解率/%	含量/(μg/kg)	降解率/%
低环 PAHs								
萘（Nap）	2	66.8	58.5	12.4	60.4	9.5	47.6	28.7
蒽（An）	3	27.2	30.2	—	37.9	—	23.8	12.4
菲（Phe）	3	254.8	226.1	11.3	248.6	2.4	174.9	31.4
芴（Fl）	3	23.2	21.4	7.8	23.3		15.7	32.1
苊烯（Acy）	3	14.6	15.6		13.6	7.2	13.4	8.3
苊（Ace）	3	5.7	4.2	27.6	5.9		3.5	39.1
高环 PAHs								
荧蒽（Flu）	4	282.3	266.8	5.5	315.0	—	227.2	19.5
芘（Pyr）	4	202.1	194.4	3.8	234.2		162.9	19.4
苯并[a]蒽（BaA）	4	200.6	188.4	6.1	218.7	—	184.1	8.3
䓛（Chr）	4	273.8	250.8	8.4	270.8	1.1	237.3	13.3
苯并[b]荧蒽（BbF）	5	510.0	481.2	5.7	481.7	5.5	476.9	6.5
二苯并[a,h]蒽（DBA）	5	92.9	86.4	7.0	86.0	7.4	86.3	7.1
苯并[a]芘（BaP）	5	181.2	169.3	6.6	168.7	6.9	158.9	12.3
苯并[k]荧蒽（BkF）	5	108.7	99.7	8.2	102.7	5.5	90.1	17.1
苯并[g,h,i]苝（BgP）	6	348.2	326.7	6.2	324.8	6.7	329.6	5.3
茚并[1,2,3-c,d]芘（InP）	6	249.2	237.0	4.9	231.8	7.0	230.3	7.6
总计（含量）/平均（降解率）		2841.3	2656.7	7.6	2824.1	3.7	2462.5	16.8

资料来源：张晓霞，等.苜蓿和菌剂构成的降解多环芳烃的成套产品及其应用：201610298130.7 [P].2016-05-06。

（六）多氯联苯（PCBs）污染土壤的植物-微生物联合修复

引用徐大龙等人修复 PCBs 污染土壤专利中的案例。实例所用的土壤修复剂包括以下原料：杨树皮粉 28 份、花生秧粉 17 份、菇渣粉 13 份、猪粪便 12 份、活性酶（过氧化氢酶、黄素酶、血红素酶和酵母按照 1：1：0.5：1 的质量比混合而成）4 份、维生素 B_6 2 份、复合菌（枯草芽孢杆菌 8 份、地衣芽孢杆菌 7 份、解淀粉芽孢杆菌 5.5 份、放线菌 2 份）5 份、COD 降解菌 0.4 份。

实施步骤如下：①将土壤修复剂均匀撒入有机污染土壤表面，施用量为 650g/亩，然后进行深耕混合；②一周后，在处理过的土壤上种 1～2m 高的柳树苗，平均占地面积为 35～45m² /株，柳树苗间隔内套种蜈蚣草；③蜈蚣草栽植两个月后，拔出，重新种植，重复三次，即完成一年期的修复。

实地测试显示，该修复方法对有机物污染土壤中的有机农药、多氯联苯以及酚等多种有机物具有明显的去除效果，有机农药残留去除率可达 85.9％以上，多氯联苯去除率可达 84.3％以上，酚去除率可达 86.2％以上，修复方法简单可行，便于推广应用。

第十章
土壤污染的联合修复技术

之前章节中介绍的污染土壤的修复方法虽然多种多样，但这些单一的修复技术均存在各自的局限性，无法同时兼顾成本、效率和对环境的影响，导致在大面积的实际应用中存在诸多限制。例如，物理修复、化学修复以及工程修复技术往往会破坏土壤的理化性质，甚至造成二次污染，对于污染程度轻但污染面积大、修复土方量大的土壤基本难以应用；生物修复方法最突出的缺点是周期较长，所选用的富集植物对生长环境要求高，且仅对污染浓度有限和有效性较高的重金属有修复作用，具有很大的应用局限性。此外，某一修复方法对单一金属污染修复效果较好，但对复合污染的土壤修复效果却不佳。因此，很多研究尝试将多种修复技术综合应用进行土壤修复，并取得了初步成果，多种修复技术的联合应用也是土壤修复技术发展的趋势。

第一节 "淋洗＋"联合修复技术

土壤淋洗修复技术主要是利用淋洗液与土壤中污染物的相互作用，使吸附或固定在土壤颗粒上的污染物溶解、解离出来，然后回收淋洗液，经处理后再循环利用。淋洗技术具有高效快速、操作简单、可以彻底将重金属从污染土壤中去除且适合治理高浓度污染土壤等优点。但淋洗技术在实际应用中对受污染的土壤类型有一定的要求。一般而言，淋洗对处理砂砾土壤中的污染物更为有效，而对于黏土则很难清洗，特别是土壤中黏粒含量超过 25％时一般不考虑使用淋洗修复方法。同时，淋洗技术在除去土壤中污染物时也会造成土壤中营养物质的流失，部分淋洗液在土壤中的残留也可能破坏土壤结构以及微生物群落，而且还存在淋洗液处理利用的问题。为了弥补淋洗技术的不足，人们将其他合适的修复技术引入其中并形成了"淋洗＋"联合修复技术，目前该联合修复技术越来越得到人们的关注，并逐步得到推广应用。

一、淋洗＋物理筛分联合修复技术

在使用淋洗技术正式修复土壤之前，土壤表面上的杂物必须去除，例如塑料、木块、金属块等，同时土壤层下的植物根系也要做必要的清理，以防止其阻碍淋洗液的流动。一般情况下，不同颗粒土壤经常粘在一起，这些结构也需要在清洗之前被打散，按照不同粒径分类后处理，以保证清洗效果的一致性，这就需要对土壤进行筛分。物理筛分是一项借助物理手段将污染物从环境介质上分离开来的技术。通常情况下，物理分离技术只被作为初步的分选技术，而不能达到充分修复土壤的要求，其目的在于减少待处理的污染土壤的体积，以优化后续处理工作。根据物质的颗粒特性，一般可分为如下几种筛分方法：①粒径分离，即固体土壤通过特定网格大小的线编织筛的过程，筛子通常要有一定的倾斜角度，使大颗粒滑下，或者采取某种运动方式以便将堵塞筛孔的大颗粒分离出来；②密度分离，即根据土壤组成成分密度的差异，在重力和其他一种或多种与重力方向相反的作用力的同时作用下，使不同密度的颗粒产生不同运动行为而分离；③此外还有脱水分离、磁力分离等。由此可知，用于物理筛分的设备一般都不复杂，费用也比较低，并能保持可持续高产出，但是在具体使用分离过程中还要考虑各种因素的影响，比如：在粒径分离时颗粒易塞住或损坏筛子；用水动力学分离和重力分离时，当土壤中有较大比例的黏粒、粉粒和腐殖质存在时很难操作；用磁分离时处理费用就相对比较高；等等。这些局限性决定了物理筛分分离修复适用于小规模、土壤成分简单的污染场地，并只能作为初步的分选技术。

而土壤淋洗在大规模修复污染土壤的运用过程中，无须处理的物料进入反应器消耗了大量淋洗药剂，不仅导致药剂使用量大、运行成本高，而且还增加了二次污染的可能。因此，在对污染土壤进行淋洗修复之前，先进行一定的物理筛分可大大减少污染土壤的处理量以及淋洗剂的用量。例如，熊惠磊等对修复项目进行前期分析发现，场地中的典型污染物为多环芳烃和重金属，其中污染土壤细颗粒含量较高，且污染物主要以附着态形式黏着在细颗粒表面，于是决定采用多级筛分式土壤淋洗技术。即采取"先减量、后浓缩"的方式，将大部分复合污染物附着在石块和砂子等粗颗粒的表面，经过自来水喷淋即可洗净，经过浓缩后再集中处理。多级筛分式土壤淋洗技术主要使用清水作为淋洗液，将污染土壤按照其粒径分为砾石、砂土和黏土等组分，依靠物理淋洗将粗颗粒土壤表面松散附着的污染物清除。淋洗后污染物浓度低于修复目标值的粗颗粒土壤被筛分出来可直接回用，污染物富集的细颗粒土壤压成滤饼后进行深度处理，富集了污染物的淋洗废液经过水处理单元后可回用。工艺流程详见图 10-1。

针对物理筛分后污染物在不同粒径土壤颗粒上的分布以及后续淋洗处理过程，罗志远所在团队进行了相关研究。实验选取株洲市某冶炼厂附近农田 0～50cm 深度土壤，采用四分法取部分土样研磨后过 100 目筛，并对土壤泥浆进行水力筛分分级，将污染土壤分为粗粒级（＞0.25mm）、中粒级（0.074～0.25mm）、细粒级（＜0.074mm）三种粒级。重金属检测结果表明，随着粒径减小，土壤颗粒吸附的重金属浓度逐渐增大，重金属在细粒级中有显著的富集效应。而粗粒级中重金属污染物浓度相对较低，已低于农用地土壤污染物基本项目含量限值，达到农用地土壤标准。中粒级土壤中污染物浓度相对原状土壤有所降低，但仍高于农用地土壤污染物基本项目含量限值。土壤粒径分布与污染物分布详见表 10-1。从物理筛分实验可知，物理分级可将大部分附着在石块、沙子等粗颗粒表面的污染物清洗去除。经物理筛分后的粗粒级土壤污染物检测值达标，实现了修复减量化的目标。而细粒级中重金属污染物得到了浓缩富集，下一步实验着重针对细粒级和中粒级进行化学淋洗修复。

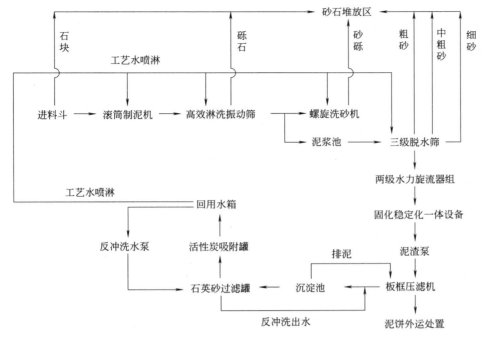

图 10-1　多级筛分式土壤淋洗工艺流程

（熊惠磊等，多级筛分式淋洗设备在复合污染土壤修复项目中的工程应用，2016）

表 10-1　污染土壤粒径分布与污染物分布

项目	污染物含量限值	粒径区间			
		粗粒（>0.25mm）	中粒（0.074~0.25mm）	细粒（<0.074mm）	全粒
土质类型		小石块	细砂	黏土	原土
颗粒占比/%		33.26	15.12	51.62	100.00
Pb/(mg/kg)	160	95.10	285.63	904.07	541.50
Cd/(mg/kg)	0.5	0.35	2.35	12.02	6.70
As/(mg/kg)	30	20.86	36.72	73.25	50.30

　　选取分级后重金属富集的土壤粒级，按照固液比 1∶10 分别加入 EDTA 淋洗剂，采用恒温振荡仪在室温下以 200r/min 频率振荡 24h。结果表明，随着 EDTA 浓度的提高，污染土壤中重金属去除率不断提高，但去除率的增长趋势逐渐变缓。当 EDTA 达到一定浓度后，中粒级土壤基本可以达到修复目标值，而细粒级土壤由于重金属污染物浓度较高且多为黏土，对重金属吸附力强，只采用 EDTA 对细粒级土壤进行淋洗不能达到修复目标值。因此，对污染土壤进行筛分处理后，可以对污染土壤进行减量化，减少后端淋洗剂的用量，而化学淋洗可以去除污染土壤中的高浓度污染物。

二、淋洗＋化学氧化联合修复技术

　　化学氧化技术由于工艺设备简单，常用于有机物污染土壤的修复处置，通过氧化反应将有害污染物转化为更稳定、活性更低的低毒或无毒类化合物。常用的化学氧化剂包括高锰酸钾、过氧化氢、芬顿试剂、过硫酸盐等。例如，刘琴等采用 5% 过硫酸钠、1% 精石灰、药剂作用时间 5d 的条件，对湖南某一化工厂的污染土壤进行了修复工程实践，其中苯并芘、底泥中的乙苯、2-氯甲苯和 4-氯甲苯含量均能降低至修复目标值以下。但化学氧化修复技术也存在一些缺点，例如：氧化剂在地下的传递过程主要依靠自然渗透过程，物质传递效率较低；氧化剂在土壤中非常不稳定，反应较快，作用距离和时间有限；土壤中本身存在大量的还原性物质，使氧化剂的消耗量非常大；氧化剂使用时物质迁移方向不易控制；氧化剂可能会改变地层土质，造成二次污染；等等。而化学氧化技术与淋洗技术联合使用，可先通过淋洗将污染物从土壤中洗脱出来，再利用化学氧化方法进行处理，从而可以避免氧化剂直接作用于土壤带来的二次污染等负面作用。

化学淋洗—H_2O_2-O_3-UV 复合催化氧化技术修复硝基甲苯一氯、二氯代物污染土壤工程实例如下。

异位修复工程原土来自以生产敌克松中间体、二氯喹啉酸和 3-氯-2-甲基苯胺、5-氯-2-甲基苯胺、6-氯-2-硝基甲苯为主的浙江省嵊泗县某精细化工公司退役地块，主要由碎石、砂砾及少量的粉土构成，关注的目标污染物硝基甲苯一氯代物、硝基甲苯二氯代物最高含量分别为 1180mg/kg 和 181mg/kg，需修复土方量总计 22230m^3。

修复流程见图 10-2。修复步骤如下。

（1）原土由自卸密封车运至异位修复场地，在进入暂存场前进行二次分选，直径 d 大于 80mm 的块石在冲洗场经含淋洗剂的高压水冲洗表面并反滤沥水后外运，冲洗水排至蓄水池。

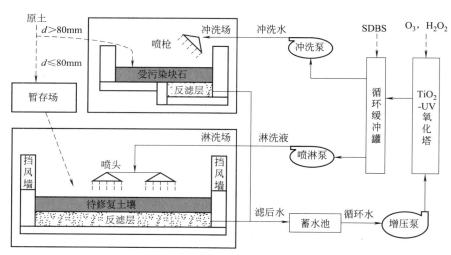

图 10-2　工程修复流程图

（梅竹松等，化学淋洗—H_2O_2-O_3-UV 复合催化氧化技术修复硝基甲苯一氯、二氯代物污染土壤工程实例，2018）

（2）从暂存场中每批次取约 1500m^3 原土转至淋洗场，摊铺成 1.5m 厚的堆土，在距土层顶部 1.0m 处布设喷头，将富含十二烷基苯磺酸钠（SDBS）的循环淋洗液均匀喷洒至土层表面，淋水强度为 2L/(m^2·min)。随着淋洗的进行，污染物持续溶解、脱附并转移至循环液中。每批次的修复周期为 15d。

（3）修复后的土壤经检测达标后外运。循环液经反滤后导排至蓄水池，再经增压泵提升至布设有紫外灯管并加载了 TiO_2 网状填料的氧化塔进行 H_2O_2/O_3 复合催化氧化处理，循环液中 H_2O_2 浓度为 10mg/L，臭氧量为 20mg/L，在催化氧化塔内停留时间为 30min 左右。最终目标污染物被羟基自由基等氧化为 CO_2 和 H_2O 等无机小分子而去除，循环液获得净化可再次利用。

修复场地土壤检测：拆除修复设施和防渗层，将整个场地平均分成 25 个区域，每个区域选取 9 个点位，将 0.4m 深度处的表层土组成一个混合样。经检测，其中 15 个点位未检出关注污染物，检测到的土壤中硝基甲苯一氯、二氯代物的最高含量分别为 0.9mg/kg 和 0.03mg/kg，地下水中的浓度均小于 0.005mg/L。

除了传统的化学氧化技术外，高级氧化技术也开始逐步应用于土壤修复中，例如之前章节介绍的芬顿氧化、光催化降解技术等。其中光催化降解技术一般利用半导体作为光催化材料，当光照射半导体，光子能量高于半导体吸收阈值时，半导体价带电子就会获得能量从价带跃迁至导带，从而形成光生电子和光生空穴。空穴具有极强的捕获电子的能力，能与吸附于表面的 H_2O 和 O_2 反应，生成具有超强氧化性的 ·OH（羟基自由基），进而可以破坏有机物中的 C—C、C—H、C—O、C—N、N—H 等化学键，将许多难降解的有机物完全矿化成 H_2O、CO_2、NO_3^-、磷酸盐、硫酸盐以及卤素离子等无机小分子产物，从而达到消除污染物的目的。在土壤修复过程中，以表面活性剂为淋洗剂，将疏水性有机污染物从土壤相中洗脱转移至液相，然后使用高效光催化剂对土壤淋洗液体系进行氧化降解的联合技术，克服了单独使用光催化降解过程中土壤的透光度低、催化剂不能和污染物充分接触而致使光催化的效率较低的缺点。

淋洗＋光催化氧化联合修复氯代芳香族有机物污染土壤案例如下。

污染土壤首先在如图 10-3 所示的土壤淋洗系统中进行第一阶段土壤淋洗修复，随后依次进行第二、第三和第四阶段土壤淋洗修复。其中，在第四阶段使用清水进行土壤淋洗修

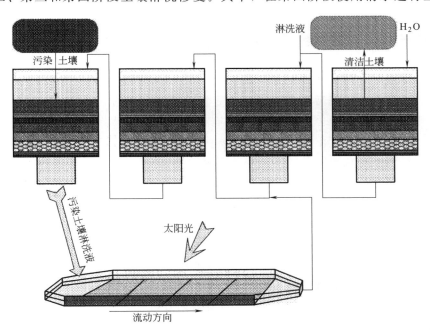

图 10-3　氯代芳香族有机物污染土壤修复淋洗液的光催化处理装置

（王洪涛等，氯代芳香族有机物污染土壤修复淋洗液的光催化处理装置及其专用光催化复合板，2017）

复，在第三阶段使用第一次使用的淋洗液进行土壤淋洗修复，在第二阶段使用第二次使用的淋洗液即第三阶段土壤淋洗修复后排出的淋洗液进行土壤淋洗修复，在第一阶段使用第三次使用的淋洗液即第二阶段土壤淋洗修复后排出的淋洗液进行土壤淋洗修复，将第一阶段土壤淋洗修复后排出的淋洗液排入光催化处理装置进行光催化处理，经过光催化处理后的淋洗液可以重新利用。其中，第四阶段土壤淋洗修复后排出的淋洗液作为水分的补充，用于配制上述第一次使用的淋洗液。

在光催化降解槽中，石墨烯-二氧化钛纳米管光催化复合板布设于光催化反应池底部，石墨烯-二氧化钛纳米管光催化剂在大部分区域以单层或多层的形式负载于复合板表面。在太阳光下使用该复合板对淋洗液中五氯酚进行光催化降解时，复合板首先对淋洗液体系中的目标污染物进行吸附，在光照条件下，催化剂表面产生的光生空穴对目标污染物进行高速捕获，空穴与淋洗液中产生的羟基自由基共同降解目标污染物，土壤淋洗液中浓度为 10mg/L 的五氯酚污染物可以在 30min 内几乎完全去除。土壤淋洗时采用四阶段反向流淋洗法，最终排出的淋洗液流入光催化反应池进行光催化降解处理。光照总面积为 300m×150m 时，每日可完成 315m^3 土壤的修复，相当于大中型污染场地修复能力。

淋洗结合二氧化钛异相光催化氧化研究关键在于以下几个方面。①选择适合的表面活性剂将土壤中的疏水性有机污染物有效地洗出，同时实现表面活性剂在土壤体系中残留的最小化，降低表面活性剂对土壤微生物的毒性以及对土壤结构的破坏。②充分认识表面活性剂对光催化降解过程影响的两面性（适量表面活性剂的存在能够有效地促进目标污染物同催化剂之间的接触，促进其降解过程；过量的表面活性剂则会占据过多催化位点，与目标污染物产生竞争），表面活性剂的种类选择和浓度控制是确定最佳反应条件的关键。③土壤淋洗液体系比较复杂，其中存在的污染物、淋洗剂、腐殖酸、阴阳离子、有机物等均会对降解过程产生一定影响。

三、淋洗＋热脱附联合修复技术

在我国，土壤复合污染已经成为污染场地的一个主要特征，单一类型污染物的研究已经远不能解决日益复杂的土壤污染问题，其中重金属-有机物复合污染作为土壤复合污染的典型代表，在土壤中存在较为普遍。在重金属-有机物复合污染体系下，不同类型的有机物和重金属会在土壤中产生相互作用，也就是说某种类型污染物的活动会受到其他类型污染物行为的影响，这样就使得在同等条件下土壤重金属-有机物复合污染的修复治理更加困难。在之前章节详细介绍过的修复技术中，热脱附技术和化学淋洗技术已得到普遍使用，且这两类技术分别对有机污染物和重金属污染治理效果显著，技术成熟度高，实际应用案例较多。因此，对于复合污染土壤的修复可考虑将热脱附和淋洗技术进行联用。

热脱附技术是修复有机物污染土壤最普遍的方法，适用于处理土壤中大多数挥发性和半挥发性有机污染物，例如 PAHs、PCB、双对氯苯基三氯乙烷（DDT）和总石油烃（TPH）等。例如，熊樱等就介绍了原位燃气热脱附修复技术在北方某有机污染场地中的工程应用，并结合场地条件、污染物种类、工艺设计、修复效果等进行分析。孟宪荣等利用自主研发的原位电阻热脱附设备，以 1,2-二氯乙烷和氯苯为目标污染物，发现在设定温度为 95℃、延长加热时间至 36h 时，1,2-二氯乙烷去除率可达 78.29%～100%。

淋洗技术在之前已介绍较多，是修复重金属污染土壤的有效手段。因此对于重金属-有机物复合污染土壤，将化学淋洗和热脱附技术联合使用不失为一种可以大胆尝试的手段。例如，李风才等就发明了一套土壤热脱附耦合淋洗修复系统，首先让破碎筛分后的污染土壤逆向接触300℃左右的过热蒸汽，除去易挥发的有机物（含氯低碳烷烃、含氯低碳烯烃、苯等）；之后经过压缩空气助燃的秸秆颗粒区域，反应器内温度维持在500～600℃，用于除去六氯环戊二烯、硝基苯、2，4-二硝基甲苯、苯并蒽、苯并芘等难挥发有机物，同时生物秸秆燃烧后成为有机肥料，均匀散布于土壤中，利于修复后保持土壤肥力；对于含有重金属污染物的土壤，经喷淋养护装置后输送至有淋洗药剂的淋洗搅拌槽，水泥浆搅拌1h，经压滤机过滤后，污水排入污水处理器，滤饼运送到净土堆放槽晾干回填。

下面介绍的是一种利用化学淋洗＋热脱附技术联合修复重金属-有机物复合污染土壤的装置（图10-4）。

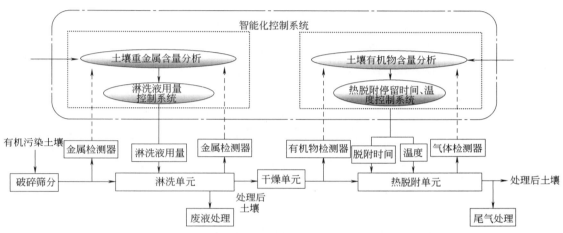

图 10-4　一种复合污染土壤化学淋洗＋热脱附的修复系统
（刘喜等，一种复合污染土壤化学淋洗-热脱附的修复系统及修复方法，2020）

每一批次的复合污染土壤首先进入破碎筛分单元，经破碎筛分混合均匀后进入淋洗单元，自动取样第一金属检测器快速测得原始土壤重金属含量，反馈至淋洗控制模块中初步计算淋洗剂用量；淋洗完成后，第二金属检测器测得淋洗废液中重金属污染物的浓度，反馈至淋洗控制模块中综合计算淋洗后土壤重金属含量，并与设定的目标修复值进行对比，调控是否进行二次淋洗以及重新设定淋洗液用量。干燥后的土壤进入热脱附单元，有机物检测器检测干燥后土壤中的有机物含量，反馈至热脱附控制模块中计算热脱附时间和温度；脱附完成后气体检测器检测脱附气体的有机物浓度及气体流量，反馈至热脱附控制模块中综合计算脱附后土壤有机物含量，与设定的目标修复值进行对比，调控是否进行二次脱附以及重新设定脱附停留时间和脱附温度。

具体操作实例如下：将复合污染土壤破碎至小于1cm，通过传输带传输5t破碎后的污染土壤至淋洗单元中，由第一控制模块初设淋洗药剂5:1、淋洗时间20min，开始程序发送指令向淋洗单元中加入淋洗药剂。第一金属检测器检测所述碎土中重金属含量，第二金属检测器检测淋洗废液中重金属含量，详见表10-2。结果显示，一次淋洗后土壤中重金属As含量仍大于目标修复值，启动二次淋洗程序。淋洗控制模块设置淋洗药剂2:1、淋洗时间10min，开始程序发送指令向淋洗单元中再次加入淋洗药剂。二次淋洗结果显示，土壤重金属含量达到修复标准，淋洗结束，排出淋洗后土壤，运输至干燥单元干燥。若下一批次处理的土壤来自同一污染区域，可直接将第一控制模块设置淋洗药剂加入量为 6 : 1、淋洗时间 30min。

表 10-2　淋洗单元污染物含量检测值

重金属种类	目标修复值/(mg/kg)	第一金属检测值/(mg/kg)	第二金属检测值/(mg/kg)	二次淋洗后检测值/(mg/kg)
Cr	610	1541	209	22.6
As	80	688	107	42.1
Pb	600	1645	251	17.8
Zn	1500	2263	166	109

淋洗后的土壤在干燥单元中干燥至含水率为 20% 时可结束干燥，将 7t 干燥后的污染土壤通过传输带传输至热脱附单元中，有机物含量检测器检测干燥单元输出的土壤中有机物含量，并将土壤中有机物含量数据传输给热脱附控制模块。初步计算设定停留时间为 30min，脱附温度为 150℃，启动脱附程序，脱附结束后气体检测单元对热脱附单元出口处气体流量和气体中有机污染物的浓度进行检测，结果详见表 10-3。

表 10-3　热脱附单元污染物含量检测值

有机物种类	目标修复值/(mg/kg)	有机物检测值/(mg/kg)	脱附后残留值/(mg/kg)	二次脱附后检测值/(mg/kg)
苯	0.2	0.43	0.09	0.07
二甲苯	5	15.8	4.07	3.11
1,2-二氯苯	150	569	233	122

一次脱附结果显示，土壤中 1,2-二氯苯含量仍大于目标修复值，启动二次脱附程序。由热脱附控制模块设置停留时间为 20min，脱附温度为 200℃，开始程序向脱附单元发送指令启动二次脱附程序。二次脱附结果显示，土壤有机物含量达到修复标准，脱附结束，输出土壤进行填埋处置。若下一批次处理的土壤来自同一污染区域，可调整热脱附设置停留时间为 40min，脱附温度为 200℃，用于下一批次土壤处理。

可知，该系统提供的修复系统具有智能化控制功能，分为两个控制模块，淋洗控制模块采用化学淋洗技术去除复合污染土壤中的重金属，热脱附控制模块采用热脱附技术去除复合污染土壤中的有机物，最终实现复合污染土壤中重金属和有机物的去除。

四、淋洗＋生物联合修复技术

在淋洗和生物联合技术修复土壤中，淋洗剂基于化学淋溶剂作用，通过增强污染物的生物可利用性来提高生物修复效率，或利用有机络合剂的配位溶出，提高土壤溶液中重金属浓度，提高植物利用的有效性，以此强化配套植物对土壤中污染物的吸收。淋洗剂种类主要包括螯合剂、无机盐、表面活性剂等。

（一）螯合剂＋植物联合修复技术

螯合剂又称为络合剂，其分子结构中含有能与重金属离子发生配位结合的电子给体，能和重金属离子发生螯合作用形成稳定的水溶性络合物。螯合剂进入土壤以后，一方面可以和土壤溶液中的重金属离子发生螯合作用，形成水溶性金属-螯合剂络合物，改变重金属在土壤中的赋存形态，从而增强重金属的流动性，增加植物对重金属离子和络合物的吸收，最终通过收割植物达到去除重金属的目的；另一方面，螯合剂可激活细胞质膜上的 ATP 酶，引起负责重金属转运的离子通道发生变化，从而促进根系的吸收。因此，螯合剂＋植物修复技术的关键是要促进土壤中重金属的溶解，改变重金属在土壤中的存在形态，形成水溶性的络合物，提高植物对重金属的吸收效率，继而通过植物转运增加重金属在植物地上部的积累，最终通过收割彻底去除土壤中的污染物。

在目前所使用的螯合剂中，EDTA（乙二胺四乙酸）是最常用的一种螯合剂，对 Pd、Cd、Co、Ni 等大部分重金属都具有活化作用。例如，刘金等就通过实验研究表明：相比单一种植苎麻，施加 EDTA 能显著提高苎麻植株各部位铅、镉的含量，特别是对土壤铅的去除效果较好，去除率可达 22.6％。马俊俊等研究表明：在施用 5.0mmol/kg EDTA 条件下，香石竹的地上部和单株干重显著高于对照组，还证实了 EDTA 不仅有利于香石竹对镉的富集，而且有助于镉由地下部向地上部的转移。EDTA 拥有强大的金属配位能力和良好的化学稳定性，但这也使其不易被土壤微生物降解，施用后很长一段时间后仍会对环境造成影响。而且 EDTA 还会与其他非污染金属结合，增加 Ca 和 Mg 的渗滤风险，不仅导致植物生长必需元素的淋滤流失，还有可能污染地下水。同时，由于 EDTA 含有氮元素，很可能会引起环境富营养化。除了 EDTA，作为其同分异构体的 EDDS（乙二胺二琥珀酸）同样具有极强的螯合能力，特别是对 Cu 有更强的活化能力，而且更易被植物吸收，更重要的是其毒性较低，能够在 5～8d 内被完全降解，且降解产物无害，对土壤中的微生物影响也较小。但在这些螯合剂与植物联合施用工程中有研究显示，施用 EDDS 后形成的金属络合物可能对植物具有毒性，例如：经 EDDS 处理的印度芥菜会出现叶片逐渐脱水、枯萎并从叶柄处脱落等明显的中毒症状；EDDS 对烟草也能产生较高的毒性，会导致叶片萎黄、坏死，最后导致植物死亡。类似的添加剂还有 NTA（氨三乙酸）、GLDA（N,N-谷氨酸二乙酸四钠）等。因此，人们的关注点越来越偏向于天然可降解类螯合剂，例如 PASP（聚天冬氨酸）是一种水溶性氨基酸聚合物，具有良好的生物相容性和生物降解性，降解产物无毒、无害。研究发现，PASP 不仅能够活化重金属，同时兼具促进植物生长的能力，这也是其他螯合剂所不具备的优势。此外，天然有机小分子酸对土壤中的重金属也有淋出作用，主要包括以下三种形式：一是直接与重金属络合形成带正电荷的配合物；二是吸附于土壤表面后其官能团与重金属络合形成配合物；三是与重金属通过配位作用产生高溶解性的配合物。例如，柠檬酸作为一种天然低分子有机酸，不仅容易与重金属离子形成可溶性的络合物，同时易生物降解，对环境友好，已广泛应用于土壤重金属淋洗研究中，类似的还有草酸、酒石酸等。

柠檬酸淋洗＋湿生植物联合修复重金属污染实施案例介绍如下。

通过挖掘淋溶沟、堆砌种植台并添加酸性淋溶混合物来活化重金属，安装滴灌设施和渗漏管，通过水分渗入将土壤中的重金属侧位淋溶到淋溶沟内，然后在淋溶沟内种植湿生植物以吸收提取出重金属，堆砌的种植台还可安全种植作物，提高污染土壤治理过程中的土地利用价值（图 10-5）。

其中，可根据污染土壤的土层深度、地形条件、污染种类和污染程度，设计确定淋溶沟和种植台的位置和尺寸。淋溶沟种植的湿生植物可为紫云英、蕹菜、香蒲、千屈菜、灯芯草中的一种或多种。种植台上可根据土壤性质选择玉米、油菜、花生等旱地作物。种植台上的

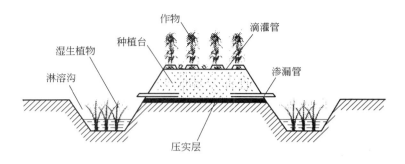

图 10-5　修复方案示意图
（王忠强等，一种干湿组合种植的重金属污染土壤原位淋洗修复方法，2021）

土壤污染物含量降低到正常值后，将土回填到淋溶沟，然后在原种植台位置挖掘淋溶沟，重复以上工序进行土壤修复。种植台堆淋溶物料为细沙、泥炭和柠檬酸的混合物，可调节土壤质地通透性和酸性，添加酸性泥炭基质，不仅可以促进重金属活化淋溶，也能提升污染土壤的有机质含量，提高土壤肥力。

具体过程举例如下：若污染土壤的目标污染物为铅，污染深度约为 50cm，土壤质地为砂壤，土地平整，设计确定淋溶沟挖掘深度为 50cm，淋溶沟底宽为 150cm，顶部宽种植台宽度为 600cm。然后将种植台部位的原有土壤通过压路机强力压实，形成压实层后，将淋溶沟挖掘土壤堆砌在种植台上。土壤经过碎土后添加淋溶混合物料细沙、泥炭和柠檬酸，三者体积比为直径为 0.02cm 细沙 30 份、直径为 0.02cm 泥炭 69 份、柠檬酸 1 份，混合均匀后按挖掘土壤体积的 15% 加入土壤中，然后充分混合、平整、轻压、起垄，并在垄沟放置滴灌管进行淋溶，在种植台两侧插入渗漏管。渗漏管为 PVC 管，长度 50cm，直径为 5cm，插入深度 40cm，插入位置为压实层上部，渗漏管间距 500cm。然后在淋溶沟中种植紫云英，在种植台上种植油菜。

（二）表面活性剂＋微生物联合修复技术

表面活性剂本义是指具有固定的亲水、亲油基团，加入少量就能使溶液体系的界面状态发生明显变化，能在溶液的表面定向排列的添加剂。而在土壤修复领域中，表面活性剂对土壤中的污染物具有增溶和增流作用，且表面活性剂的链越长，其效果越好。表面活性剂含有的亲水基团可增加植物根系与金属离子的接触，而疏水基团则可通过溶解膜脂增强植物细胞的通透性，促进植物对重金属的吸收。例如，刘红玉利用根尖微核技术研究了 Cd 和表面活性剂对植物根系的影响，发现经表面活性剂 LAS 处理后，蚕豆根尖透明度增加，细胞体内 Cd 含量增加。在修复重金属污染土壤中，表面活性剂作用机理可简要归纳如下：表面活性剂分子先附着在土壤颗粒物表层与重金属的结合物上，然后当重金属从土壤颗粒解吸进入土壤溶液时，与表面活性剂上的羧基发生络合反应，继而进入表面活性剂胶束中，降低表面张力，使重金属从土壤中解离到土壤溶液中，进而更容易被植物的根系吸收而进入植物体内，最终从土壤中去除。对有机物的去除而言，由于自然条件下土壤环境所含的疏水性有机物只有少量进入土壤溶液中，大多吸附于土壤有机质和颗粒上，向土壤环境中添加表面活性剂后，土壤中产生胶束，疏水性有机物可以进入其中或被吸附其上，并最终随着水溶液转移至植物根系，被根系吸收后去除。表面活性剂的降解能力、吸附能力、增溶能力和毒害作用等均可影响表面活性剂的增效效果。表面活性剂主要分为人工合成的化学表面活性剂和易生物降解的生物表面活性剂，具体种类详见表 10-4。

表 10-4　土壤修复中常见的表面活性剂种类

种类	类型	中文名称	简称	作用重金属
人工合成化学表面活性剂	阴离子型	十二烷基硫酸钠	SDS	Pb、Cd、Zn
		十二烷基苯磺酸钠	SDBS	Zn、Cu、Ni
	阳离子型	十二烷基氯化吡啶	DPC	Pb、Zn、Cu
		十六烷基三甲基溴化铵	CTAB	Cd
	非离子型	聚山梨酯-80	Tween-80	Cd、Zn、Cu
		辛基苯基聚氧乙烯醚	Triton X-100	Pb、Zn、Cu
		聚氧乙烯月桂醚	AE	Cd、Cu
生物表面活性剂	脂多肽	莎梵亭	—	Zn、Cu
		芬荠素	—	Pb、Cd、Ni
	糖脂类	烷基糖苷	APG	Pb、Cu
		茶皂素	—	Zn、Cu
		鼠李糖脂	—	Pb、Cu
		槐糖脂	—	Zn、Cu
		皂苷	—	Pb、Cd、Cu

在实际应用中，有研究人员总结了表面活性剂对植物修复重金属污染土壤的影响，发现施加表面活性剂 SDS 后，雪里蕻中 Cd 质量浓度急剧升高，在 20mmol/L 达到最大值；对黑麦草添加 SDS 后，Cd 含量在细胞体内有显著增加，且在细胞体内有区室化作用和细胞壁沉积作用，增强了黑麦草对 Cd 的吸收和累积能力；利用 Triton X-100 和 SDS 辅助马齿苋吸收沉积物中的 Cu，发现加入表面活性剂后也能增加植株对 Cu 的吸收，且使 Cu 集中累积在植株根部。刘利军等对表面活性剂强化植物修复 DDT（双对氯苯基三氯乙烷）污染土壤进行了研究。实验选用了非离子表面活性剂 Tween-60（聚氧乙烯山梨醇酐单硬脂酸酯），其具有增溶性能优异、缓蚀率高、价格低廉、绿色环保、易生产等优点。结果表明，植物-表面活性剂-微生物共同作用下的 DDT 去除效果最好，土壤 DDT 去除率达到 52.44%，而且所选用的油菜不仅可有效去除土壤中残留的 DDT，同时只在地下部分对 DDT 进行了微量吸收，但没有进行转运，防止了农药在油菜可食部位的累积，保障了食品与生产安全。通过分析可知，土壤中 DDT 溶解度低，容易吸附于土壤颗粒以及有机质上，难以通过普通物理作用去除，在施加表面活性剂 Tween-60 及 DDT 降解菌等后，低水溶性的 DDT 在表面活性剂的增溶作用下，可快速实现从土壤向水层转化，生物可利用性提高，例如施加的降解菌可利用 DDT 作为营养来源，通过转化或代谢将 DDT 降解。植物的根系除了吸收部分 DDT 外，其根系分泌物可促进微生物的生长，保持土壤的生物活性和肥力，两者互利共生实现土壤中 DDT 的高效快速降解。

但不可忽略的是用人工合成的表面活性剂修复土壤后，在陆地土壤和栽培食品中会留下表面活性剂残留物，即使在低浓度下，表面活性剂也会显著改变土壤的物理、化学和生物学性质，甚至对富集植物有一定的毒害作用。为了避免在修复过程中产生二次污染，有学者开始选择可生物降解的表面活性剂联合植物进行土壤修复。例如，Xia 等利用茶皂素辅助甘蔗吸收土壤中的 Cd，发现添加 0.3% 的茶皂素后，甘蔗体内 Cd 含量有明显增加，其中根部增加了 96.9%，茎秆则增加了 156.0%，叶部增加了 30.1%。王吉秀等通过盆栽实验研究了 CTAB、鼠李糖脂、皂苷等不同离子类型的表面活性剂对小花南芥生长和富集重金属的影响，发现 3 种表面活性剂都能促进小花南芥各部位生物量增加，而且均有效促进了小花南芥对 Zn、Pb 的吸收。生物表面活性剂一般是指一定生长发育或繁殖过程中培养的植物或微生物所产生的、分子结构中同时含有疏水基和亲水基的、具有表面活性的分泌物。一般由缩氨酸或脂肪酸等构成的疏水性支链组成生物表面活性剂的疏水部分；由糖脂的多聚糖基或脂肪酸的羧基等构成生物表面活性剂的亲水部分。与其他表面活性剂相比，生物表面活性剂在环境条件有所改变时稳定性更高，对疏水性有机污染物的修复效率更高，对恶劣环境条件的适应性更强，对农田土壤中的植物和微生物毒害作用更小。

利用食用菌菌糠和生物表面活性剂联合强化植物修复多环芳烃污染土壤的实施案例介绍如下。

栽培各种食用菌后剩下的固体废物通常被称为菌糠，其除了含有菌体蛋白、相关酶、氨基酸等可以再利用的成分外，最为重要的是还含有包括漆酶、木质素过氧化物酶等在内的多种氧化还原酶物质，这些物质本身可以通过氧化还原反应降解环境中的有机污染物。食用菌菌糠中含有大量的有机质和氮、磷、钾、钙、镁、硫等多种营养元素，这些营养元素也是植物生长所必需的，可以为植物的生长提供有力的支持。同时，菌糠中的腐殖酸等有机胶体可增加土壤团粒结构，改善土壤特性以及疏松土壤增强透气性，这也为植物生长提供了良好的土壤环境，强化了植物对污染土壤的修复。

处理步骤：在多环芳烃含量为 8.87mg/kg 的土壤中采用穴播的方式种植紫花苜蓿，穴间距为 35cm，当植物成活后按照普通农作物的管理方法进行管理；待植物生长至株高 12cm 时，向每株植物根圈周围 20cm 左右的 5cm 深度土壤中施加杏鲍菇菌糠 10g，接着向土壤中施加 0.25L、0.5L、0.75L 和 1L 浓度为 4g/L 的鼠李糖脂发酵液，混合均匀后覆土 2cm 左右，培养 120d 后收获紫花苜蓿的植物体，晒干并转移到其他地方焚烧；采集土壤样品，并分析土壤中多环芳烃含量变化。

实验结果发现，不做任何处理的对照组降解率仅为 2.4%，单独植物修复处理的降解率为 13.1%，而种植植物和杏鲍菇菌糠联合作用处理的降解率提高到 21.5%，在此基础上添加不同量的鼠李糖脂发酵液的降解率分别达到了 32.8%、37.6%、36.95% 和 25.3%。因此，在杏鲍菇菌糠添加量为 10g 的基础上，同时添加作为生物表面活性剂的鼠李糖脂 1～2g 就可以达到强化植物修复的效果，修复效率最高可比植物单独修复提高 75%。

（三）复合淋洗剂＋生物联合修复技术

复合淋洗剂主要是指在土壤修复中复配使用前文中介绍的两种及两种以上的淋洗剂。复合淋洗技术根据淋洗方式可分为混合淋洗与分步淋洗，不同淋洗剂的复合淋洗可呈现协同效应、拮抗效应与独立效应三种复合作用。目前，复合淋洗研究多集中于复合淋洗剂的混合淋洗，主要包括螯合剂-无机盐、有机酸-无机酸、有机酸-有机酸等复合研究，结果表明不同种类的淋洗剂可优势互补，提高淋洗效率。例如，有机酸可以提供促进重金属溶解的酸性环境，将 0.08mol/L EDTA 与 0.4mol/L 柠檬酸按体积比 1:1 混合淋洗，对重金属 Cu、Pb 与 Zn 的去除率可达 93.0%、85.3% 与 99.0%，明显高于单一淋洗剂的淋洗效率。当 EDTA 和生物表面活性剂鼠李糖脂以 1.5:1 配比时，复合淋洗剂对重金属 Pb 与 Cd 的去除率达到最高，对污染稻田土壤中 Pb 的去除率可达 80% 以上，同时也发现不同淋洗剂浓度配比不当将导致协同作用向拮抗作用的转变。

氨基-β-环糊精与槐糖脂混合淋洗＋小蓬草联合修复铬渣遗留场地案例介绍如下。

供试土壤采自山东省济南市某铬渣遗留场地。土壤样品风干，拣出杂质，过 10 目筛后备用。土壤基本理化性质为 pH 值 7.9、有机质含量 32.7g/kg，土壤机械组成（质量分数）为沙粒 11.2%、壤粒 65.5% 和黏粒 23.3%。土壤中总铬、六价铬和三价铬的背景污染浓度分别为（2343.1±123.6）mg/kg、（1834.8±98.4）mg/kg 和（509.5±65.4）mg/kg。

淋洗前，先将污染土壤风干过筛，去除土壤中粒径较大的石块、植物根系等不易破碎的物质，再取粒径小于 2mm 的土壤颗粒倾倒入土壤多元异位淋洗修复设备中，之后加入相当于土壤 2 倍体积的混合淋洗液，其成分为 0.5g/L 氨基-β-环糊精与 1g/L 槐糖脂，溶剂为去离子水。接着，调节土壤多元异位淋洗修复设备的转速为 50r/min，开启加热器至（50±2）℃，持续 60min，同时开启功率为 200kHz 的超声发射仪，持续 20min。停止搅拌并静置，将淋洗修复设备内部中上层液体分离，而对下层土壤悬液体系通过板框压滤实现土水分离，完成淋洗环节的修复。

对淋洗后的单位质量（kg）土壤接种 25 颗小蓬草种子，同时在植物生长过程中，分别在第 1 天和第 45 天同时添加等同于土壤质量 5% 的营养缓冲液（由氮含量为 30.0g/L 的 NH_4NO_3 和磷含量 3.0g/L 的 K_2HPO_4/KH_2PO_4 组成），缓冲液 pH 值调控在 6.8±0.2，N/P 营养源质量比为 10∶1，自然条件下培养 90d，发现土壤环境微生物生态多样性指标 AWCD（平均颜色变化率）指数、Shannon-Weaver 指数和 Simpson 指数在修复后分别达到 3.8±0.1、3.7±0.2 和 1.9±0.3，均较原始污染土壤的对应指数（1.5±0.1、2.3±0.2 和 0.9±0.2）有显著升高（$p < 0.05$），说明联合修复技术施用后，土壤土著菌群环境微生物生态多样性和稳定性得到了显著恢复。

工作原理概括如下。①β-环糊精是直链淀粉在芽孢杆菌产生的葡萄糖基转移酶作用下生成的一系列环状低聚糖的总称，具有锥形的中空圆筒立体环状结构。氨基-β-环糊精是 β-环糊精的氨基化衍生物，具有外缘亲水、内腔疏水的特性以及较 β-环糊精更高的溶解度，可以更加有效地促进多种重金属从土壤固相向水相的解吸释放，并通过氨基官能团，在土壤水相中强化对重金属离子的亲和吸附与定向包裹。②槐糖脂是球拟酵母属（Torulopsis）和假丝酵母属（Candida）微生物在以十六烷烃为底物条件下代谢产生的一系列糖脂混合物的总称，主要由槐糖基团和羟基脂肪酸基团组成。一方面，由于槐糖脂可通过自身羟基脂肪酸基团，实现在淋洗体系中与土壤水相内重金属离子发生单一或交叉络合反应；另一方面，槐糖脂的胶束疏水内核分配作用也可以实现对土壤中有机结合态复合重金属的增溶，从而有效促进复合重金属污染物从土壤颗粒固相向水相的解吸释放，提高淋洗去除率。③联合采用氨基-β-环糊精与槐糖脂进行复配洗脱，可以发挥氨基-β-环糊精在复配淋洗体系中增溶、传递复合重金属离子的"桥梁"作用，促使槐糖脂成为多种重金属污染物吸附、络合包裹的"汇"，并同步实现高效去除重金属的目的，最终从整体上产生大于单一试剂对铬渣遗留场地土壤中复合重金属污染物的广谱性协同洗脱去除效果。④小蓬草具有强大的耐受土壤中多种复合重金属污染物的能力，同时生长周期短，生物量大，根系繁密，保水性好。⑤添加适量外源营养物质，调节 N/P 比例，更加有利于小蓬草根系分泌物的释放外排，可显著恢复由于前端强烈的物化洗脱技术对土壤结构以及微生物生态功能多样性和稳定性的破坏。⑥氨基-β-环糊精与槐糖脂都是环境友好型的生物淋洗剂，无生物毒性，淋洗过程结束后，残留在洗脱后土壤颗粒中的少量复配淋洗液可以被小蓬草根区微生物作为高效的碳源底物快速分解和同化利用，从而更好地促进小蓬草地上和地下部植株体的生长和代谢，有利于加速实现淋洗后土壤环境生态功能的恢复。

第二节 "电动力学＋"联合修复技术

电动力学修复一般是指在污染土壤中插入电极，并加上低压直流电，在低强度直流电的作用下形成电场，土壤中的污染物通过电迁移、电渗流和电泳作用向电极方向运动，然后处理富集在电极附近的污染物。单一电动力学修复最突出的缺点就是会引起土壤 pH 变化以及电极极化所带来的效率问题。通常情况下，电动力学修复时阳极的电解反应使得周边土壤溶液 pH 值下降，从而形成了酸性带，在电场的作用下酸性带逐步向阴极迁移，而阴极周边的电解会形成碱性带，二者的接触位置则会出现 pH 的突变以及重金属的沉淀聚集。在迁移过程中，土壤 pH 值下降虽有利于重金属的溶解，但当 pH 值低于土壤表面电荷零电位点时，土壤的 zeta 电位会下降至零电位，电渗流随之减弱，修复效果减弱，若增大电压则可能出现无用的热效应，使得能耗相对增加，修复成本也增大。同样，极化现象的存在也会使得电极使用寿命缩短、有效电流下降、能耗增加，严重制约电动力学修复方法的推广应用。针对以上问题，通常是向阴极区注入缓冲液（柠檬酸、乙酸、草酸等），以控制阴极附近 pH 值的变化，减少重金属沉淀物的生成。此外，在实际应用中还经常将电动力学修复和其他修复技术联合使用，例如将电动力学修复技术同生物修复、化学淋洗修复、可渗透反应墙等土壤修复技术相结合，利用两种甚至多种修复技术的优势互补，在土壤修复中可以促进污染物的降解，提高污染物的去除效率，减少污染物的后处理过程。

一、电动力学＋植物联合修复技术

植物修复技术虽然因成本较低、过程便捷、环境友好等优点而具有广阔的发展前景，但其修复周期太长且易受重金属生物有效性等环境因素的影响，导致修复效果有限。但在 20 世纪 90 年代，Lemstrom 发现大部分暴露于电场中的植物更绿且产量提高，由此拉开了研究电动力学与植物修复有机结合的序幕，学者们据此提出了在邻近植物根际受污染土壤中施加低强度电场，利用电动力辅助强化植物对污染土壤修复的方案。相关研究表明，在土壤污染修复过程中将超积累植物与直流电场联合作用，可改变重金属离子的形态，并可定向引导重金属离子向植物根部迁移，解决了单一植物修复中根际圈周边污染组分比例低且补充缓慢等限制因素，提高了植物修复效率。

从电极与土壤的接触细节来看，电动力辅助强化植物修复包括电极与污染土壤直接连接和在两者间引入电解液的间接连接两种形式。直接连接系统无法直接移除污染物，此时植物作为污染物提取和降解消除的主体，而电动力学修复通过提高植物有效养分和污染物生物有效态组分，达到强化重金属植物富集的目的。间接连接系统不仅可以达到直连系统效果，而且污染物也可以经迁移在电解液中富集，后续随电解液处理后从土壤中移除。

在众多影响因素中，电场类型对重金属迁移的方向起到决定性作用，电源类型大体上可分为三类，即直流电源、换向直流电源和交流电源。直流电源能对土壤水土介质中的离子产生方向恒定的推动力，改变重金属离子的分布，使植物根部附近重金属有效态含量增加，从而提高污染土壤的修复效率。但直流电源恒定的电场方向使得电极附近土壤中不断发生电化学氧化还原，造成阴极附近 pH 显著升高显碱性，阳极附近 pH 显著降低而显酸性。碱性带可促使重金属发生沉淀，抑制重金属离子的迁移，不利于其被超积累植物吸收累积，大大降低了重金属的去除效率，影响植物生长；酸性带虽有利于土壤重金属离子的溶解和迁移，提高其有效态含量，但也可能存在导致电位方向反转、减弱电渗析流、增加系统能耗等问题。交流电源由于电场方向时刻变化，不存在电极附近 pH 的剧烈变化，但对阴阳离子的定向推动力不明显。对比上述三类电源，换向直流电源通过控制电压梯度、作用时间与换向周期，能够在推动土壤重金属离子迁移释放和避免酸化等抑制效应之间达到平衡，是最适于电动力学辅助强化植物修复体系的电源类型。

不同的电极布置可形成不同方向的电场，从而改变重金属离子在电场作用下的迁移方向。一维水平电场布置方式简单，后续容易控制，但难以实现金属离子在土壤垂直方向上的迁移，可修复土壤的范围受限，无法解决深层土壤的污染问题；一维垂直电场使土壤中金属离子在垂直方向上进行迁移，能实现更深层的土壤修复，降低溶淋下渗风险，但垂直电场布置不便于种植植物，目前的研究较少。二维电场布置形式多样，也相对较为复杂，通过使用多个不同形式电极配置，以形成空间结构更复杂的电场，可形成不同方向的推动力并满足多种要求，可控制重金属离子迁移的轨迹，并能有效防止电动力学作用下重金属离子因溶解性组分增加而造成的易下渗问题，但目前研究还较少。

电压梯度能影响植物体内酶活性和光合作用，进而引起土壤理化性质改变并影响植物的生长代谢，在不同电压梯度下，土壤中的阴阳离子受到的电渗析、电迁移、电泳等作用强度差异显著。在较低强度电场条件下，电场刺激不够，无法发挥促进植物生长代谢和活化土壤重金属离子等作用。过高的电压梯度会因各类电化学氧化反应及衍生效应对植物生长产生明显的不利影响。因此，对于电压梯度的选择，需要综合权衡电动力学的重金属活化、定向迁移作用及植物抑制影响，在正负效应间找到平衡点，从而最大限度地发挥其优势作用。综合研究表明，体系电压梯度在 $0.5 \sim 4.0V/cm$ 较为合适。

电动力学辅助强化超积累植物修复重金属污染土壤的机理主要与电场影响植物生长及土壤理化性质有关，主要有以下几个方面。①电动力学可以通过不同维度和形式的电场布置，实现体系土壤重金属离子向根际表面迁移，解决植物根系可达性问题，使植物根部能接触到的有效重金属量增多，为植物全方位吸收富集重金属创造可能。但应根据土壤条件控制适宜的电压梯度，确保重金属离子迁移速度与植物根系吸收消耗速率间的平衡。②超积累植物的超量提取将电动力学迁移富集至植物根际的溶解性重金属吸收富集于植物组织内，使重金属得以从土壤中提取清除，而并不只是使土壤重金属的空间分布发生变化。③电动力学作用可以改变土壤团聚体、胶体颗粒的表面双电层结构及组成结构，进而改变土壤重金属的形态特征，促进重金属解离及迁移转化。④适宜强度的电场会增加必需养分的生物有效态比例（如有效氮磷），也可能改变植物体内的酶活性、根毛细胞膜电位（植物细胞内外电势差）和其他代谢过程，从而对植物生长产生促进作用，增加植物的生物量。⑤电场刺激可能改变植物根系及根际微生物的代谢分泌特征，尤其是固定或活化重金属离子的有机酸类物质，通过改变土壤颗粒重金属吸附/解吸平衡，促进重金属离子溶解，增加植物有效态含量，改善分布特征和植物的吸收富集条件。

电动＋乳浆大戟修复汞污染土壤案例介绍如下。

将石墨电极片和导电电毡以平行于土层的方向预埋于土层下，石墨电极片距离地面300cm，导电电毡距离地面50cm；滴灌管以平行于土层的方向预埋于石墨电极和导电电毡之间，垂直截面上布置3～9根；称取碘化钾溶于水中，配制0.5mol/L碘化钾溶液，将碘化钾溶液通过滴灌管输入汞污染土层土壤中，土壤含水率控制为40%；在土壤表面移栽乳浆大戟株苗，苗株长约25cm；石墨电极片连接直流电源阴极，导电电毡连接直流电源阳极，接通直流电源（图10-6）。4个月后收割植物地上部，实现汞污染土壤中汞的去除，通过直流电源设置的电压梯度控制在1V/cm。此方案可实现耕底层土壤中最高90%的汞去除率。

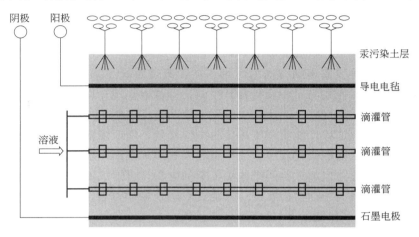

图 10-6　电极布置示意图

（黄涛等，利用电动修复耦合植物萃取技术去除底层汞污染土壤中汞的方法，2020）

此案例中，渗入土壤孔隙液中的碘化钾与单质汞反应，生成碘化汞络合阴离子，不仅可以有效降低其对萃取植物的生物毒性，而且在电渗流和电迁移作用下，土壤里的溶解态汞阴离子可向地表的阳极方向迁移，并最终富集在导电电毡附近的土壤孔隙液中。在浓度差驱动的扩散作用下，溶解态的汞阴离子穿过导电电毡，向土壤地面方向进一步迁移到达乳浆大戟根际作用区域。在根际微生物作用及毛细管迁移作用下，汞离子持续地被转移、富集在乳浆大戟根部的生物组织内，从而实现耕底层土壤中汞的去除。同时，该植物的富集也有效解决了传统电动修复电极区域污染过度富集而造成的浓度极化问题，而且导电电毡（阳极）可通过电感效应激发乳浆大戟苗株根系向电毡方向延伸，从而促进根系生长，扩大根际作用区域，缩短汞阴离子迁移距离。此外，电极处产生的氢气和氧气可蓄压破土，起到翻土的作用，从而提高耕地土壤的通透性和含氧肥沃力。

二、电动力学＋微生物联合修复技术

在利用微生物修复土壤中重金属的研究中，研究人员一般认为土壤中某些微生物的代谢能释放有机酸，使重金属在孔隙水的作用下迁移出土壤，同时改变土壤pH值来提高土壤中重金属的生物可利用性。然而，微生物降解重金属的能力有限，对环境变化敏感，存在细胞死亡及耐受性等问题，而在联合修复中，电动力技术带来的氧气释放可改善微生物培养的通风条件，增强微生物生存能力。对于有机物的降解来说，电动修复也可有效促进有机污染物的解吸、转移，强化微生物的生物活性，从而增强微生物对有机污染物的降解，特别是可以提高碳数高、结构稳定、水溶性低、难生物降解的有机污染物的降解效率。许多研究表明，利用电流热效应和电极反应可为微生物转化过程提供适宜的温度、pH 和氧化还原条件，最终将污染物降解。此外，电化学氧化在土壤中所诱导的氧化还原反应同样也是去除一些强疏水性有机污染物的重要途径。

Choi 等研究了电动＋硝酸盐还原菌联合修复技术对硝酸盐污染土壤修复的影响，结果发现由于硝酸盐还原菌通过有机降解提供电子，增强了 NO_3^- 的还原过程，同时因为电场中细菌的电渗作用，电动和微生物联合修复降低了土壤中的硝酸盐含量，整个土壤中的硝酸盐浓度几乎为零，而传统电动处理中土壤阳极区的硝酸盐浓度要高于阴极区。

然而，电动修复会在一定程度上改变土壤的性质，包括土壤 pH 值、水分和微生物生物量等，特别是高强度的恒定电场会抑制细菌生长甚至导致细菌死亡，电极附近土壤的微生物群落结构也会受到很大影响。因此很多学者在研究电动＋微生物修复污染土壤时，选择对电极进行周期性转换。极性交换可以防止土壤性质的变化，使土壤 pH 值保持中性，促进微生物的生长和代谢活动，减少电动过程对土壤微生物的影响。例如，张灿灿等对某污染土壤中的多环芳烃（PAHs）进行工程水平的电动＋微生物联合修复实验，随着降解过程的进行，土壤呈弱酸性，对电极进行周期性切换，不仅能改善微生物的代谢条件，从而使微生物保持活性，还能加快 PAHs 的氧化进程，以增强 PAHs 的生物可利用性。

周期切换电场＋降解菌修复石油污染土壤案例介绍如下。

选取的污染土壤取自辽河油田附近的农田土壤，土样按照常规预处理方法先去除石块、植物根系等杂物，再经过破碎过 1cm 筛，石油取自辽河油田某环保公司物化处理后的油泥。供试菌株为沈阳应用生态研究所环境工程实验室从辽河油田污染土壤中筛选出的高效降解菌，其中包括球形节杆菌（*Arthrobacter globiformis*）、木棍状杆菌（*Clavibacter xyli*）、萎蔫短小杆菌（*Curtobacterium flaccumfaciens*）、枯草芽孢杆菌（*Bacillus subtilis*）、铜绿假单胞菌（*Pseudomonas aeruginosa*）和球形芽孢杆菌（*Bacillus sphaericus*）。

电极的布置方式采用 400cm×400cm 的矩阵形式，任意相邻两电极距离为 50cm，交流电经过整流器转换，提供持续的直流电，调整电压大小使电压梯度为 1V/cm，对电极的极性进行 5min 一次的周期切换。

结果显示，在修复 20d 后，电动＋微生物处理组石油去除率达到 22.65%，土壤中的降解菌数量也由初始的 $3.1×10^5$ CFU/mL 增长到最大值为 $2.3×10^9$ CFU/mL；在经过 60d 的电动＋微生物联合修复后，处理组石油去除率达到 33.42%，是对照组的 2.4 倍。在对土壤中的营养物质进行检测后，发现有效氮是初始时土壤中的 1.3 倍，而有效磷增加 0.6 倍，有效钾增加 1.2 倍，这表明电场作用有利于有效氮、有效磷和有效钾含量的增加，可以为石油降解菌提供必要的营养物，因而有利于石油污染物的去除。以上修复效果具体分析可能有两个原因。首先，电场作用和微生物作用使土壤中的有机氮在电场作用下水解转化成为简单的有机氮或无机氮，从而增加了有效氮含量，同时，石油降解菌的新陈代谢也有利于土壤中有机氮的活化。其次，电场作用可以加速营养物的流动，增强降解菌与营养物的传质，同时产生降解菌生长所需的氧气，从而提高降解菌的活性和生长速度。特别是周期性的电极极性切换，建立一个在场强上完全对称的电场，保持大部分土壤接近中性环境条件，同时一部分电能转化成焦耳热，这些因素都有利于保护土壤微生物的多样性，而且可以增加微生物数量。

三、电动力学＋可渗透反应墙联合修复技术

单一的电动力学修复不可避免存在一些问题，例如会产生聚焦现象、场地修复均匀性差、对电极的腐蚀耐受能力有要求、需采用辅助手段增强目标重金属离子迁移能力等，而且单一使用电动技术修复含有 Cu、Cr、Pb、PAHs、菲、芘等污染物的土壤效率并不高。为此，研究人员在电动力修复的基础上引入了可渗透反应墙技术（permeable reactive barrier），该技术是由美国环保局在 1982 年首先提出的一种原位修复技术。可渗透反应墙一般垂直安装在地下蓄水层中，待重金属迁移到该处时与可渗透反应墙内的活性反应介质发生吸附、沉淀、降解等物理、化学、生物变化，然后移除可渗透反应墙，进而达到修复土壤和地下水的目的。其对被污染土壤的修复周期和效果由所选择的填充材料决定，根据反应机理不同，可以将可渗透反应墙填充材料分为三类。①吸附剂，如活性炭、铁铝氧石、磁铁矿、泥炭、褐煤、沸石等，主要是通过这些反应介质的物理化学吸附、络合反应和离子交换作用将污染物吸附于吸附剂表面，从而可以阻止污染物进一步扩散，达到稳定固定土壤污染物的目的。②沉淀剂，如石灰、石灰石、磷酸盐等，利用这些反应介质与污染物中的重金属离子发生化学反应，产生难溶或不溶沉淀，以达到去除污染场地重金属离子的修复效果。③还原剂，是通过还原金属的还原反应，将污染因子从高价态还原到低价态并进一步形成沉淀或气体，达到固化或气化污染物的目的。其中，价格低廉、来源广泛的零价铁（Fe^0）是采用较多的可渗透反应墙材料，主要是因为化学性质活泼的零价铁会与土壤中的污染物起作用，一般认为首先是零价铁的电子转移到碱金属氯化物上，然后零价铁在水中氧化为 Fe^{2+}，Fe^{2+} 在水中进一步氧化为 Fe^{3+}，其间产生的氢离子与氯化污染物发生反应。电动力学与可渗透反应墙技术联用的基本原理是通过电动力技术使毒性较高的重金属或者有机污染物向电极两端移动，使污染物与可渗透反应墙内的填充材料充分发生反应，通过吸附降解或者形成沉淀等达到去除或降低毒性的目的（图 10-7）。

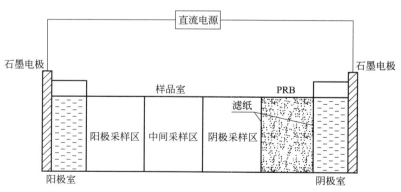

图 10-7　电动力学＋可渗透反应墙联合修复模拟装置示意图
（周书葵等，电动力联合可渗透反应墙修复铀污染土壤试验研究，2020）

目前，利用电动力学与可渗透反应墙技术对重金属类污染土壤的修复主要集中在对砷、镉污染土壤的修复，特别是对砷污染土壤的修复效果比较明显。纪冬丽所在团队选择使用零价铁填充材料研究电动力学与可渗透反应墙联合修复砷污染土壤的影响因素及机理，并使用扫描电镜对修复过程中零价铁的微观结构变化进行了观察。研究发现，反应前零价铁表面呈

深灰色，且表面较均匀、平滑，几乎没有片状、针状晶体的存在；而反应后零价铁表面形态有了明显变化，深灰色表面覆盖了一层白色颗粒的沉淀物或络合物，且颗粒之间存在部分孔洞，同时也出现了之前没有的线状晶体。由于电场作用可以加剧零价铁的腐蚀程度和速度，并生成多种形态的铁氧化物，如针铁矿（α-FeOOH）、赤铁矿（α-Fe_2O_3）、纤铁矿（γ-FeOOH）等，这些铁氧化物具有相对稳定的化学性质和比较大的比表面积，可通过共沉淀作用吸附或以离子交换的方式通过表面羟基专性吸附砷元素。但当电解的氧化物层厚度增至一定程度时，会阻碍电子在内部的进一步传递，从而保护零价铁核不被腐蚀而继续保持高活性，即零价铁的可渗透反应墙可以持续、高效地去除污染物。最终的实验结果表明，单独电动力修复对土壤中砷的去除效率较低，加入零价铁的可渗透反应墙后可以将土壤中的砷由不容易去除的可还原态转变成较容易去除的酸溶态，其去除率由42％增至57％，而且在电动力系统中加入可渗透反应墙后，系统以可渗透反应墙对砷的去除为主，去除作用占84％～96％。另外，采用盐酸调节阴极电极液 pH 可以将砷的去除率提高至63％，但同时能耗也明显升高。

在利用电动力学与可渗透反应墙联合修复技术对土壤中非金属污染物的去除修复中，非金属污染物主要集中在硝酸盐以及三氯乙烯（TCE）、四氯乙烯（PCE）、4-氯酚、三氯苯酚、四氯乙烷等含氯有机物。例如，孙玉超使用电动力学与可渗透反应墙联合修复技术，以混有石英砂的零价铁和活性炭（Fe/C）作为可渗透反应墙填料，对多环芳烃中的菲（PHE）和2,4,6-三氯苯酚（TCP）通过铁-炭微电解机理降解污染物的过程进行了研究。考虑到土壤中的有机污染物在电场作用下随着电渗流向阴极进行定向迁移，因此将可渗透反应墙安装在阴极区域对污染物进行拦截降解。研究发现，当 Fe/C 质量比为6：1、pH 为4时，铁-炭微电解发挥出最佳效果，PHE 和 TCP 的降解率分别高达84％和90％。土壤中有机污染物的去除率同电压梯度和修复周期成正比，考虑应用经济性，实验表明电压梯度为1V/cm、修复周期为15d 是最适合的条件。

电动力学与可渗透反应墙联合修复技术对低渗透性土壤修复效果明显，经济效益高，二次污染少，应用范围广，在污染土壤原位修复方面有广阔的应用前景。但是该技术处理时间较长，同时由于电动修复过程中极化效应（电极反应引起 pH 剧烈变化以及由此导致的土壤中重金属过早沉淀问题）和对阳极电极材料腐蚀严重，在修复过程中需要额外加入缓冲液或者增强剂（增溶剂、螯合剂等）来增强修复效果，且在修复进行一定时间后需要更换可渗透反应墙内部的填充材料。电动力学＋离子交换膜联合修复技术作为一种增强技术，可以改善在长时间电动修复过程中的极化效应。例如，在阴极附近另加一层阳离子交换膜，可将阴极产生的 OH^- 与待处理的污染土壤分隔开，从而抑制其向土壤中的扩散，避免与 H^+ 的相聚而产生电聚焦现象；可以使处理区土壤保持酸性，加速污染物从土壤颗粒表面析出以及在电场中的迁移；阴极溶液则保持较强碱性，能与重金属离子形成沉淀而滤除，滤液再修复后则可以重新用于中和酸性土壤，保持修复土壤正常的理化性质。

图10-8是一种电动力学与可渗透反应墙技术在异位修复土壤中的应用设备。使用过程为，污染土壤通过进料口进入存在电场的反应仓中，并依靠传动轮的带动在可渗透反应带上持续前行，土壤中的重金属离子在电场的作用下不断向可渗透反应带移动并被吸附去除。可渗透反应带内填充物为按照5：3：2的比例均匀混合的纳米铁粉、活性炭和石英砂，反应带具有形变能力，可通过传动模块完成特殊运行形状轨迹（粗黑色线条所示），其组成类环形

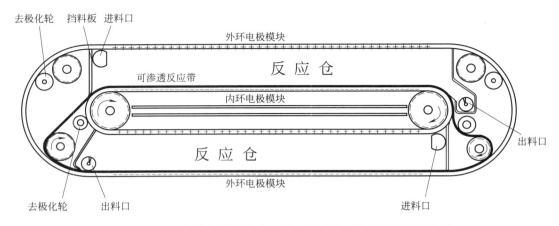

图 10-8　双环同步循环型电动-可渗透反应墙土壤修复设备示意图
(蔡永辉，一种双环同步循环型电动-可渗透反应墙土壤修复设备，2019)

的直线段分别铺设在外环电极模块内环下部，以及内环电极模块外环上部，其作用是吸附在电场作用下从污染土壤中转移出来的重金属。该装置采用突破常规的设计方式，将污染土壤布置在两个平直段的空间内，通过传送带的移动实现电动＋可渗透反应墙同步修复工作，避免了常规方案中使用多个单电极排列处理土壤所引发的因土壤的密度、含水率及土壤成分不均匀而导致的电场分布不均匀，从而避免了其导致的土壤修复无法正常工作的缺陷；同时也避免了常规固定电极无法有效地去除电解反应后电极表面极化层的问题，而且该设备添加了实时去极化装置，可在土壤修复的同时进行电极板极化层的去除工作，保证土壤修复的可靠性和持久性。

四、电动力学＋螯合剂联合修复技术

在之前章节的介绍中，电动力学技术可以同时去除土壤中的多种重金属污染物，但对于铅这类迁移性较差的重金属去除效果却不理想，同时在靠近阴极区域会因为 pH 较高而出现对重金属沉淀不利的情况，而在阴极液中引入螯合剂后，螯合剂可在相当宽的 pH 范围内和大多数金属离子形成稳定的络合物，从而提高土壤中重金属污染物的迁移性，并能减少靠近阴极区域土壤中的重金属沉淀现象。例如，有研究表明将 EDTA 加入阴极液中，在电动力作用下，EDTA 阴离子可以与土壤溶液体系中的 Pb^{2+} 生成稳定且可溶的配合物，通过电迁移达到去除的目的；也有研究选择使用酒石酸和果酸这类生物可降解螯合剂作为增强试剂辅助电动修复镉污染的土壤，从而避免带来二次污染。但也有研究表明，向土壤中加入螯合剂 EDDS 强化电动修复去除土壤中铅和镉时，发现 EDDS 确实也能提高土壤中可交换态铅的比例，提高铅去除率，但是带负电的 Cd-EDDS 与 Cd^{2+} 的移动方向相反，会致使大量的 Cd 积累在电极中间的土壤部位，并不能有效地去除土壤中的镉。所以，电动力学＋螯合剂联合修复污染土壤技术比单一电动力学修复具有效率高、修复彻底的优点，但是在实际应用过程中要根据特定的土壤环境、重金属的种类以及浓度等严格选择螯合剂的种类并控制其使用条件，特别是在农用地使用该方法时，要注意螯合剂自身的生物毒性，常用的螯合剂 EDDS、EDTA 都会在一定程度上产生残留，导致作物减产，甚至对作物产生较高的毒性，导致作物大量死亡。

原位电动＋螯合剂修复 As、Cu、Pb 污染稻田土壤的案例介绍如下。

电极布置方案如图 10-9 所示。电极以六边形结构安装，其中阳极位于六边形的中心，六个阴极安装在六边形的顶点，阳极-阴极和阴极-阴极的电极间距为 2m。阳极总数为 24 个，阴极总数为 48 个。电极系统的细节如图 10-10 所示，该系统由聚氯乙烯（PVC）外壳和铁电极组成。为了防止电解液的快速泄漏，PVC 套管被 Gore-Tex 滤布包裹，电极套管被串联到另一个系统上，用于电解液的循环，施加恒定电压 100V。每种类型的电压梯度为 0.5V/cm。电解液罐一个连接阳极系统，另一个连接阴极系统。另外，为了防止电解液从电解槽溢出，每个电解槽都配有一个水位传感器，并通过水力梯度进行循环。在前 11 周，只使用自来水作为阳极液和阴极液，然后 EDTA 作为阴极电解质净化溶液循环使用。安装了 4 台温度计来监测 50cm 深度土壤温度的变化。在整个实验区域设置 10 个土壤样品取样点，每个取样点设置 4 个不同深度的采样层，且每层相距 40cm。实验期间共采样 3 次，采样时间分别为 10 周（第一次采样）、15 周（第二次采样）和 24 周（第三次采样）。在每一次采样中，从尽可能靠近前一个采样点的地方取土壤样品，以观察土壤样品的浓度变化，尽量减小土壤样品的异质性。对电解液池中的电流、pH 值和土壤温度进行连续监测。此外，还建造了乙烯基温室，以保护电动修复过程系统不受外部天气因素的影响。

修复田间尺度（长 12.2m、深 1.6m、宽 17.0m）的 As-Cu-Pb 复合污染稻田土壤时，为防止阳极附近土壤在电动修复过程中出现严重酸化，采用了 Fe 电极，电解液选择 0.01mol/L 的 EDTA，用于增强 Cu、Pb 的提取。电动修复 24 周后，稻田土壤中 As、Cu、Pb 的去除率分别为 44.4%、40.3%、46.6%。分析表明，As 与无定形的 Fe、Al 氧化物形成了一种特异的结合，而 Cu、Pb 被 EDTA 络合形成带负电的配合物，在电场作用下被运送到阳极而去除。相比于前期的小规模电动修复，此次扩大规模的田间尺度电动修复能耗非常低，证明了原位电动修复技术可以实际推广应用于修复受多种金属污染的稻田土壤。

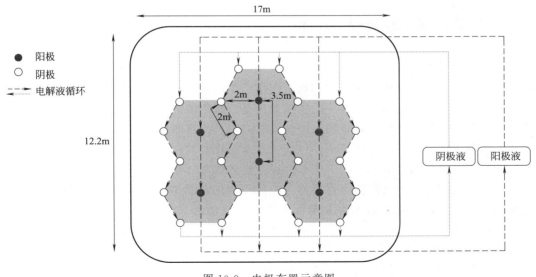

图 10-9　电极布置示意图

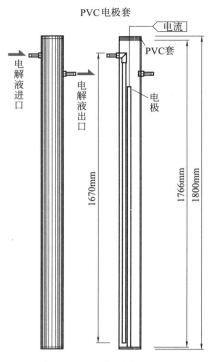

图 10-10　电极系统原理图

（Jeon E K et al. In situ electrokinetic remediation of As-，Cu-，and Pb-contaminated paddy
soil using hexagonal electrode configuration：A full scale study，2015）

第三节　其他联合修复技术

一、超声波强化联合修复技术

在土壤修复技术的应用中，超声波一般只作为一种辅助手段来加速化学氧化过程，其净化机理主要是利用超声波的空化作用和机械作用产生的机械效应、热效应和化学效应对污染物进行物理解吸、沉淀和氧化。其中的机械效应是指超声波的辐射压和强声微流，可加快土壤颗粒的扩散、摩擦和碰撞，使土壤在极短的时间内产生高频振动和裂解，从而将土壤团聚体细化、微粒化。这样的强物理作用，可促进重金属化合物在土壤上的解吸，从而进入反应体系的溶剂中，便于后续处理工序的进行，提高整体修复效率。而热效应则发生在超声波产生的空化气泡内部，局部的高温可直接使有机污染物的化学键断裂或者使有机物发生裂解，成为简单的小分子化合物，这主要是易挥发的、疏水性的、非极性的有机污染物的降解途径。同时，由于空化气泡内部存在高压高温的环境，会产生具有强氧化能力的·OH、HO_2·等自由基以及 H_2O_2。这些具有高氧化活性的自由基和强氧化剂可以将溶液中的高分子有机污染物氧化降解成简单的、环境友好的小分子脂肪酸类化合物或者最终氧化生成二氧化碳和水。一般而言，难挥发的、亲水性的、极性的有机污染物的降解途径大多为在空化气泡气液膜界面区或常压常温的溶液体相区发生自由基氧化反应。

Flores等利用超声波强化芬顿试剂对甲苯和二甲苯污染土壤的修复进行了研究，结果表明整个反应在室温下就可以将有机物完全氧化成CO和CO_2，而且实施时间短。一般认为有机污染物溶解在溶剂中后才会发生氧化过程，而使用超声波一方面可以显著加快这一限速过程，另一方面在后续的氧化过程中可促进·OH的形成，提升修复效力。李华鹏也发现超声波可使刚刚被解吸下来的低价铬转化为六价铬，提高其活性指数，便于滤除。另外，由于更多的强氧化性自由基能够渗透土壤颗粒深层，将难迁移的低价铬转化成易迁移的高价铬，在超声高速微射流的冲洗作用下高价铬被冲刷下来，进入溶液中，从而便于除去。与超声波类似，在利用微波强化H_2O_2氧化联合修复铬污染实验中，在加入氧化剂的条件下，以微波辅助，体系温度明显上升，其低价铬向六价铬的转化率明显提高。一方面，在加入氧化剂后，由于土样含水率变高，吸波能力强，反应体系因在较短时间内获得巨大能量而迅速升温，提高了微观粒子的平均动能，使得微观粒子相互间碰撞频率提高，从而提高了化学反应速率；另一方面，由于过氧化氢在不同温度下的分解速率不同，因而分解产生的O_2和·OH的量也不同，从而对低价铬的转化率产生影响。在微波辐照下，体系的温度上升，过氧化氢的分解速率也提高，使得整个体系的氧化反应加剧，从而促进了低价铬的转化。

郑雪玲等将超声强化电动力学修复技术用于土壤中Cu的去除，结果表明超声波可以强化铜污染土壤的电动修复效果，提高Cu^{2+}的迁移和富集效率，其中阴极附近的Cu^{2+}富集质量比未施加超声波时提高了43%。Chung等将电动超声耦合技术用于土壤中Cd和烃类的去除，结果表明土壤中的重金属和烃类物质都得到有效去除。侯素霞等研究发现，超声波强化后能显著提高电动-膨润土吸附修复装置对镉的去除率，在电压强度为1V/cm、超声波装置功率为100W条件下，镉的去除率能达到84.8%，比不施加超声波强化时镉的去除率提高了15.3个百分点，并在一定程度上节约了能耗。超声波强化电动联合修复技术不使用有机酸等化学淋洗剂，基本保持原有土壤环境，是一种对环境友好的原位土壤重金属去除技术。

二、钝化剂＋生物联合修复技术

钝化修复技术是指向土壤中加入一定量的钝化剂，经机械混合后与土壤中的重金属通过吸附、沉淀和氧化还原等一系列的物理化学反应降低重金属的生物有效性与可迁移性，达到修复目的。常见的钝化剂主要包括石灰、粉煤灰、海泡石、沸石等黏土矿物材料以及过磷酸钙、磷矿粉、钙镁磷肥等磷酸盐类材料，还包括一部分金属氧化物材料。钝化修复一般应用在中低度重金属污染的农田土壤中，目的是降低对作物的毒害以及防止有毒重金属进入食物链而对人类造成危害。宋肖琴等就探究了不同种类钝化剂对水稻田Cd污染的修复效果，结果发现石灰、生物炭与钙镁磷肥钝化Cd的能力较强，特别是石灰处理的水稻籽粒中Cd含量下降幅度最大，为41.3%，而且能促进水稻增产达16.2%。熊力等也以受镉和砷严重污染的土壤为研究对象，发现1%的化学钝化添加量和微生物联合处理组使水稻糙米中Cd和As的含量较空白对照组分别降低了46%和29%，这也表明化学钝化剂的加入在一定程度上提高了微生物修复能力。

目前研发及应用较多的钝化剂主要为生物炭和腐殖酸类材料。其中，腐殖酸是广泛存在于土壤、泥炭、煤和水域中结构复杂的一类天然高分子物质，是动植物残体通过微生物的分解、缩合而成的一类高分子聚合物，主要包括胡敏酸、草木樨酸、富里酸等。腐殖酸含有多种功能基团，分子结构较为复杂，具有弱酸性、吸附性、络合性、离子交换性、氧化还原性及生理活性等，因而能与环境中的许多物质发生相互作用，例如氧化物、矿物质、金属离子、有机质、有毒活性污染物等（图10-11）。近年来的研究表明，腐殖酸还可以促进植物的生长发育以及吸附土壤中的污染物。例如，闫双堆等研究发现不同供试腐殖酸物质可以显著增加土壤中有机结合态汞和残留在土壤中汞的含量，从而有效降低土壤汞的生物有效性。结果表明，相比于对照组，添加腐殖酸钠和提纯后的土壤腐殖酸处理的油菜对土壤中汞的吸收量分别降低了73.62％、63.39％。

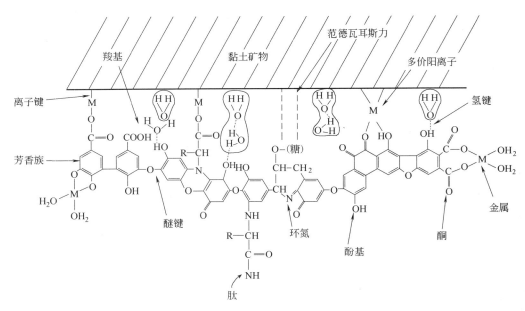

图10-11　黏土表面腐殖质与金属结合模型

(闫双堆等，不同腐殖酸物质对土壤中汞的固定作用及植物吸收的影响，2007)

　　生物炭是生物质在限氧热解条件下产生的一类含碳量丰富的黑色蓬松状炭化物质，生物质炭化后具有较大的孔隙度和比表面积，具有高度芳香化的结构，含有大量酚羟基、羧基和羰基，这些基本性质使生物炭对重金属具备了良好的吸附特性及稳定性。同时，生物炭较高的pH值和阳离子交换量也增加了土壤对于重金属的静电吸附量，施用生物炭能有效减少土壤中可交换态重金属的含量，降低土壤中重金属的生物可利用性和迁移能力（图10-12）。郑存住在研究中发现，生物炭分别和高羊茅、草地早熟禾联合对土壤中重金属的修复效果均具有强化作用，结果显示，生物炭和高羊茅联合修复对土壤Cd、As、Pb、Cr、Cu和Zn的去除率分别达到52.45％、44.65％、27.45％、23.98％、28.17％和31.47％；生物炭和草地早熟禾联合修复对上述重金属的去除率分别为44.07％、30.61％、22.27％、15.16％、22.48％和27.21％。另外，张轩等探究了污泥生物炭对菌株的固定作用。微生物在与之相适应的生物炭的保护下，能在土壤中缓慢释放，可有效提高其在植物体内和根际的存活及定植能力，促进富集植物的生长并提高植物生物量，进而促进植株对土壤中重金属的吸收。生物炭和微生物还可以形成协同作用，污泥生物炭本身可以固定土壤中重金属，能在有效降低土壤重金属生物毒性的同时去除土壤中的重金属存量，同时促进植物萃取，促进地上部分转运更多的重金属至修复植物部分以便于回收。与生物的联合应用中，生物炭可为植物抗逆提供磷、钾等微量营养元素，也为微生物缓释和发育提供了平台和载体，对土壤重金属的赋存形态起到了固定化的作用，联合修复明显降低了土壤重金属含量。

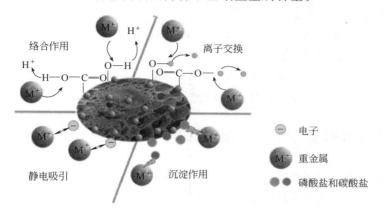

图 10-12　生物炭钝化重金属机理示意图

(郑存住，重金属复合污染土壤生物炭和草本植物联合修复技术研究，2018)

然而，目前的实验大多数未重视生物炭对土壤环境的长期影响，其对土壤重金属的作用仅仅是使重金属的生物有效性及迁移率降低或将重金属吸附到生物炭上，重金属依然存在于土壤环境中，仍然有重新释放出来的可能。因此，其对重金属的固定作用是否长期稳定，生物炭施加老化一定时间后的吸附效果以及环境风险都需要进一步的实验研究。

黄康所在研究团队利用秸秆为生物质原材料，在严格控制热解温度及氛围的条件下，通过热解过程制备出一批高品质高吸附性改性生物炭钝化剂材料，对广西阳朔污染土地进行了生物炭原位钝化修复重金属污染农田的技术集成和示范。

实验的还田率分别设置为 5%、2% 和 0.5%，同时设置对照组，根据耕作平均厚度 0.16m 和土壤容重 $1.5 \times 10^3 kg/m^3$，生物炭施加量分别为 800kg/亩、3200kg/亩和 8000kg/亩，对照组无生物炭施加。

生物炭的还田方案为先初步将生物炭粉末按照对应比例均匀施撒到相应处理区表面，后通过旋耕机器的旋耕作用使得生物炭与表层耕作层土充分均匀混合，以增加生物炭钝化剂与土壤的接触面积，达到提升有效态重金属钝化效率的目的。在这个过程中旋耕机同时完成所选作物甜高粱和油葵的播种过程，通过机械自动化播种使得播种密度平均，作物生长均匀，从而使得作物体内重金属富集含量具有代表性。

通过观察植物的生长情况，发现对照组发芽率低且幼苗参差不齐，但随着生物炭施加量的增加而逐渐好转，且发黄卷曲的叶片在 5% 施加量下也变得较为平滑。根据重金属的毒性机理，土壤中过量的 Pb、Cd 等可导致叶绿素 a/b 值发生变化，叶绿素含量降低，从而使光合作用受到抑制，影响植株正常生长，植株生长状态的好转表明土壤中施加的生物炭已经降低了土壤重金属 Pb、Cd 等对植株的毒性。同时生物炭作为一种土壤改良剂，可以显著改善土壤的一系列理化性质，例如调节土壤 pH 和提升土壤孔隙度等，使得土壤环境更适合植株的生长。

对作物中金属含量的检测结果显示，5% 生物炭还田率的处理组降低作物重金属富集的效果最显著，两组植株中的重金属富集量均低于对照组的 50%，表明生物炭能够对重金属产生有效的固定，使重金属的迁移能力有较大程度的降低，从而降低了在植物中的富集。对土壤中金属含量的检测显示，5%的生物炭还田率对 Pb、Cd 的有效态去除率均达到了 50% 左右的水平，并已经接近饱和。这也验证了生物炭可对有效态重金属产生钝化效果，而这种钝化效果主要取决于两个方面：第一是生物炭由于其多孔特性，具有较大的孔隙度与比表面积，从而具有较大的重金属承载量及吸附力；第二是由于生物炭丰富的表面官能团种类与含量，对重金属具有表面配合、共沉淀、内部配合、离子交换、电性吸附等作用，从而对土壤中有效态重金属产生初步的固定作用，而后吸附了重金属的生物炭还会在土壤中发生凝聚沉降等作用，进一步使得重金属迁移性降低，强化了钝化效果。

三、联合三种修复技术的实验及应用

在土壤污染类型中有一类是石油烃的污染，随着石油不间断地被人类开发和利用，因石油泄漏之后扩散污染土壤的事故时有发生，大量的石油烃进入土壤后会对自然环境以及人类的健康产生一系列不利的影响。由于石油烃包含着复杂有机混合物，这些物质还有着不同的理化性质，有着难以一次性彻底去除的特点，因此，石油污染土壤修复的实用技术迄今为止仍然存在着许多问题，一些关键性的技术问题亟待解决。现在一般认为生物修复技术操作简便且经济性良好，二次污染可能性也比较低，在对时效性没有严格要求的场合中微生物的降解也比较彻底。包红旭等提出了一种利用植物-微生物-生物表面活性剂联合修复石油污染土壤的方法，该方法主要是利用生物降解方法来对石油污染土壤进行修复，并且通过环境因素的最优化来加速自然降解速率，最终让污染土壤恢复其自然生态状态。该方案中的植物选取的是狗牙根，其生命力强，繁殖蔓延迅速，可自播，适应粗放型种植和管理，成本低，是供试植物中最具修复石油污染能力的植物。微生物选取了四种：革兰氏阳性杆状细菌，其产生的脂肽类表面活性剂可以降解石油的芳烃、烷烃和沥青质组分以及极性有机硫化合物和有机氯化合物；荧光假单胞菌，其产生的鼠李糖脂表面活性剂可影响原油的物理化学性质，其自身的生长过程也可以分解少量石油；粪链球菌，其能产生胞外蛋白，可在体外分解多环芳烃；热带假丝酵母，其能够利用正烷烃作为单一碳源快速生长，产生的菌丝可以自由地移动，能与土壤接触更充分，从而提高对石油烃类物质的降解能力。研究表明，当需要处理由链烃、环烷烃和芳香烃等混合物组成的石油污染的土壤时，单一微生物往往不会有很强的处理效果。进一步发现降解石油烃类化合物的效率同微生物群落的种属类型和数量有关，因此一般将具有降解能力的各个微生物菌株采取随机组合的方法来形成彼此协同的同生菌群来处理石油污染土壤。生物表面活性剂选用的则是鼠李糖脂。作为一类常见且非常重要的生物表面活性剂，鼠李糖脂除了具有毒性小、易于生物降解的特点外，还同样拥有和普通表面活性剂一致的乳化、增溶、降低表/界面张力等功能。这些性质促进了污染物向土壤介质的分散和流动，加速了污染物向降解菌株的传质和吸附，改善了微生物细胞攫取或者贴合污染源的能力，进而影响了微生物摄取污染物的模式，提高石油污染物的生物可利用性。

实验选取丹东某炼油厂地块，具体实施步骤如下。①将培养后的菌落数均大于 10^{10} CFU/mL 的革兰氏阳性杆状细菌、荧光假单胞菌、粪链球菌和热带假丝酵母按体积比 1:1:1:1 进行混合，得到混合菌，再将腐植酸和诺沃肥按质量比 1:1 混合制得载体，载体与混合菌按质量比 2.5:1 的比例混合均匀。②将以上复合微生物菌剂按照 $2\sim3\text{kg/m}^2$ 的量均匀施撒于清理完杂质后的石油污染土壤上，并翻土与 $10\sim20\text{cm}$ 深度的石油污染土壤混合均匀，之后再均匀喷洒浓度为 4g/L 的鼠李糖脂溶液，喷洒量为 1～1.5L/m²。③播种狗牙根种子，覆土 1～2cm，为了保证狗牙根的生长，还需在修复土壤上施用基肥，其中畜圈粪用量为 6～7kg/m²，过磷酸钙为 15～22.5kg/m²。修复 60d 后，相对于没加鼠李糖脂的对照组，石油烃的降解率由 50% 左右提高到了 70% 左右。

在以电动修复技术处理污染土壤的过程中，通常会碰到如下问题：首先是施加的电场经常会导致土壤 pH 的动态变化，例如靠近阴极区域的土壤 pH 高，靠近阳极的区域 pH 低，同时在中间区域还会出现土壤 pH 的突变；其次，土壤中重金属离子在向阴极迁移时，到达高 pH 区后会在此聚集并最终沉淀，堵塞土壤孔隙并阻碍修复过程的进行，而人为调节阳极 pH 会对重金属的解吸不利，还浪费了阳极本身产生的氢离子，调节阴极 pH 的添加剂在土壤孔隙溶液中的流动方向又与土壤中重金属的电渗流和电迁移方向相反，降低了孔隙溶液中重金属的迁移速率，对修复效率不利。为此，解宁等提出了一种联合淋洗、吸附和电动技术修复重金属污染土壤的方法，该系统的示意图见图 10-13。根据修复场地的实际情况，将适量电极组的阳极管与阴极管分别固定安装，并与电源连通形成电动修复网，一般阳极管以矩形或六边形围绕阴极管布置；淋洗液从储罐泵入阳极管，依靠扩散进入重金属污染土壤场地，溶解或解吸土壤中的重金属化合物到溶液中，在修复电场的作用下向阴极管定向移动；阴极管四周环绕着充填有吸附剂的吸附区，当重金属溶液迁移到吸附剂填充区时，其中的重金属被吸附剂吸附，残液则进入阴极管汇集并通过集液装置回收再利用处理。

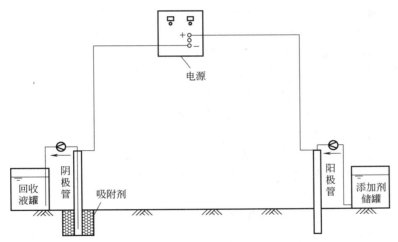

图 10-13　一种联合淋洗、吸附和电动技术修复重金属污染土壤的装置示意图
(解宁等，联合淋洗、吸附和电动修复重金属污染土壤的方法及系统，2019)

在实验室中进行了具体实施操作，制备了浓度为 857mg/kg 的铅污染土壤 5.5kg，初始 pH 为 6.2。阳极和阴极分别采用石墨和不锈钢电极，电极外套有空心管，管下部壁面均开有若干孔径约 5mm 的小孔，为了避免下空堵塞，空心管均包裹孔径约为 0.1mm 的过滤网。添加剂选用的是 0.1mol/L 的柠檬酸溶液并以约 0.1mL/min 的流量向阳极注入。阴极周围的吸附剂选用的是粒径 1～2mm 的椰壳颗粒活性炭，添加在以阴极管为中心的半径 50mm 的范围内，将阴极管与污染土壤隔开。施加的电场强度为 1.35V/cm。修复处理 240h 后，测得以阴极管为中心的半径 75mm 的范围内土壤 pH 平均值为 4.6，而未使用吸附剂的对照组 pH 最高为 6.0，这表明吸附剂的使用可以有效避免在阴极附近出现过高 pH 的情况，从而可以减少阴极附近沉淀的产生。同时，修复 240h 后以阳极管为中心半径 50mm 的范围内

土壤 Pb 去除率超过 75%，并且随着电动修复时间的延长，阳极附近的低 Pb 含量区逐渐扩大。

这套修复方法有着以下特点：首先是采用了直接在阳极区注入酸性添加剂、在阴极区回收废液的方法，这样既强化了重金属的溶解和解吸，也能够加速重金属离子在土壤中以电渗流和电迁移的方式向阴极迁移；其次是在阴极周围设置吸附剂层，不仅能吸附重金属，还可以控制阴极区附近土壤 pH 的升高，减少金属沉淀的生成；最后，由于选用的吸附剂孔隙率较大，少量的金属沉淀不会产生孔隙堵塞问题，保证了电动修复的持续进行。

传统的芬顿体系由 Fe^{2+} 和 H_2O_2 组成，Fe^{2+} 催化 H_2O_2 分解产生的·HO 氧化烷烃、烯烃、芳香烃等有机污染物，使其分解为小分子的有机物或者矿化为 CO_2 和 H_2O，从而达到修复污染土壤的目的。但该法依然存在一定的缺陷，如投加的芬顿催化剂 Fe^{2+} 在芬顿反应中会被氧化成 Fe^{3+}，为避免生成氢氧化铁沉淀，需要调节反应 pH 在 3 左右，不仅会消耗大量的酸，土壤酸化还会对土壤的生态环境产生影响。以 H_2O_2 作为氧化剂，反应较为快速，在很大程度上会影响其利用率和对有机物的去除率。王翠苹等提出了一种以电气石为氧化剂的类芬顿氧化技术，并以表面活性剂作为强化联合微生物对多氯联苯醚污染土壤进行了修复。电气石的化学组成十分复杂，是以含硼为特征的铝、钠、铁、镁、锂的环状结构硅酸盐矿物。一般认为电气石可以自动、持续地释放具有较强氧化性的负氧离子，可以将碳氢键断裂并且能自动调节液体 pH 至中性，从而具备改良土壤的特性。此外，研究发现电气石还可持续发生直流静电，释放矿物质和微量元素，对一些微生物的繁殖也起促进作用。

测试土壤取自天津某电线拆解厂 20cm 左右的表层土，预处理后检测出 7 种多溴联苯醚同系物。称取 0.5kg 土壤置于 1L 的三角瓶中，根据不同对照组选择性加入 10g（2%）电气石、100mL 的 10% 过氧化氢溶液以及 50mL 菌悬液（0.1g/mL，湿重），分别添加 1g/kg 的吐温-80 和曲拉通-100 表面活性剂，置于 25℃ 恒温箱培养，隔一天搅拌一次，70d 后取样检测。结果显示，2% 电气石的添加量对多溴联苯醚总去除率为 28.7%，远高于对照组的 10.1%；电气石联合微生物组的降解率为 31.1%，也高于单一微生物组的降解率 22.6%。结果表明电气石可明显促进多溴联苯醚的降解。加入过氧化氢后的电气石类芬顿联合微生物组的降解率则进一步提高至 42.9%，吐温-80 和曲拉通-100 表面活性剂的加入又将降解率分别提升至 66.6% 和 75.7%。可见吐温-80 和曲拉通-100 都提高了电气石类芬顿联合微生物对多溴联苯醚的降解效率，因此表面活性剂强化电气石类芬顿联合微生物降解多溴联苯醚是有效的降解技术，具有极高的推广应用价值。

第十一章

中科环境修复案例

第一节　某造纸厂土壤环境调查案例

本项目地块原为某造纸厂厂址所在地（图 11-1），1958 年该厂建厂于本项目调查地块，主要产品有底层纸、墙壁原纸、图画纸、卫生纸等 20 个品种。2012 年该厂开始搬迁，由此造成地块闲置。该地块中的建筑于 2012 年开始拆除，至 2017 年场地内的建筑物全部拆除。根据某造纸厂历史的生产流程，该地块易产生重金属、石油烃、多环芳烃污染。

图 11-1　项目原场地概况

中科环境修复（天津）股份有限公司（以下简称中科环境修复）受相关单位的委托，遵照相关法律法规的要求对该造纸厂地块开展土壤环境初步调查工作。经初步调查，得到的结论是该造纸厂地块土壤污染物的检出值均小于相应风险筛选值，地下水 pH 值较高，最高达到 12.52，触及了危险废物的红线，故需进一步开展土壤详细调查。

根据初调专家组会商意见及初步调查报告的结果，开展该地块的场地环境详细调查工作。依据土壤环境初步调查结果及详细调查结果，调查地块内地下水的 pH 值超过《地下水质量标准》（GB/T 14848—2017）中的Ⅳ类标准，地下水污染主要分布图如图11-2所示。因 pH 值没有相应的暴露途径及参数，该造纸厂地块无法开展风险评估工作，建议进一步开展地下水修复工作。

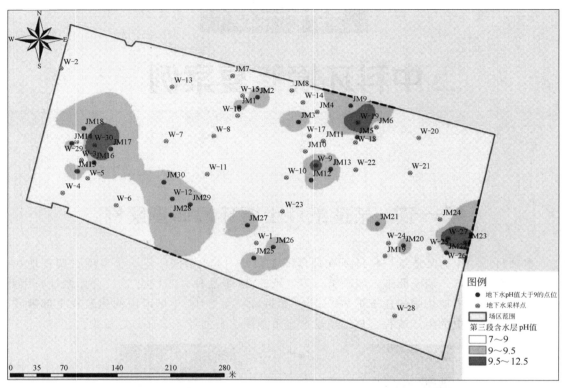

图 11-2　地下水污染主要分布图

　　详调专家会后，中科环境修复与生态环境局多次沟通，并同时开启地下水修复技术方案编制工作，召开了修复技术方案专家论证评审会，修复技术利用"阻隔＋抽出处理"方式，首先在地下水污染源周围建立低渗透性垂直屏障，将受污染水体阻隔，控制污染源，阻截受污染地下水流出，控制污染羽扩散，再将地下水抽出至地表进行修复处理，该报告通过了专家论证。根据专家意见，结合区域地下水现状，进一步优化地下水修复目标及修复范围，强化二次污染防治措施及修复后期管理计划。后续开展地下水修复施工方案的编制。为合理规划项目进度，中科环境修复在项目初期就制定了翔实的工作计划，图11-3为该项目初期时间节点表。

　　由于本项目为民生保障项目，政府一直在监督、指导，但因本项目污染因子不属于对人体造成致癌或非致癌风险的污染物，故不用进行风险评估，且本项目其他指标均满足《地下水质量标准》（GB/T 14848—2017）的Ⅳ类标准，不宜纳入《××市污染地块名录》，为尽快开展项目地修复及后期建设工作，中科环境修复多次与环保监管部门及环保专家、甲方单位共同商议沟通。图11-4为本项目施工现场作业照片。

　　最终确定将详细调查报告重新上会，出具新的专家意见，以详细调查报告为依据将该地块撤出《××市污染地块名录》，并接着撤回环境影响报告表，变更初步调查报告，将该地块场地调查工作以初步调查结束，后续地下水作为开槽污水处理达标后外排。除此之外，中

编号	工作名称	持续时间	开始时间	结束时间
0	1修复方案编制	60d	2019年10月13日	2019年12月12日
1	1.1编制修复方案	45d	2019年10月13日	2019年11月26日
2	1.2修复方案评审	15d	2019年11月27日	2019年12月12日
	2提供桩点位图	1d	2019年11月12日	2019年11月12日
3	3编制环评报告	45d	2019年10月13日	2019年12月3日
4	3.1环评报告编制	30d	2019年10月13日	2019年11月18日
5	3.2环评报告评审会	15d	2019年11月20日	2019年12月3日
6	4修复施工招标	60d	2019年11月27日	2020年1月25日
7	5修复实施与环境监理	90d	2019年12月15日	2020年3月13日
8	5.1进场前准备工作	15d	2019年12月5日	2019年12月19日
9	5.2项目实施阶段	60d	2019年12月20日	2020年2月17日
10	5.2.1抽水井建设	20d	2020年1月11日	2020年1月30日
11	5.2.2污水处理设备安装调试	15d	2020年1月21日	2020年2月4日
12	5.2.3地下水抽出处理	42d	2020年1月29日	2020年3月10日
13	5.2.4地下水原位修复	15d	2020年2月25日	2020年3月10日
14	5.2.5地下水修复过程与验收	4d	2020年3月11日	2020年3月14日
15	6竣工验收及退场	28d	2020年3月16日	2020年4月7日
16	6.1竣工验收	22d	2020年3月17日	2020年4月7日
17	6.2设备机械退场	5d	2020年4月8日	2020年4月12日

国庆节2019年10月1日至10月7日
元旦2020年1月1日
春节2020年1月24日至1月31日

修复方案编制
提供桩点位图
编制环评报告
修复施工招标
修复实施与环境监理
项目实施阶段
竣工验收及退场

图 11-3　初期时间节点表

图 11-4　施工现场照片

科环境修复每天的场地踏勘及进度巡查必不可少，图 11-5 为本项目现场场地照片。

2020 年 6 月 30 日，××市××区生态环境局会同××市规划和自然资源局××分局组织召开了详细调查报告专家评审会，专家组同意通过报告评审，并指出本地块为非污染地块，建议可以结束调查活动，该地块不列入污染地块管理，因 pH 不属于对人体造成致癌或非致癌风险的污染物，故不用进行风险评估，该报告可以作为地块未来施工降水工程的依据，不作为土壤污染调查报告的内容。

2020 年 7 月 17 日，××市××区生态环境局会同××市规划和自然资源局××分局组织召开了初步调查报告（变更）专家评审会，专家组同意通过报告评审，并指出虽然地下水中常规指标 pH 较高，但 pH 不属于对人体造成致癌或非致癌风险的污染因子，故本地块为非污染地块的变更结论是合理合规的。专家组建议，鉴于该地块地下水 pH 较高，在建设项目开发过程中应对地下水采取必要的管理措施。至此，本项目可以开展后续施工。

图 11-5 现场场地照片

经中科环境修复与市生态环境局和生态环境部相关专家多方咨询，终由市生态环境局和生态环境部专家共同建议该项目由地下水修复调整为地下水处理工作，并开展地下水修复项目环境影响报告的报备与公示工作，为现场开工清除隐患。由于该地块地下水 pH 无暴露途径，对人体健康无风险，故无须开展风险评估，与此同时，中科环境修复对地下水处理技术方案、地下水处理施工方案进行并行编制。现场设备及施工材料也在积极准备当中，图 11-6 为本项目现场井管照片。该项目施工期由原本的 7 个月缩减为 3 个月，大大减轻了督促压力及施工难度。

图 11-6 现场井管照片

第二节 某公司非法转移污染土壤环境调查案例

2017 年 4 月 15 日，环境保护部第十五督察组在××县督察时发现，××县××镇一厂区内露天堆放大量黑色泥状废物和黑色黏稠废物，未采取相应防范措施，造成废物泄漏。环保部门现场勘查时发现该企业厂区内露天堆放大量疑似石油提炼下脚料的袋装黑色泥状废物，场区建有 X 个储油池，储油池内存有少量黑色黏稠废物，厂区西侧有一个 L 形土坑，坑内存在大量黑色黏稠废物。厂区内部分土壤因沾染黑色黏稠废物呈黑色，厂区内 L 形土坑存放的黑色黏稠废物为××公司悬浮污泥罐清理产生的油泥。

此后，相关部门对该项目进行了详细的调查和处置，同时对项目污染现场进行了整改，主要工作有对项目的露天下脚料集中收集，并委托××有限公司分别对危险废物进行取样，签订危废处置协议并安排危废转移，交由××公司运往××有限公司进行处置，于 2017 年 7 月完成本次调查场地的清理工作，并对硬化路面进行了破除。

《国务院关于加强环境保护重点工作的意见》（国发〔2011〕35 号）提出"被污染场地再次进行开发利用的，应进行环境评估和无害化治理"。环境保护部《关于保障工业企业场地再开发利用环境安全的通知》（环发〔2012〕140 号）明确要求："关停并转、破产或搬迁工业企业原场地采取出让方式重新供地的，应当在土地出让前完成场地环境调查和风险评估工作；关停并转、破产或搬迁工业企业原有场地被收回用地后，采取划拨方式重新供地的，应当在项目批准或核准前完成场地环境调查和风险评估工作。经场地环境调查和风险评估属于被污染场地的，应当明确治理修复责任主体并编制治理修复方案。未进行场地环境调查及风险评估的，未明确治理修复责任主体的，禁止进行土地流转。"2019 年 3 月，中科环境修复（天津）股份有限公司承接该厂区内 L 形土坑的土壤环境调查项目，进场前场地内储存的原油、下脚料、化工原料、贮油罐、废气石油管道、采油设备等都已被清理处置，原场地已为空地。相关调查人员现场踏勘照片如图 11-7 所示。

(a)   (b)

图 11-7　现场踏勘照片

本项目充分利用前期的场地污染识别成果，在场地疑似污染区和潜在污染区采用分区布点法进行布点。为了确认污染物在土壤中的垂向分布情况及污染深度，本次调查将采集分层土壤样品，包括表层土壤样品和深层土壤样品。具体的采样层次和采样深度根据场地土层的分布和岩性特征、污染源的位置、污染物在土壤中的垂直迁移特性、地面扰动情况等因素决定。

现场采样时，先观察土壤的组成类型、密实程度、湿度和颜色、石块含量等。样品采集点根据当时土层地质情况，在土层交汇处弱透水层段以及污染物容易聚集的区域采样。采集样品的同时，使用 XRF（X 射线荧光光谱仪）和 PID（光离子化检测器）快速检测土壤样品中重金属和有机物含量并记录，以便于后续筛选出有参考性的样品寄送到实验室进行分析检测。土壤样品具体保存形式如图 11-8 所示。

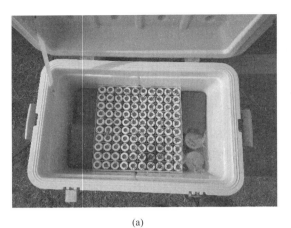
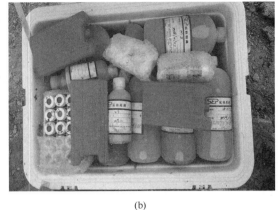

(a)　　　　　　　　　　　(b)

图 11-8　样品保存具体保存形式

通过分析场地潜在污染情况、周边情况及场地用地情况可知，该场地潜在污染物主要包括重金属（铜、镍、铅、汞、砷等）、挥发性有机物（卤代烃等）和半挥发性有机物（多环芳烃类、总石油烃、有机氯农药和有机磷农药）等，该场地潜在污染的土壤和地下水可能通过经口食入、经肺吸入或经皮肤接触等途径危害场地内的人员（图 11-9）。

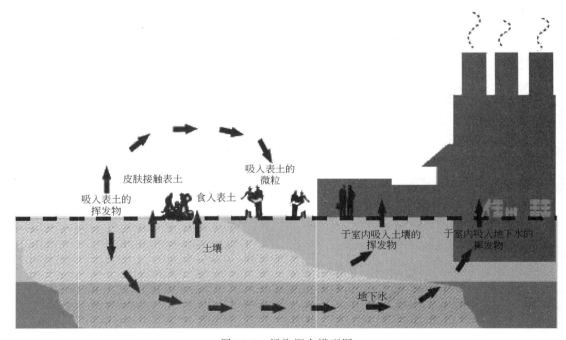

图 11-9　污染概念模型图

为查明××有限责任公司非法转移污染场地的地质情况，中科环境修复委托××有限公司对场地地层分布与水文地质情况进行调查。在收集场地周边区域资料的基础上，通过水文地质调查、工程地质钻探、水文地质钻探、水位统测等工作手段，初步查明了该地块的浅层地下水水文地质条件，从而为场地环境调查提供所需的水文地质资料。

本项目聘请国内场地环境调查与评价及环境修复行业经验丰富的专家和工程师对技术方

案、现场情况和项目成果进行审核，项目质量控制工作由现场质量控制、质量审核、质量保证协调和技术顾问组共同承担。

为了保证本次环境调查监测资料具有代表性、准确性、精密性、可比性和完整性，本项目建立了严格的现场质量控制体系。本项目所有样品的分析测试委托第三方检测机构完成。第三方检测机构须建立标准的 QA/QC（质量保证/质量控制）程序，包括校准、质控样品、验收标准以及分析报告审阅程序。

根据调查结果，本项目场地所在区域的地下水中氨氮含量较高，受场地内油泥堆放的影响，本场地内 1 个点位表层土壤石油烃超过第二类用地筛选值，地下水个别点位砷和邻苯二甲酸二（2-乙基己酯）含量属于《地下水质量标准》（GB/T 14848—2017）第Ⅲ类。

附　录

××场地土壤污染风险管控公众意识调查问卷

一、社会公众知情度调查

1.您知道××地方有××（污染）场地吗？

2.您知道××场地是哪个公司（或业主）的吗？

3.您知道××场地被要求整改（或管控）吗？

4.您知道××场地被要求整改（或管控）的原因吗？

5.您知道××场地开始整改（或管控）的时间吗？

6.您知道××场地整改（或管控）完成的时间吗？

7.××场地整改（或管控）时，您有被告知整改（或管控）进度吗？包括公告、广播、入户宣传单等方式。

8.您知道××场地整改（或管控）的内容吗？

9.您知道××场地整改（或管控）完成后有人监管吗？

10.您知道××场地整改（或管控）完成后需要进行评估吗？

11.您知道××场地整改（或管控）评估报告结果吗？

二、社会公众参与度调查

1.您曾向有关部门反映过××场地土壤污染问题吗？

2.您曾参与××场地土壤污染风险管控的论证会或听证会吗？

3.您曾参与对××场地土壤污染的风险管控提出意见的活动吗？

4.实施风险管控后，您去过××场地现场吗？

5.您关注××场地风险管控工程进度吗？

6.您曾向周边的居民宣传转告了解到的××场地的整改（或管控）情况吗？

三、社会公众满意度调查

××场地整改（或管控）工程完成后：

1.您觉得工程完成的效果好吗？

2.您觉得土壤污染的问题解决了吗？

3.您觉得控制住场地污染向周边土壤扩散的问题了吗？

4.您觉得控制住场地污染向周边河流或湖泊水面扩散的问题了吗？

5.您觉得控制住场地土壤污染向地下水扩散的问题了吗？

6.您觉得××场地整改（或管控）工程产生新的（污染）问题了吗？

7.您觉得，您的生活环境有所改善吗？比如用水和空气质量。

资料来源：《建设用地土壤重金属污染风险管控评估标准》（T/CGDF 00001—2021）。

参考文献

[1] 戴万宏，黄耀，武丽，等.中国地带性土壤有机质含量与酸碱度的关系 [J].土壤学报，2009，46 (5)：851-860.

[2] 陈雅敏，冯述青，杨天翔，等.我国不同类型土壤有机质含量的统计学特征 [J].复旦学报（自然科学版），2013，52 (2)：220-224.

[3] 马连刚，肖保华.土壤腐殖质提取和分组综述 [J].矿物岩石地球化学通报，2011，30 (4)：465-471.

[4] 梁玉衡.东方自然力农业村刊授院选编教材之三《土壤基础知识应用读本》[J].当代生态农业，2008 (Z2)：66-102，4.

[5] 刘愫倩，徐绍辉，李晓鹏，等.土体构型对土壤水氮储运的影响研究进展 [J].土壤，2016，48 (2)：219-224.

[6] 秦倩倩，王海燕，李翔.采伐对森林土壤功能的影响 [J].世界林业研究，2018，31 (1)：13-17.

[7] 陈晶中，陈杰，谢学俭，等.土壤污染及其环境效应 [J].土壤，2003 (4)：298-303.

[8] 周建军，周桔，冯仁国.我国土壤重金属污染现状及治理战略 [J].中国科学院院刊，2014，29 (3)：315-320，350，封 2.

[9] 郑喜坤，鲁安怀，高翔，等.土壤中重金属污染现状与防治方法 [J].土壤与环境，2002 (1)：79-84.

[10] 常思敏，马新明，蒋媛媛，等.土壤砷污染及其对作物的毒害研究进展 [J].河南农业大学学报，2005，39 (2)：161-166，186.

[11] 翁焕新，张霄宇，邹乐君，等.中国土壤中砷的自然存在状况及其成因分析 [J].浙江大学学报（工学版），2000 (1)：90-94.

[12] 杨金燕，苟敏.中国土壤氟污染研究现状 [J].生态环境学报，2017，26 (3)：506-513.

[13] 刘爱宝，曹惠忠，朱辉，等.土壤有机物污染的化学修复技术研究 [J].广东化工，2019，46 (2)：145-146.

[14] 汪霞娟，崔芬祺.我国农田土壤有机农药污染现状及检测技术 [J].黑龙江环境通报，2019，43 (1)：28-29.

[15] 李永红.农药的发展与人类的健康 [J].生物学通报，2001 (5)：12-14.

[16] 李华，张笑，洪卫，等.酚类有机物污染场地调查和修复方法研究 [J].中国资源综合利用，2021，39 (2)：113-115.

[17] 于秀艳，丁永生.多环芳烃的环境分布及其生物修复研究进展 [J].大连海事大学学报，2004，30 (4)：55-59.

[18] 郑海龙，陈杰，邓文靖.土壤环境中的多氯联苯（PCBs）及其修复技术 [J].土壤，2004，36 (1)：16-20.

[19] 王文波，洪超.植物修复多氯联苯污染土壤的效果分析 [J].资源节约与环保，2015 (6)：167.

[20] 侯军华，檀文炳，余红，等.土壤环境中微塑料的污染现状及其影响研究进展 [J].环境工程，2020，38 (2)：16-27，15.

[21] 任欣伟，唐景春，于宸，等.土壤微塑料污染及生态效应研究进展 [J].农业环境科学学报，2018，37 (6)：1045-1058.

[22] 魏样，韩霁昌，张扬，等.我国土壤污染现状与防治对策 [J].农业技术与装备，2015 (2)：11-15.

[23] 陈保冬，赵方杰，张莘，等.土壤生物与土壤污染研究前沿与展望 [J].生态学报，2015，35 (20)：6604-6613.

[24] 董武娟，吴仁海.土壤放射性污染的来源、积累和迁移 [J].云南地理环境研究，2003 (2)：83-87.

[25] 唐龙.推动土壤污染修复产业可持续发展的思考 [J].中国环境管理，2018，10 (5)：37-42.

[26] YANG Q Q，LI Z Y，LU X N，et al. A review of soil heavy metal pollution from industrial and agricultural regions in China：Pollution and risk assessment [J]. Science of the Total Environment，2018，642 (15)：690-700.

[27] SUN J T，PAN L L，TSANG D C W，et al. Organic contamination and remediation in the agricultural soils of China：A critical review [J]. Science of the Total Environment，2018，615：724-740.

[28] 孙学标.农用地土壤污染问题及其治理研究 [J].农家参谋，2020 (21)：40，42.

[29] 李建三，吴祖煜，陈彬，等.工业废弃场地再开发的环境评估 [J].环境科学与管理，2007 (6)：54-57.

[30] 李凤果，陈明，师艳丽，等.我国农用地土壤污染修复研究现状分析 [J].现代化工，2018，38 (12)：4-9.

[31] 陈科皓.我国农用地土壤污染现状及安全保障措施 [J].农村经济与科技，2017，28 (23)：7-8.

[32] 吴君莲，杜燃利.试论我国土壤污染的现状及防治对策 [J].中国新技术新产品，2016 (14)：127-128.

[33] 杨志龙.农用地土壤污染调查与评价问题研究 [J].化工设计通讯，2020，46 (4)：237-238.

[34] 罗启仕.我国城市建设用地水土污染治理现状与问题分析 [J].上海国土资源，2015，36 (4)：59-63.

[35] 庄国泰.我国土壤污染现状与防控策略 [J].中国科学院院刊，2015，30 (4)：477-483.

[36] 任琳，张威.污染土壤的风险评估研究进展 [J].环境保护与循环经济，2013，33 (12)：55-58.

[37] 戴翌晗.重金属污染土壤与地下水一体化修复技术及数值模拟 [D/OL].上海：上海交通大学，2018 [2021-2-10].

https：//webvpn. nankai. edu. cn/https/ 77726476706e69737468656265737421fbf952d2243e635930068cb8/kcms/de-
tail/detail. aspx? dbcode＝CMFD&dbname＝CMFD202001&filename＝1019679004. nh&v＝vABxvxmyAFo7qay
Zf5l2VR452XczG6pyCs6UyrlbiWSzLDTZPrxsFzrGnadpYRs1.

[38] 孙志娟. 土壤污染治理存在的问题及对策分析 [J]. 山西农经，2019 (6)：108，123.
[39] 刘飞琴. 简论美国经验对我国土壤污染防治立法的启示：以四个基本问题看我国《土壤污染防治法（草案）》[J]. 榆林学院学报，2018，28 (1)：78-90.
[40] 朱雅萱，宋海鸥. 美国《超级基金法》对我国土壤污染防治的启示 [J]. 环境与发展，2020，32 (10)：72-74.
[41] 卢明，王志彬. 美国超级基金制度对我国土壤污染防治的启示 [J]. 安徽农业科学，2013，41 (5)：2035-2036，2196.
[42] 胡中华. 论美国棕色土壤污染治理中的严格责任 [J]. 安全与环境工程，2010，17 (4)：93-96.
[43] 王国庆. 荷兰土壤/场地污染治理经验 [J]. 世界环境，2016 (4)：25-26.
[44] 魏旭. 荷兰土壤污染修复标准制度述评 [J]. 环境保护，2018，46 (18)：73-77.
[45] 黄明杰. 意大利土壤污染防治经验启示 [N]. 贵州日报，2017-01-15 (3).
[46] 姚丛雯. 法国土壤污染防治法律研究 [J]. 漯河职业技术学院学报，2014，13 (6)：59-61.
[47] 高阳，刘路路，王子彤，等. 德国土壤污染防治体系研究及其经验借鉴 [J]. 环境保护，2019，47 (13)：27-31.
[48] 彭峰. 欧盟和法国的土壤环境保护法律规制 [J]. 环境经济，2013 (Z1)：84-87.
[49] 韩梅. 德国土壤环境保护立法及其借鉴 [J]. 法制与社会，2014 (30)：239-240，246.
[50] 孔祥金，金晟，李义，等.《中华人民共和国环境保护法》解读 [J]. 国土资源科普与文化，2015 (3)：37-39.
[51] 中华人民共和国环境保护法 [M] //中国环境保护产业协会. 中国环境保护产业发展报告-2014. 北京：中国环境保护产业协会，2015：10.
[52] 王龚博，卢宁川，于忠华，等. 土壤污染防治行动计划分析与实施建议 [J]. 环境与发展，2019，31 (9)：68-69.
[53] 吴媛. 土壤污染防治行动计划分析与实施建议 [J]. 环境与发展，2020，32 (6)：40，42.
[54] 王维东. 土壤污染防治行动计划背景下农业土壤污染防治调查 [J]. 现代农业研究，2021，27 (1)：29-30.
[55] 杨建学，杨攀. 我国《土壤污染防治法》的亮点与挑战 [J]. 法治论坛，2019 (2)：253-263.
[56] 王金南，秦昌波. 环境质量管理新模式：启程与挑战 [J]. 中国环境管理，2016，8 (1)：9-14.
[57] 谢云峰，曹云者，杜晓明，等. 土壤污染调查加密布点优化方法构建及验证 [J]. 环境科学学报，2016，36 (3)：981-989.
[58] 常春英，董敏刚，邓一荣，等. 粤港澳大湾区污染场地土壤风险管控制度体系建设与思考 [J]. 环境科学，2019，40 (12)：5570-5580.
[59] 黄翔.《土壤污染防治法》背景下土壤与地下水协同治理研究 [C] //中国法学会环境资源法学研究会，河北大学. 区域环境资源综合整治和合作治理法律问题研究：2017 年全国环境资源法学研讨会（年会）论文集. 中国法学会环境资源法学研究会，河北大学，2017：4.
[60] 中华人民共和国生态环境部. 生态环境部关于印发地下水污染防治实施方案的通知 [EB/OL]. (2019-03-28) [2020-03-25]. http：//www. mee. gov. cn/xxgk2018/xxgk/xxgk03/201904/t20190401_698148. html.
[61] 陈坚. 推进土壤与地下水污染协同防治 [N]. 中国环境报，2018-12-13 (5).
[62] 曾晖，吴贤静. 法国土壤污染防治法律及其对我国的启示 [J]. 华中农业大学学报（社会科学版），2013 (4)：107-112.
[63] 王天颖，陈惠滨. 环境修复法律责任问题研究：以国务院《土壤污染防治行动计划》为分析视角 [J]. 人民检察，2018 (10)：10-14.
[64] 于娜，董丽. 我国《土壤污染防治行动计划》SWOT 分析及对策 [J]. 产业与科技论坛，2016，15 (19)：86-87.
[65] 洪蔚. 荷兰净化污染土壤的政策 [J]. 农业环境与发展，1991 (4)：45-46.
[66] 于琳. 日本环境基本法的发展历程 [J]. 法制与社会，2009 (34)：342-343.
[67] 桑原勇进，金永明. 中日环境影响评价法比较研究 [J]. 政治与法律，2002 (1)：98-101.
[68] 张鑫冰. 中日环境影响评价制度比较研究 [D/OL]. 赣州：江西理工大学，2010 [2021-03-10]. https：//webvpn. nankai. edu. cn/https/77726476706e69737468656265737421fbf952d2243e635930068cb8/kcms/detail/detail. aspx? dbcode＝CMFD&dbname＝CMFD2010&filename＝2010040276. nh&v＝RKLX3hHQcRNk％5mmd2 BWa-oN7d9hZG24vtziUDeEn％5mmd2BhqTbUtJHM21l51WJD0gFE1tIjysc9.
[69] 阳平坚，贾峰. 美国超级基金法的今生与前世 [J]. 中国生态文明，2019 (1)：53-56.

［70］ 李万超，张怡，张乃文，等.日本工业化进程中的污染防治与环保产业发展：金融支持视角［J］.黑龙江金融，2020（6）：51-55.

［71］ 钱振勤，赵春雷.论信息公开中政府公信力的维护与提升［J］.南京师大学报（社会科学版），2012（2）：48-53.

［72］ 孙宁，张岩坤，丁贞玉，等.土壤污染防治先行区建设进展、问题与对策［J］.环境保护科学，2020，46（1）：14-20.

［73］ 程玉，马越.美国超级基金法的产生与发展及借鉴意义：《美国超级基金法研究》书评［J］.环境与可持续发展，2015，40（6）：179-183.

［74］ 朱静，雷晶，张虞，等.关于中国土壤环境监测分析方法标准的思考与建议［J］.中国环境监测，2019，35（2）：1-12.

［75］ 中华人民共和国生态环境部.目前我国土壤环境保护标准有哪些？还需要制订哪些标准？［EB / OL］.（2016-06-01）［2021-01-27］. http：//www. mee. gov. cn/home/ztbd/rdzl/trfz/xgjd/201606/t20160601_353107. shtml.

［76］ 中华人民共和国生态环境部.关于发布《建设用地土壤污染状况调查技术导则》等5项国家环境保护标准的公告［EB / OL］.（2019-12-06）［2021-01-27］. http：//www. mee. gov. cn/xxgk2018/xxgk/xxgk01/201912/t20191209_748356. html.

［77］ 中华人民共和国生态环境部，国家市场监督管理总局.土壤环境质量　农用地土壤污染风险管控标准（试行）：GB 15618—2018［S/OL］.北京：中国环境出版集团，2018：1-4［2021-01-27］. http：//www. mee. gov. cn/ywgz/fg-bz/bz/bzwb/trhj/201807/t20180703_446029. shtml.

［78］ 中华人民共和国生态环境部.《土壤环境质量　建设用地土壤污染风险管控标准（试行）（征求意见稿）》编制说明［EB/OL］.（2018-01-22）［2021-01-27］. http：//www. mee. gov. cn/gkml/hbb/bgth/201801/W020180124502336051157. pdf.

［79］ 中华人民共和国生态环境部，国家市场监督管理总局.土壤环境质量　建设用地土壤污染风险管控标准（试行）：GB 36600—2018［S/OL］.北京：中国环境出版集团，2018：1-13［2021-01-27］. http：//www. mee. gov. cn/ywgz/fgbz/bz/bzwb/trhj/201807/t20180703_446027. shtml.

［80］ 中华人民共和国生态环境部.建设用地土壤污染状况调查　技术导则：HJ 25.1—2019［S/OL］.北京：中国环境出版集团，2019：1-12［2021-01-27］. http：//www. mee. gov. cn/ywgz/fgbz/bz/bzwb/jcffbz/201912/t20191224_749894. shtml.

［81］ 中华人民共和国生态环境部.建设用地土壤污染风险管控和修复监测技术导则：HJ 25.2—2019［S/OL］.北京：中国环境出版集团，2019：1-12［2021-01-27］. http：//www. mee. gov. cn/ywgz/fgbz/bz/bzwb/jcffbz/201912/t20191224_749891. shtml.

［82］ 中华人民共和国生态环境部.建设用地土壤污染风险评估技术导则：HJ 25.3—2019［S/OL］.北京：中国环境出版集团，2019：1-50［2021-01-27］. http：//www. mee. gov. cn/ywgz/fgbz/bz/bzwb/jcffbz/201912/ t20191224_749893. shtml.

［83］ 中华人民共和国生态环境部.建设用地土壤修复技术导则：HJ 25.4—2019［S/OL］.北京：中国环境出版集团，2019：1-8［2021-01-27］. http：//www. mee. gov. cn/ywgz/fgbz/bz/bzwb/jcffbz/201912/t20191224_749895. shtml.

［84］ 中华人民共和国生态环境部.污染地块风险管控与土壤修复效果评估技术导则（试行）：HJ 25.5—2018［S/OL］.北京：中国环境出版集团，2019：1-15［2021-01-27］. http：//www. mee. gov. cn/ywgz/fgbz/bz/bzwb/ wrfzjszc/201901/t20190107_688646. shtml.

［85］ 美国环境保护局.国家优先控制场地名录［EB / OL］.（2021-02-08）［2021-02-16］. https：//www. epa. gov/super-fund/superfund-national-priorities-list-npl.

［86］ 美国环境保护局.超级基金土壤筛选指南［EB / OL］.（2021-02-10）［2021-02-16］. https：//www. epa. gov/super-fund/superfund-soil-screening-guidance.

［87］ 美国环境保护局.超级基金场地化学污染物的区域筛选水平［EB / OL］.（2020-01-28）［2021-02-16］. https：//www. epa. gov/risk/regional-screening-levels-rsls.

［88］ 陈平，李金霞.日本土壤环境质量标准体系形成历程及特点［J］.环境与可持续发展，2015，40（2）：105-111.

［89］ İPEK M，ÜNLÜ K. Development of human health risk-based Soil Quality Standards for Turkey：Conceptual frame-work［J］. Environmental Advances，2020，1：100004.

［90］ 国家环境保护总局.土壤环境监测技术规范：HJ/T 166—2004［S/OL］.北京：中国环境出版集团，2009：1-44［2021-05-20］. http：//www. mee. gov. cn/ywgz/fgbz/bz/bzwb/jcffbz/200412/t20041209_63367. shtml.

［91］ 中华人民共和国农业部.土壤检测　第1部分：土壤样品的采集、处理和贮存：NY/T 1121.1—2006［S/OL］.北京：中国标准出版社，2007：1-3［2021-05-20］. https：//www. docin. com/p-1755667264. html.

[92] 林海兰，朱日龙，于磊，等.水浴消解-原子荧光光谱法测定土壤和沉积物中砷、汞、硒、锑和铋 [J].光谱学与光谱分析，2020，40（5）：1528-1533.

[93] 陈蓓蓓，刘鸣，吴诗剑.气相色谱法测定土壤和沉积物中 12 种有机磷农药 [J].中国环境监测，2013，29（6）：134-138.

[94] 朱樱，康友纯，李功顺.激光荧光法快速测定岩石土壤中的铀 [J].铀矿地质，2013，29（3）：187-192.

[95] 李庆霞，刘亚轩，陈卫明，等.离子色谱法检测土壤样品水溶态中的七种阴离子 [J].物探与化探，2012，36（3）：418-421.

[96] 赵薇.土壤环境监测中原子吸收光谱法的应用 [J].化工设计通讯，2021，47（2）：183-184.

[97] 董希良，刘玲玲，赵传明.加速溶剂萃取-固相萃取净化-气相色谱/质谱法测定土壤中的多环芳烃 [J].分析试验室，2021，40（2）：140-144.

[98] 刘哲.土壤酚类化合物检测方法验证研究 [J].绿色科技，2019（16）：172-173.

[99] 王琬，侯晓燕，包雪莹.微波消解电感耦合等离子体质谱法测定土壤中铅、铬、镉 [J].河南预防医学杂志，2021，32（1）：49-52.

[100] 张莹，顾锡龙，王燕.土壤测试的质量控制措施分析 [J].冶金管理，2020（19）：91-92.

[101] 中华人民共和国环境保护部.土壤　水溶性氟化物和总氟化物的测定　离子选择电极法：HJ 873—2017 [S/OL].北京：中国环境出版集团，2017：1-11 [2021-05-20].http：//www.mee.gov.cn/ywgz/fgbz/bz/bzwb/jcffbz/201712/t20171207_427560.shtml.

[102] 国家市场监督管理总局，中国国家标准化管理委员会.土壤质量　土壤采样技术指南：GB/T 36197—2018 [S/OL].北京：中国标准出版社，2018：1-22 [2021-05-20].https：//max.book118.com/html/2018/0611/172094998.shtm.

[103] 中华人民共和国环境保护部.环境样品中微量铀的分析方法：HJ 840—2017 [S/OL].北京：中国环境出版集团，2017：1-33 [2021-05-20].http：//www.mee.gov.cn/ywgz/fgbz/bz/bzwb/hxxhj/xgjcffbz/201707/t20170712_417682.shtml.

[104] 国家环境保护局，国家技术监督局.土壤质量　铜、锌的测定　火焰原子吸收分光光度法：GB/T 17138—1997 [S/OL].北京：中国环境出版集团，1998：1-5 [2021-05-20].http：//www.mee.gov.cn/ywgz/fgbz/bz/bzwb/jcffbz/199805/t19980501_82031.shtml.

[105] 国家环境保护局，国家技术监督局.土壤质量　六六六和滴滴涕的测定　气相色谱法：GB/T 14550—1993.[S/OL].北京：中国环境出版集团，1993：1-9 [2021-05-20].http：//www.mee.gov.cn/ywgz/fgbz/bz/bzwb/jcffbz/199401/t199 40115_82035.shtml.

[106] 中华人民共和国环境保护部.土壤和沉积物　铍的测定　石墨炉原子吸收分光光度法：HJ 737—2015 [S/OL].北京：中国环境出版集团，2015：1-8 [2021-05-20].http：//www.mee.gov.cn/ywgz/fgbz/bz/bzwb/jcffbz/201502/t20150212_295836.shtml.

[107] 中华人民共和国环境保护部.土壤和沉积物　多氯联苯的测定　气相色谱-质谱法：HJ 743—2015 [S/OL].北京：中国环境出版集团，2015：1-22 [2021-05-20].http：//www.mee.gov.cn/ywgz/fgbz/bz/bzwb/jcffbz/201505/t20150508_301345.shtml.

[108] 中华人民共和国水利部.有机分析样品前处理方法　第2部分：索氏提取法：SL 391.2—2007 [S/OL].北京：中国水利水电出版社，2007：11-16 [2021-05-20].https：//www.doc88.com/p-9465084410178.html.

[109] 中华人民共和国水利部.有机分析样品前处理方法　第7部分：硅胶净化法：SL 391.7—2007 [S/OL].北京：中国水利水电出版社，2007：59-65 [2021-05-20].http：//www.doc88.com/p-49559964622418.html.

[110] 中华人民共和国环境保护部.土壤和沉积物　挥发性卤代烃的测定　顶空/气相色谱-质谱法：HJ 736—2015 [S/OL].北京：中国环境出版集团，2015：1-21 [2021-05-20].http：//www.mee.gov.cn/ywgz/fgbz/bz/bzwb/jcffbz/201502/t20150212_295835.shtml.

[111] 中华人民共和国环境保护部.土壤和沉积物　有机物的提取　加压流体萃取法：HJ 783—2016 [S/OL].北京：中国环境出版集团，2016：1-10 [2021-05-20].http：//www.mee.gov.cn/ywgz/fgbz/bz/bzwb/jcffbz/201602/t20160217_330302.shtml.

[112] 中华人民共和国环境保护部.土壤　总铬的测定　火焰原子吸收分光光度法：HJ 491—2009.[S/OL].北京：中国环境出版集团，2009：1-10 [2021-05-20].http：//www.mee.gov.cn/ywgz/fgbz/bz/bzwb/jcffbz/200910/t20091010_162168.shtml.

[113] 中华人民共和国国家质量监督检验检疫总局.水、土中有机磷农药测定的气相色谱法：GB/T 14552—2003 [S/OL].北京：中国环境出版集团，2003：1-12 [2021-05-20]. http://www.doc88.com/p-5416460925372.html.

[114] 王立章.土壤与固体废物监测技术 [M].北京：化学工业出版社，2004.

[115] 中华人民共和国生态环境部.土壤和沉积物 铊的测定 石墨炉原子吸收分光光度法：HJ 1080—2019 [S/OL].北京：中国环境出版集团，2020：1-10 [2021-05-20]. http://www.mee.gov.cn/ywgz/fgbz/bz/bzwb/jcffbz/202001/t20200102_756540.shtml.

[116] 中华人民共和国环境保护部.土壤和沉积物 汞、砷、硒、铋、锑的测定 微波消解/原子荧光法：HJ 680—2013 [S/OL].北京：中国环境出版集团，2013：1-11 [2021-05-20]. http://www.mee.gov.cn/ywgz/fgbz/bz/bzwb/jcffbz/201312/t20131203_264304.shtml.

[117] 李云祯，于茵，许宇慧，等.基于风险管控思路的土壤先行示范区建设研究 [J].环境与可持续发展，2019，44 (6)：152-155.

[118] 李云祯，董荐，刘姝媛，等.基于风险管控思路的土壤污染防治研究与展望 [J].生态环境学报，2017，26 (6)：1075-1084.

[119] 王夏晖，李志涛，陆军，等.土壤污染综合防治先行区推进路线图设计 [J].环境保护，2017 (5)：11.

[120] 李登新，黄沈发，韩耀宗，等.场地环境调查、风险评估与土壤污染修复案例详解 [M].北京：科学出版社，2019.

[121] 赵玉杰，王夏晖，周其文，等.农用地环境质量评价与类别划分方法研究 [J].环境保护科学，2016，42 (4)：24-28.

[122] 中华人民共和国农业部.农业部办公厅关于印发《全国农产品产地土壤重金属安全评估技术规定》的通知（农办科〔2015〕42号）[EB/OL].2015.

[123] 应蓉蓉，张晓雨，孔令雅，等.农用地土壤环境质量评价与类别划分研究 [J].生态与农村环境学报，2020，36 (1)：18-25.

[124] 刘恒博，雍毅，刘政，等.几种安全利用措施对成都平原镉污染农田风险管控效果研究 [J/OL].环境工程：1-10 [2021-05-12]. http://mall.cnki.net/magazine/Article/HJGC20201124003.htm.

[125] 欧阳喜辉，刘晓霞，李花粉，等.农用地土壤重金属生态环境污染风险评价与管控 [M].北京：中国农业出版社，2020.

[126] 王晓飞，尹娟，邓超冰，等.农用地土壤污染治理与修复成效评估方法及实证研究 [J].数学的实践与认识，2019，49 (5)：207-216.

[127] 张舒，史秀志，黄刚海.基于层次分析法和模糊综合评判方法的安全管理体系优选 [J].安全与环境学报，2010，10 (6)：221-226.

[128] 河南省生态环境厅，河南省市场监督管理局.农用地土壤污染状况调查技术规范：DB41/T 1948—2020 [S/OL].2020：1-29 [2021-05-12]. http://sthjt.henan.gov.cn/2020/03-27/1374863.html.

[129] 环境保护部.场地环境调查技术导则：HJ 25.1—2014 [S/OL].北京：中国环境科学出版社，2014；1-11 [2021-05-12]. http://www.mee.gov.cn/ywgz/fgbz/bz/bzwb/jcffbz/201402/t20140226_268355.shtml.

[130] 中华人民共和国生态环境部.污水监测技术规范：HJ 91.1—2019 [S/OL].北京：中国环境出版集团，2019：1-19 [2021-05-12]. http://www.mee.gov.cn/ywgz/fgbz/bz/bzwb/jcffbz/201912/t20191227_751689.shtml.

[131] 国家环境保护总局.地下水环境监测技术规范：HJ/T 164—2004 [S/OL].北京：中国环境出版集团，2004：1-44 [2021-05-12]. http://www.mee.gov.cn/ywgz/fgbz/bz/bzwb/jcffbz/202012/t20201203_811333.shtml.

[132] 中华人民共和国环境保护部.场地环境监测技术导则：HJ 25.2—2014 [S/OL].北京：中国环境科学出版社，2014：1-11 [2021-05-12]. http://www.mee.gov.cn/ywgz/fgbz/bz/bzwb/jcffbz/201402/t20140226_268356.shtml.

[133] 中华人民共和国环境保护部.污染场地风险评估技术导则：HJ 25.3—2014 [S/OL].北京：中国环境科学出版社，2014：1-55 [2021-05-12]. http://www.mee.gov.cn/ywgz/fgbz/bz/bzwb/jcffbz/201402/t20140226_268358.shtml.

[134] 中华人民共和国环境保护部.污染场地土壤修复技术导则：HJ 25.4—2014 [S/OL].北京：中国环境科学出版社，2014：1-7 [2021-05-12]. http://www.mee.gov.cn/ywgz/fgbz/bz/bzwb/jcffbz/201402/t20140226_268360.shtml.

[135] 中国生物多样性保护与绿色发展基金会.建设用地土壤重金属污染风险管控评估标准（征求意见稿）：T/CGDF 00001—2021 [S/OL].2021：1-30 [2021-05-12] http://www.cbcgdf.org/NewsShow/4854/15148.html.

[136] 李超.土壤环境容量与承载力研究现状 [J].资源节约与环保，2016 (9)：302，304.

[137] 成杰明，于光金，王明聪，等.土壤重金属环境容量研究 [M].北京：科学出版社，2017.

[138] 付传城，王文勇，潘剑君，等.南京市溧水区土壤重金属环境容量研究 [J].土壤通报，2014，45 (3)：734-742.

[139] 李志洋.有机肥部分替代化学氮肥安全施用及土壤环境容量研究 [D].杭州：浙江大学，2019.

[140] 黄静，靳孟贵，程天舜.论土壤环境容量及其应用 [J].安徽农业科学，2007 (25)：7895-7896，7953.

[141] 周杰，裴宗平，靳晓燕，等.浅论土壤环境容量 [J].环境科学与管理，2006 (2)：74-76.

[142] 生态环境部环境工程评估中心.环境影响评价技术方法 (2020 版) [M].北京：中国环境出版集团，2020.

[143] 陆玉书，栾胜基，朱坦，等.环境影响评价 [M].北京：高等教育出版社，2001.

[144] 张征，沈珍瑶，韩海荣，等.环境评价学 [M].北京：高等教育出版社，2006.

[145] 周国强，张青.环境影响评价 [M].2 版.武汉：武汉理工大学出版社，2009.

[146] 郑有飞，周宏仓，郭照冰，等.环境影响评价 [M].北京：气象出版社，2010.

[147] 宋玉芳，周启星，许华夏，等.土壤重金属污染对蚯蚓的急性毒性效应研究 [J].应用生态学报，2002 (2)：187-190.

[148] 张宇石.石油开采后的环境地质问题分析 [J].石化技术，2017，24 (8)：138.

[149] 易威，王坚伟，郎东锋.制药厂土壤 VOCs 污染修复研究 [J].甘肃水利水电技术，2012，48 (4)：59-61.

[150] 熊樱，蔡云，王永敏，等.原位燃气热脱附技术在有机污染土壤修复工程的应用 [J].化工管理，2020 (31)：87-90.

[151] 孟宪荣，葛松，许伟，等.原位电阻热脱附修复氯代烃污染土壤 [J].环境工程学报，2021，15 (2)：669-676.

[152] 靖向党，阮文军，代田忠.垃圾填埋场防渗技术的现状 [J].长春工程学院学报 (自然科学版)，2006 (1)：1-4.

[153] 甄胜利，霍成立，贺真，等.垂直阻隔技术的应用与对比研究 [J].环境卫生工程，2017，25 (1)：51-56.

[154] 吴亮亮，王琼，周连碧.污染场地阻隔技术应用现状概述 [C] //中国环境科学学会.2017 中国环境科学学会科学与技术年会论文集 (第二卷).北京：中国环境科学学会，2017：5.

[155] 杨乐巍.土壤气相抽提 (SVE) 现场试验研究 [D].天津：天津大学，2006.

[156] 涂啸宇.原位电动修复技术在无机氯离子污染土壤修复工程中的应用研究 [D].合肥：合肥工业大学，2020.

[157] 王慧，马建伟，范向宇，等.重金属污染土壤的电动原位修复技术研究 [J].生态环境，2007 (1)：223-227.

[158] 林璟瑶.重金属污染土壤稳定化修复效果评估方法分析 [J].环境与发展，2020，32 (2)：56-57.

[159] 朱娜，董铁有.影响土壤电动力学修复技术的主要因素 [J].江苏环境科技，2005 (3)：33-35.

[160] 宋云，李培中，魏文侠.探索构建重金属污染土壤固化/稳定化修复效果评价体系 [J].环境保护，2014，42 (15)：61-63.

[161] 栾旭，武晓峰，胡黎明.土壤气抽提多井方案的数值模拟研究 [J].中国环境科学，2012，32 (3)：535-540.

[162] 周健民，沈仁芳.土壤学大辞典 [M].北京：科学出版社，2013.

[163] 贾建丽，于妍，王晨.环境土壤学 [M].北京：化学工业出版社，2012.

[164] 周启星，宋玉芳.污染土壤修复原理与方法 [M].北京：科学出版社，2004.

[165] MANN M J.Full-scale and pilot-scale soil washing [J].Journal of Hazardous Materials，1999，66 (1/2)：119-136.

[166] GRUHN G，WERTHER J，SCHMIDT J.Flowsheeting of solids processes for energy saving and pollution reduction [J].Journal of Cleaner Production，2004，12 (2)：147-151.

[167] 可欣，李培军，巩宗强，等.重金属污染土壤修复技术中有关淋洗剂的研究进展 [J].生态学杂志，2004 (5)：145-149.

[168] 李玉双，胡晓钧，孙铁珩，等.污染土壤淋洗修复技术研究进展 [J].生态学杂志，2011，30 (3)：596-602.

[169] 郑伟.淋洗与电动技术在重金属污染土壤修复中的研究进展 [J].污染防治技术，2020，33 (4)：8-11，19.

[170] TUIN B，TELS M.Removing heavy metals from contaminated clay soils by extraction with hydrochloric acid，EDTA or hypochlorite solutions [J].Environmental Technology Letters，1990，11 (11)：1039-1052.

[171] TAMPOURIS S，PAPASSIOPI N，PASPALIARIS I.Removal of contaminant metals from fine grained soils，using agglomeration，chloride solutions and pile leaching techniques [J].Journal of Hazardous Materials，2001，84 (2/3)：297-319.

[172] 刘霞，王建涛，张萌，等.螯合剂和生物表面活性剂对 Cu、Pb 污染塿土的淋洗修复 [J].环境科学，2013，34 (4)：1590-1597.

［173］ 张力，袁婷婷，汪溪远，等.生物表面活性剂修复重金属污染土壤的研究进展［J］.新疆大学学报（自然科学版），2019，36（2）：198-202.

［174］ 廉景燕，石烁，郭敏，等.土壤特性对正己烷萃取石油污染土壤的影响［J］.化工进展，2009，28（Z1）：530-532.

［175］ 华正韬，李鑫钢，隋红，等.溶剂萃取法修复石油污染土壤［J］.现代化工，2013，33（8）：31-35.

［176］ JONSSO S，LIND H，LUNDSTEDT S，et al. Dioxin removal from contaminated soils by ethanol washing［J］. Journal of Hazardous Materials，2010，179（1/2/3）：393-399.

［177］ 张镜澄.超临界流体萃取［M］.北京：化学工业出版社，2000.

［178］ BAIG M N，LEEKE G A，HAMMOND P J，et al. Modelling the extraction of soil contaminants with supercritical carbon dioxide［J］. Environmental Pollution，2011，159（7）：1802-1809.

［179］ MUMFORD K G，LAMARCHE C S，THOMSON N R. Natural oxidant demand of aquifer materials using the push-pull technique［J］. Journal of Environmental Engineering，2004，130（10）：1139-1146.

［180］ 杨乐巍，张晓斌，李书鹏，等.土壤及地下水原位注入-高压旋喷注射修复技术工程应用案例分析［J］.环境工程，2018，36（12）：48-53，118.

［181］ VILLA R D，TROVO A G，PUPPO N，et al. Diesel degradation in soil by fenton process［J］. Journal of the Brazilian Chemical Society，2010（6）：1088-1095.

［182］ 罗玉虎，卢楠.高级氧化技术在石油污染土壤修复中的应用［J］.乡村科技，2019（10）：107-109.

［183］ USMAN M. Comment on "A comprehensive guide of remediation technologies for oil contaminated soil—Present works and future directions"［J］. Marine Pollution Bulletin，2016，110（1）：619-620.

［184］ 白俊宾，江晓玲，杨红健.几种常用还原剂在铬污染土壤中的应用探讨［J］.化学试剂，2021，43（2）：127-135.

［185］ 邹雪艳，李小红，赵彦保，等.化学钝化法修复重金属污染土壤研究进展［J］.化学研究，2018，29（6）：560-569.

［186］ FUJISHIMA A，HONDA K. Electrochemical photolysis of water at a semiconductor electrode［J］. Nature，1972，238（5358）：37-38.

［187］ 张军，王硕.有机物污染土壤修复技术研究现状［J］.山东化工，2019，48（21）：55-56，59.

［188］ 王新，周启星.重金属与土壤微生物的相互作用及污染土壤修复［J］.环境污染治理技术与设备，2004（11）：1-5.

［189］ 张宗迪.微生物菌剂对土壤中主要重金属存在形态的影响及其研究过程［D］.上海：上海交通大学，2016.

［190］ 杨海，黄新，林子增，等.重金属污染土壤微生物修复技术研究进展［J］.应用化工，2019，48（6）：1417-1422.

［191］ 王悦明，王继富，李鑫，等.石油污染土壤微生物修复技术研究进展［J］.环境工程，2014，32（8）：157-161，130.

［192］ 王华金.石油污染土壤微生物修复效果的生物指示研究［D］.广州：华南理工大学，2013.

［193］ 李韵诗，冯冲凌，吴晓芙，等.重金属污染土壤植物修复中的微生物功能研究进展［J］.生态学报，2015，35（20）：6881-6890.

［194］ 甘志永，王海棠，刘浩.污染土壤修复技术及研究前沿与展望［J］.中国资源综合利用，2016，34（6）：46-50.

［195］ 高梦雯.高浓度有机污染土壤处理技术研究进展［J］.环境与发展，2019，31（3）：31-32.

［196］ 吴楠楠，张珂，孙晨曦，等.微生物技术在土壤修复中的应用研究进展［J］.湖北农业科学，2020，59（13）：5-9.

［197］ 李亚娇，张静玉，李家科.有机污染场地微生物修复研究进展［J］.环境监测管理与技术，2019，31（2）：1-5.

［198］ 秦力斌.生物修复技术在土壤污染治理上的应用［J］.绿色环保建材，2020（2）：68.

［199］ 马少杰.植物修复技术在土壤污染治理中的环保应用策略［J］.中国资源综合利用，2020，38（8）：130-132.

［200］ 李媛媛，纪轶，刘学剑.植物修复技术在土壤污染治理中的环保应用策略［J］.资源节约与环保，2020（8）：99.

［201］ 江炬，刘石平.污染土壤修复技术及发展趋势探索［J］.环境与发展，2020，32（9）：51-52.

［202］ 夏明，万何平，曹新华，等.利用微生物技术修复污染土壤的方法［J］.安徽农业科学，2020，48（14）：13-15，19.

［203］ 张晓霞，黄兴如，马晓彤，等.苜蓿和菌剂构成的降解多环芳烃的成套产品及其应用：CN105925265A［P］.2016-09-07.

［204］ 石润，吴晓芙，李芸，等.应用于重金属污染土壤植物修复中的植物种类［J］.中南林业科技大学学报，2015，35（4）：139-146.

[205] 吴楠楠，张珂，孙晨曦，等.微生物技术在土壤修复中的应用研究进展 [J].湖北农业科学，2020，59（13）：5-9.

[206] 侯梅芳，潘栋宇，黄赛花，等.微生物修复土壤多环芳烃污染的研究进展 [J].生态环境学报，2014，23（7）：1233-1238.

[207] 陈宝，徐晓萌，潘风山，等.一种复合内生细菌菌剂及其在重金属污染土壤植物修复中的应用：CN105950502B [P].2019-09-06.

[208] 齐水莲.微生物-植物联合修复铬污染土壤的性能研究 [D].郑州：郑州大学，2016.

[209] 包红旭，张欣，苏弘治，等.一种植物-动物-微生物联合修复土壤中重金属铜的方法：CN107774704A [P].2018-03-09.

[210] 继伟，张旭，宁平，等.不同耕地类型中砷污染修复方式研究进展 [J].环境科学导刊，2017，36（3）：80-86.

[211] 刘鑫，黄兴如，张晓霞，等.高浓度多环芳烃污染土壤的微生物-植物联合修复技术研究 [J].南京农业大学学报，2017，40（4）：632-640.

[212] 徐大龙，徐若平.一种有机污染土壤的修复方法：CN109226255A [P].2019-01-18.

[213] 张雪，刘维涛，梁丽琛，等.多氯联苯（PCBs）污染土壤的生物修复 [J].农业环境科学学报，2016，35（1）：1-11.

[214] 杨倩.微生物提高植物修复砷污染土壤的效果和机理研究 [D].武汉：华中农业大学，2009.

[215] 王翠苹，贾伟丽，李静，等.表面活性剂强化电气石类芬顿联合微生物对多溴联苯醚污染土壤修复方法：CN106670228B [P].2020-03-06.

[216] 周启星，魏树和，张倩茹，等.生态修复 [M].北京：中国环境科学出版社，2006.

[217] 熊惠磊，王璇，马骏，等.多级筛分式淋洗设备在复合污染土壤修复项目中的工程应用 [J].环境工程，2016，34（7）：181-185，170.

[218] 罗志远.物理筛分和化学淋洗联合修复重金属污染土壤的效果评价 [J].环保科技，2020，26（4）：18-21.

[219] 刘琴，付中和.化学氧化修复有机物污染土壤技术及工程实践 [J].湖南有色金属，2020，36（6）：61-65，74.

[220] 梅竹松，胡相华，吴伟.化学淋洗—H_2O_2-O_3-UV 复合催化氧化技术修复硝基甲苯—氯、二氯代物污染土壤工程实例 [J].化工环保，2018，38（5）：599-604.

[221] 王洪涛，周泽宇.氯代芳香族有机物污染土壤修复淋洗液的光催化处理装置及其专用光催化复合板：CN106268738A [P].2017-01-04.

[222] 孟宪荣，葛松，许伟，等.原位电阻热脱附修复氯代烃污染土壤 [J].环境工程学报，2021，15（2）：669-676.

[223] 李奉才，朱晓平，王湘徽，等.土壤热脱附耦合淋洗修复系统：CN2112477 36U [P].2020-08-14.

[224] 刘喜，肖劲光，张荷，等.一种复合污染土壤化学淋洗-热脱附的修复系统及修复方法：CN111515235A [P].2020-08-11.

[225] 刘金，殷宪强，孙慧敏，等.EDDS 与 EDTA 强化苎麻修复镉铅污染土壤 [J].农业环境科学学报，2015，34（7）：1293-1300.

[226] 马俊俊，吴炯，祖艳群，等.不同螯合剂对香石竹（Dianthus caryophyllus）修复镉污染土壤的影响 [J].江西农业学报，2020，32（7）：57-64.

[227] 王忠强，王贺予，何春光，等.一种干湿组合种植的重金属污染土壤原位淋洗修复方法：CN108994062B [P].2021-01-08.

[228] 刘红玉，周朴华，杨仁斌，等.阴离子型表面活性剂（LAS）对水生植物生理生化特性的影响 [J].农业环境保护，2001（5）：341-344.

[229] 刘利军，李颖异，刘永杰，等.表面活性剂强化植物-微生物联合修复双对氯苯基三氯乙烷污染土壤研究 [J].环境污染与防治，2019，41（10）：1193-1197.

[230] XIA H L, CHI X Y, YAN Z J, et al. Enhancing plant uptake of polychlorinated biphenyls and cadmium using tea saponin [J]. Bioresource Technology, 2009, 100 (20)：4649-4653.

[231] 王吉秀，祖艳群，陈海燕，等.表面活性剂对小花南芥（Arabis alpina L. var. parviflora Franch）累积铅锌的促进作用 [J].生态环境学报，2010，19（8）：1923-1929.

[232] 张晶，林先贵，尹睿.利用食用菌菌糠和生物表面活性剂联合强化植物修复多环芳烃污染土壤的方法：CN101780465A [P].2010-07-21.

[233] 刘仕翔，胡三荣，罗泽娇.EDTA 和 CA 复配淋洗剂对重金属复合污染土壤的淋洗条件研究 [J].安全与环境工

程，2017，24（3）：77-83.

[234] 叶茂，黄丹，张忠云，等.铬渣遗留场地复合重金属污染土壤增效淋洗液及其应用：CN110846042A［P］.2020-02-28.

[235] 黄涛，宋东平，刘万辉，等.利用电动修复耦合植物萃取技术去除底层汞污染土壤中汞的方法：CN110695079A［P］.2020-01-17.

[236] CHOA J H，MARUTHAMUTHU S，LEE H G，et al. Nitrate removal by electro-bioremediation technology in Korean soil［J］. Journal of Hazardous Materials，2009，168（2/3）：1208-1216.

[237] 张灿灿，郭书海，李婷婷，等.焦化厂高环 PAHs 污染土壤的电动-微生物修复［J］.环境工程，2014，32（7）：150-154.

[238] 李婷婷，张玲妍，郭书海，等.完全对称电场对电动-微生物修复石油污染土壤的影响［J］.环境科学研究，2010，23（10）：1262-1267.

[239] 纪冬丽，张竞，孟凡生，等.EK/PRB 修复砷污染土壤影响因素及机理［J］.环境科学研究，2019，32（11）：1895-1903.

[240] 孙玉超.EK-PRB 修复菲和 2,4,6-三氯苯酚污染土壤的研究［D］.无锡：江南大学，2018.

[241] 蔡永辉.一种双环同步循环型电动-可渗透反应墙土壤修复设备：CN110076182A［P］.2019-08-02.

[242] JEON E K，JUNG J M，KIM W S，et al. In situ electrokinetic remediation of As-，Cu-，and Pb-contaminated paddy soil using hexagonal electrode configuration：A full scale study［J］. Environmental Science and Pollution Research，2015，22（1）：711-720.

[243] FLORES R，BLASS G，DOMINGUEZ V，et al. Soil remediation by an advanced oxidative method assisted with ultrasonic energy［J］. Journal of Hazardous Materials，2007，140（1）：399-402.

[244] 李华鹏.微波、超声强化 H_2O_2 氧化—淋洗联合修复铬污染场地技术研究［D］.济南：山东师范大学，2017.

[245] 郑雪玲，朱琨，孙晋方，等.超声波强化电动法修复铜污染土壤的室内研究［J］.安全与环境学报，2010，10（2）：57-60.

[246] 侯素霞，王亭，雷旭阳.超声波强化电动-膨润土吸附处理土壤镉污染的研究［J］.生态环境学报，2020，29（8）：1675-1682.

[247] 宋肖琴，陈国安，马嘉伟，等.不同钝化剂对水稻田镉污染的修复效应［J］.浙江农业科学，2021，62（3）：474-476，480.

[248] 熊力，熊双莲.化学和微生物联合钝化对水稻镉和砷吸收累积的影响［C］//中国土壤学会土壤环境专业委员会第二十次会议暨农田土壤污染与修复研讨会摘要集，2018：1.

[249] 闫双堆，卜玉山，刘利军，等.不同腐殖酸物质对土壤中汞的固定作用及植物吸收的影响［J］.环境科学学报，2007（1）：101-105.

[250] 郑存住.重金属复合污染土壤生物炭和草本植物联合修复技术研究［D］.上海：上海交通大学，2018.

[251] 张轩，李辉，黄忠良，等.一种污泥生物炭固定化菌联合植物修复重金属污染土壤的方法：CN112387778A［P］.2021-02-23.

[252] 黄康，谭中欣.生物炭原位钝化修复重金属污染农田的技术集成与示范［C］//2020 年全国有机固废处理与资源化利用高峰论坛论文集，2020：9.

[253] 包红旭，蒋大展，王丽涛，等.一种植物-细菌-真菌-鼠李糖脂联合修复石油污染土壤的方法：CN111420984A［P］.2020-07-17.

[254] 解宁，由长福.联合淋洗、吸附和电动修复重金属污染土壤的方法及系统：CN110420983A［P］.2019-11-08.